RATGEBER

NATÜRLICHE GESUNDHEIT

AROMATHERAPIE

Rose

Roxe.

Co. nature. f. in. i. s. in. 2. melior ex eis. de iunat persia recentes. iuuamentũ cerebro calido. nocumentũ. efficiat quib'dam inescbrie remotio noci. cũ camphora.

RATGEBER

NATÜRLICHE GESUNDHEIT

AROMATHERAPIE

Ätherische Öle

für Körper und Geist

JULIA LAWLESS

KÖNEMANN

Originalausgabe © Element Books Limited 1997
Shaftesbury, Dorset, SP7 8BP
Text © Julia Lawless 1997
Originaltitel: The Complete Illustrated Guide to Aromatherapy

THE BRIDGEWATER BOOK COMPANY:
Dreidimensionale Modelle: Mark Jamieson
Fotografien: Guy Ryecart, Ian Parsons
Graphiken: Ivan Hissey, Mainline Design, Michael Courtney

Hinweis des Herausgebers

Die in diesem Buch gegebenen Informationen können keinesfalls eine fachmännische Diagnose oder Behandlung ersetzen. Bei ernsten Erkrankungen oder in Zweifelsfällen ist ein Arztbesuch dringend anzuraten.

KÖNEMANN VERLAGSGESELLSCHAFT MBH,
Bonner Straße 126, D-50968 Köln
Übersetzung aus dem Englischen: Dr. Anke Heimann
für Easy Pic Library GmbH
Redaktion: Helmut Piribauer für Easy Pic Library GmbH
Satz: Easy Pic Library GmbH
Herstellungsleitung: Detlev Schaper, Köln
Druck und Bindung: Kossuth Printing House Co., Budapest
Printed in Hungary

ISBN 3-8290-1421-X
10 9 8 7 6 5 4 3 2 1

Danksagung

Die Herausgeber danken folgenden Instituten für zur Verfügung gestelltes Bildmaterial:
A–Z Botanical: S. 184 u., 192 u. (Sylvia O'Toole), 196 o. (W. Broadhurst), 204 u.
ARDEA: S. 197 u. (Donald Burgess)
The Bridgeman Art Library: S. 2 (Bibliothèque Nationale), 14, 30 u. (Royal Albert Memorial Hospital, Exeter)
e.t.archive: S. 43 o. r., 44 o.
Fine Art Photographic Library: S. 9, 15
Holt Studios: S. 186
The Hutchison Library: S. 16 u. (Felix Greene)
The Image Bank: S. 20 u. (L. D. Gordon), 98, 101 o. (Paul McCormick), 108 o. (David de Lossy), 110 u., 124 u. (Tim P. Kelly), 149 (John Love), 167 (B. Lambert), 170 (Tim Beider)
NHPA: S. 197 o. (Ted Hutchison)
Oxford Scientific Films: S. 181 u. (Deni Bown), 202 o. (Deni Bown)
The Science Photo Library: S. 29 o. r. (M. Wurtz/Biozentrum), 89 o. (CNRI), 89 Mitte (Dr. K. Louantman), 104, 111 o. (K. H. Kjeldsen), 121 (D. J. F. Burgess), 143 Mitte (D. Phillips), 157 (LDC)
Zefa: S. 19, 20 o., 27 u. l., 29 l., 30, 100 u., 146 u., 152, 171

Besonderer Dank gilt
Philip Auchnivole, Adam Carne, Rebecca Drury, Rachel Gould, Wendy Grantley-Oxberry, Julia Holden, Simon Holden, Carolyn Jikiemi-Roberts, Kay Macmullan, Chloe McCausland, Jack Martin, Debbie und Max Oliver, Sunny Pitcher, Bethany Sword
für die Hilfe bei der Herstellung der Fotografien

Besonderer Dank gilt auch
Peter Coleman (Keramiken); Courts plc, Shoreham; The Plinth Company, Stowmarket, Suffolk; The Wilbury School, Centre for Natural Therapies, Hove

Danksagung der Autorin

Ich möchte den folgenden Personen für ihre Unterstützung bei der Fertigstellung dieses Ratgebers und vor allem für ihre Geduld während der abschließenden Arbeiten danken: Caro Ness, Katie Worrall und Allie West von Element Books; Peter Bridgewater, Margaret Crowther, Kevin Knight, Anne Townley und allen Mitarbeitern der Bridgewater Book Company; den Fotografen Guy Ryecart und Ian Parsons mit ihren Fotomodellen; Rosalind Hadley (Kosmetik); Eileen Lawless (Ernährungsberatung); Ann Cooper und den Mitarbeitern von Aqua Oleum für die Zusammenstellung der chemischen Profile der ätherischen Öle.

Ich möchte meinen Freunden und meiner Familie für den Rückhalt danken, den sie mir im letzten Jahr gegeben haben, besonders meinem Ehemann Alec und meiner Tochter Natasha für ihre unermüdliche Unterstützung – ohne sie wäre dieses Buch nicht möglich gewesen!

SEITE 2: Handschrift aus dem frühen 15. Jahrhundert zur Rosenzucht, die damals schon eine lange Tradition hatte.

Inhalt

TEIL VIER:
VERZEICHNIS DER ÄTHERISCHEN ÖLE 176

Vorwort

In den letzten beiden Jahrzehnten des 20. Jahrhunderts erlebten natürliche Heilmethoden eine bemerkenswerte Renaissance. Behandlungsformen wie Medizinische Naturheilkunde, Osteopathie, Shiatsu, Reflexzonenmassage, Akupunktur und Aromatherapie gewannen, wenn auch in unterschiedlichem Maße, bei Medizinern und Laien an Wertschätzung. In Deutschland sind die ätherischen Öle in viele Haushalte eingezogen. Duftlampen stehen keineswegs nur mehr in den Wohnungen besonders Gesundheitsbewußter. Noch vor weniger als fünfzig Jahren wurde die therapeutische Verwendung von Kräutern und Aromaölen belächelt oder gar offiziell verboten. Gegenüber den neuen Pharmazeutika galten pflanzliche Arzneien als überholt, ja geradezu archaisch. In den letzten Jahren jedoch revidierte die Wissenschaft ihre Einstellung: In dem Maße, wie die eingeschränkte Wirksamkeit und schädlichen Nebenwirkungen von synthetischen Präparaten erkannt werden, gelangen aromatische Essenzen zu neuem Ansehen.

Die Kunst der Kräuterdestillation wurde im Lauf der Jahrhunderte perfektioniert.

Stellt die momentane Begeisterung für Aromatherapie einen kurzlebigen Modetrend dar oder ist sie Teil einer größeren soziologischen und kulturellen Bewegung? Zunächst sind etliche der sogenannten »alternativen« Therapien weder neu noch modern, sondern beruhen auf uralten medizinischen Verfahren, die sich im Lauf der Jahrtausende aufgrund empirischer Erfahrung herausbildeten. So stellen medizinische Naturheilkunde und insbesondere der Einsatz aromatischer Heilmittel wesentlich ältere Behandlungsformen dar als die allopathisch orientierte Medizin des Westens, die Schulmedizin. Anders als viele moderne Medikamente wurden pflanzliche Heilmittel von etlichen Generationen erprobt, wobei man Nebenwirkungen und Auswirkungen auf die Umwelt gewissenhaft festhielt. Pflanzliche Medizin und Aromatherapie sind daher eine Rückkehr zur Natur auf der Grundlage eines ausgeprägt ökologischen Bewußtseins. Dies deckt sich mit dem Interesse vieler Menschen an »grünen« Themen und der weitverbreiteten Sorge über die unerforschte Wirkung bestimmter Chemikalien auf das gesamte Ökosystem sowie die langfristigen Auswirkungen unseres Raubbaus an natürlichen Ressourcen.

Die in der Naturheilkunde vielseitig verwendete Zitronenmelisse enthält ein wertvolles ätherisches Öl.

Zweitens deuten alternative Therapieformen das Thema Gesundheit in ganzheitlicher Weise. Im Mittelpunkt steht das Wohlergehen des Menschen, einschließlich seiner emotionalen und geistigen Befindlichkeit. In instabilen Zeiten können sie daher für den einzelnen eine wertvolle psychologische Stütze sein. Eine aromatherapeutische Massage beispielsweise kann in unserer hektischen Zeit wahre Wunder wirken und bei so manchen streßbedingten Problemen echte Abhilfe schaffen.

Drittens ist zumindest die Aromatherapie eine äußerst beruhigende und zugleich vielschichtige Behandlungsform. Während die angenehm duftenden ätherischen Öle auf die Haut gerieben und vom Blutkreislauf weitertransportiert werden, entfalten sie eine wohltuende Wirkung auf Körper und Geist. Darüber hinaus sind die ätherischen Öle umstandslos zu verwenden, da ihr Einsatz keine oder nur kurze Vorbereitung erfordert. Ihre vielfältigen Verwendungsmöglichkeiten erlauben es denn auch einer breiten Schicht von Anwendern, die sich keineswegs auf Fachleute beschränkt, ihre Gesundheit und Lebensfreude zu fördern.

Dieses Buch befaßt sich nur am Rande mit den ätherischen Ölen selbst – Extraktion, chemische Zusammensetzung, Geschichte und botanische Merkmale –, sondern widmet sich vorwiegend der großen Palette von therapeutischen und kosmetischen Anwendungen innerhalb der Aromatherapie. Es versteht sich vordringlich als praktisches Handbuch für praktizierende Therapeuten und interessierte Laien gleichermaßen.

Ein Schwerpunkt dieses Ratgebers liegt auf einem grundlegenden, praktischen Ansatz zur Selbsthilfe. Es ist bedauerlich, daß fast die gesamte volkstümliche Medizin, die auf Selbsthilfe zielte und einst einen elementaren Bestandteil des Familienlebens ausmachte, aus unserer westlichen Kultur verschwunden ist. Und genau hier können uns aromatische Heilmittel besonders helfen: bei der häuslichen Behandlung kleinerer Beschwerden z. B. von Erkältungen, Erschöpfungszuständen, Kopfschmerzen, Ekzemen und anderen Hautproblemen.

Rosen, wohl die Verkörperung femininen Dufts schlechthin, werden für Parfums und als Heilmittel verwendet. Im alten Rom galt die Wildrose als Medizin gegen den Biß eines tollwütigen Hundes. Bis heute genießen Rosen hohes Ansehen, was auch den Preis ihres ätherischen Öls in die Höhe treibt.

Die Übernahme von Verantwortung für die eigene Gesundheit und Befindlichkeit ist durchaus positiv, da sie nicht nur zum eigenen Ich hinführt, sondern auch zur Natur, der wir die ätherischen Öle letztlich verdanken. Vielleicht werden auch Sie feststellen, daß Aromatherapie geradezu süchtig macht, ähnlich wie Gärtnern: Einmal gefangen, fällt es schwer, das Thema loszulassen, da es immer noch mehr zu lernen und zu entdecken gibt.

Heute werden ätherische Öle vor allem für Massagen verwendet. Eigenmassage ist besonders an den Fußsohlen wirksam.

Zu diesem Buch

Dieses Buch richtet sich an alle, die sich für Kunst und Wissenschaft der Aromatherapie interessieren, vom Heilpraktiker bis zum Laien auf diesem Gebiet. Es besteht aus vier Hauptteilen, die jeden Aspekt der modernen Aromatherapie behandeln.

Aspekte der Aromatherapie führt umfassend in die vielseitigen Verwendungsmöglichkeiten ätherischer Öle ein und beschreibt grundlegend die Aromatherapie und Parfumherstellung. *Aromatherapeutische Massage* stellt Massagetechniken vor, während *Medizinische Aromatherapie* sich mit dem medizinischen Einsatz von ätherischen Ölen befaßt. Das *Verzeichnis der ätherischen Öle* beinhaltet alle aromatherapeutischen Öle, die im Buch vorkommen, und stellt ihre Anwendungsmöglichkeiten und Eigenschaften klar und übersichtlich dar.

Der Anhang bietet wichtige Informationen zur Sicherheit im Umgang mit den einzelnen Ölen sowie eine chemische Analyse eines jeden Öls. Darüber hinaus finden Sie hier Ratschläge zur ausgewogenen Ernährung, ein Glossar der im Buch verwendeten medizinischen und naturwissenschaftlichen Ausdrücke, sowie eine kleine Auswahl an Seminaradressen und ergänzender Literatur.

Der zweite Teil des Buches beschreibt Ansätze und Techniken der aromatherapeutischen Massage, vermittelt Details und eine leicht nachvollziehbare Anleitung. Anhand von Bildern wird demonstriert, wie man eine Ganzkörpermassage, örtliche Massagen oder Massagen für besondere Zwecke – z. B. sportmedizinischer Art – durchführt.

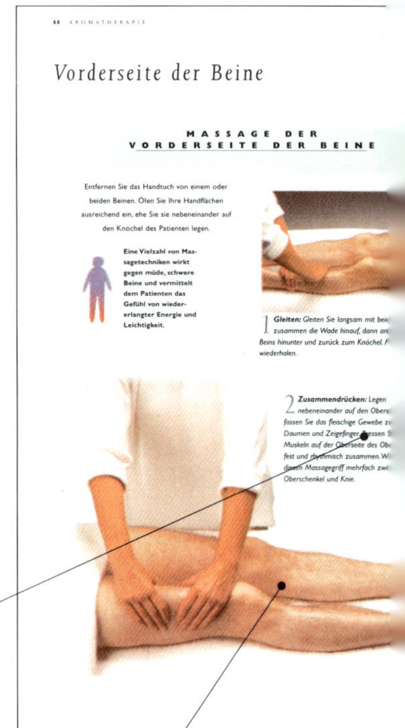

Jeder Schritt der Anwendung wird ausführlich beschrieben.

Fotos bilden Schritt für Schritt die Techniken der Aromatherapie ab.

Farbige Abbildung der pflanzlichen Stoffe, die die Basis der ätherischen Öle sind.

Beschreibung der Tradition und Entwicklung aromatherapeutischer Methoden.

Historische Illustrationen verdeutlichen den Hintergrund uralter Vorgehensweisen.

Der erste Teil des Buches führt den Leser in die Aromatherapie ein. Er beschreibt ihre unterschiedlichen Aspekte für den Hausgebrauch, für Haut- und Schönheitspflege sowie Parfumherstellung. Mit seinen einfachen Rezepten und schrittweisen Anleitungen möchte Teil I dem Leser helfen, die Aromatherapie zu Hause anzuwenden.

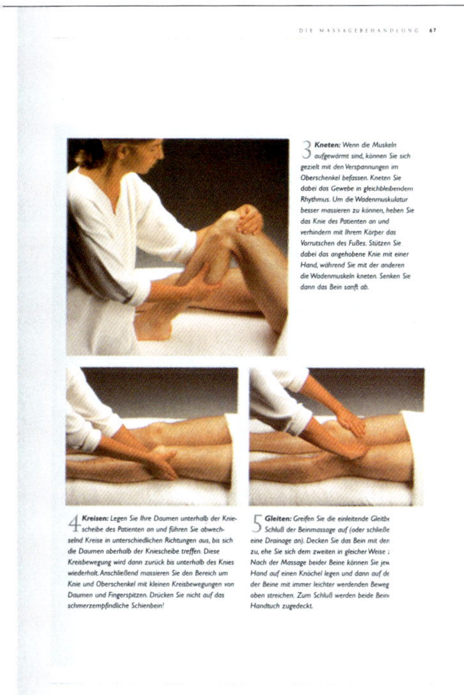

Der dritte Teil des Buches beschreibt den medizinischen Einsatz der Aromatherapie. Er beschreibt die Verfahren zur Laboruntersuchung ätherischer Öle und die Beziehung zwischen dem chemischen Aufbau unterschiedlicher Öle und deren Wirkung auf den Körper. Hier erfahren Sie auch, wie Sie ätherische Öle sicher und wirksam zur Eigenbehandlung verwenden können. In elf Kapiteln werden die einzelnen Beschwerden sowie deren Behandlung mit den entsprechenden Ölen vorgestellt.

Jeder Abschnitt befaßt sich mit den Symptomen einzelner Erkrankungen und der Ernährung, die sie beeinflußt.

Die zur Behandlung geeigneten aromatherapeutischen Öle werden einzeln aufgeführt.

Klinische Informationen zu den Resultaten der wissenschaftlichen Forschung.

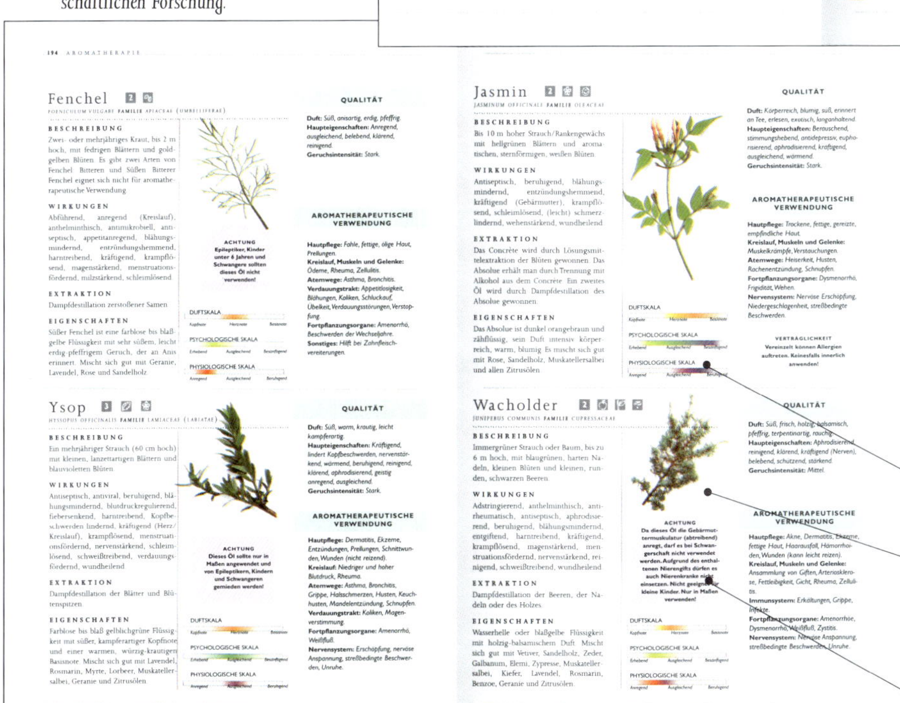

Der vierte Teil des Buches liefert ein Verzeichnis ätherischer Öle, wobei u. a. auf Eigenschaften, Extraktionsverfahren, Einsatzmöglichkeiten im Rahmen der Aromatherapie, Duft sowie physio- und psychologische Auswirkungen eingegangen wird.

Diese Skalen zeigen die Qualität des Dufts und die psychophysiologische Wirkung eines jeden Öls.

Jede einzelne Pflanze ist farbig abgebildet.

Details zur Sicherheit warnen vor Mißbrauch und eventuellen Gefahren im Umgang mit dem Öl.

TEIL EINS

Aspekte der Aromatherapie

Das Interesse an Aromatherapie wächst von Jahr zu Jahr. Immer mehr Hersteller bringen ätherische Öle und aromatherapeutische Produkte auf den Markt, die Zahl der Aromaöle für den Hausgebrauch nimmt ständig zu. Kosmetiksalons, Fitneßstudios und Friseure bieten professionelle aromatherapeutische Behandlung, moderne Krankenhäuser und Gesundheitszentren setzen auf ätherische Öle als Bestandteil ihrer Therapie.

Die Aromatherapie verwendet reine ätherische Öle in einer Vielzahl von medizinischen und kosmetischen Präparaten. Die aus Pflanzen gewonnenen Öle dienen aber auch der Steigerung der Lebensfreude schlechthin. Diese »natürliche« Gesundheitspflege ist jedoch nur ein Aspekt der facettenreichen alternativen oder ergänzenden Medizin und der traditionellen Hausmittel. Obwohl die moderne (oder allopathische) Medizin spektakuläre Erfolge verbucht, verspüren immer mehr Menschen das Bedürfnis, Ratschläge zur Vorbeugung zu erhalten und bei Alltagsbeschwerden ebenso einfache wie wirksame, vor allem aber chemiefreie Heilmittel anwenden zu können. Zudem wächst der Eindruck, daß die moderne Medizin den Menschen eher als eine Sammlung von bisweilen problembehafteten Einzelteilen sieht, und nicht etwa als einen einheitlichen Organismus oder gar als Individuum. Im Unterschied dazu bietet die ergänzende Heilkunde, zu der auch die Aromatherapie gehört, einen ganzheitlichen Behandlungsweg: Sie betrachtet den Menschen als ein Ganzes, dessen kranke Teilaspekte individueller Behandlung bedürfen.

Auf der Suche nach Wegen, wie wir uns ohne synthetische Präparate gesund erhalten können, bieten aromatherapeutische Öle den Vorteil, daß sie vollkommen natürlich und im allgemeinen sicher und leicht anzuwenden sind. Mit ihnen können wir Krankheiten vorbeugen und uns zu Hause pflegen. In der Hand von professionellen Therapeuten finden sie obendrein Verwendung im Rahmen einer breitgefächerten ganzheitlichen Behandlung.

Natürlich ist auch die Aromatherapie nicht ganz so simpel, wie es zunächst scheint. Zum einen wird sie sehr unterschiedlich ausgelegt, zum anderen erfordern die Öle, obgleich »einfache« reine Naturprodukte einer einzelnen Pflanze, aufgrund ihrer Komplexität und Effektivität einen umsichtigen, erfahrenen und gut informierten Anwender.

»Flüchtige Essenzen haben die Menschen schon seit Anbeginn der Zeit geheilt ...«

RENÉ-MAURICE GATTEFOSSÉ

Die Öle kann man einfach wegen ihres Duftes und ihrer Wirkung auf das Gemüt einsetzen. Professionell angewendet, ist jedoch ihr physiologischer Effekt entscheidend, der zumeist durch Einmassieren erzielt wird. Manche Heilpraktiker lassen ätherische Öle allerdings auch inhalieren oder verabreichen sie in exakt vorgeschriebener Dosis oral, was der klinischen Methode des französischen Pioniers René-Maurice Gattefossé entspricht.

»Aromatherapie« bedeutet soviel wie Behandlung durch Aroma oder Duft, ohne dabei auf die Herkunft des Duftes einzugehen. In der Praxis arbeitet Aromatherapie jedoch ausschließlich mit ätherischen Ölen, nicht mit Düften. Für die professionelle Medizin stehen die Substanzen, die Öle selbst und ihre biochemischen Wirkungen im Vordergrund, während für den Hausgebrauch Aroma und sinnliches Vergnügen am Duft die größere Rolle spielen. Zwischen diesen beiden Polen sind kosmetische Aromatherapie und Massage angesiedelt, bei denen Duft und heilende Wirkung Hand in Hand gehen, sowie die einfache medizinische Aromatherapie, die sich der zahlreichen heilenden Wirkstoffe der Öle bedient. Mit ihrem Facettenreichtum und ihrer ästhetischen, praktischen und therapeutischen Bandbreite dürfte die Aromatherapie konkurrenzlos sein.

Das Spektrum der Aromatherapie reicht von der einfachen Anwendung zum sinnlichen Vergnügen.

Ansätze der Aromatherapie

Der therapeutische Einsatz ätherischer Öle ist äußerst vielfältig und trägt so zu ihrer Attraktivität und Einzigartigkeit bei. Auf der einfachsten Stufe werden die Öle als natürliches Parfum, als aromatischer Badezusatz oder Hausmittel verwendet. Weiterhin können sie bei streßlindernder Massage eingesetzt werden. Darüber hinaus setzen klinisch ausgebildete Therapeuten oder Ärzte ausgewählte pflanzliche Essenzen bei der Behandlung schwerer Krankheiten ein.

In früheren Zeiten »bedufteten« die Damen der gehobenen Gesellschaft ihre Salons gerne mit Mischungen von frischen Blütenblättern. Rosen durften hierbei nicht fehlen.

Auch im Orient werden seit Jahrhunderten würzige und exotische Pflanzenöle geschätzt.

Das Spektrum aromatherapeutischer Verwendungsmöglichkeiten läßt sich in fünf Bereiche gliedern. Wenn sich auch zwischen den einzelnen Ansätzen keine strikten Trennlinien ziehen lassen, so erweisen sich solche Klassifikationen zumindest kurzfristig als hilfreich. Die fünf Gebiete sind: einfache Aromatherapie für den Hausgebrauch, kosmetische Aromatherapie, Parfumherstellung und psychotherapeutischer Einsatz von Duftölen aufgrund ihres psychologischen Effekts, Massage mit ätherischen Ölen sowie medizinische und klinische Aromatherapie, bei der ätherische Öle zur Behandlung von Beschwerden zum Einsatz kommen.

EINFACHE AROMATHERAPIE

Bei akuten Gesundheitsproblemen und bei der Behandlung von chronischen Beschwerden sind die direkten Anwendungsmöglichkeiten für aromatische Öle zahlreich und umfassen u. a. deren Verdampfung und Inhalation, aromatische Bäder, örtliche Massage ebenso wie kosmetische Cremes. All das folgt der bewährten Tradition der »einfachen« Hausmittel auf pflanzlicher Basis, die von Generation zu Generation weitergegeben werden. Pflegepersonal und einschlägige Spezialisten können diese einfachen Mittel als Ergänzung zu medizinischen Therapien einsetzen. Gleichzeitig dienen sie auch der Vorbeugung von Infektionskrankheiten und fördern das allgemeine Wohlbefinden.

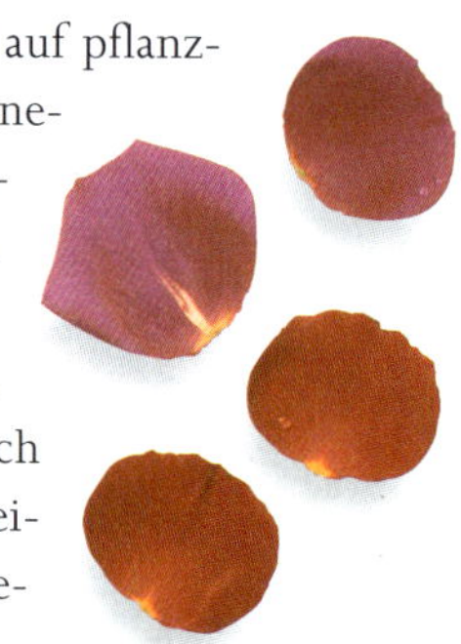

ROSENBLÄTTER

KOSMETISCHE AROMATHERAPIE

Die Verwendung ätherischer Öle zur Haut- und Schönheitspflege zählt zu den klassischen Spezialgebieten der Aromatherapie. Erwiesenermaßen benutzten bereits primitive Kulturen natürliche Aromastoffe, um sich zu schmücken und zu verschönern. Diese Tradition hat sich bei vielen Eingeborenenvölkern bis heute erhalten. Die ältesten und zugleich fruchtbarsten Zeugnisse der kosmetischen Verwendung aromatischen Materials finden sich in ägyptischen Hochkulturen und sind über 5000 Jahre alt. Aromatische Kräuter, Gummis und Öle waren Bestandteile sorgfältig gemischter Salben und anderer Schönheitsprodukte, waren aber auch beim Einbalsamieren unentbehrlich. Man könnte die alten Ägypter als Vorreiter der modernen Kosmetik betrachten, die auch mit ätherischen Ölen arbeitet.

»Die Rosen von Heliogabalus« von Sir Lawrence Alma-Tadema, 1836–1912.

PSYCHO-AROMATHERAPIE UND PARFUMHERSTELLUNG

Der Begriff Psycho-Aromatherapie beschreibt die Verwendung ätherischer Öle aufgrund ihrer psychotherapeutischen Heileffekte, die vor allem durch Inhalation erzielt werden. Die psychotherapeutische Praxis untersucht, auf welche Weise pflanzliche Aromen Stimmungen und Gefühle beeinflussen, indem sie entspannend oder aber stimulierend wirken. Das unterscheidet sie von der Aromachologie, die den therapeutischen Wert von natürlichen und künstlichen Düften in Hinblick auf ihre kommerzielle Verwertung in der Parfumindustrie erforscht. Psycho-Aromatherapie und die Kunst der Parfumherstellung haben dennoch viel gemeinsam, da alle Parfums ursprünglich auf natürlichen Aromen basierten und beide Wissenschaften sich mit den psychologischen Wirkungen von Düften befassen, was ein hohes Maß an olfaktorischem Urteilsvermögen und Wissen voraussetzt.

AROMATHERAPIE-MASSAGE

Die Kombination von Massage und ätherischen Ölen bietet zahlreiche Vorteile. Sie ist die zentrale Methode professioneller Aromatherapeuten auf dem Sektor der alternativen Gesundheitspflege. Die aromatherapeutische Massage wurde maßgeblich von der französischen Pionierin Marguerite Maury geprägt: Sie untersuchte die heilenden und stärkenden Eigenschaften von Aromen, wenn man sie auf die Haut aufträgt. Vor allem bei streßbedingten Beschwerden erweist sich dieser Ansatz als vielversprechend; allerdings erfordert er fundierte Kenntnisse zu Anatomie und Massage sowie über die zahlreichen Eigenschaften der ätherischen Öle.

MEDIZINISCHE AROMATHERAPIE

Medizinische Aromatherapie umfaßt den systematischen Einsatz von ätherischen Ölen bei der Behandlung von klinisch diagnostizierten Erkrankungen. Sie bedient sich einer breiten Palette an Heilmethoden einschließlich der innerlichen Anwendung und sollte nur von Ärzten oder Naturheilpraktikern durchgeführt werden, die eine mehrjährige Ausbildung durchlaufen haben. Dies fordern jedenfalls der Begründer der modernen Aromatherapie, René-Maurice Gattefossé, und seine Nachfolger.

Jasmin ist eine der zahlreichen aromatischen Pflanzen mit medizinisch wirksamen Eigenschaften.

Einführung in die Aromatherapie

Die Praxis der Aromatherapie beruht auf den Prinzipien ganzheitlicher Gesundheitspflege. Während die Schulmedizin Beschwerden mit spezifischen Heilmitteln begegnet, vertritt die ganzheitliche Methode eine Behandlung auf mehreren Ebenen: Die Luft, die wir atmen, unsere Ernährung, Bewegung, Entspannung und unsere emotionale und geistige Befindlichkeit werden bei der Aromatherapie gleichermaßen berücksichtigt.

»Bewußt oder unbewußt vermag jedes Wesen, sich selbst oder andere zu heilen ...«

INAYAT KHAN

Die ganzheitliche Gesundheitspflege bemüht sich mehr um gesunde Lebensweise und Vorbeugung als um die Behandlung einzelner Symptome. Bei jedem »Unwohlsein« geht es vordringlich darum, nach der Bewertung des physischen und psychischen Gesundheitszustandes die Wurzel des Problems anzugehen und gleichzeitig die natürlichen Abwehrkräfte des Körpers zu stärken. Viel sinnvoller ist es jedoch, das Problem gar nicht erst entstehen zu lassen!

Unsere westliche Gesellschaft räumt der vorbeugenden Medizin einen geringen Stellenwert ein. Ist es doch allzu leicht, die Gesundheit zu vernachlässigen und bei Problemen zu Pillen zu greifen. Die Menschen in Fernen Osten lassen zum Beispiel bei Körper und Geist größere Vorsicht walten. Etwa beim Wechsel der Jahreszeiten unterziehen sich dort zahlreiche Einwohner traditionell einer Akupunkturbehandlung, um Geist und Körper auf das kommende Quartal optimal einzustimmen. Die allmorgendlichen Tai-Chi-Übungen im Freien, denen sich junge und alte Chinesen gleichermaßen widmen, besitzen ebenfalls eine sehr lange Tradition: Die Kombination aus leichtem Training und meditativen Bewegungen fördert Gesundheit, Beweglichkeit und ein langes Leben.

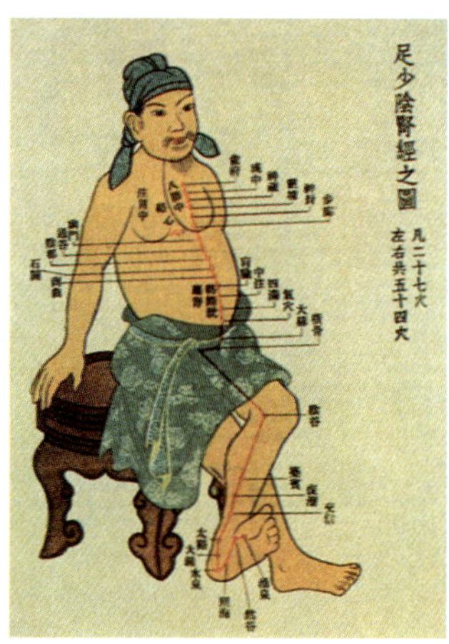

Die chinesische Medizin versteht Akupunktur von alters her als Form der vorbeugenden Medizin.

Tai-Chi-Übungen sorgen für geistige und körperliche Frische bis ins hohe Alter.

Unter dem Aspekt ganzheitlicher Gesundheit tragen ausgewogene Ernährung, frische Luft, ausreichende Bewegung im Zusammenklang mit emotionaler Sicherheit, intellektueller Befriedigung und täglicher geistig-seelischer Nahrung zum Wohlbefinden bei. Pflanzliche Stärkungsmittel und naturlichbelassene Aromen nehmen in der Präventivmedizin etlicher alter und moderner Kulturen einen hohen Rang ein. Nach dem Ansatz der Aromatherapie verfügen Menschen, die täglich ätherische Öle anwenden, sei es als Badezusatz, Kosmetika oder im Haushalt, über gesteigerte Abwehrkräfte, werden selten krank und regenerieren sich nach Krankheiten relativ schnell.

Ätherische Öle wirken positiv auf die Psyche, wobei sie gleichzeitig – auf einer eher physiologischen Ebene – das Immunsystem anregen und diverse vorbeugende und heilende Eigenschaften aufweisen. So formuliert Dr. Daniel Penoël, der französische Arzt und Aromatherapeut: »Aromatische Medizin ist vorbeugende Heilung, die sich auf die entwicklungsgeschichtlichen Aspekte aller Lebewesen der Biosphäre stützt, sowohl aus dem Tier- wie aus dem Pflanzenreich.«

In unserer modernen Industriegesellschaft sieht sich das Individuum zahlreichen Zwängen und Spannungen ausgesetzt. Werden diese nicht erkannt, können sie zu ernsthaften gesundheitlichen Problemen führen. Die Aromatherapie mit ihrem ganzheitlichen Verständnis von Gesundheit und Wohlbefinden ist eine Methode, die hier vermittelnd eingreifen und dazu beitragen kann, langfristige Störungen zu vermeiden.

Ein ganzheitlicher Ansatz

Neben Aromatherapie und Naturheilkunde kennt die ganzheitliche Medizin zahlreiche andere alternative Behandlungsmöglichkeiten, die sich wechselseitig ergänzen. So kann z. B. eine Gelenkentzündung von einem mehrschichtigen Therapieansatz profitieren, der ausgewählte pflanzliche Arzneien, eine Umstellung der Eßgewohnheiten, behutsame sportliche Betätigung, Aromabäder, Massagen, spezifische Osteopathie und vielleicht sogar psychotherapeutische Beratung umfaßt. Andererseits ist es möglich, leichtere Beschwerden wie Furunkel oder Blutergüsse in Absprache mit einem Arzt oder Heilpraktiker zu Hause zu behandeln, indem man Ernährung und aromatische Anwendungen sinnvoll miteinander kombiniert. Dieses Buch verweist, wo immer möglich, auf verwandte Behandlungsmethoden.

Im Abschnitt zu den aromatischen Heilmitteln (S. 96–175) werden Beschwerden definiert und verschiedene Behandlungsformen vorgeschlagen. Dabei werden zusätzlich zur Anwendung ätherischer Öle Techniken genannt, die die Heilung unterstützen können. »Man ist, was man ißt« mag ein abgegriffenes Motto sein, hat aber dennoch einen wahren Kern. In der ganzheitlichen Gesundheitspflege und im Bereich der Präventivmedizin ist neben einer positiven Grundeinstellung die Ernährung für das Wohlbefinden enorm wichtig. Ein entsprechender Anhang am Ende des Buches (S. 215) informiert über wichtige Vitamine und ihr Vorkommen in unserer Nahrung.

Dieses Buch diskutiert auch die Verwendung von Bach-Blüten, Allergietests, Osteopathie, Psychotherapie, Yoga, Entspannungsübungen, Meditation und Gebet. Obwohl die alternative Medizin im Vordergrund steht, sollten schulmedizinische und alternative Ansätze nicht als Gegenspieler verstanden werden. Beide Wege sind wertvoll. Was wir heute brauchen, ist die Verbindung moderner wissenschaftlicher Techniken mit althergebrachtem Wissen. Während man etwa in Indien und China Formen von traditioneller Medizin neben neugewonnenen chirurgischen Fähigkeiten und anderen innovativen Techniken einsetzt, wächst im Westen das Interesse an Einsatzmöglichkeiten aromatischer Substanzen und der Kräuterheilkunde.

Borretsch wird als Basisöl verwendet und ist besonders heilsam für die Haut.

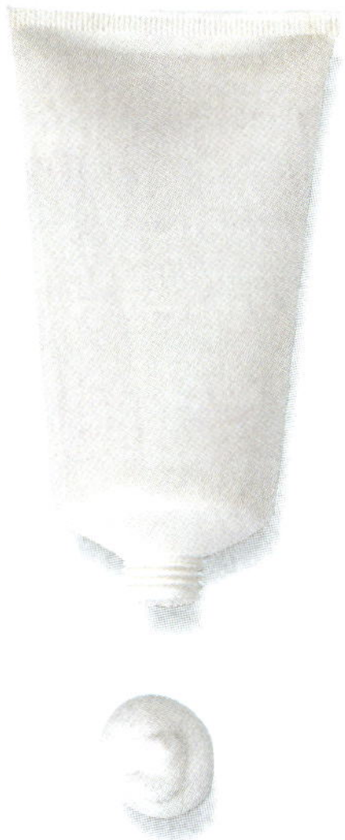

Kräuterheilkundler verschreiben bei einer Reihe von Beschwerden Salben auf pflanzlicher Basis.

KÖRPER UND GEIST

Die Aromatherapie betrachtet Körper und Geist als Einheit. Während der Duft ätherischer Öle die Gefühle beeinflussen kann, wirkt sich die Chemie der Öle positiv auf den Körper aus.

Eine gesunde, ausgewogene Ernährung mit viel frischem Obst trägt erheblich zum Erhalt der Gesundheit bei.

Yoga macht den Körper nicht nur geschmeidiger, sondern fördert auch ein ausgeprägtes Geist-Körper-Bewußtsein.

Die aromatische Hausapotheke

Ätherische Öle eignen sich, je nach Anwendungsgebiet, ideal zur Selbsthilfe, da sie nicht nur wirksam vorbeugen und Alltagsbeschwerden lindern, sondern auch einfach zu handhaben sind. Es lohnt sich, in der Hausapotheke eine Sammlung der nützlichsten ätherischen Öle anzulegen, die auch eine Auswahl von pflanzlichen Basis- oder Trägerölen und Cremes umfaßt. Zu den wichtigsten gehören Arnikasalbe, Calendulacreme oder -öl, Traubenkernöl, Süßes Mandelöl, Jojoba- und Weizenkeimöl (*vgl. S. 84 f. mit der vollständigen Liste von Basisölen*).

Ätherische Öle werden nicht nur bei akuten Problemen oder Alltagsbeschwerden verwendet, sondern auch als Badeöle, Parfums und Raumdüfte. Selbst wenn man sie nur aus sinnlichen Gründen benutzt, erfüllen sie einen therapeutischen Zweck. Ein kleines Ölset kann sich zu Hause, am Arbeitsplatz oder auf Reisen als nützlich erweisen. Folgende fünf Öle sollten deshalb Bestandteile Ihrer Haus- und Reiseapotheke sein: *Lavendel, Teebaum, Rosmarin, Römische Kamille* und *Pfefferminze*.

Eine zweite Gruppe mit 30 Ölen dürfte genauso wichtig, wenn auch weniger beliebt oder wohlriechend sein (*vgl. untenstehender Kasten*). In dem Abschnitt zu bestimmten Heilmitteln (S. 96) werden in den meisten Fällen für jede Krankheit mehrere Öle genannt, darunter auch einige aus der unten genannten Gruppe 3. Natürlich braucht man nicht alle der aufgeführten Öle zu kaufen, da sich die häufigsten Beschwerden mit bis zu fünf Ölen behandeln lassen, vor allem, wenn man die Öle auf unterschiedliche Weise miteinander kombiniert. Die empfohlenen Mischungen, die in den jeweiligen Kapiteln zur Behandlung einzelner Krankheiten farblich hervorgehoben werden, lassen sich samt und sonders aus den unten genannten ätherischen Ölen herstellen.

Ein schlichtes Medizinschränkchen ist der ideale Aufbewahrungsort für ätherische Öle.

ÄTHERISCHE ÖLE FÜR DIE HAUSAPOTHEKE

GRUPPE 1

Lavendel ist vielseitig einsetzbar, vor allem bei streßbedingten Störungen und bei Hautproblemen.

Teebaum ist aufgrund seiner antiviralen, antiseptischen, fungiziden und immunstimulierenden Eigenschaften unverzichtbar.

Rosmarin wirkt schleimlösend, anregend sowie stärkend auf den ganzen Organismus.

Römische Kamille wirkt sanft entspannend und entzündungshemmend – besonders bei Kindern.

Pfefferminze hilft bei Fieber, Verdauungsbeschwerden, Übelkeit oder Magenverstimmung und bei akuten Erkrankungen der Atemwege.

GRUPPE 2

Atlaszeder ❧ Baldrian ❧ Basilikum ❧ Bergamotte ❧ Blaugummi-Eukalyptus ❧ Echte (Deutsche) Kamille ❧ Fenchel ❧ Geranie ❧ Gewürznelke ❧ Grapefruit ❧ Ingwer ❧ Jasmin ❧ Karottensamen ❧ Majoran ❧ Marokkanische Rose ❧ Muskatellersalbei ❧ Myrrhe ❧ Myrte ❧ Neroli ❧ Patschuli ❧ Sandelholz ❧ Kiefernnadel ❧ Schwarzer Pfeffer ❧ Spanischer Salbei ❧ Wacholder ❧ Weihrauch ❧ Thymian ❧ Ylang Ylang ❧ Zitronen-Eukalyptus ❧ Zypresse

GRUPPE 3

Angelikawurzel ❧ Anis ❧ Benzoe ❧ Dillsamen ❧ Elemi ❧ Galbanum ❧ Kajeput ❧ Kampfer ❧ Kardamom ❧ Koriander ❧ Limette ❧ Mandarine ❧ Melisse ❧ Muskat ❧ Palmarosa ❧ Petersiliensamen ❧ Petitgrain ❧ Rosenholz ❧ Schafgarbe ❧ Selleriesamen ❧ Süßorange ❧ Tagetes ❧ Vetiver ❧ Virginia-Zeder ❧ Westindischer Lorbeer ❧ Ysop ❧ Zimtblatt ❧ Zitrone ❧ Zitronelle ❧ Zitronengras

Aromatische Bäder

In der Badewanne zeigen sich die ätherischen Öle von ihrer wohltuendsten Seite: Bei einem warmen Bad haben sie eine entspannende, beim kurzen Eintauchen in ein heißes oder aber kaltes Bad hingegen eine anregende Wirkung. Schon seit Jahrhunderten weiß man um den therapeutischen Wert des Badens. So führen uns auch heute noch zahlreiche Bäder aus der Römerzeit vor Augen, mit welcher Raffinesse heiße und kalte Abteilungen, Dampfräume und Einrichtungen zur Aromamassage genutzt wurden. Sehr heiße Bäder sind schweißtreibend, was bei ansteckenden Krankheiten und im Zuge der Entschlackung und Entgiftung bedeutsam ist. Auf Dauer können sie jedoch der Haut die Spannkraft entziehen und den Körper auslaugen. Ein warmes oder mäßig heißes Bad beruhigt und entspannt Körper und Geist, während kühles oder kaltes Wasser den Kreislauf stimuliert. Lauwarme Bäder lindern Fieber.

Ein Duftsäckchen aromatisiert das in die Wanne laufende Badewasser.

MAJORAN

REINE ESSENZEN

Die einfachste und beliebteste Methode, ätherische Öle als Badezusatz zu verwenden, besteht darin, 5–10 Tropfen des Öls Ihrer Wahl (oder einer Mischung verschiedener Öle) in die volle Wanne zu geben und sich dann dem aromatischen Genuß hinzugeben. Lavendel entspannt, Rosmarin regt an, Majoran lindert Muskelschmerzen.

Bittersalz ist ein probater Badezusatz bei Muskelsteife.

ROSMARIN

Rosmarin regt an, Majoran lockert verkrampfte Muskeln.

BADESÄCKCHEN

Füllen Sie ein Säckchen aus Musselin mit einer Auswahl frischer Kräuter oder duftender Blüten, z. B. Lavendel, Rose, Zitronenmelisse und Kamille, und binden Sie es lose zu. Stellen Sie dabei die Kräuter nach ihrem Duft und ihren therapeutischen Eigenschaften zusammen, wobei Sie natürlich auch einige Tropfen ätherisches Öl dazugeben können, um das Aroma zu unterstreichen. Das fertige Beutelchen wird an den Wasserhahn gebunden, während das heiße Wasser in die Wanne fließt.

BADESALZ

Bittersalz (Magnesiumsulfat) oder Salz aus dem Toten Meer sind heilende Substanzen, die sich ideal mit ätherischen Ölen kombinieren lassen. Salz enthält wichtige Mineralien, alkalisiert den Körper, entzieht den Muskeln und Gelenken überschüssige Säure und regt die Produktion der Schweißdrüsen an, was bei ansteckenden Krankheiten, Rheuma, Arthritis und allgemeiner Anspannung förderlich wirkt. Lösen Sie eine oder zwei Handvoll Bittersalz in kochendem Wasser, fügen Sie einige Tropfen ätherisches Öl dazu und gießen Sie die Mixtur in die Wanne. Oder aber Sie nehmen 5 Tropfen ätherisches Öl auf eine Handvoll Bittersalz bzw. Totes-Meer-Salz, schütten diese Mischung in die Wanne und rühren das Wasser gut durch.

Eine wahre Wohltat!

ACHTUNG

Um Hautreizungen zu vermeiden, sollten Sie unbedingt vor der Verwendung eines Badeöls den Beipackzettel lesen! Nähere Informationen zu jedem Öl finden Sie auf S. 178–210. In der Schwangerschaft und für Kleinkinder sollten Sie nur in Absprache mit einem Arzt/Heilpraktiker aromatische Bäder anwenden. Für Babys ist maximal die Hälfte der angegebenen Ölmenge anzuraten.

FEUCHTIGKEITSSPENDENDE BADEÖLE

Man kann auch einige Tropfen ätherisches Öl mit einem Teelöffel pflanzliches Öl – beispielsweise Süßes Mandelöl – mischen, ehe man sie in das Badewasser gibt. Das spendet Feuchtigkeit und fördert die gleichmäßige Verteilung des Öls im Wasser, was bei Säuglingen und Kleinkindern besonders wichtig ist. Zur Herstellung einer größeren Menge können Sie 200 Tropfen ätherisches Öl (oder Ölmischung) mit 100 ml Jojobaöl oder einem anderen Basis- bzw. Trägeröl vermengen (vgl. S. 84 f), das 5 % Weizenkeimöl beinhaltet. Zur Aufbewahrung eignen sich getönte Glasflaschen. Ein Teelöffel dieser Mischung genügt als Badezusatz.

Zwei oder drei Tropfen eines beruhigenden Öls in Babys Badewasser können allen Familienmitgliedern zu einer ruhigen Nacht verhelfen.

FUSS- UND HANDBÄDER

Ein heißes, aromatisches Fußbad hilft nicht nur gegen Frösteln, Arthritis, Rheuma und Fußbeschwerden, sondern lindert auch Überanstrengung und Streß (mit Lavendel und Majoran) und übermäßiges Schwitzen (mit Teebaum und Rosmarin). Geben Sie einfach 5 oder 6 Tropfen ätherisches Öl in eine Schüssel warmes bzw. heißes Wasser und tauchen Sie Hände oder Arme etwa 10 Minuten lang ein. Oder aber Sie verdünnen die ätherischen Öle zuvor mit einem Teelöffel Apfelessig, mit Honig oder auch mit einem beliebigen feuchtigkeitsspendenden pflanzlichen Öl.

Aus Baldrian wird ein Öl gewonnen, das Nervenanspannung und Schlaflosigkeit entgegenwirkt.

SITZBÄDER UND SPÜLUNGEN

3–5 Tropfen eines geeigneten Öls, in einem warmen Sitzbad aufgelöst, lindern Unterleibs- oder Harnwegsbeschwerden wie Juckreiz, Blasenentzündung oder Pilzerkrankungen. So beschleunigt eine Mischung aus Zypresse und Lavendel die Heilung eines Dammrisses nach der Entbindung. Die Instrumente für Einläufe oder Spülungen bekommen Sie in der Apotheke. Vermengen Sie 3–5 Tropfen ätherisches Öl mit warmem Wasser – Bergamotte und Teebaum lindern Pilzerkrankungen.

SAUNA

In Skandinavien gilt die Sauna als klassische Methode, den ganzen Organismus zu reinigen und zu kräftigen. Trockene Hitze und Dampf öffnen die Poren und fördern so den Abtransport von Schlacken. Der anschließende Sprung ins eiskalte Wasser schließt die Poren und erfrischt die Haut. In Finnland, der Heimat der Sauna, peitscht man die Haut mit zarten Birkenzweigen, nicht nur des Aromas wegen, sondern vor allem, um die Durchblutung anzuregen. Am geeignetsten für den Einsatz in der traditionellen Sauna sind frischduftende Öle wie Kiefer, Wacholder, Myrte, Eukalyptus und Zeder. (Sehr schwere oder blumige Öle wie Lavendel, Ylang Ylang oder Patschuli sind zu mächtig und sollten deshalb nicht verwendet werden.) Um ein duftendes und erfrischendes Dampfbad zu erhalten, vermengen Sie 2 oder 3 Tropfen ätherisches Öl mit einem halben Liter warmen Wasser und gießen Sie diese Mixtur auf den Sauna-Ofen.

Den Abschluß der klassischen skandinavischen Sauna bildet das anregende Schlagen mit Birkenzweigen. Kiefer und andere frisch duftende Öle eignen sich optimal für die Sauna.

Therapeutische Massage und Körperöle

LPIPETTE

Massage ist das Herzstück der professionellen Aromatherapie, kann aber auch zu Hause – als Eigen- oder Partnermassage – durchgeführt werden. Das Körperöl wird optimal aufgenommen, wenn die Poren nach einem warmen Bad geöffnet sind.

Zur Massage oder zum Einreiben der Haut mischt man für gewöhnlich wenige Tropfen eines ätherischen Öls mit einer größeren Menge Basis- oder Trägeröl, z. B. einem leichten pflanzlichen Öl wie Süßes Mandel- oder Traubenkernöl. Bei der Zubereitung eines Körper- oder Massageöls sollte man 5–30 Tropfen ätherisches Öl in einer Flasche mit 50 ml Basisöl verdünnen, je nachdem, welches ätherische Öl man für welchen Zweck einsetzen möchte. Normalerweise geht man bei einer Massage für Erwachsene von einer 2,5%igen Verdünnung (s. u.) aus. Um die benötigte Ölmenge zu berechnen, bemessen Sie die Menge des Basisöls in Millilitern und fügen Sie halb so viele Tropfen ätherisches Öl hinzu.

Beschwerden wie Muskelschmerzen oder Rheuma erfordern eine höhere Konzentration (etwa 3 %) als emotional bedingte Unpäßlichkeiten wie Niedergeschlagenheit, Schlaflosigkeit und Streß (1,5–2 %). Körperöle für Menschen mit empfindlicher Haut sowie Gesichtslotionen sollten noch stärker verdünnt sein (0,5–1 %). Bei Babys, Kindern und Schwangeren dürfen nur in Absprache mit einem Arzt/Heilpraktiker *stark verdünnte* Mischungen angewendet werden (0,5 %) – *vgl. auch Hinweise zur Sicherheit, S. 211.* Die untenstehenden Tabellen geben Ihnen Hinweise zum Mischungsverhältnis von ätherischem Öl und Basisöl.

Derart gemischte Öle halten sich einige Wochen, wenn sie kühl, dunkel und gut verschlossen aufbewahrt werden. So kann eine Mischung von 5–15 % Weizenkeim- und Trägeröl bis zu drei Monate lang verwendet werden. Jojobaöl eignet sich ebenfalls als Basis- oder Trägeröl, da es als ein flüssiges Wachs nicht ranzig wird. Weitere Informationen finden sich auf S. 84 f.

STANDARDVERDÜNNUNG (2,5 %)

Menge an Basisöl	*Ätherisches Öl in Tropfen*
1 Teelöffel/5 ml	2–3
1 Eßlöffel/15 ml	6–7
25 ml	12–13
50 ml	25
100 ml	50

BESONDERE VERDÜNNUNG

Für 50 ml Basisöl:

Mischungsanteil	*Ätherisches Öl in Tropfen*
0,5 %	5
1 %	10
1,5 %	15
2 %	20
2,5 %	25
3 %	30

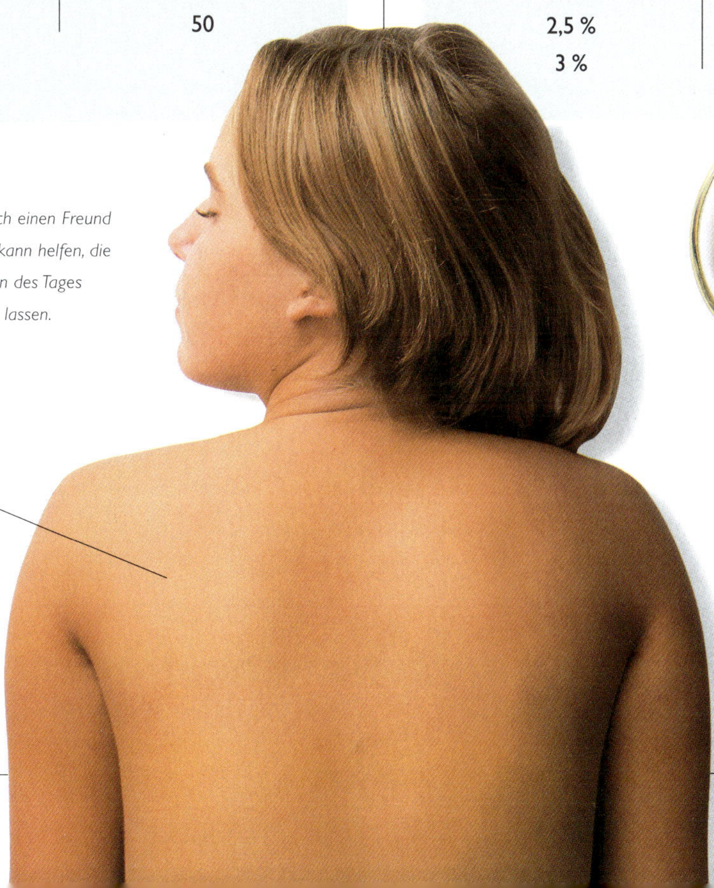

Massage durch einen Freund oder Partner kann helfen, die Anspannungen des Tages hinter sich zu lassen.

Die Schultern verspannen sich häufig.

Massageöle können auf Vorrat gemischt und in dunklen Glasflaschen bis zu drei Monaten aufbewahrt werden.

Duftlampen und Dampfinhalation

Ätherische Öle sind äußerst flüchtig und verdunsten, sobald sie mit der Luft in Berührung kommen, wobei sie ihr Aroma freisetzen. Beim Einatmen dieser Düfte nehmen wir die Essenz auf zweierlei Weise auf: Während der Duft bestimmte Rezeptoren im Gehirn anspricht, werden Moleküle der Substanz in den Blutkreislauf aufgenommen und durch den Körper transportiert. Die heilsame Wirkung vieler Öle liegt darin, daß sie stark antiseptische Eigenschaften haben und so die Atemluft von Bakterien gereinigt wird. Erwärmen des Öls beschleunigt den Verdampfungsprozeß.

Klassische Duftlampe mit Teelicht.

Verdampfte ätherische Öle können unterschiedlich eingesetzt werden: Stark duftende Öle wie Basilikum aromatisieren einen Raum und vertreiben unerwünschte Gerüche. Antiseptische Öle wie Eukalyptus töten Bakterien ab, die bei ansteckenden Krankheiten entstehen. Zitronelle vertreibt Mücken und andere Insekten, Rosmarin schafft bei Atemwegsbeschwerden Erleichterung. Im folgenden werden die fünf wichtigsten Methoden zur optimalen Verdampfung ätherischer Öle vorgestellt.

DUFTLAMPEN

Spezielle Duftlampen aus Keramik oder Metall gibt es in Fachgeschäften wie Reformhäusern und Drogerien. Man gibt einige Tropfen ätherisches Öl in die Schale dieses Geräts, unter der man dann ein Teelicht entzündet, das das Öl erwärmt und verdunsten läßt. Um diesen Prozeß zu verlangsamen, kann man dem Öl einige Tropfen Wasser beimengen. Aus Sicherheitsgründen sollten Verdunster mit offener Flamme außerhalb der Reichweite von Kindern oder Haustieren verwendet werden.

BASILIKUM

ELEKTRISCHE VERDUNSTER

Elektrische Verdunster – erhältlich im aromatherapeutischen Fachhandel – sind zwar etwas teurer als einfache Duftlampen, haben dafür aber den Vorteil, ohne offene Flamme zu funktionieren. Sie eignen sich deshalb besonders für einen nächtlichen Einsatz. Darüber hinaus kann man bei zahlreichen elektrischen Geräten auch den Grad der Verdunstung einstellen.

VERDUNSTUNGSRING FÜR GLÜHBIRNEN

Man kann auch einfach einen Verdunstungsring aus Metall oder Keramik auf eine kalte Glühbirne legen, etwas Öl daraufträufeln und das Licht einschalten.

VERDUNSTUNGSRING

ACHTUNG

Niemals das Öl direkt auf eine Glühbirne aufbringen – das könnte zu einer Explosion führen!

ZITRONELLE

ÖLE, DIE SICH FÜR VERDUNSTER EIGNEN

Zur Desinfektion des Krankenzimmers:
Eukalyptus, Myrrhe, Thymian, Kiefer, Teebaum
Als Lufterfrischer:
Basilikum, Bergamotte, Lavendel
Zum Vertreiben von Insekten:
Zitronelle, Geranie
Als sinnlicher Duft:
Schwarzer Pfeffer, Muskatellersalbei
Für einen klaren Kopf:
Ysop, Majoran, Pfefferminze

Verdunster mit antiseptischen Ölen verbessern die Luft im Krankenzimmer.

Bei elektrischen Verdunstern läßt sich der Verdunstungsgrad einstellen.

Hängen Sie Bänder über der Heizung auf.

Langsam entfaltet sich das Aroma.

Wenige Tropfen eines geeigneten Öls, auf Bänder oder ein Stück Stoff aufgetragen, können Insekten vertreiben, Krankheitskeime töten oder im ganzen Raum Wohlgeruch verbreiten.

DAMPFINHALATION

Die Verdampfung ätherischer Öle in heißem Wasser bringt vor allem bei Atemwegsbeschwerden wie Keuchhusten Erleichterung. Zudem erhöht sie in beheizten Räumen die Luftfeuchtigkeit: Geben Sie einige Tropfen ätherisches Öl in eine Schale, die dann auf der Heizung oder einer sonstigen Wärmequelle plaziert wird.

Unmittelbare Inhalation eignet sich besonders bei Infektionen von Nebenhöhlen, Hals und Lunge. Auch dampfendheiße Bäder mit 5–6 Tropfen schleimlösender, hautfreundlicher Öle wie Myrte oder Rosmarin lindern die Beschwerden. Diese Methode wirkt auch als eine Art Gesichtssauna: Mit Hilfe von reinigenden, antiseptischen Ölen wie Teebaum unterstützt man die Öffnung der Poren und erzielt eine allgemeine Klärung des Teints.

DUFTENDE STOFFE

Husten und Erkältungen kann man mit einfachen Mitteln lindern, indem man ein paar Tropfen eines schleimlösenden ätherischen Öls wie Myrte auf Kopfkissen, Schlafanzug oder Taschentuch tupft. Insekten lassen sich vertreiben, wenn man einige Tropfen ätherisches Öl, beispielsweise Geranie, auf aufgehängte Bänder oder die Kleidung gibt. Da ätherische Öle flüchtig sind, lassen sie im Unterschied zu pflanzlichen Ölen keinerlei Spuren auf dem Stoff zurück.

INHALIEREN BEI ERKÄLTUNG

Geben Sie etwa 5 Tropfen eines schleimlösenden ätherischen Öls (z. B. Pfefferminze) in eine Schüssel dampfendheißen Wassers (nur so heiß, wie man es gut ertragen kann), breiten Sie ein Handtuch über Ihren Kopf und inhalieren Sie mit geschlossenen Augen etwa 3 Minuten lang.

PFEFFERMINZE

Inhalieren von verdampfenden ätherischen Ölen aus einer Schüssel mit heißem Wasser ist ein bewährtes Hausmittel gegen Atemwegserkrankungen.

Ein paar Tropfen Öl auf einem Taschentuch können im Laufe des Tages wiederholt inhaliert werden.

Aromatherapeutische Hausmittel

Ätherische Öle können im Haushalt vielseitig und nutzbringend verwendet werden: Ihr Einsatz ist, besonders im medizinischen Bereich, oft an Heilkräuter gekoppelt oder beruht auf der althergebrachten Verwendung von Blüten und Kräutern. Die fünf elementaren Öle für die Hausapotheke (S. 18) eignen sich für Erste-Hilfe-Maßnahmen wie zur Behandlung chronischer Beschwerden, während die Zusammenstellung von Parfums und Düften vordringlich eine Frage des individuellen Geschmacks ist.

ACHTUNG

Ätherische Öle sollten niemals unverdünnt oder innerlich angewendet werden, ohne daß ein Arzt/Heilpraktiker dazu rät. Befolgen Sie strikt die Gebrauchsanweisung!

HEISSE UND KALTE KOMPRESSEN

Heiße Kompressen wirken bei Schmerzen, Muskelschmerzen und starken Verspannungen. Kalte Kompressen dagegen lindern Schwellungen, Prellungen, Kopfschmerzen, Migräne und Zerrungen.

VORBEREITUNG VON KOMPRESSEN

Heiße Kompressen bereitet man zu, indem man einen sauberen Waschlappen oder ein saugfähiges Baumwolltuch in eine Schüssel mit etwa 500 ml heißem Wasser (Achtung vor Verbrühungen!) taucht, dem 5–6 Tropfen ätherisches Öl, z. B. Lavendel, zugegeben wurden. Das Tuch auswringen und auf die betroffene Stelle legen. Notfalls mit einer Bandage befestigen und nach Bedarf wiederholen.

Für eine kalte Kompresse taucht man einen sauberen Waschlappen oder Wattebausch in kaltes Wasser, in das man zuvor 5–6 Tropfen kühlendes Öl, z. B. Pfefferminze, gegeben hat. Sie können aber auch einen Eiswürfel mit einem Tuch umwickeln. Die Kompresse so lange erneuern und auflegen, bis die Schwellung oder der Schmerz nachläßt.

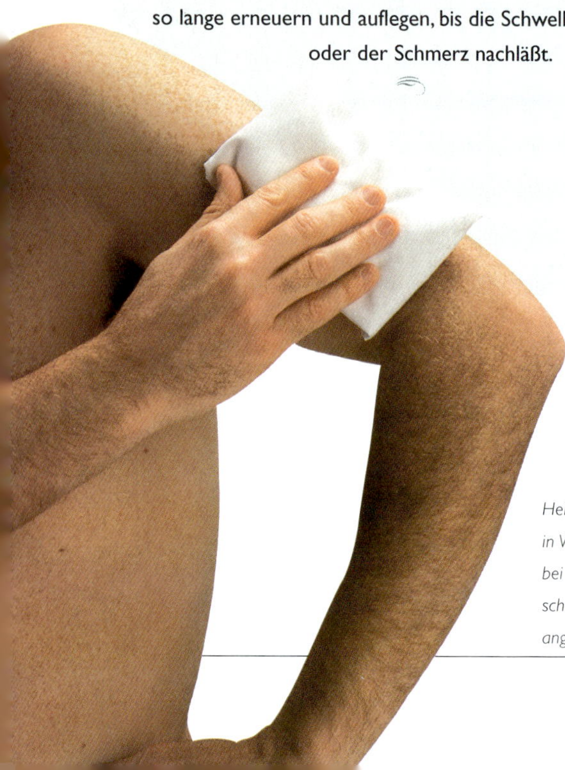

Heiße und kalte Kompressen können in Verbindung mit geeigneten Ölen bei Verletzungen, Schmerzen, Kopfschmerzen und Verdauungsproblemen angewendet werden.

GURGELN UND MUNDSPÜLUNGEN

Zur Behandlung von Entzündungen im Mund- und Rachenraum, bei Mundgeruch etc. geben Sie 3–5 Tropfen ätherisches Öl, z. B. Fenchel oder Thymian, in ein Glas abgekochtes, warmes Wasser und rühren gut um. Anschließend ausspülen bzw. gurgeln.

UNVERDÜNNTE ÖLE

Ätherische Öle sollten aufgrund ihrer hohen Konzentration niemals unverdünnt mit der Haut in Berührung kommen, da manche Öle Reizungen, Brennen oder Kribbeln verursachen. Allerdings gibt es zu dieser Regel in Absprache mit einem Arzt/Heilpraktiker auch Ausnahmen. *(Vgl. Erste Hilfe, S. 25; Parfums und Haushaltsdüfte, S. 25.)*

THYMIAN

Gurgeln mit Wasser und einigen Tropfen Thymianöl beruhigt Hals- und diverse Mundentzündungen.

ERSTE HILFE

Kalte Kompressen schaffen Linderung bei Bienenstichen.

Lavendelöl beruhigt und unterstützt die rasche Wundheilung, manchmal ohne daß eine Narbe zurückbleibt. Es kann als Erste Hilfe auf Insektenstiche und kleine Schnittwunden aufgetragen werden. Gleiches gilt für Teebaumöl. Sie sollten immer eine Einreibeprobe vornehmen und nur hochwertige, auf Rückstände kontrollierte Öle verwenden. (*Vgl. S. 211.*)

DESINFEKTIONSMITTEL

Öle wie Teebaum und Lavendel eignen sich zur Desinfektion von Kleidung oder Windeln. Geben Sie bis zu 50 Tropfen zur Handwäsche in warmem Wasser bzw. etwa die gleiche Menge zum Flüssigwaschmittel in die Waschmaschine. Zum Putzen von Böden, Küche und Bad vermischen Sie bis zu 50 Tropfen in einem Eimer oder einer Schüssel Wasser.

PARFUMS UND HAUSHALTSDÜFTE

Manche ätherische Öle kann man in winzigen Mengen pur als Parfum auftragen. Etliche sind ideale natürliche Parfums – allein oder mit anderen Ölen gemischt. Ylang Ylang gilt als ausgewogener Duft, andere – wie Rose, Jasmin, Neroli und Sandelholz – sind klassische Parfumbestandteile. Diese Öle kann man auf das Handgelenk oder hinter die Ohren auftupfen, sowohl unverdünnt als auch in einer 5%igen Mischung in Jojoba- oder einem anderen milden Basisöl. Machen Sie unbedingt eine Einreibprobe, ehe Sie ein neues Parfumöl ausprobieren! (*Vgl. S. 211.*)

Mit aromatischen Ölen kann man Haar, Kleidung und Wäsche, Papier, Tinte und vieles mehr direkt aus der Flasche parfümieren. Reine ätherische Öle unterscheiden sich merklich von synthetisch produzierten Düften, da sie auf natürlichen Ingredienzen basieren. Künstlich hergestellte Düfte weisen nicht die feine Ausgewogenheit und die therapeutischen Eigenschaften von echten ätherischen Ölen auf.

Mit Jasmin aromatisiert man Seifen, Toilettenartikel und Parfums.

LAVENDEL

Verdünnen Sie ätherische Öle in einem Trägeröl, ehe Sie größere Haushaltsgegenstände damit polieren oder parfümieren.

ÖLE FÜR HOLZ UND MÖBEL

Mit einigen Tropfen Öl, z. B. Zeder oder Rosmarin, lassen sich hölzerne Gegenstände wie Perlen oder Schatullen parfümieren und Möbelstücke polieren. Die frischduftenden Öle kann man auch auf Holzscheite tröpfeln, ehe man sie in den Kamin legt.

AROMATISCHE BEUTEL UND KISSEN

Lavendelöl duftet nicht nur angenehm, sondern vertreibt auch Insekten. So dient es von alters her als Mottenschutz. Lavendelsäckchen, zwischen die Wäsche oder in Schubladen gelegt, verströmen ihr herrliches Aroma im ganzen Schrank. Füllen Sie kleine Leinen- oder Spitzensäckchen mit getrockneten Kräutern, die Sie zuvor mit ein wenig Öl beträufelt haben, und verschließen Sie den Beutel mit einem Band. Aromakissen für das Schlafzimmer kann man auf dieselbe Weise herstellen.

PARFÜMIERTES PAPIER UND DUFTENDE TINTE

Schreibpapier läßt sich ganz einfach parfümieren, indem man einige Tropfen ätherisches Öl auf saugfähige Baumwolle gibt und diesen Stoff zusammen mit dem Papier in einer gut verschlossenen Schachtel aufbewahrt. Nach etwa 10 Tagen hat sich das Papier mit dem Duft angereichert. Einige Tropfen aromatisches Öl können Sie auch in Ihre Tinte geben. Viele Haushaltsgegenstände lassen sich ähnlich parfümieren.

POTPOURRIS

Mit Duftölen kann man Mischungen herstellen oder auffrischen. Trockene Potpourris lassen sich leicht anfertigen. Die Grundregeln finden Sie auf S. 26, zusammen mit einem Rezept für ein klassisches Blütenpotpourri.

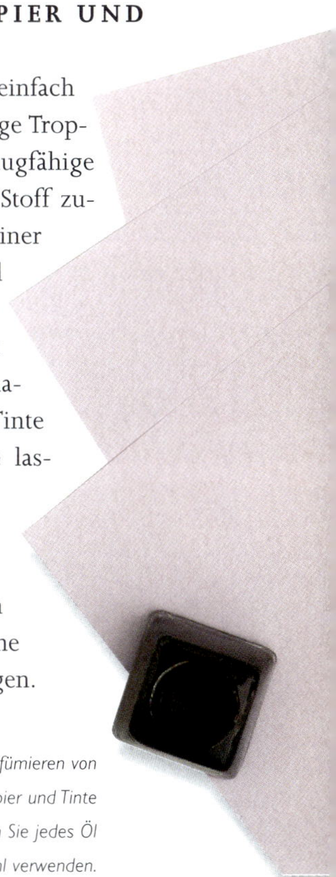

Zum Parfümieren von Schreibpapier und Tinte können Sie jedes Öl Ihrer Wahl verwenden.

Herstellung eines Potpourris

Zahlreiche klassische Potpourris, die in Keramikschalen Wohn- oder Schlafzimmer zieren, basieren auf einer Mischung aus Rosenblättern und Lavendelblüten. Allerdings können Sie bei der Zusammenstellung von pflanzlichen und anderen Zutaten für Ihre individuellen Potpourris durchaus kreativ sein. Eine fruchtig-frische Mischung, beispielsweise mit Zitronenmelisse, Zitronengeranie, getrockneter Zitronenschale und Tagetesblüten, eignet sich ganz ausgezeichnet für das Bad. Würzige Kompositionen, für besondere Anlässe oder zur Verwendung in der Küche, enthalten Zitronen- oder Orangenschale, Zimtstangen, Vanilleschoten, Nelken und andere Gewürze, Lorbeerblätter sowie getrocknete Rosmarinzweige.

GETROCKNETE ZUTATEN

REZEPT FÜR EIN KLASSISCHES POTPOURRI

Zutaten

- *25 g getrocknete Rosenblätter*
- *6 g getrocknete Lavendelblüten*
- *6 g getrocknete Minzeblätter*
- *7,5 ml pulverisierte Iriswurzel*
- *eine halbe Muskatnuß, gerieben*
- *20–30 Tropfen Rosenöl*
- *20–30 Tropfen Lavendelöl*
- *Rosenknospen als Dekoration*
- *eine kleine Glasflasche zum Mischen*
- *Mörser und Stößel*
- *kleiner Löffel zum Mischen*
- *Glas- oder Keramikbehälter zum Aufbewahren*
- *dekorative Schale*

1 Messen Sie die ätherischen Öle ab und mischen Sie sie in einer Glasflasche, die anschließend gut verschlossen beiseite gestellt wird.

2 Vermengen Sie die geriebene Muskatnuß und das Pulver der Iriswurzel im Mörser. Fügen Sie dann die Hälfte des ätherischen Öls hinzu und rühren gut um.

3 Geben Sie die Hauptzutaten in einen Behälter, leeren Sie das restliche Öl dazu und mischen Sie das Ganze sehr gut durch.

4 Fügen Sie die Zutaten aus dem Mörser hinzu und vermengen Sie alles so vorsichtig, daß die pflanzlichen Bestandteile nicht zerstört werden. Verschließen Sie den Behälter gut und lassen Sie die Mischung 2–6 Wochen im Dunkeln ziehen.

5 Füllen Sie das Potpourri in eine hübsche Schale und dekorieren Sie es mit winzigen Rosenknospen. Sobald das Aroma verfliegt, können Sie die Mischung mit ätherischen Ölen auffrischen und so seine Lebensdauer verlängern.

Füllen Sie Ihr Potpourri in eine attraktive flache Schale. Dank der pulverisierten Iriswurzel hält sich das Aroma lange.

Kosmetische Aromatherapie

PARACELSUS 1493–1541

Mit Hilfe aromatischer Öle will die kosmetische Aromatherapie den Körper verjüngen und verschönern sowie unser Erscheinungsbild rundum optimieren. Dieses Kapitel möchte Ihnen vor allem zeigen, wie Sie Ihren Teint pflegen oder Hautprobleme behandeln können. Allerdings hört Schönheit nicht an der Oberfläche auf! Die Haut ist der Spiegel unseres allgemeinen Gesundheitszustandes: Entspannte Geisteshaltung, ausgewogene Ernährung, genügend Bewegung und die tägliche Zufuhr von reichlich Quellwasser oder Kräutertee erhalten den Organismus in optimaler Verfassung.

Die äußere Erscheinung spielt heute zweifellos eine bedeutende Rolle – man denke nur an das große Interesse der Allgemeinheit an Schönheit und Gesundheit. Neue Programme für Gewichtskontrolle, Fitneß und Ernährung jagen einander. Wie so oft, hat auch hier die Bedeutung, die unsere Kultur Körper und Schönheit zumißt, Vor- und Nachteile. Als positiv sind Wohlbefinden, Selbst-Bewußtsein und Eigenmotivation, als negativ hingegen Abhängigkeit, Narzißmus und ein mangelndes Selbstwertgefühl angesichts unerreichbarer körperlicher Perfektion zu werten. Schlimmstenfalls führt ein übersteigert materialistisches Schönheitsbild zu einer jugendorientierten Gesellschaft, die sich in übertriebener Weise vor dem Alter fürchtet.

Ätherische Öle selbst werden mit dem alten alchimistischen Streben nach körperlicher Unsterblichkeit assoziiert. So mußten auch die mittelalterlichen Alchimisten feststellen, daß es letztlich unmöglich ist, aus unedlem Material Gold herzustellen. Allerdings gelang es ihnen im Verlaufe mühseliger Versuche, eine »innere Landkarte« zu entwerfen, anhand derer die Psyche und somit das Wesen der Seele verwandelt werden konnte. Paracelsus war es schließlich, der feststellte, daß der Körper nichts anderes sei als das Gefäß der transzendentalen Seele.

»Warum nimmt man sich nicht dieses Leibes an, des Gefäßes unserer Seele, auf daß er so gesund, stark und vollkommen wie möglich bleibe ...«

PARACELSUS

Ehe wir uns jedoch mit den Möglichkeiten und Grenzen der Aromatherapie im Dienste der Verjüngung sowie dem Wert ätherischer Öle bei der Schönheitspflege befassen, sollten wir uns der Struktur der Haut an sich und den unterschiedlichen physischen Problemen, denen sie ausgesetzt ist, zuwenden.

Ätherische Öle eignen sich dank ihrer Reinheit und einfachen Anwendung besonders für kosmetische Behandlungen.

Dieses altägyptische Wandgemälde zeigt Frauen, die kegelförmige Parfumflakons auf dem Kopf tragen.

Die Haut und ihre Gesundheit

Die Haut, bestehend aus über drei Millionen Zellen, ist das größte Organ des menschlichen Körpers. Ebenso wie Herz und Leber ist auch die Haut ein äußerst aktives Organ, das für zahlreiche Funktionen verantwortlich ist: Sie reguliert den Temperaturhaushalt, scheidet Abfallprodukte des Stoffwechsels aus, produziert Vitamin D und schützt den Körper vor äußeren Einflüssen. Die Haut wird in die drei folgenden Hauptschichten unterteilt:

⁂ Die subkutane oder unterste Schicht. Sie enthält Fettgewebe und Muskeln, die die Haut festigen und kräftigen.

⁂ Die Lederhaut oder mittlere Schicht mit Nervenenden, Blut- und Lymphgefäßen, Haarwurzeln, Talg- und Schweißdrüsen. Hier entstehen neue Hautzellen, ehe sie an die Oberfläche gelangen.

⁂ Die Epidermis oder oberste Schicht, auch Oberhaut genannt. Diese sichtbare Hautoberfläche besteht aus flachen, vorwiegend abgestorbenen Zellen. Je schneller diese nicht mehr funktionsfähigen Zellen auf der Hautoberfläche ersetzt werden, desto weicher wirkt sie. Eine Schicht abgestorbener Zellen auf der Epidermis ergibt ein müdes, stumpfes Hautbild. Andererseits führt eine übermäßige Produktion von Hautzellen, beruhend auf einer Fehlfunktion, zu Schuppenflechte (Psoriasis). Da sich der natürliche Erneuerungsprozeß mit dem Alter verlangsamt, wollen aromatherapeutische Hautprodukte in erster Linie die Zellregeneration in der Lederhaut stimulieren und somit die Gesundheit unseres größten Organs von innen heraus schützen.

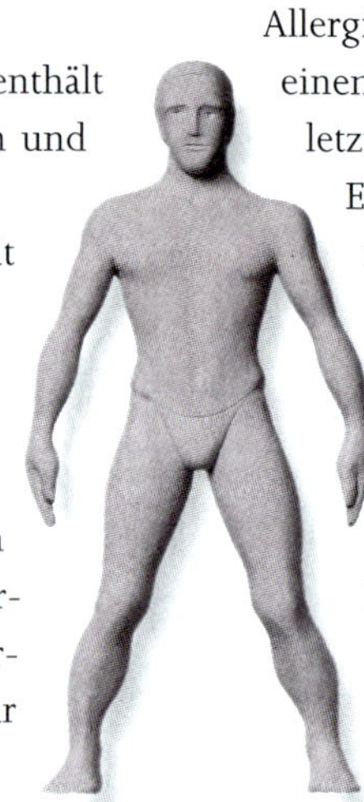

Die Haut ist oft der Spiegel unseres allgemeinen Gesundheitszustandes.

ALLERGISCHE REAKTIONEN

Als wichtigste Barriere des Körpers gegen Eindringlinge unterliegt die Haut nicht nur den Angriffen von Krankheitserregern in Form von Bakterien oder Viren, sondern auch anderen Gefahren wie Verletzungen oder Allergenen. Viele Hautprobleme lassen sich auf allergische Reaktionen, also die Überempfindlichkeit gegenüber bestimmten Bedingungen oder Stoffen, zurückführen. Allergien hängen mit dem Histaminspiegel zusammen, einem Gewebehormon, das als Reaktion auf eine Verletzung oder Gewebeschädigung ausgeschüttet wird. Es erweitert im betroffenen Bereich die Kapillaren und transportiert zusätzliches Blut in die Zellen, um deren Reparatur voranzutreiben. Wenn aus den erweiterten Blutgefäßen Flüssigkeit austritt, kann dies zu örtlicher Rötung, Schwellung und Reizung führen. Histamin kann aber auch ein Zusammenziehen der Bronchien auslösen (Asthmaanfälle).

Die Ausschüttung von Histamin ist ein normaler Verteidigungsmechanismus, der aber bei einer allergischen Reaktion nicht mehr kontrollierbar ist. So kann nach einem Insektenstich oder der »Verbrennung« durch eine Pflanze ein Überschuß an Histamin entstehen, aufgrund einer Überreaktion des Immunsystems. Als Reaktion auf das Einatmen von z. B. Pollen oder Tierhaaren kann der Histaminspiegel ebenfalls drastisch ansteigen (Heuschnupfen).

Man weiß, daß solche Beschwerden oft erblich sind und sich zu einer Allergie meist eine weitere gesellt. Es könnte sich aber auch um ein Versagen der Körperabwehr gegenüber Reizstoffen handeln, die bislang tole-

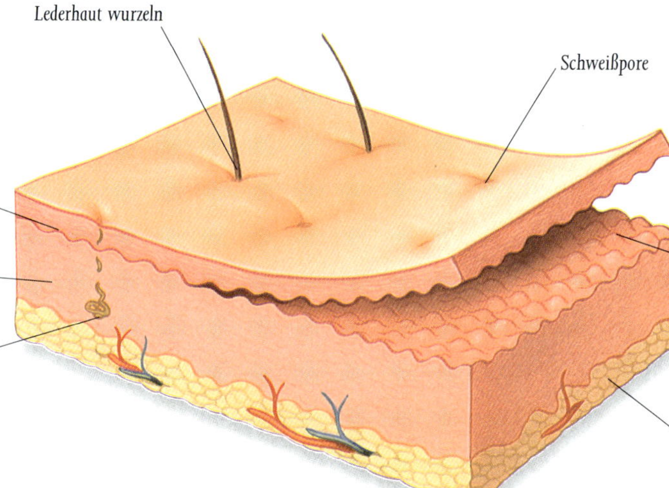

Diese Abbildung zeigt die drei Schichten der Haut.

Zimtblätter. Ihr Öl wird bei Pilz- und Bakterieninfektionen verwendet. Allerdings ist dabei größte Vorsicht geboten!

riert wurden. Auch Streß und seelische Faktoren können allergische Reaktionen auslösen.

Aufgrund der höheren Belastung durch Streß, Zusatzstoffe in der Nahrung, Insektenschutzmittel und andere Chemikalien nehmen Allergien ständig zu. Ätherische Öle wie Kamille, Melisse, Teebaum oder Lavendel können Hautreaktionen lindern, wobei man aber zuvor den Grad der individuellen Sensibilisierung durch eine Einreibprobe feststellen muß. *(Siehe S. 211)*

Vitamin C ist ein gutes natürliches Beispiel für Antihistaminika, mit denen man allergische Reaktionen behandelt. Ebenfalls hilfreich ist Pantothensäure (Vitamin B 5), die die Kortisonproduktion in den Nebennieren aktiviert und so vor Allergien schützen kann. Ekzeme bei Kindern reagieren meist gut auf Gammalinolensäure in Form von Nachtkerzenöl-Kapseln. Überwiegend Menschen mit trockener oder empfindlicher Haut leiden unter allergischen Hautreaktionen.

PILZINFEKTIONEN

Pilze und Viren führen ebenfalls oft zu Hautreizungen. So werden Hautflechten, die sich unterschiedlich darstellen können, aber grundsätzlich zu Rötung, Abschuppung und Jucken führen, von mikroskopischen Schimmelpilzen hervorgerufen. Andere Formen der Flechte sind Fußpilz, Scherpilzflechte, Hautpilz in der Leistengegend, der vor allem in heißem Klima auftritt, sowie Bartflechte auf Gesicht und Hals. Candida ist ein weiterer infektiöser Pilz, der unter feuchtwarmen Bedingungen gedeiht. In der Scheide kann er zu schmerzhaften Pilzkrankheiten führen, die mit Rötung und Brennen einhergehen. Auch im Mund kann er sich als weiß-fleckiger Ausschlag ausbreiten (Soor), desgleichen als Windeldermatitis bei Kleinkindern. Ebenso wie Virusinfektionen in Form von Herpes, der sich als Bläschenausschlag, Gürtelrose, Herpes genitalis

Pilzinfektionen können bei Kleinkindern zu Windeldermatitis führen.

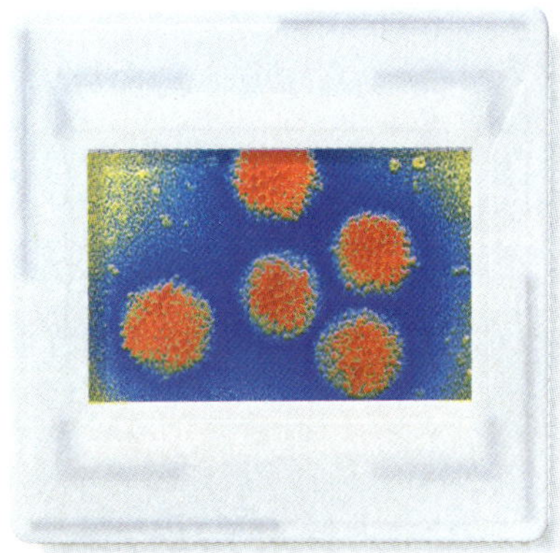

Mit Ölen wie Teebaum oder Zitronen-Eukalyptus lassen sich Virusinfektionen behandeln.

oder Windpocken äußern kann, neigen Pilzinfektionen dazu, den Körper immer dann anzugreifen, wenn sein Allgemeinzustand geschwächt ist.

Zu den ätherischen Ölen mit sehr starken pilz- und virentötenden Eigenschaften zählen u. a. Teebaum, Zitronen-Eukalyptus und Zimtblätter. *(Vgl. untenstehend Achtung.)*

BAKTERIELLE INFEKTIONEN

Andere Hautinfektionen werden durch Bakterien, z. B. Streptokokken oder Staphylokokken, ausgelöst. Teebaum, Zimtblätter, Gewürznelken, Rosmarin, Majoran, Thymian, Zitrone, Oregano und Bohnenkraut sind im Kampf gegen Bakterien hochwirksam, allerdings sind einige der am stärksten antibakteriellen Öle sehr giftig oder können zu Hautreizungen führen.

Beschwerden wie Akne gehen in vielen Fällen mit bakteriellen Infektionen einher. Deshalb ist bei einem solchen Problem ein mildes und dennoch stark antiseptisches Öl wie z. B. Teebaum zu empfehlen. Verstopfte Poren, Akne, Furunkel und Hautflecken betreffen meistens Menschen mit fettiger oder öliger Haut, deren Poren mit Talg verstopft sind, der im Bereich der Haarwurzeln produziert wird.

ACHTUNG

Zimtblattöl reizt die Haut und darf daher nur stark verdünnt angewendet werden – sowohl allein als auch in Verbindung mit anderen Ölen.

Schönheit und Verjüngung

Abgesehen von ihrer Rolle in der Präventivmedizin und der Behandlung von Alltagsbeschwerden sowie Hautproblemen werden ätherische Öle bereits seit Jahrtausenden aufgrund ihrer kosmetischen Wirkung verwendet. Insbesondere die alten Ägypter machten sich beim Einbalsamieren die konservierenden Eigenschaften aromatischer Essenzen und Kräuter zunutze. Jüngste Untersuchungen ergaben, daß bestimmte ätherische Öle wie Rose, Neroli, Lavendel, Weihrauch und Myrrhe das Wachstum von Zellen tatsächlich stimulieren und die Haut jugendlich erhalten können. Bei Kräutern, die traditionell zur Konservierung dienen, wie Rosmarin und Salbei (nicht ihre ätherischen Öle!), hat man ebenfalls ausgeprägte oxydationshemmende Eigenschaften nachgewiesen, die den Zerfall von organischem Material verhindern.

Marguerite Maury, Pionierin der Aromatherapie, untersuchte, wie man ätherische Öle zur Verjüngung der Haut und darüber hinaus zur ganzheitlichen Verjüngung von Körper und Geist nützen könnte. Sie meinte »ungeheure Möglichkeiten im Zusammenhang mit dem Problem der Regeneration« entdeckt zu haben.

Laut Madame Maury können gewisse ätherische Öle die Haut verjüngen, da sie die Aktivität der Kapillargefäße anregen und das Gewebe wiederbeleben oder, wie sie sich ausdrückte, »das Fleisch saftiger machen«. Sie setzte auf individuelle Rezepturen, die auf die spezifische physische und psychische Befindlichkeit der Patienten zugeschnitten waren, um so eine Veränderung von körperlicher Gesundheit und Geisteshaltung zu bewirken. Diese aromatische Mixtur deckte sich exakt mit den Bedürfnissen des Kunden und wurde daher mit einem Negativfilm verglichen. Dabei kamen unterschiedlich dichte Öle zum Einsatz. Im Verlauf einer Behandlung stellte Madame Maury des öfteren fest, daß die Mischung entsprechend der veränderten Befindlichkeit des Kunden abgewandelt werden mußte.

Bereits im alten Ägypten wurden ätherische Öle für Kosmetika und zum Einbalsamieren verwendet.

Bei ihren Rezepturen verwendete sie keine alkoholische Basis, wie dies bei der Parfumherstellung üblich ist, sondern mischte die Essenzen mit einem pflanzlichen Trägeröl, das dann direkt auf die Haut aufgetragen wurde. Sie beobachtete einerseits, daß die Haut die ätherischen Öle sehr schnell aufnahm, andererseits aber auch, daß unterschiedliche Essenzen, je nach Viskosität, die Haut unterschiedlich schnell passierten. Obwohl die schweren, harzhaltigen Essenzen oft die größte Wirkung auf tiefe Gewebeschichten hatten, wurden sie am langsamsten assimiliert. Die sehr leichten und dünnflüssigen Stoffe hingegen drangen leicht in die extrazellulären Flüssigkeiten, die beim Gleichgewicht des Wasserhaushaltes eine Schlüsselrolle spielen. Bei der Zusammenstellung aromatischer Heilmittel im Dienste der Verjüngung ist es also wichtig, Essenzen von unterschiedlicher Dichte zu kombinieren, die sich in ihrer Wirkung gegenseitig unterstützen oder – um es in der Fachsprache der Parfumeure zu sagen – einen harmonischen Dreiklang von Kopf-, Herz- und Basisnoten ergeben.

Näheres zum Mischen von Ölen und den Grundlagen der Parfumherstellung finden Sie auf S. 42–49.

Zahlreiche Mittel zur Hautpflege enthalten ätherische Öle.

Ätherische Öle für Haut und Haar

Ätherische Öle werden von alters her für die Schönheitspflege verwendet.

Viele ätherische Öle sind wertvolle Pflegeprodukte für die Haut: Sandelholz, Geranie, Palmarosa, Bergamotte (möglichst ohne Bergapten), Myrrhe und Weihrauch dienen Schönheits- und Aromatherapeuten als wichtige Ingredienzen für Kosmetika und Massageöle. Etliche ätherische Öle sind darüber hinaus dank ihres Duftes und ihrer milden und dennoch stark antiseptischen Wirkungsweise hervorragend zur Pflege von Kopfhaut und Haaren geeignet. So fördern Rosmarin, Westindischer Lorbeer und Salbei eine ausgewogene Talgproduktion, während sie gleichzeitig die Kopfhaut von Bakterien befreien und abgestorbene Hautzellen entfernen. Lavendelöl soll den Haarwuchs anregen und das Haar leichter kämmbar machen.

Fünf ätherische Öle (vgl. S. 32) jedoch nehmen dank ihrer ausgeprägten Hautverträglichkeit einen besonderen Rang als Pflegeprodukte für Haut und Haar ein. Trotz ihrer Milde verfügen sie über beachtliche Heilkräfte, da sie antibakteriell, antiseptisch, entzündungshemmend und heilend wirken, nicht phototoxisch oder reizend sind und obendrein schon von alters her als kosmetische Präparate genutzt werden. Diese fünf Öle tragen in besonderem Maße dazu bei, ganzheitlich gesunde und schöne Haut zu bekommen.

ÖLE FÜR DIE HAUTPFLEGE

Näheres zu den Eigenschaften ätherischer Öle finden Sie auf den *S. 178–210*, Details zu den Basisölen, die in der Hautpflege zum Einsatz kommen, auf *S. 84 f.*

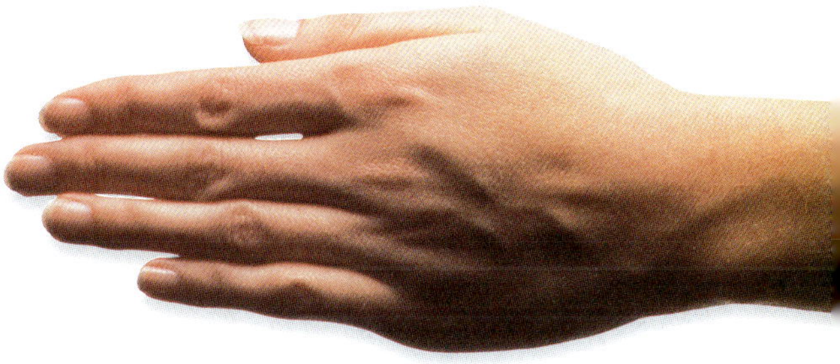

Viele Aromatherapeuten stellen fest, daß der Umgang mit Trägerölen und ätherischen Ölen den Zustand ihrer Hände und Nägel verbessert.

PALMAROSA

ROSMARIN

GERANIE

LAVENDEL

Einige der besten »Ölquellen« für Haut- und Haarpflege.

Ätherische Öle sind in der Pflege von Kopfhaut, Haar und Gesicht vielseitig verwendbar.

WERTVOLLE ÖLE FÜR DIE HAUT

ROSE

* Rose

Seit langem ist die Rose bevorzugter Bestandteil von Parfums und kosmetischen Ölen. Sie zählt zu den wirksamsten Ölen der Hautpflege, da sie neben ihrem üppigen, femininen Duft gute wundheilende Eigenschaften aufweist, die den alltäglichen Prozeß der Hauterneuerung fördern. Rosenöl und Rosenwasser werden seit Jahrhunderten in der Kosmetik verwendet, ihre Wirkungsweisen sind daher bestens bekannt. Rosenöl kann Gesundheit, Durchfeuchtung und Elastizität der Haut fördern und Faltenbildung verzögern. Es eignet sich für alle Hauttypen, vor allem für trockene, empfindliche, alternde und reife Haut.

KAMILLE

* Lavendel

Lavendel dürfte das vielseitigste Hautpflegeöl sein, da es trotz stark antiseptischer Eigenschaften ausgesprochen mild ist. Bei täglicher Verwendung fördert es die Neubildung von Gewebe und die Wundheilung und verringert Narbenbildung. Es eignet sich zur Behandlung aller Arten von Hautverletzungen und Hautproblemen. Lavendel wird von allen Hauttypen vertragen, ist aber bei fettiger und fleckiger Haut besonders empfehlenswert. In Absprache mit einem Arzt/Heilpraktiker kann man dieses milde Öl unverdünnt auftragen.

LAVENDEL

* Kamille

Kamillenöl wird wegen seiner beruhigenden Qualitäten geschätzt und ist besonders für Kinder geeignet. Dank seiner wohltuenden und entspannenden Eigenschaften ist es ideal bei Hautproblemen, die auf nervliche Anspannung oder Streß zurückzuführen sind, z. B. Dermatitis oder Ekzeme. Darüber hinaus ist Kamille die wirksamste Heilpflanze gegen Entzündungen. Wie Rosenöl eignet es sich für empfindliche Haut, wobei sie sich bei Schwellungen, Reizungen, Ausschlägen, roter oder wunder Haut und allergischen Reaktionen besonders bewährt. Sowohl Römische als auch Echte Kamille finden in der Hautpflege Verwendung.

* Neroli

Neroli (aus Orangenblüten gewonnen) und Petitgrain (aus den Blättern der Bitterorange) sind hochgradig antibakteriell, antiseptisch und fördern die Bildung neuer Hautzellen. Ihr klassischer, zitrusartiger Duft wirkt belebend und erfrischend. Orangenblütenwasser macht die Haut weich, wobei es sie gleichzeitig sanft anregt und adstringiert. Neroli, Petitgrain und Orangenblütenwasser eignen sich für alle Hauttypen, auch für normale und Mischhaut.

* Teebaum

Teebaum spielt in der Hautpflege dank seiner bemerkenswerten antiseptischen, fungiziden und antiviralen Eigenschaften eine herausragende Rolle, ist dabei aber sehr mild. Es kann sowohl für zahlreiche Hautprobleme als auch zur allgemeinen Desinfektion verwendet werden. Bei einem theoretischen Vergleich zwischen Teebaum und anderen Antiseptika, die zur Hautpflege dienen, wies Teebaumöl fast alle Eigenschaften auf, die man von einem optimalen Hautdesinfektionsmittel erwartet. Obwohl dieses Öl im allgemeinen medizinischen Zwecken dient, stellt es eine wertvolle Ergänzung der kosmetisch verwendeten Öle dar.

Seit Jahrhunderten werden Rosen zu kosmetischen und therapeutischen Zwecken kultiviert.

VIELSEITIGES TEEBAUMÖL

Teebaumöl hilft besonders bei Entzündungen der Haut – vor allem bei leicht eitrigen oder verschmutzten Wunden – sowie bei Pilzerkrankungen, beispielsweise Fußpilz und Candidamykose. Es kann auch erfolgreich bei virusbedingten Infektionen wie Bläschenausschlag, Herpes genitalis, Warzen und Dornwarzen am Fuß eingesetzt werden. Besonders angebracht ist es bei Hautflecken, Akne und fettiger Haut.

- Es wirkt schnell, effektiv und dauerhaft gegen ein ganzes Spektrum an Bakterien und Pilzorganismen und wird darüber hinaus von der Haut hervorragend aufgenommen.
- Wie klinische Literatur wiederholt belegt, eignet es sich besonders zur Reinigung.
- Es reizt die Haut nicht, ist nicht giftig, schadet den Hautzellen nicht und weist keine nennenswerten Nebenwirkungen auf.
- Sein pH-Wert ist annähernd neutral.
- Es hilft besonders bei Vereiterungen.
- Es kann erfolgreich gegen Virusinfektionen eingesetzt werden.
- Da es farblos und angenehm sauber riecht, ist es ein ideales Kosmetikum.

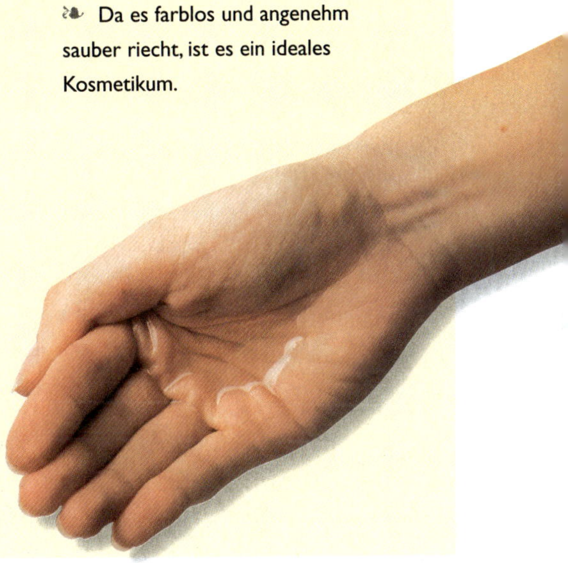

Für eine Massage verdünnt man Teebaumöl und mischt es normalerweise mit anderen Ölen.

GRUNDREGELN DER HAUTPFLEGE

Für die Hautpflege werden ätherische Öle verdünnt. Bei den einfachsten Anwendungen mischt man das ätherische Öl mit einem passenden Basisöl *(vgl. S. 84 f.)* oder mit Quellwasser. Basiscremes und Feuchtigkeitscremes, für den kosmetischen wie den medizinischen Gebrauch, können ganz leicht hergestellt werden. Bei Heilsalben werden die Öle nach ihrer therapeutischen Wirkung ausgewählt. Befolgen Sie hierbei die Hinweise zur Anwendung des jeweiligen Öls *(S. 178–210)* oder des Heilmittels *(S. 96–175)*. Für Kosmetika wählen Sie die Öle nach Hauttyp oder Duft aus.

Einfache Heilsalben

Salben zur Behandlung bestimmter Hautprobleme kann man herstellen, indem man ätherische Öle mit einer vorgefertigen hypoallergenen Basiscreme, z. B. auf pflanzlicher Grundlage wie Calendulacreme, oder mit selbstgemachter Cold Cream mischt *(S. 37)*. Verdünnen Sie das Öl, je nach Beschwerden und betroffener Körperstelle, auf 0,5 bis 2,5 % *(vgl. S. 21)*. Für eine kleine Menge mischen Sie 2–3 Tropfen ätherisches Öl mit einem Teelöffel Basiscreme.

Einfache Feuchtigkeitscreme

Eine aromatische Feuchtigkeitscreme für das Gesicht können Sie selbst herstellen, indem Sie 8–10 Tropfen ätherisches Öl (je nach Hauttyp) in einem Glas- oder Keramikgefäß mit 100 ml oder 100 g einer fertigen, hypoallergenen, unparfümierten Creme bzw. Lotion mischen. Diese Mixtur kann medizinisch und kosmetisch für Gesicht, Hals und Hände sowie für Massagen verwendet werden. Dunkel, kühl und gut verschlossen aufbewahren!

Tägliche Hautpflege

Schöne, jugendlich aussehende Haut hängt gleichermaßen von der täglichen Pflege wie vom allgemeinen Gesundheitszustand ab. Produkte mit mineralischen Ölen werden von tieferen Hautschichten nicht aufgenommen, in denen die neu entstehenden Zellen optimal versorgt werden wollen. Außerdem entzieht mineralisches Öl dem Organismus fettlösliche Vitamine, vor allem A, D und E. Handelsübliche Gesichtswässer enthalten meist Alkohol, der die Haut austrocknen und reizen kann, ebenso wie viele synthetische Bestandteile von Cremes und Lotionen. Lanolin ist schwer, tierischen Ursprungs, riecht unangenehm und kann ebenfalls Allergien auslösen, obwohl es ein Naturprodukt ist. Im Unterschied dazu sind natürliche pflanzliche Öle, Wachse und Cremes mit ausgewählten ätherischen Ölen ideale Kosmetika, da sie schnell aufgenommen werden, die Kapillaren in tieferen Hautschichten erreichen und so die Haut von innen heraus verjüngen. Mildes Blütenwasser kräftigt die Haut, ohne sie auszutrocknen, und ist zudem leicht antibakteriell.

Viele Kosmetiker und Körpertherapeuten greifen im Rahmen ihrer kosmetischen Behandlungen inzwischen regelmäßig zu ätherischen Ölen. Allerdings lassen sich viele Anwendungen auch zu Hause erfolgreich durchführen. Mit einer Kombination aus pflanzlichen und ätherischen Ölen sowie Naturprodukten wie Joghurt, Tonerde, Hafermehl und destilliertem Wasser kann man die Jugendlichkeit der Haut sehr wohl bewahren.

JEDEN ABEND

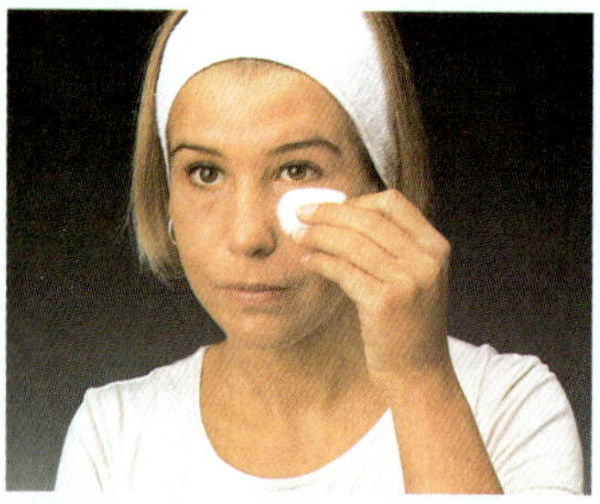

- Entfernen Sie Schmutz und Make-up mit leichtem Öl (Kokos, Süße Mandel, Aprikosenkern) oder milder Reinigungscreme (z. B. Cold Cream, *S. 37*).
- Wischen mit einem Lappen oder einem feuchten Wattebausch nach.
- Erfrischen Sie Gesicht und Hals mit einem zu Ihrem Hauttyp passenden Blüten- oder Gesichtswasser bzw. einem Reinigungsmittel *(S. 38)*.

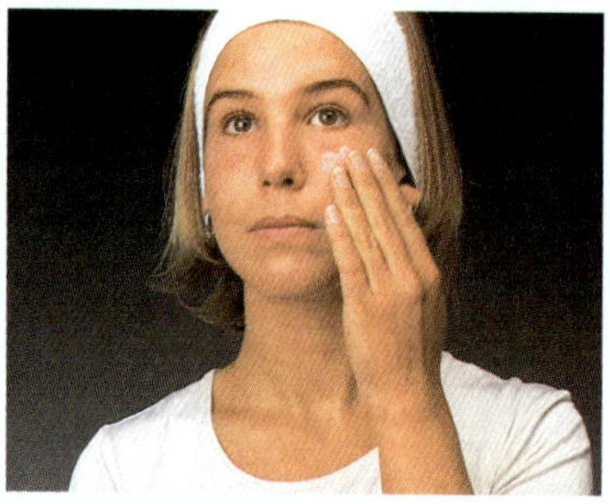

- Tragen Sie feuchtigkeitsspendendes Öl bzw. Nachtcreme auf.
- Verwenden Sie feuchtigkeitsspendende Öle, Gels oder Cremes für die Augenpartie nur sparsam *(s. Abb. rechts)*. Ideal sind Öle mit Weizenkeim oder Hagebutte.

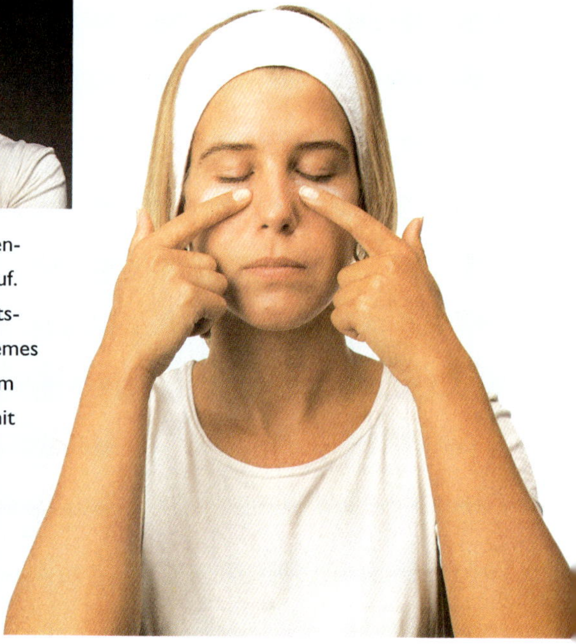

GRUNDREGELN DER TÄGLICHEN HAUTPFLEGE

Jeder Hauttyp braucht maßgeschneiderte Pflege. Eine gründliche Hautpflege, die nur wenig Zeit beansprucht, umfaßt allmorgendliches und allabendliches Reinigen, Erfrischen und Befeuchten. Einmal pro Woche sollte man die Haut zusätzlich nähren, reinigen und beleben. Rezepte für Basisöle, Gels und Cremes finden Sie auf *S. 36 f.*, für Masken und Feuchtigkeitsspender auf *S. 37*, für erfrischende Gesichtswässer/Reinigungsmittel auf *S. 38*.

DIE ZUTATEN

Öle, die aus Früchten gewonnen werden, nähren und pflegen die Haut auf vielfältige Weise. Untersuchungen haben gezeigt, daß sie die Bildung neuer Zellen anregen.

JEDEN MORGEN

- Reinigen Sie mit leichten Cremes oder Ölen, entfernen Sie Reste mit einem feuchten Wattebausch.
- Erfrischen Sie Gesicht und Hals mit einem zu Ihrer Haut passenden Blüten- oder Gesichtswasser/Reiniger.
- Tragen Sie ein leichtes, feuchtigkeitsspendendes Öl bzw. eine Creme (auch mit Sonnenschutz) auf. Warten Sie mit dem Make-up, bis die Haut diese Grundlage aufgenommen hat.

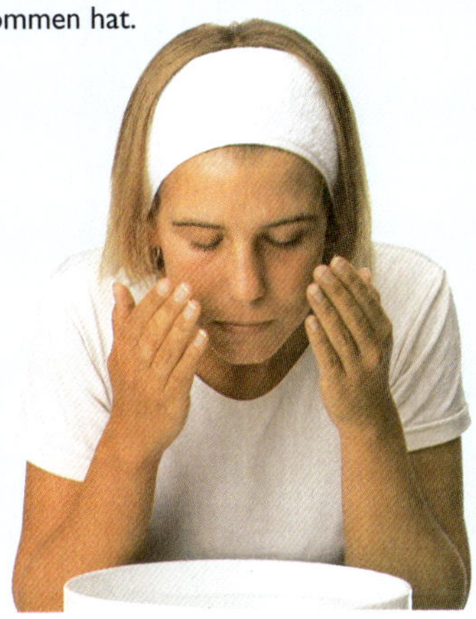

EINMAL PRO WOCHE

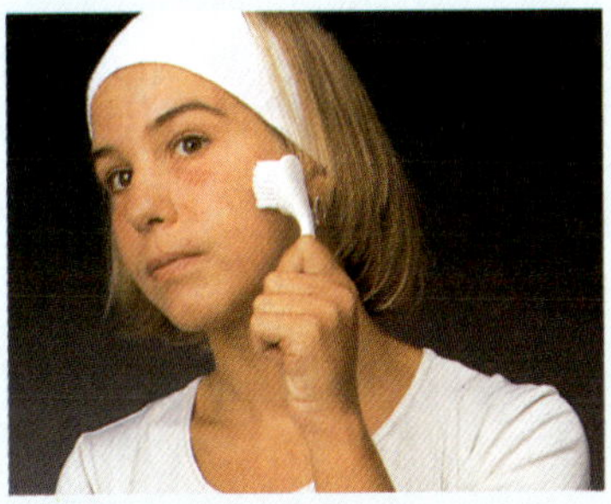

- Befreien Sie die Hautoberfläche mit einem trockenen Bürstchen oder einem Peelingpräparat von abgestorbenen Zellen.
- Massieren Sie Ihr Gesicht mit reichhaltigen Ölen wie Nachtkerze, Avocado oder Borretsch (oder lassen Sie sich in einem Kosmetikstudio behandeln). Streichen Sie bei der Massage nach oben.
- Mit Dampf oder einer Gesichtssauna *(S. 39)* öffnen sich die Poren Ihres Gesichts. Das reinigt die Haut tiefenwirksam, entgiftet sie und durch-blutet ihre Oberfläche.
- Tragen Sie nun eine Maske aus natürlichen Zutaten auf, die Ihrem Hauttyp entsprechen.

Wie Sie eine Maske anrühren und die Zutaten zusammenstellen, steht auf *S. 37*.

Cremes und Öle

Schönheit, insbesondere die Pflege von Haut und Haaren, steht im Zentrum der aromatherapeutischen Praxis. Unbestreitbar sind eine professionell ausgeführte Ganzkörpermassage oder eine aromatische Gesichtspackung ein Genuß, aber keineswegs unentbehrlich, wenn es um den Erhalt eines klaren, gesunden Teints geht. Viele Aromarezepte lassen sich leicht befolgen und zu Hause anwenden.

GESICHTSÖLE

Gesichtsöle werden genau wie Massage- oder Körperöle (S. 21) hergestellt, nur sollten Basis- oder Trägeröle und ätherische Öle dem zu behandelnden Hauttyp angepaßt werden. Spezifische Trägeröle sind Avocado, Olive, Weizenkeim, Haselnuß, Aprikosen- und Pfirsichkern, Borretschsamen, Karotte und Nachtkerze. Zu den einfacheren Trägerölen zählen Süße Mandel, Traubenkern, Jojoba und Sonnenblume. Gesichtsöle nähren und erfrischen die Haut nicht nur, sie können auch zur Gesichtsmassage oder örtlichen Eigenmassage verwendet werden.

Wenn Sie Öle und Cremes selbst zusammenstellen, können Sie Zutaten wählen, die gut zu Ihrer Haut passen, und sich obendrein für einen Duft Ihrer Wahl entscheiden.

REZEPT FÜR GESICHTSÖL

Mischen Sie zwei Teile eines einfachen Trägeröls mit einem Teil eines speziellen, zu Ihrem Hauttyp passenden Trägeröls mit 0,5–1 % ätherischem Öl (oder einer Ölmischung).

Basisöl	Prozentsatz	Tropfen
1TL/5 ml	0,5–1 %	1
1EL/15 ml	0,5–1 %	1–3
25 ml	0,5–1 %	3–5
50 ml	0,5–1 %	5–10
100 ml	0,5–1 %	10–20

REZEPT FÜR TAPIOKAGEL

Nehmen Sie 100 ml Wasser auf 7,5 ml Tapioka. Erhitzen Sie die Mischung, bis sich die Tapioka aufgelöst hat. Gießen Sie die Flüssigkeit ab und lassen Sie sie zum Gel erkalten. Fügen Sie ein paar Tropfen ätherisches Öl hinzu, ehe die Mischung fest wird.

GESICHTSCREMES

Eine aromatische Gesichtscreme sollte Feuchtigkeit spenden, die Haut heilen und nähren, die Feuchtigkeit in der Haut binden, sie aber trotzdem noch atmen lassen. Hinweise zur Herstellung einer Basiscreme finden Sie auf S. 37. Das Rezept beruht auf Galens klassischer Rezeptur für Cold Cream.

GELS

Gels auf Wasserbasis sind ölfreie Träger für ätherische Öle und stellen eine Alternative zu Ölen und Cremes dar. Mit einem Gel kann man jedes ätherische Öl verdünnen, um es dann auf entzündete, empfindliche oder wunde Haut aufzutragen. Gels sind vor allem bei fettiger Haut ein praktischer Ersatz für Basis- oder Trägeröle. Das Mischungsverhältnis von Gel und ätherischem Öl richtet sich nach dem Verwendungszweck. Heilende Gels können bis zu 2,5 % ätherische Öle beinhalten, wenn sie auf die Füße aufgetragen werden. Bei Anwendungen im Gesicht oder zur allgemeinen Hautpflege genügen bereits 0,5 %. Ein beruhigendes und kühles Gel kann aus Tapioka und Wasser hergestellt werden.

MASKEN

Gesichtsmasken nähren, verjüngen, stimulieren, reinigen oder beruhigen die Haut und verbessern ihre Textur und Qualität. Man kann auf eine Palette natürlicher Zutaten zurückgreifen, zu denen Fruchtfleisch, Hafermehl (bei Allergien oder Hautreizungen), Eigelb (für alle Hauttypen), Joghurt, Honig und Tonerde zählen. Früchte wie Avocado (für trockene Haut) und Erdbeere (bei fettiger Haut) sind äußerst nährstoffreich. Pulverisiertes Hafermehl ist ebenfalls sehr nahrhaft und macht die Haut weich und seidig. Bierhefe tut jedem Hauttyp gut, Eigelb enthält hochwirksames Lecithin. Die Milchsäure des Naturjoghurts ist besonders bei großporigem, fettigem und fleckigem Teint sowie bei Mischhaut zu empfehlen. Honig ist reich an Nährstoffen und leicht antiseptisch und kann Masken beigemischt werden, die den Teint beruhigen und weich machen, was bei trockener, empfindlicher und reifer Haut besonders wichtig ist.

BIENENWACHS

Tonerde ist ein bewährter Bestandteil von Masken und eignet sich für alle Hauttypen außer sehr trockenen. Eine aromatische Maske mit Tonerde ist ideal bei Akne und Unreinheiten, kann trockener oder reifer Haut Nährstoffe zuführen und Mischhaut ausgleichen. Bei empfindlicher, trockener oder reifer Haut sollte diese Maske nur einmal pro Woche angewendet werden, da sie ansonsten zu sehr austrocknet. Masken zeigen eine optimale Wirkung, wenn man sie nach einem Bad oder einer Dusche aufträgt, solange die Poren noch offen sind und die Haut noch warm und feucht ist.

Tonerde reinigt und entgiftet, regt Regeneration und Durchblutung der Haut an und lindert Entzündungen. Von den zahlreichen Sorten ist grüne Tonerde am vielseitigsten, da sie viele Mineralien enthält und antiseptisch wirkt. Bleicherde eignet sich ebenfalls als neutrale Basis.

EINE EINFACHE MASKE AUS TONERDE

Geben Sie 2–3 Tropfen ätherisches Öl auf 30 ml feuchte Tonerde und tragen Sie die Mischung auf die Haut auf. Während die Maske 10–30 Minuten einwirkt, können Sie sich entspannen. Mit warmem Wasser abspülen.

REZEPT FÜR COLD CREAM

Zutaten

120 ml Mandelöl ❦ 15 g Bienenwachs (Perlen/Raspel) ❦ 50 ml Rosenwasser ❦ 6–10 Tropfen Rosenöl oder ein anderes, zum Hauttyp passendes ätherisches Öl

1 Geben Sie das Bienenwachs in eine hitzebeständige Glasschale und gießen Sie das Mandelöl dazu.

2 Stellen Sie die Schalen ins Wasserbad und verrühren Sie die Zutaten, bis alles geschmolzen ist.

3 Erwärmen Sie das Rosenwasser in einem anderen Behälter und geben Sie es unter ständigem Rühren nach und nach zu.

4 Sie rühren das ätherische Öl ein, schütten die Mischung in einen Topf und lassen sie im Kühlschrank fest werden.

EINE KOMPLEXERE MASKE AUS TONERDE

Mischen Sie 50 g pulverisierte grüne Tonerde mit 10 ml kolloidalem (löslichem) Hafermehl und füllen beides in einen Behälter. Dann vermengen Sie 15 ml der Grundmischung mit 15 ml flüssigem Honig oder Naturjoghurt, einem Eigelb, 2–3 Tropfen zu Ihrem Hauttyp passendem ätherischem Öl und genügend Wasser, um eine glatte Konsistenz zu erhalten. Lassen Sie die Maske 10–30 Minuten einwirken – kürzer bei trockener, länger bei fettiger/fleckiger Haut. Mit warmem Wasser abspülen und das Gesicht mit Blütenwasser abtupfen.

Blütenwasser und Dampf

Blütenwässer sind zu Hause problemlos herzustellen und für jeden Hauttyp eine Wohltat. Geben Sie 10 bis 30 Tropfen ätherisches Öl (oder eine Ölmischung) in eine 100 ml Flasche mit Quellwasser oder destilliertem Wasser, lassen die Flüssigkeit bis zu einem Monat stehen und filtern sie dann durch eine Filtertüte. (Eine einfachere Variante kann man ohne Filtrieren zubereiten, allerdings muß das Wasser dann vor jedem Gebrauch geschüttelt werden.) Bereits wenige Tropfen ätherisches Öl verleihen dieser Menge Wasser ein feines Aroma. Tränken Sie einen Wattebausch damit oder füllen Sie das Wasser in einen kleinen Zerstäuber um. Sie sind besonders angenehm während der Schwangerschaft, bei Flugreisen, in heißtrockenem Klima oder zentralbeheizten Räumen.

Zur Herstellung eines einfachen Duftwassers genügen einige wenige Tropfen ätherisches Öl auf Quellwasser.

ERFRISCHENDE DUFTWÄSSER

ZITRONENSCHALE

Man kann eine Vielzahl von ätherischen Ölen in winzigen Mengen mit Alkohol, Apfelessig oder Hamamelis verdünnen, um Duftwässer, Kölnisch Wasser oder Aftershaves herzustellen. Eau de Portugal läßt sich wie folgt zubereiten:

Zutaten

20 Tropfen Süßorange · 5 Tropfen Bergamotte
2 Tropfen Zitrone · 2 Tropfen Benzoe
1 Tropfen Geranie · 15 ml Wodka
100 ml Quellwasser

Herstellung

Lösen Sie die Öle in Wodka auf, geben Sie die Mischung zum Wasser und schütteln gut. Lassen Sie das Ganze mindestens einen Monat stehen, um es dann zu filtrieren und in eine Flasche umzufüllen.

ZITRONENBLATT

Zitronenöl ist ein mild adstringierender, frisch duftender Bestandteil von Kölnisch Wasser und Eau de Portugal.

GESICHTSWÄSSER

Nehmen Sie Blütenwasser als Basis und fügen Sie etwas Hamamelis hinzu, das die adstringierende Wirkung verstärkt. Um zusätzliche feuchtigkeitsspendende und reinigende Eigenschaften zu gewinnen, kann man bis zu 25 % natürliches Glyzerin beimischen. Blütenwässer mit Hamamelis und Glyzerin entfernen überschüssiges Fett und wirken darüber hinaus adstringierend und antiseptisch. Wenn man kein (oder nur sehr wenig) Make-up verwendet, kann man damit die Haut gleichzeitig reinigen und kräftigen.

Kamillenwasser beruhigt die Haut.

GESICHTSBEHANDLUNG

Wöchentlich angewandt, kann eine Dampfbehandlung die Haut hydratisieren, entgiften und tiefenreinigen. Man kann Gesichtsdampfgeräte kaufen, dieselbe Wirkung läßt sich aber auch mit einer Schale heißen Wassers und einem Handtuch über dem Kopf erzielen, unter dem man den Dampf fünf Minuten lang einwirken läßt (Vorsicht vor Verbrühungen und starker Provokation von Haut und Gefäßen). Diese Behandlung kann man intensivieren, indem man dem Wasser 6–10 Tropfen zum Hauttyp passendes ätherisches Öl (oder eine Ölmischung) hinzufügt. Auch ein heißes Bad mit einigen Tropfen ätherischen Öls kann die Haut reinigen.

Anschließend sollte die Haut abkühlen und mit Blütenwasser eingesprüht werden, das die Poren schließt. Wenn das Blütenwasser eingetrocknet ist, sollte man ein mildes Feuchtigkeitspräparat auftragen.

Besprühen Sie das Gesicht mit duftenden Blütenwässern, um die Haut zu befeuchten und zu erfrischen.

Kölnisch Wasser und Duftwässer in attraktive Glasflaschen umfüllen und unbedingt gut verschlossen aufbewahren!

Rosenöl ist ein hochwirksames Hautpflegemittel.

ACHTUNG

Bei erweiterten Äderchen sollte man Dampfbehandlungen grundsätzlich meiden. Dieser Hauttyp reagiert ungünstig auf Hitze und Kälte und sollte deshalb stets sanft behandelt werden!

JASMIN

Jasminöl eignet sich für alle Hauttypen.

Körperpflege und Behandlungen

HAFERMEHL

GESICHTSPEELING

Um abgestorbene Hautzellen zu entfernen und die Durchblutung anzuregen, mischen Sie ein wenig mittelfeines Hafermehl (oder lösliches Hafermehl aus der Apotheke) in der Handfläche mit einem zum Hauttyp passenden ätherischen Blütenwasser(vgl. S. 38) und reiben damit sanft über das Gesicht. Bei trockener oder empfindlicher Haut verwenden Sie Mandelkleie.

TROCKENE/FEUCHTE BÜRSTENMASSAGE

Verteilen Sie einen oder zwei Tropfen ätherisches Öl auf einem trockenen Luffaschwamm oder einer Bürste mit Naturborsten. Beginnen Sie die Massage an den Füßen und arbeiten Sie sich dann langsam nach oben, wobei Sie Fettpolster z. B. an Hüften oder Schenkeln besonders sorgfältig bürsten. Streichen Sie die Arme entlang, vor allem die Innenseite der Oberarme, den Rücken von der Taille aus nach oben, über den Bauch, und dann von den Schultern die vordere Körperseite hinunter.

Diese Bürstenmassage fördert die Durchblutung, greift Fettablagerungen an, läßt die Haut strahlen und hilft auch gegen Orangenhaut. Eine sanftere Variante läßt sich mit einem feuchten Schwamm oder Luffaschwamm bzw. einer Bürste beim Duschen oder Baden durchführen.

Bürstenmassagen, die die Haut stimulieren, kann man mit einem Luffa oder Schwamm durchführen.

ÖLE FÜR DIE KOPFHAUT

Regelmäßige Massage der Kopfhaut hilft gegen Haarausfall und trockenes Haar. Darüber hinaus regt sie die Durchblutung der Kopfhaut auch in tieferen Schichten an, nährt die Haarwurzeln und verbessert insgesamt die Haarstruktur. Für eine Kopfhautmassage mischen Sie 40 ml Kokosnußöl und 10 ml Weizenkeimöl mit 10–25 Tropfen ätherischem Öl, je nach Haar- oder Hauttyp.

KÖRPERBÜRSTE

HAARKUREN

Für eine gute Haarkur, die Wachstum und Zustand der Haare verbessert, vermischen Sie 10 Tropfen ätherisches Öl mit 25 ml leicht erwärmtem Jojobaöl, Rizinusöl oder Nativem Olivenöl Extra und massieren es gründlich in die Kopfhaut ein. Bedecken Sie die Haare mit einer Schicht Wachspapier und einem warmen Handtuch und lassen das Ganze eine Stunde einwirken. Beim Auswaschen das Shampoo vor dem Wasser auftragen, damit das Öl ausgespült wird. Einmal pro Woche anwenden.

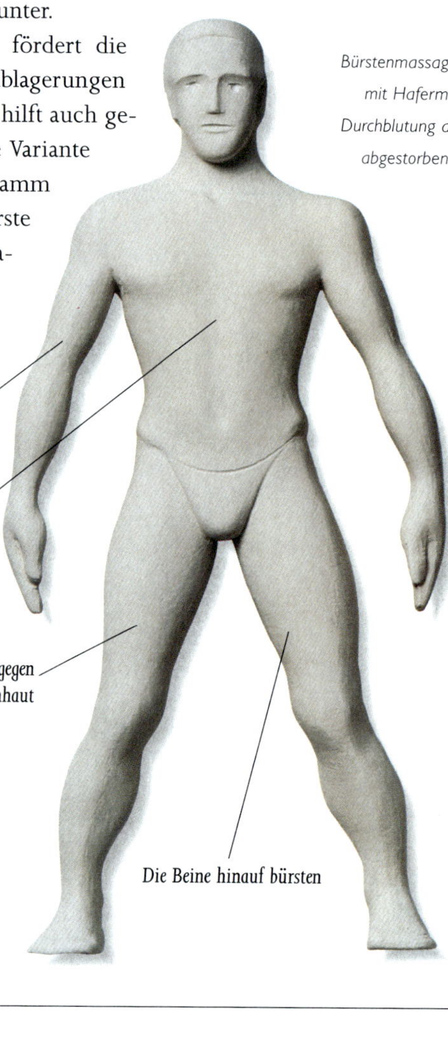

Bürstenmassagen oder Peelings mit Hafermehl regen die Durchblutung an und entfernen abgestorbene Hautzellen.

Bleicherde für die Kopfhautbehandlung.

Pulverisierte Iriswurzel ist eine gute Basis für Trockenshampoos.

KÖRPERPUDER

Für ein aromatisches Körperpuder mischen Sie etwa 30 g unparfümierten Talk oder Stärkemehl mit 5–6 Tropfen ätherischem Öl. Lassen Sie die Mischung in einem gut verschlossenen Behälter mindestens 24 Stunden lang ziehen.

HAARTONIKUM

LIMETTE

Ein aromatisches Haartonikum empfiehlt sich besonders bei fettigem oder dünner werdendem Haar, da es die Talgproduktion ausgleicht und das Haarwachstum anregt. Lösen Sie, je nach Haartyp, etwa 10 Tropfen ätherisches Öl in einem Eßlöffel Apfelessig und geben Sie 100 ml Lavendelwasser dazu. Gut schütteln und in die Kopfhaut einmassieren.

SCHNELLE KOPFHAUTMASSAGE

Zwischen den Haarwäschen können Sie Ihre Kopfhaut wie folgt behandeln: Reiben Sie mit den Fingerspitzen etwa 10 Tropfen reines Teebaum- oder Lavendelöl in die Kopfhaut ein. Besonders bei Schuppen oder als allgemeine Kur zu empfehlen!

TROCKENSHAMPOO

Allzu häufiges Haarewaschen kann den natürlichen Säuremantel des Haares angreifen. Für eine Trockenwäsche gibt man einen Tropfen Rosmarinöl (oder ein anderes ätherisches Öl, je nach Duftnote) auf einen Eßlöffel pulverisierte Iriswurzel oder Bleicherde und verteilt die Mischung im Haar. Nach etwa fünf Minuten gründlich ausbürsten.

ZITRONE

Zitrusöle sind nicht stabil!

AROMATISCHES SHAMPOO

Kaufen Sie ein pH-neutrales Shampoo (siehe Etikett) und geben Sie pro Wäsche einen oder zwei Tropfen ätherisches Öl auf eine Verschlußfüllung Shampoo. Oder Sie vermengen 30–50 Tropfen ätherisches Öl (oder eine Ölmischung) mit 100 ml Shampoo. Vor Gebrauch gut schütteln!

AROMATISCHE SPÜLUNG

Geben Sie einige Tropfen geeignetes aromatherapeutisches Öl, z. B. Kamille, Lavendel, Rosmarin, zum Wasser der letzten Spülung und mischen einen Eßlöffel Apfelessig darunter. Diese einfache und wirksame Mixtur läßt das Haar glänzen und schützt seinen Säuremantel. Obendrein duftet sie wunderbar und verleiht dem Haar neuen Schwung.

Füllen Sie selbstgemachte Haarpräparate in dekorative, gut verschließbare Flaschen um.

ACHTUNG

Manche Öle (Ylang Ylang, Zedernholz, Zypresse, Zitrone, Limette, Wacholder, Mandarine und Kiefer) sind in Shampoos oder Waschmitteln nicht stabil und sollten daher nicht verwendet werden.

Eine Massage mit ätherischen Ölen erfrischt und reinigt die Kopfhaut zwischen den Haarwäschen.

ROSMARINÖL

Psyche und Parfum

WEIHRAUCH

Die psychologische Wirkung von Düften ist seit langem bekannt. So haben sich unsere Ahnen seit Anbeginn der Zeit die Wirkung von Kräutern zunutze gemacht. Unbestritten ist, daß in der Vergangenheit aromatische Substanzen aufgrund ihrer halluzinogenen, beruhigenden, anregenden, erotisierenden oder narkotischen Eigenschaften verwendet wurden. Bis heute existiert allerdings keine seriöse Untersuchung über die Wirkung von Düften, insbesondere von ätherischen Ölen, auf das Gemüt.

PSYCHO-AROMATHERAPIE

Die Psycho-Aromatherapie, die sich vordringlich mit dem psychologischen Potential ätherischer Öle auseinandersetzt, umfaßt zwei separate, aber dennoch in Wechselbeziehung stehende Gebiete: aromatische Medizin und Parfumherstellung. Sie verbindet die psychologische Wirkung bestimmter ätherischer Öle auf die Körpersysteme mit den emotionalen und psychologischen Reaktionen auf deren Duft. Diese beiden Komponenten sind in einer psychosomatischen Einheit verklammert, wobei vor allem drei Ebenen in dem Prozeß eine Rolle spielen:

- die chemische Ebene: die molekulare Zusammensetzung des Duftes, seine Eigenschaften, Konzentration und Intensität.
- die physiologische Ebene: primäre und sekundäre biologische Prozesse, die durch Kontakt mit dem Öl ausgelöst werden.
- die psychologische Ebene: die subjektive Reaktion auf einen Geruch.

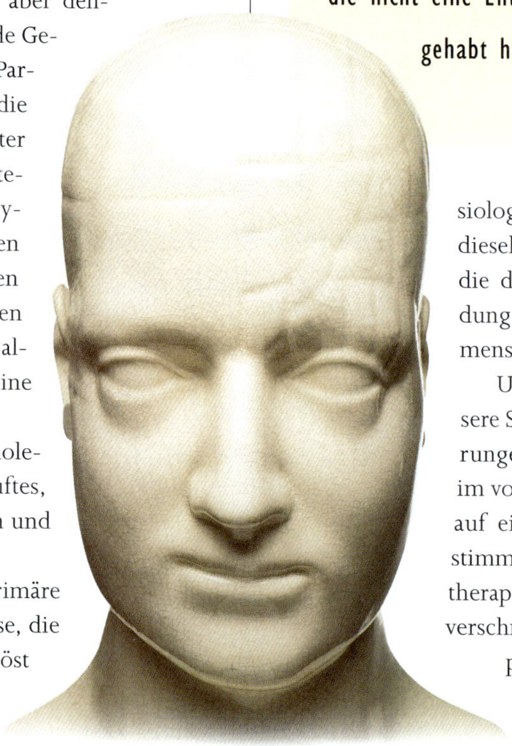

Starke Düfte wie Weihrauch beeinflussen durch physiologische Wirkung auf das Gehirn Stimmung und Gefühle.

> **»Er sah, daß es keine Regung des Geistes gab, die nicht eine Entsprechung in den Sinnen gehabt hätte ...«**
>
> OSCAR WILDE

Obwohl manche Düfte im allgemeinen als angenehm und andere weitgehend als abstoßend gelten, ist es schwierig, absolute Regeln über die Reaktionen des einzelnen auf einen bestimmten Duft aufzustellen. Die physiologische Wirkung eines Duftes kann nämlich von gefühlsbestimmten Assoziationen und psychologischen Vorlieben des Individuums überlagert werden. Manchmal haben sogar unangenehme Düfte eine positive Wirkung, sofern sie mit etwas Angenehmem assoziiert werden.

Die enge Koppelung von Geruchssinn und Gefühl ist seit langem bekannt. Man geht davon aus, daß – physiologisch gesehen – Duftmoleküle dieselben Gehirnzentren stimulieren, die die Befehle zur Zu- oder Abwendung erlassen, auf denen fast alle menschlichen Gefühle beruhen.

Unser Geruchssinn beeinflußt unsere Stimmungen, Gefühle und Erinnerungen. Es ist so gut wie unmöglich, im voraus die Reaktion eines Menschen auf einen bestimmten Geruch zu bestimmen. Ebenso unmöglich ist es, für therapeutische Zwecke einen Duft zu verschreiben, ohne die folgenden Aspekte zu bedenken:

- biologisch: die Wirkung, die der Duft voraussichtlich auf die Körpersysteme haben wird, egal ob anregend oder beruhigend.
- archetypische Assoziationen: jegliche Assoziation, die der Duft hervorrufen kann. So steht Rosenduft in allen Kulturen für Weiblichkeit, Liebe, Göttlichkeit und Süße.
- kulturelle Begleitvorstellungen: Manchen Düften kommt, je nach Umwelt, Gesellschaft und kulturellen Rahmenbedingungen, eine bestimmte Bedeutung zu – etwa dem Duft von Weihrauch innerhalb der römisch-katholischen Kirche.
- individuelle Reaktionen: persönliche Assoziationen und Vorlieben, geprägt durch den entweder positiven oder negativen Erstkontakt.

Über Gerüche läßt sich streiten, der Duft der Rose wird jedoch in allen Kulturen geschätzt.

Inwieweit ist es überhaupt möglich, die Wirkung von Düften vorherzusehen? Fachleute betonen, daß es zwar keinen Geruch gäbe, der beim Menschen eine im voraus zu bestimmende Reaktion hervorrufen könne, eine unbewußte Manipulation durch Gerüche aber durchaus möglich sei. Seit sexuelle und soziale Instinkte des *Homo sapiens* nicht länger – anders als bei anderen »Säugetieren« – durch Duftsignale kontrolliert werden, verursachen Gerüche keine dramatischen emotionalen Umschwünge beim Menschen mehr. Statt dessen wirken sie oft auf unterbewußter Ebene auf Stimmungen und Empfindungen und können, ohne daß wir etwas davon merken, unsere Gedanken in neue Bahnen lenken.

»Die Parfumhändlerin« von Pietro Longhi, 1702–1785: Maskierte Venezianerinnen beim Parfumkauf.

Das – im Guten wie im Schlechten – enorme psychologische Potential von Düften liegt darin, daß sie uns unwissentlich beeinflussen. Gegenwärtig herrscht ein sehr reges wissenschaftliches Interesse an den potentiellen Auswirkungen von Düften. Fachleute in New York haben in diesem Zusammenhang den Begriff »Aromachologie« geprägt, der die Erforschung und Anwendung natürlicher und synthetischer Gerüche umfaßt. Ebenso wächst das Interesse der Werbung, Düfte als Marketinginstrument einzusetzen. So zeigten Versuchsreihen mit parfümierten und nicht aromatisierten Schuhen, daß Kunden die duftenden Exemplare bevorzugten, ohne jedoch zu wissen warum.

Beruhigende Düfte fördern Schlaf und Entspannung.

In dem Maße, wie Duft als Verkaufshilfe dienen kann, ist er auch ein probates Therapeutikum, vor allem bei psychischen oder psychosomatischen Beschwerden. Besonders im Rahmen von Entspannungstherapien entfalten Düfte ihre nachhaltige Wirkung, da sie unter Umgehung des kritischen Bewußtseins direkt auf die Psyche zielen. Der Begriff »Osmotherapie« wurde eingeführt, um den Einsatz von natürlichen und künstlichen Düften zu therapeutischen Zwecken zu beschreiben.

Dieser Ansatz unterscheidet sich allerdings deutlich von dem der Psycho-Aromatherapie, da diese nur mit natürlichen Pflanzendüften arbeitet. Die aromatherapeutische Massage spielt bei den Behandlungsmethoden eine große Rolle. Sie ist so wertvoll, weil sie die Inhalation des Duftes und die heilende Wirkung der Berührung kombiniert. Aromabäder verbinden gleichfalls Duft und Entspannung, wobei die ätherischen Öle über die Haut aufgenommen werden.

Die Praxis der Psycho-Aromatherapie, die sich auf die Wirkung von Düften konzentriert, umfaßt eine breite Palette an Methoden und Techniken. Die Auswirkungen, die sie auf Körper, Geist und Gefühle hat, läßt sie zu einer ganzheitlichen, psychosomatischen Behandlungsmethode werden.

DUFT UND STRESS

Der Geruchssinn ist aufs engste an das zentrale Nervensystem gekoppelt und beeinflußt dessen Funktionen. Man kann durchaus sagen, daß viele Krankheiten ihren Ursprung in der Psyche haben – in negativer Einstellung oder tiefverwurzelten Ängsten. Befindlichkeiten wie Unruhe oder Ärger rufen im Körper Veränderungen hervor, z. B. den Anstieg der Herzfrequenz und des Muskeltonus sowie einen veränderten Atemrhythmus. Diese Reaktionen sind hinlänglich bekannt und dokumentiert. Streß und Unruhe, die Wurzeln vieler moderner Krankheiten, führen zu Abbauerscheinungen des gesamten Organismus.

Die Wirkung von Düften wird oft durch rituelle Assoziationen gesteigert.

Zwischen Streß und Duft besteht eine Wechselwirkung, weil bestimmte Düfte, vor allem solche mit pheromonalen Eigenschaften – der Fähigkeit, Angehörige derselben Spezies zu beeinflussen – Streß hervorrufen können und umgekehrt. Tiere haben eine besonders feine Nase dafür, doch auch Menschen mit einem ausgeprägten Geruchssinn bleibt der Geruch von Angst oder Krankheit nicht verborgen. Glück und Gesundheit haben ebenfalls charakteristische Duftnoten.

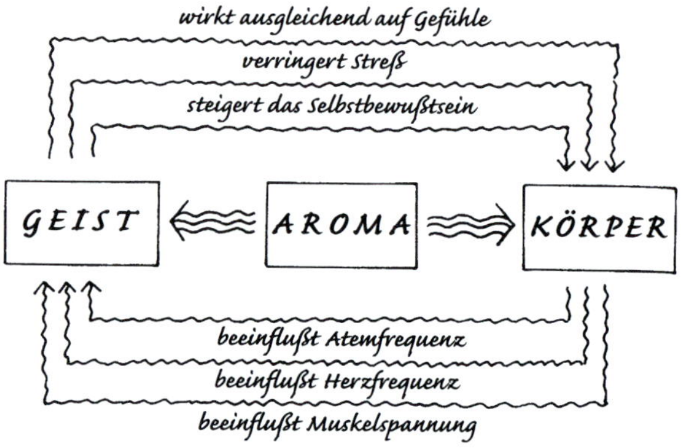

Gerüche wirken auf psychobiologischer Ebene.

Die unterbewußte Einstellung des Menschen ist an sein limbisches System gekoppelt, jenen Teil des Gehirns, der für die grundlegenden Gefühle und Stimmungen zuständig ist. Ein Umschwung in der geistigen oder gefühlsmäßigen Befindlichkeit des Individuums kann geradezu dramatische Auswirkungen auf seine körperliche Gesundheit haben. Da das limbische System besonders empfindlich auf Gerüche reagiert, lassen sich Gefühle mittels bestimmter Düfte beeinflussen.

Der chemische Effekt von Gerüchen stellt sich ein, wenn sie über die Nase in das Blut gelangen. Ihre psychobiologische Wirkung äußert sich etwa darin, daß wir bei einem angenehmen Duft deutlich langsamer und tiefer einatmen. Ein Duft kann uns aber auch ablenken, z. B. indem er angenehme oder unangenehme Erinnerungen weckt.

Gerüche beeinflussen über das Gehirn Stimmungen und Gefühle.

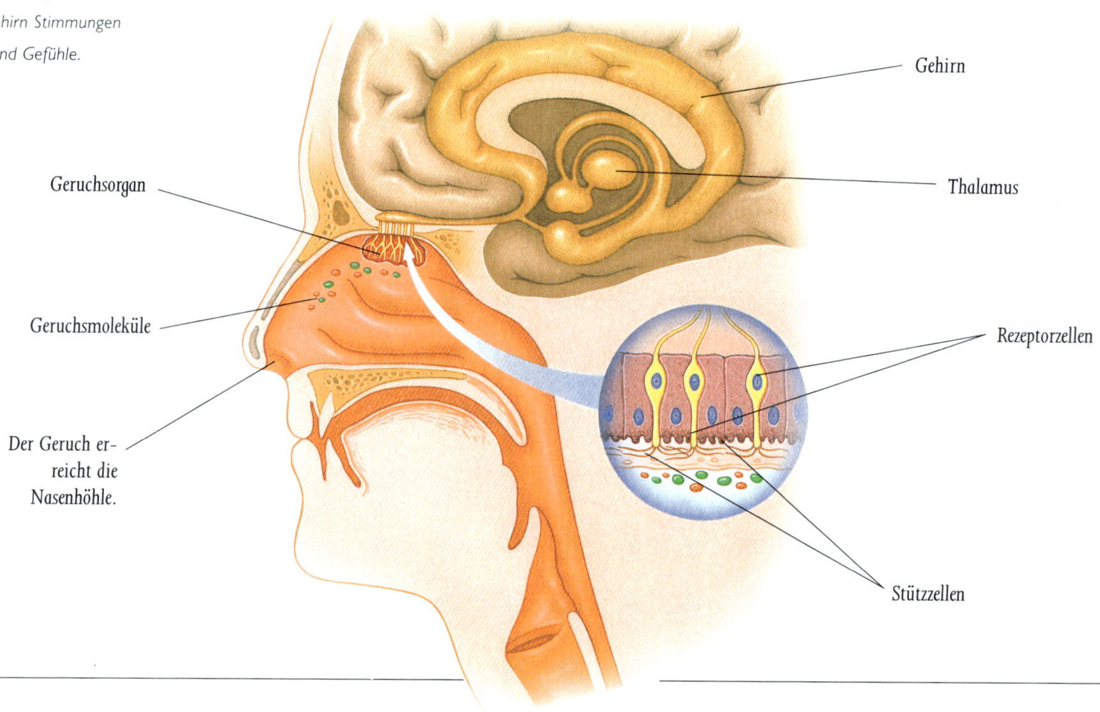

Eine aromatherapeutische Massage macht sich die Tatsache zunutze, daß der Duft der verwendeten Öle die wohltuende Wirkung der Massage noch steigert, und daß dieser Duft schnell mit der rundum angenehmen und entspannenden Wirkung der Massage verbunden wird. Die Aromen der Öle tragen zu einer positiven Assoziation und somit einer positiven Erwartungshaltung bei, die den Patienten für die folgenden Behandlungsschritte noch empfänglicher macht. Die wohlüberlegte Auswahl von Ölen im Zusammenklang mit der emotionalen Befindlichkeit der Person kann dazu beitragen, daß der Betreffende auch in Zukunft Freude und Wohlbefinden aufs neue erleben kann.

Dieses Vorgehen ähnelt Ritualen, bei denen ein vertrauter Duft wie Weihrauch dazu beiträgt, den Geist zu beflügeln oder empfänglich zu machen. Dieser Effekt wird durch Wiederholung noch verstärkt.

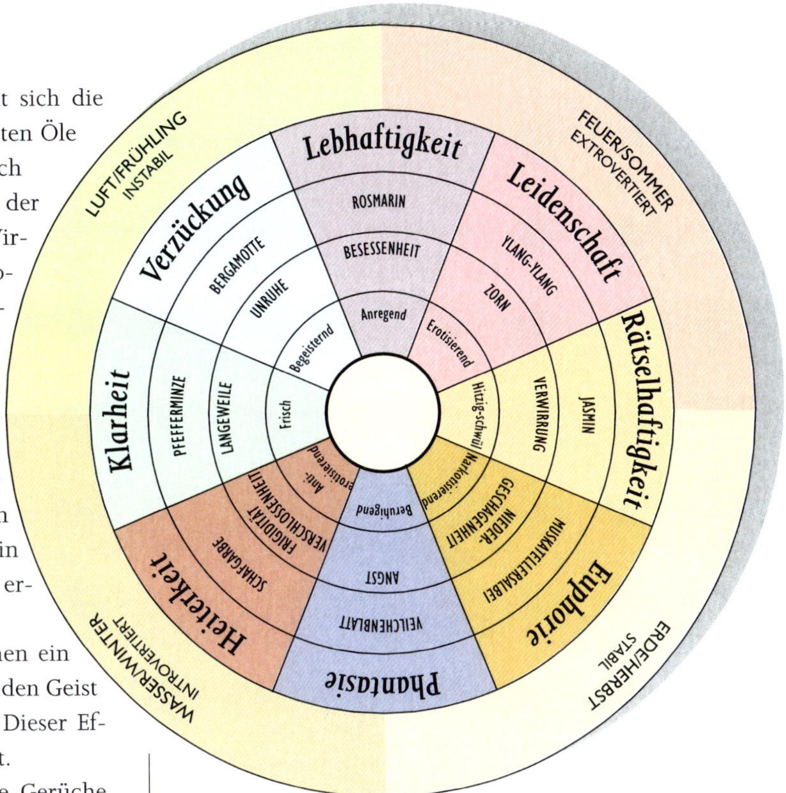

Tisserands Diagramm zeigt die Beziehungen zwischen Gemütszuständen und bestimmten Ölen auf. Im äußeren Kreis steht der Persönlichkeitstyp, innen folgen die »emotionale« Qualität des Parfums, der Name des Öls und das Problem, das es positiv beeinflussen kann. Im innersten Kreis ist die Wirkung des Öls festgehalten.

Experimente haben gezeigt, daß manche Gerüche aufgrund von Assoziationen im allgemeinen sehr entspannend wirken. Das gilt etwa für den Meeresgeruch. Allerdings sollte ein solcher Duft zur Bekämpfung von Streßsymptomen nur sparsam angewendet werden, um seinen Wert als konditionierten Reiz nicht zu schmälern. Bei wohlüberlegter Auswahl und Verwendung können ätherische Öle, in Kombination mit aromatherapeutischer Massage, negativen Stimmungen entgegenwirken und Harmonie wiederherstellen.

Verschiedene Versuche wurden unternommen, die Beziehung zwischen Stimmung und Duft zu analysieren. Robert Tisserand, einer der Väter der Aromatherapie, schlägt acht Kategorien zur Klassifikation von Stimmungen vor, bei denen ätherische Öle als Gegenmittel oder ausgleichende Essenzen zur Anwendung kommen können (siehe Graphik). Ätherische Öle werden in »Stimmungskategorien« geführt, mit denen sie überwiegend assoziiert werden. So steigert Ylang Ylang die Leidenschaft, hilft Ärger abzubauen und wird gegen Frigidität und Verschlossenheit eingesetzt. Jasminöl ist nützlich bei Ideenlosigkeit und Mattigkeit.

Natürlich ist es riskant, ätherische Öle aufgrund ihres Duftcharakters mit bestimmten Stimmungen in Bezug zu setzen. Wenn man natürliche Aromastoffe zu psychotherapeutischen Zwecken eingesetzt, muß man Persönlichkeit und Temperament des Patienten richtig einschätzen und seine Assoziationen hinsichtlich bestimmter Gerüche berücksichtigen. Bei der Auswahl von Düften, die den Bedürfnissen der Person entgegenkommen, sind persönliche Vorlieben häufig verläßliche Führer. Wie wir bisweilen einen Heißhunger auf Speisen verspüren, die unseren Körper mit fehlenden Nährstoffen versorgen, so können wir uns auch zu solchen Düften hingezogen fühlen, die eine beruhigende Wirkung auf unsere seelische Verfassung haben. Selbst eine negative Reaktion auf einen Geruch kann dem Aromatherapeuten Hinweise darauf geben, welche versteckten oder unterdrückten Aspekte der Psyche besonderer Aufmerksamkeit bedürfen.

Häufig stellen Therapeuten fest, daß Patienten die ätherischen Öle bevorzugen, die ihren derzeitigen Bedürfnissen entsprechen, und daß mit einem Umschwung in der Gefühlswelt die Vorlieben wechseln.

STIMMUNG UND DUFT

Zu den negativen Befindlichkeiten, die auf Düfte ansprechen, zählen:

Passiv

Niedergeschlagenheit • Apathie
Melancholie
Unentschlossenheit • Verzweiflung

Aktiv

Angst • Nervöse Spannung
Ärger • Ungeduld • Panik

Parfum und Persönlichkeit

Bei der Wahl eines Parfums, das ihrer Stimmung und Persönlichkeit entspricht, praktizieren die meisten Frauen – und immer mehr Männer – bereits eine Art Aromatherapie am eigenen Leibe. Die Entscheidung für ein Parfum ist, wie die Vorliebe für eine Farbe, eine individuelle Angelegenheit jenseits des Modediktats. Darüber hinaus besteht eine klare Beziehung zwischen Persönlichkeitstyp und verwendetem Parfum.

Warum gefällt oder mißfällt uns ein bestimmter Duft, warum entscheiden wir uns gerade für diese Note? Seit Jahrhunderten fasziniert die Parfumindustrie die Beziehung zwischen Persönlichkeit und Parfum, zwischen der »Essenz« der Person und der »Essenz« des Duftes. Während diese Wechselbeziehung zunächst auf einer bloßen Vermutung beruhte, stützt die Erforschung psychophysiologischer Faktoren auf diesem Gebiet diese Theorie durch Fakten. So kann das ausgewählte Parfum die Persönlichkeit seines Trägers unterstreichen. Ein individuell angefertigtes, maßgeschneidertes Parfum perfektioniert diese Eigenschaft in einzigartiger Weise. So verkündete ein englischer Arzt im 19. Jahrhundert, daß seiner Meinung nach ein Parfum auf die Persönlichkeit, die körperlichen, seelischen und geistigen Merkmale seines Trägers abgestimmt sein sollte – und ein ebenso unverwechselbares Charakteristikum wie seine Stimme darstellen kann.

PERSÖNLICHKEITSTYPEN UND IHRE VORLIEBEN FÜR FARBE UND DUFT

R.W. Moncrieff, Naturwissenschaftler und Parfumexperte, erstellte ein Beziehungsmuster für unterschiedliche Duft- und Persönlichkeitstypen. Er stellte fest, daß extrovertierte Menschen weniger subtile Duftvorlieben als introvertierte besitzen und leichtere Düfte bevorzugen, wohingegen letztere zu schwereren, orientalischen Aromen neigen.

Mensing und Beck erweiterten dieses Schema um die Beziehung zwischen Farbe und Duft. Sie entwarfen eine Serie von acht Kreisen, wobei jeder Kreis acht unterschiedliche Farbsegmente, die sich überschneiden, aufweist. Die Farben jedes Kreises wurden nach den Vorlieben der acht meistverbreiteten Persönlichkeitsypen gewählt.

Orange/gelb/rot/grün
»Tendenz zu extrovertierter Haltung« – Risikobereitschaft, gesellig, mag Anregung. Frische (grüne) Duftnoten.

Purpurrot/violett/weiß
»Tendenz zu introvertierter Haltung« – Bedürfnis nach innerer Ruhe, weniger nach Anregung, individueller/alternativer Lebensstil, jünger. Orientalische Duftnoten.

Schwarz und weiß
»Tendenz zu emotional ambivalenter Haltung« – Sehr sensibel, launisch, romantisch, modebewußt. Blumige, pudrige Duftnoten.

Helle Pastelltöne
»Tendenz zu emotional ambivalenter, extrovertierter Haltung« – Idealistisch, fröhlich, impulsiv, zufrieden. Fruchtige, blumige Duftnoten.

Dunkelviolett/warme Farben
»Tendenz zu emotional ambivalenter, introvertierter Haltung« – Scheut Konflikte, materialistisch, sicherheitsbedürftig. Orientalische, blumige Duftnoten.

Dunkelrot/grün/orange
»Emotional stabil mit Tendenz zu extrovertierter Haltung« – Konservativ, gesellschaftlich aktiv, familienorientiert, warme und starke Ausstrahlung, schätzt Qualität. Sandelholzartige Duftnoten.

Hellblau/gelb
»Emotional stabil mit Tendenz zu introvertierter Haltung« – Gute Manieren, hat sich im Griff, respektiert die Grenzen der Mitmenschen. (Fast zu starke) blumige Duftnoten.

Braun/grün/gelb
»Undefinierbar« – Offene, unkomplizierte Menschen mit sehr ausgewogener Psyche. Ohne Vorliebe für eine bestimmte Duftnote.

Individuelle Duftmischungen

Bei der Entwicklung und Vermarktung neuer Produkte bezieht sich die Parfumindustrie auch heute noch auf eine differenziertere Version der Farbtafel von Mensing und Beck. Das Schema wurde für psycho-aromatherapeutische Zwecke aufbereitet, um dem Heilpraktiker zu helfen, aus der Palette natürlicher Aromastoffe den passenden auszuwählen. So dürfte ein introvertierter Mensch zu orientalischen Düften wie Weihrauch oder Patschuli neigen, während ein extrovertierter fruchtige Öle wie Zitrone oder Grapefruit vorzieht.

Während bei der Parfumherstellung das ästhetische Element an erster Stelle steht, nimmt bei der Aromatherapie die Wirksamkeit des Heilmittels diesen Rang ein. So stehen die beiden folgenden Anforderungsprofile im Vordergrund:

- ein Duft, der den physischen, emotionalen und geistigen Eigenschaften des Trägers entspricht;
- Zutaten, die Mangelerscheinungen in der körperlichen und psychischen Befindlichkeit des Trägers ausgleichen können.

Die Aromatherapeutin Marguerite Maury kam zu der Schlußfolgerung, daß es nötig sei, einen Duft auszuwählen, der den Bedürfnissen des Patienten gleichsam maßgeschneidert entspreche. Sie stellte fest, daß unter allen Aspekten von pflanzlichen Ölen und ihren Düften »das größte Interesse der Wirkung des Duftes dem psychischen und geistigen Zustand des Individuums gilt. Die Wahrnehmungskraft wird geschärft, und [Ereignisse] werden objektiver, also in angemessener Perspektive, wahrgenommen«.

Bei der Komposition individueller Präparate bewertete Maury die körperliche, geistige und emotionale Verfassung ihres Patienten, um das Produkt vollkommen seinen Bedürfnissen anpassen zu können. Da gab es den Fall eines traurigen, besorgten älteren Herrn mit Herz- und Niereninsuffizienz. Für ihn entstand die Mixtur aus Rose, Sandelholz, Lavendel, Geranie und Benzoe. Benzoe vertreibt Sorgen und legt laut Madame Maury »ein Polster zwischen uns und die Ereignisse um uns herum. Die Öle von Rose und Sandelholz helfen bei Schwäche von Nieren und Herz. Lavendel und Geranie wirken harmonisierend …«.

Aufgrund ihrer engen Bindung an das jeweilige Befinden des Patienten verändern sich die Mischungen im Lauf der Behandlung in einem subtilen Zusammenspiel von Ölen, Heilpraktiker und Patient.

EIN INDIVIDUELLES PARFUM

Sie brauchen:
Eine Auswahl an ätherischen Ölen mit Pipettenstöpseln
❦ Jojobaöl oder fraktioniertes Kokosnußöl *(vgl. S. 84)*
❦ eine gut verschließbare Glasflasche
❦ Notizblock, Stift ❦ Löschpapierstreifen

Ehe Sie beginnen, breiten Sie alle Zutaten und Materialien auf einer sauberen Oberfläche in einem geruchsneutralen Raum aus. Wie man das Löschpapier als Duft-Teststreifen verwendet, lesen Sie auf *S. 49*.

1 Wählen Sie die Öle für die dominierenden Duftnoten aus *(vgl. S. 48)*, einschließlich Ölen für die Basis-, Herz- und Kopfnote. Geben Sie die abgezählten Tropfen für die Basisöle in eine kleine Glasflasche mit 5 ml Jojobaöl oder fraktioniertem Kokosnußöl. Schreiben Sie Namen und Menge eines jeden Öls auf.

2 Schütteln Sie die Flasche und testen Sie den Duft mit einem Löschstreifen. Fügen Sie die Öle für die Herznote hinzu und schreiben Sie Mengen und Namen sorgfältig auf. Schütteln Sie die Flasche und testen Sie den Duft.

Sie haben freie Wahl bei den Zutaten, einschließlich Kopf-, Herz- und Basisnote.

3 Geben Sie die Kopfnoten hinzu und machen Sie Notizen. Schütteln und testen.

4 Feinabstimmung durch tropfenweises Hinzufügen einer Zutat oder eines neuen Bestandteils. Ein einziger Tropfen kann dramatische Veränderungen bewirken! Test mit einem neuen Löschpapierstreifen.

5 Bei Gefallen versiegeln Sie die Flasche und stellen sie für einige Wochen ins Dunkle, damit der Duft reifen kann. Überprüfen Sie dann, ob der Duft rund und ausgewogen ist.

Die Kunst der Duftkomposition

GANZ LINKS:
Die alten Ägypter waren Meister der Parfumherstellung.

LINKS:
Ein edles Parfum verdient einen ebenso edlen Flakon.

Parfumherstellung ist zugleich Kunst und Wissenschaft: Sie setzt Präzision und Sensibilität voraus, und das Talent, eine abstrakte emotionale Erfahrung oder Idee in eine greifbare Komposition zu übertragen.

Bei der Zusammenstellung eines Duftes müssen, wie beim Komponieren oder Malen, gewisse »Kompositionsregeln« beherzigt werden. Ein professioneller Parfumeur muß über ein enormes Wissen über die Eigenschaften zahlloser Zutaten und ihre Wechselbeziehungen verfügen. Aber auch Laien können mit ätherischen Ölen durchaus Parfums für den Hausgebrauch oder als Geschenke herstellen!

Die meisten Menschen bevorzugen vielschichtige Düfte, da eine Aromamischung interessanter und komplexer ist. Die Kombination von natürlichen aromatischen Ölen führt zu einer chemischen Reaktion, bei der die ursprünglichen Molekularstrukturen aufgebrochen werden und völlig neue Verbindungen entstehen. Ziel ist, ein »Duftbukett« oder einen »nahtlosen Duft« zu kreieren, dessen Ganzes mehr als die Summe seiner Teile darstellt. Nach einem berühmten Parfumeur besteht das ideale Parfum aus drei oder vier harmonisierenden dominanten »Körpern«. Wenn diese in einer »inspirierten« Mischung zusammenklingen, ergeben sie ein Ganzes, bei dem man nicht mehr nach Einzeldüften unterscheiden kann. Diese Harmonie wird durch Hinzufügen minimaler Mengen anderer Düfte quasi aufgestockt.

Ausgewogenheit ist das Zauberwort beim Mischen von Ingredienzen. Der Parfumeur Charles Piesse stellte als erster Analogien zwischen Düften und Klängen her. Um ein vollkommenes »Duftbukett« zu schaffen, wählte er Düfte aus, die zu einem harmonischen Akkord zusammenfanden, den er mit weiteren Düften als »halben Noten« erweiterte.

Die moderne Parfumindustrie bedient sich noch heute Piesses Terminologie, wenn auch in vereinfachter Form. Das Parfum sollte eine vollkommene Balance zwischen Kopf-, Herz- und Basisnoten aufweisen. Die Kopfnoten werden zuerst wahrgenommen: Sie sind leicht und frisch und deshalb die flüchtigsten Bestandteile des Duftes. Zu den klassischen Kopfnoten gehören Limone, Zitrone und Bergamotte. Die Herznote ist das Kernstück des Duftes und macht zumeist den größten Anteil der Komposition aus. Typische Herznoten sind blumige Töne wie Lavendel, Rose oder Geranie. Die Basisnote verleiht dem Duft Tiefe und dient als Fixativ für die flüchtigeren Bestandteile. Traditionell werden hierzu Eichenmoos, Benzoe oder Patschuli verwendet.

Eine einfache Mischungsalternative orientiert sich an Duftfamilien. Mitglieder einer Familie lassen sich meist stimmig miteinander kombinieren, das gleiche gilt für benachbarte Familien. Mit einem geringen Anteil eines Duftes aus einer anderen oder sogar gegensätzlichen Familie kann man einem ansonsten matten Duft eine interessante oder pikante Note verleihen.

Ein gutes Parfum besitzt harmonisch abgestimmt Kopf-, Herz- und Basisnote.

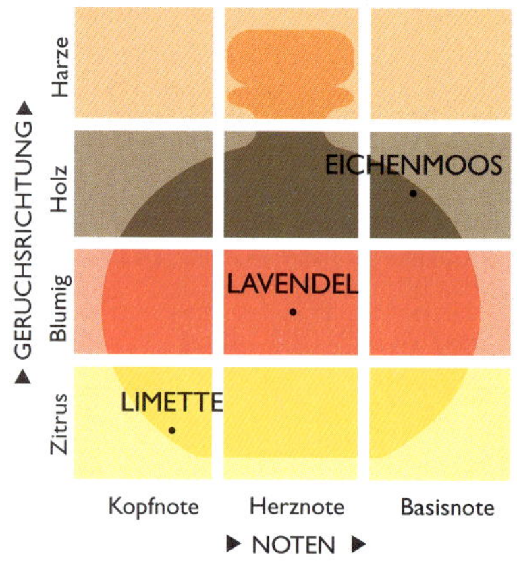

Duftfamilien

Die moderne westliche Parfumherstellung entstand im 14. Jahrhundert, als man Techniken zur Alkoholextraktion entdeckte. Bis dahin basierten Parfums auf fetten oder öligen Materialien, die nicht den kreativen Spielraum wie Alkohol oder synthetische Stoffe erlaubten. Viele moderne Parfumeure halten Parfumherstellung ohne diese beiden Elemente für undenkbar und glauben, daß lediglich Kölnisch Wasser ohne sie auskäme.

Andererseits können synthetische Stoffe im Vergleich mit komplexen, körperreichen natürlichen Essenzen geradezu flach und zweidimensional wirken. Dazu kommt, daß viele Menschen auf bestimmte Chemikalien in modernen Pflegemitteln und Parfums empfindlich reagieren – mit Hautallergien, Kopfschmerzen etc. Manche modernen Düfte enthalten mehr als 100 unterschiedliche Komponenten, während man in der Aromatherapie schon mit drei Ölen zu interessanten Ergebnissen kommen kann. Das liegt daran, daß reine ätherische Öle bereits zahlreiche, manchmal sogar Hunderte unterschiedliche Komponenten und Spurenelemente in sich tragen. Da Rosenöl, beispielsweise, aus über 300 Bestandteilen besteht, ist es unerhört schwierig, es nachzuahmen oder gar einen »naturidentischen« Rosenduft zu schaffen.

Um mit den unterschiedlichen Essenzen vertraut zu werden und den Geruchssinn zu trainieren, sollten Sie die Öle einzeln »beschnuppern«. Riechen Sie jedoch niemals direkt an der Flasche des ätherischen Öls, sondern verwenden Sie einen Streifen Löschpapier als Duftträger. Optimal ist es, das Öl zu 50 % mit einer neutralen Basis zu verdünnen. Tauchen Sie das Papier in die Essenz und testen Sie den Geruch unmittelbar danach. Warten Sie einige Minuten, ehe Sie wieder daran riechen, und lassen Sie dann größere Abstände zwischen den Geruchsproben. Sie werden feststellen, daß die flüchtigeren Bestandteile schnell verdunsten und sich die zähflüssigeren Elemente an der Spitze des Streifens konzentrieren. Kennzeichnen Sie den Streifen am anderen Ende und halten Sie Ihre Ergebnisse auf dem unten abgebildeten Duftnotenrad fest. Beginnen Sie oben, mit den blumigen Noten, und folgen Sie dann dem Kreis. Fehlen die blumigen Noten, machen Sie einen Punkt in die Mitte des Feldes, dominieren sie, setzen Sie den Punkt in den äußeren Bereich. Um das Profil zu vervollständigen, sollten Sie jede Note beurteilen.

Es ist schwierig, einen bestimmten Duft zu identifizieren. Doch trainiert die Klassifizierung den Geruchssinn und die Kunst des Mischens von Düften. Im Rahmen der Parfumherstellung muß der Experte außerdem synthetische Düfte unterscheiden können. Indol z. B. ist ein natürlicher Bestandteil reiner Jasminessenz, der heute synthetisch produziert wird. Konzentriert riecht er nach Kampfer, in winzigen Dosen jedoch ergänzt er schwere, blumige Töne mit Süße und Volumen. Die Psycho-Aromatherapie setzt ausschließlich natürliche Aromen ein.

DUFTFAMILIEN UND IHRE WIRKUNGEN

Diese Zusammenstellung beruht auf dem Konzept des Parfumeurs Jellinek, der Parfums auf Haut- bzw. Haartypen abstimmte.

Frisch (blond)
Grün – Belebend (z. B. Thymian)
Krautartig – Anregend (z. B. Basilikum)
Heilkräftig – Reinigend (z. B. Eukalyptus)

Beruhigend (brünett)
Würzig – Wärmend (z. B. Muskat)
Holzig – Besänftigend (z. B. Sandelholz)
Erdig – Auf den Boden der Tatsachen zurückholend (z. B. Vetiver)

Schwül (schwarz)
Moschusartig – Aphrodisierend (z. B. Patschuli)
Orientalisch – Beruhigend (z. B. Benzoe)
Honigartig – Berauschend (z. B. Ylang Ylang)

Verzückt (rot)
Blumig – Erhebend (z. B. Geranie)
Fruchtig – Belebend (z. B. Petitgrain)
Zitrusartige – Erfrischend (z. B. Zitrone)

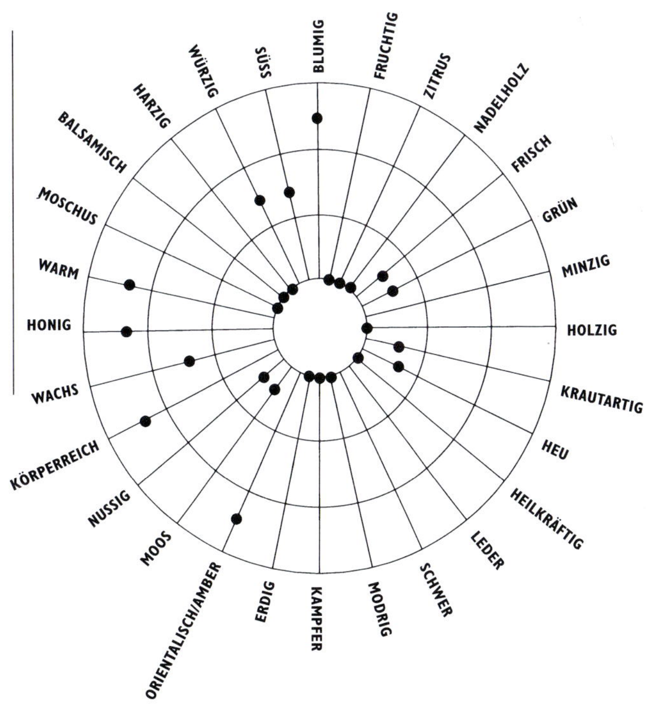

Zahlreiche ätherische Öle sind komplexe Duftmischungen. Das Duftnotenrad hilft bei der Analyse einzelner Elemente und beim Erstellen eines Geruchsprofils für ein bestimmtes Öl, hier beispielsweise für Rosenöl.

FUJI RVP

Aromatherapeutische Massage

Massage, eine der grundlegendsten Therapieformen, wird seit Jahrtausenden angewendet. Der Wunsch nach Berührung ist an sich ein fundamentaler menschlicher Instinkt, und ohne körperlichen Kontakt leidet die Gesundheit des einzelnen. Jüngste Forschungen haben ergeben, daß »Berührungsmangel« sich negativ auf das Immunsystem auswirkt, positive Berührungen diese Körperabwehr dagegen steigern.

Im Laufe der Zeit haben sich zahlreiche Massagetechniken herausgebildet, wobei jede einzelne ihren eigenen therapeutischen Ansatz verfolgt. So arbeitet die orientalische Shiatsu-Massage – ähnlich wie die Akupunktur – vor allem mit besonderen Druckpunkten entlang der Körpermeridiane, um den Energiehaushalt des Körpers zu beeinflussen. Im Unterschied dazu konzentriert sich die westliche oder Schwedische Massage darauf, Spannungen in Muskeln, Gelenken und Bindegeweben abzubauen. So können unterschiedliche Ausführungen einer Streichbewegung unterschiedliche Wirkungen hervorrufen: Ein kräftiger Griff kann den Körper anregen, während seine sanfte Variante Entspannung bewirkt.

Massagebehandlungen fördern nicht nur die Durchblutung und Muskelentspannung, sondern sind darüber hinaus auch eine Wohltat für die Psyche. Eine völlig neue Dimension der heilenden Kräfte eröffnet sich, wenn man die allgemeinen Vorteile einer Massage mit der Wirkung ätherischer Öle, die in die Haut eingerieben werden, kombiniert.

Die eigentlichen Techniken aromatherapeutischer Massage beruhen weitestgehend auf der Schwedischen Massage, ergänzt durch den sogenannten intuitiven Massagestil der frühen sechziger Jahre des 20. Jahrhunderts. Die Theorie der Herstellung ätherischer Öle geht auf die französische Dermatologin Marguerite Maury zurück. Ihr Konzept, das noch heute von den meisten professionellen Aromatherapeuten angewendet wird, sah vor, daß für jeden Patienten und für jede Massage eine individuelle Ölmischung hergestellt wird, die den Bedürfnissen des Betreffenden zum Behandlungstermin genau entspricht.

Eine aromatherapeutische Behandlung umfaßt drei separate Aspekte, die zueinander in einer fruchtbaren Wechselbeziehung stehen:

* die Massage selbst sowie ihre Wirkung auf den Körper;
* die Interaktion zwischen Therapeut und Patient;
* die Wirkung der ätherischen Öle.

> **»Jeden Tag ein aromatisches Bad und eine duftende Massage, das ist der Weg zur Gesundheit.«**
>
> HIPPOKRATES

Diese Einzelaspekte sind untereinander gekoppelt und tragen zu einer vielschichtigen therapeutischen Handlung bei. Während der Massage wirken die ätherischen Öle ihrerseits in zweierlei Weise auf den Körper:

* durch Inhalieren (vordringlich psychologische Wirkung);
* durch Aufnahme über die Haut in das Blut (vordringlich physiologische Wirkung).

Ätherische Öle steigern das Wohlgefühl bei der Massage.

Berührung und Geruch: heilsame Synergie

Die Synergie von ätherischen Ölen und Massage hat sich dank der ausgeprägten Wechselbeziehung von Geruchs- und Tastsinn besonders bei streßbedingten Beschwerden als wirkungsvoll erwiesen. Bei der Massage gelangen ätherische Öle über die Haut in den Blutkreislauf und beeinflussen das Nervensystem direkt. Wenn der kräftigende, anregende oder beruhigende Effekt der Massage durch ein vertrauensvolles Verhältnis zwischen Therapeut und Patient gesteigert wird, kann dies den entscheidenden Schritt zur Auflösung des Teufelskreises aus Streß, Unruhe, Schlaflosigkeit und Erschöpfung darstellen, der so vielen körperlichen Beschwerden zugrunde liegt.

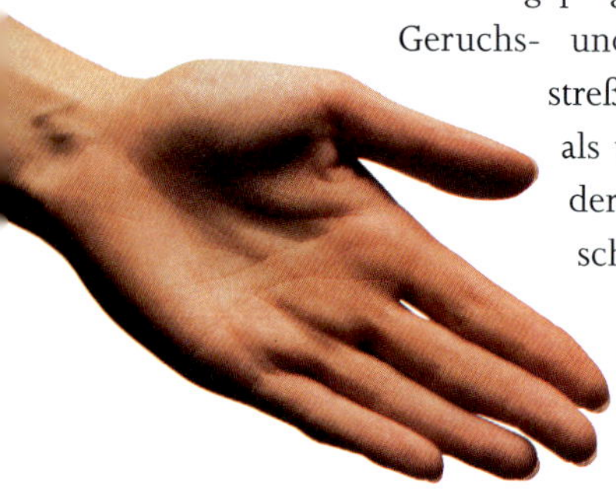

Ätherische Öle und Massage arbeiten Hand in Hand.

Wir wissen zwischenzeitlich, daß körperlicher oder seelischer Streß nicht nur unseren Verstand belastet, sondern auch das Nerven-, Immun- und endokrine Drüsensystem in Mitleidenschaft zieht.

Aromatherapeutische Massage, die sowohl auf einer körperlichen als auch auf einer geistigen Ebene arbeitet, erzielt deshalb bei streßbedingten Beschwerden gute Heilungserfolge. Das trifft in besonderem Maße auf Patienten zu, die an mehreren Streßsyndromen gleichzeitig leiden. Streßbedingte Erkrankungen weisen häufig widersprüchliche Symptome auf. Die Aromatherapie befaßt sich nicht mit einzelnen Symptomen wie Bluthochdruck, Verdauungsbeschwerden und Rückenschmerzen, sondern mit dem krankmachenden Streß an sich. So äußert sich eine Spezialistin: »Der Ansatz einer ganzheitlichen Behandlung liegt darin, den Menschen dabei zu helfen, ihr Leben grundsätzlich in den Griff zu bekommen. Die Möglichkeit der Aromatherapie, zum Kern des Problems, zur Streßreaktion im Körper direkt vorzudringen, ohne auf herkömmliche Medikamente zurückgreifen zu müssen, ist von weitreichender Bedeutung.«

Daß viele Menschen in der westlichen Welt unter großer Belastung leiden, sieht man am immensen Konsum von Beruhigungs- und Aufputschmitteln, obwohl bekannt ist, daß diese Präparate bei regelmäßiger Einnahme u. a. zu Abhängigkeit und Vergiftungserscheinungen führen können. Deshalb ist eine Behandlung, die den Organismus von Streß befreien und ihn beleben kann, ohne dabei bedenkliche Nebenwirkungen zu haben, von größtem Wert. In korrekter Dosierung angewandt, sind ätherische Öle sicher, frei von Nebenwirkungen und dabei höchst wirkungsvoll.

Aromatherapie kann eine Alternative zu Medikamenten sein.

ÄTHERISCHE ÖLE IM EINSATZ GEGEN STRESS

Zahlreiche ätherische Öle eignen sich besonders zur Behandlung streßbedingter Beschwerden, sowohl auf psychischer als auch auf körperlicher Ebene. Lavendel dürfte hier dank seiner Vielseitigkeit das wertvollste Öl sein, da es die Nervenfunktionen reguliert. Andere entspannende Öle sind Kamille, Rose, Jasmin, Neroli, Bergamotte, Geranie, Weihrauch und Ylang Ylang.

JASMIN KAMILLE LAVENDEL

Massagetechniken

Die folgenden Massagetechniken werden in einem gleichbleibenden Rhythmus durchgeführt und wiederholt. Versuchen Sie, während des Massierens die unterschiedlichen Techniken übergangslos zu kombinieren. Eine Hand sollte stets am Körper der zu massierenden Person bleiben, selbst wenn Sie von einem Körperteil zu einem anderen wechseln. Ehe Sie zu tieferliegenden Muskeln übergehen, erwärmen und entspannen Sie die Partien an der Oberfläche. Bei der Arbeit an einem bestimmten Körperteil gehen die Techniken von sanftem Streichen über kräftiges Reiben oder Kneten bis zu energischem, trommelartigem Klopfen über. Je langsamer eine Streichbewegung durchgeführt wird, desto entspannender wirkt sie. Andersherum wächst die anregende Wirkung mit dem Tempo und der Energie der Behandlung.

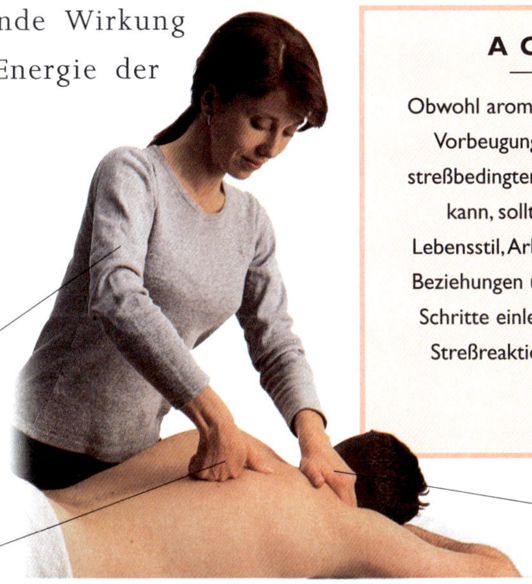

Eine Massage entspannt Körper und Geist.

Arbeiten Sie beim Massieren mit Ihrem ganzen Körper.

Ein gleichbleibender, wiederholter Rhythmus entspannt den Patienten.

Eine Hand soll immer am Körper des Patienten bleiben.

ACHTUNG

Obwohl aromatherapeutische Massage zur Vorbeugung und zur Behandlung von streßbedingten Beschwerden wirksam sein kann, sollte der Betroffene vorher Lebensstil, Arbeitsmuster und persönliche Beziehungen überdenken und notwendige Schritte einleiten, die den Auslösern der Streßreaktion an sich entgegentreten.

BASISÖLE IN DER MASSAGE

Ätherische Öle werden für die Massage meist in einem Basis- oder Trägeröl verdünnt. Nehmen Sie vorzugsweise kaltgepreßte Öle, da sie von der Haut besser aufgenommen werden. Gute Trägeröle für den Hausgebrauch sind Süßes-Mandel-, Sonnenblumen-, Traubenkern- und Kokosnußöl. *(Vgl. S. 84 f.)*

Effleurage ~ Streichtechniken

Die Streichbewegung ist die grundlegende Technik, die zu Beginn jeder Massage am ganzen Körper angewendet werden soll. Durch langsames Streichen wird das Öl auf der Haut verteilt und von ihr absorbiert. *Effleurage* fördert die Entspannung und die Durchblutung, verbessert die Zufuhr von Nährstoffen, die Ausscheidung von Giften und den Lymphfluß. Diese beruhigende Bewegung kann als Übergang zwischen verschiedenen Massagetechniken eingesetzt werden.

STREICHEN

Legen Sie Ihre Hände nebeneinander auf die Haut, und zwar mit der ganzen Handfläche, nicht nur den Fingerspitzen (Schritt 1). Gleiten Sie mit beiden Händen rhythmisch über große und kleine Hautpartien (Schritt 2). Am Ende jeder Streichbewegung kehren Sie immer zum Ausgangspunkt zurück, wobei Sie leicht über die Haut streifen (Schritt 3). Diese Technik wendet man am besten auf dem Rücken des Patienten an.

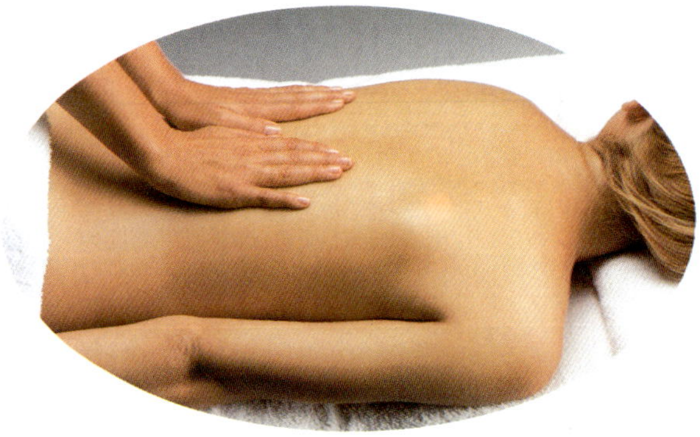

SCHRITT 1

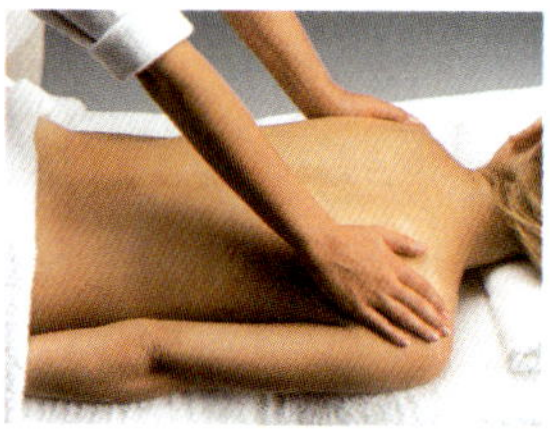

SCHRITT 2

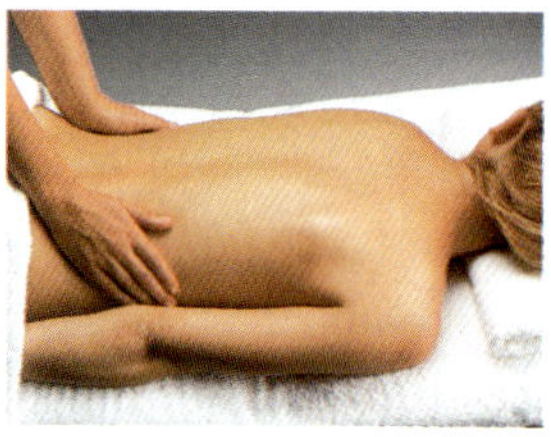

SCHRITT 3

GLEITEN

Bei dieser Variation der Grundbewegung gleiten beide Hände gemeinsam über die Haut, zeigen aber in entgegengesetzte Richtungen (Schritte 1 und 2). Um einen stärkeren Druck auszuüben, können die Hände auch übereinandergelegt werden. Wie beim Streichen sollte man immer zum Ausgangspunkt der Bewegung zurückkehren, indem man nun wieder leicht über die Hautoberfläche streift (Schritt 3). Gleitende Griffe eignen sich vor allem für die Massage von Armen und Beinen.

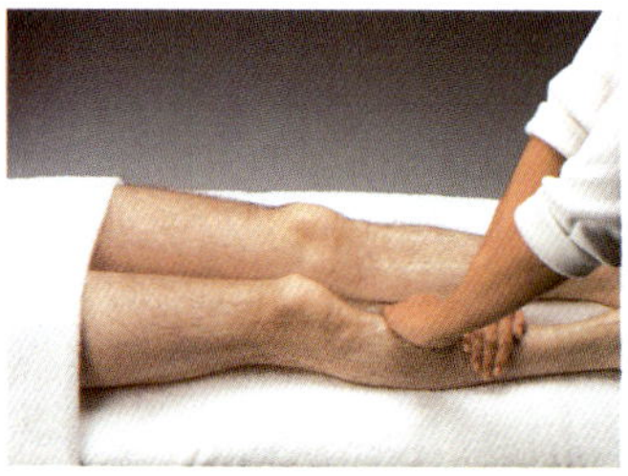

SCHRITT 1

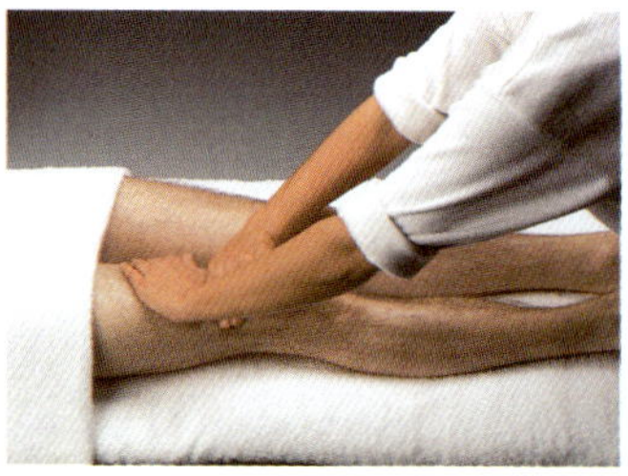

SCHRITT 2

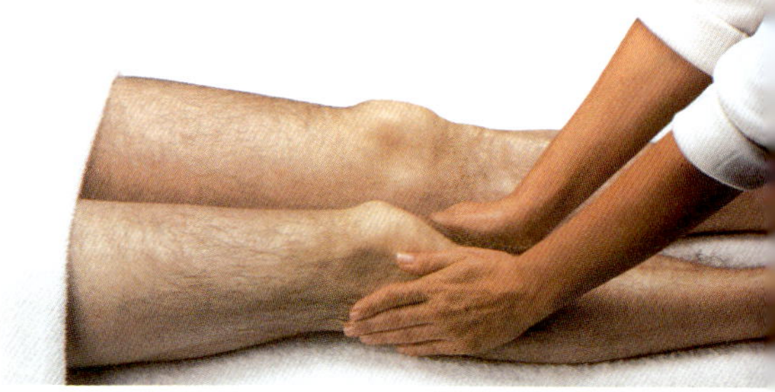

SCHRITT 3

ZIEHEN

Die Betonung bei dieser kräftigen, aber sanften und rhythmischen Bewegung liegt eher auf Ziehen als auf Drücken. Sie massieren, indem Sie eine bestimmte Hautpartie mit beiden Händen abwechselnd leicht ziehen und anheben. Das bietet sich zur Massage des seitlichen Oberkörpers und der Gliedmaßen an.

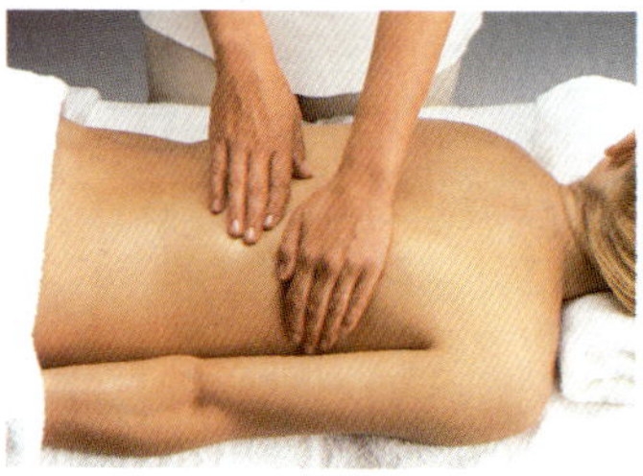

SCHRITT 1

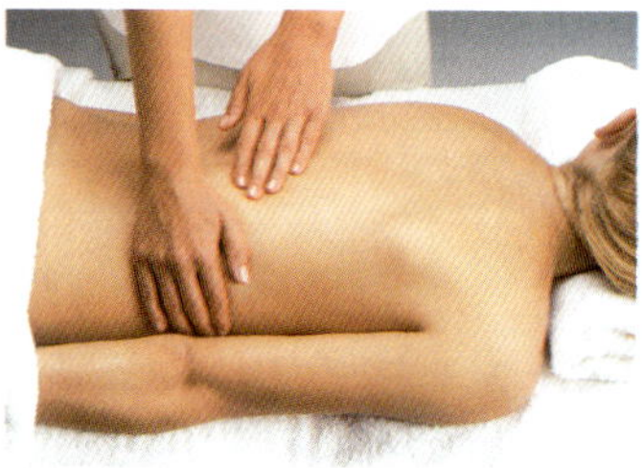

SCHRITT 2

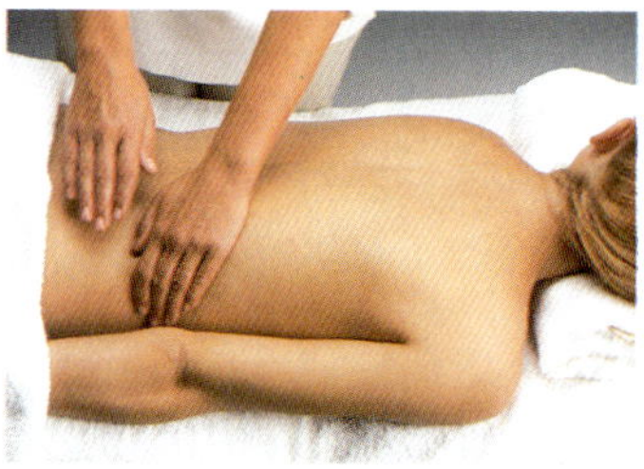

SCHRITT 3

Petrissage ~ Knettechniken

Bei dieser Technik, die man bei allen Muskel- und Fettgeweben anwenden kann, werden die Muskeln leicht angehoben, sanft gedrückt oder verdreht. Zunächst wird der Muskel mit der ganzen Hand oder den Fingerspitzen rhythmisch gedrückt und entlastet. Beim Loslassen entspannt sich der Muskel. Dank des besonderen Effekts dieser Technik, einer Steigerung der Durchblutung und des Lymphflusses, eignet sie sich vor allem zum Aufwärmen und Lockern angespannter Muskelpartien. Allerdings muß man vor der *Petrissage* den Muskel unbedingt mit *Effleurage* (Schritt 1) lockern.

KNETEN

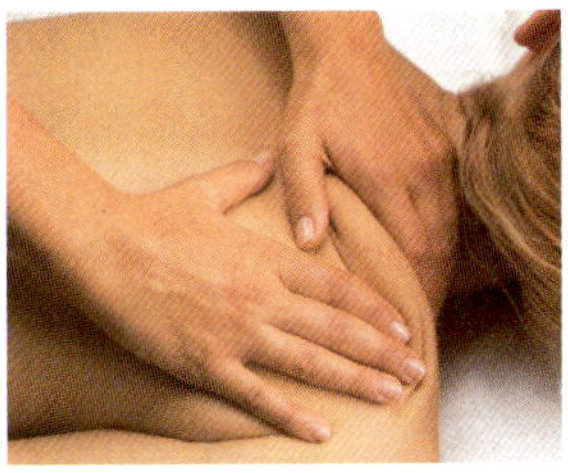
KNETEN

Die Hände liegen auf beiden Seiten des Muskels, die Handflächen einander leicht zugewandt. Beim Kneten wird der Muskel nach unten gedrückt, angehoben, gerollt und umfaßt. Die Grundtechnik erinnert an das Kneten von Teig (siehe Abbildung oben). Sie wird auf muskulösen Partien wie Schultern, Rücken und Gliedmaßen eingesetzt. Beim Hochheben muß der Muskel so weit wie möglich vom Knochen angehoben und gedehnt werden, beim Rollen wird ein Teil des Muskels angehoben und quer in beide Richtungen gerollt. Hochheben und Rollen können auch als eigenständige Bewegungen ausgeführt werden. ❧

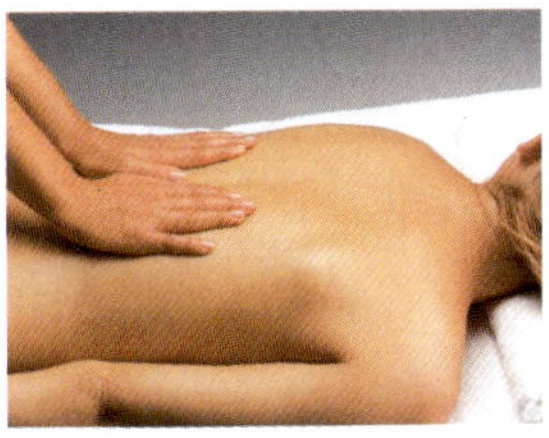
SCHRITT 1

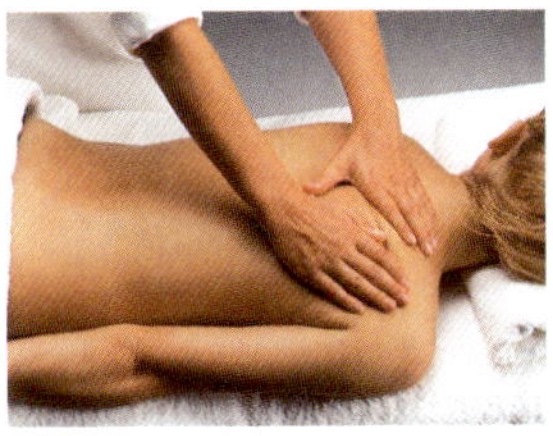
SCHRITT 2

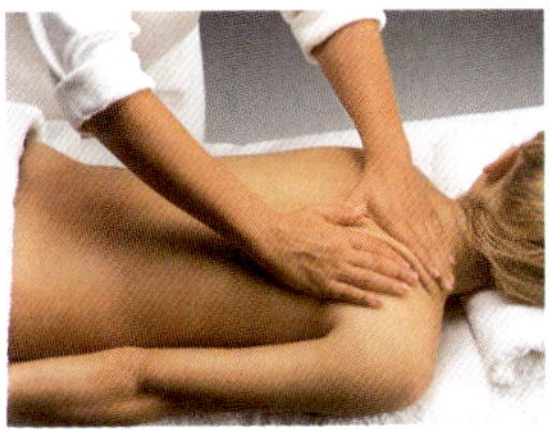
SCHRITT 3

WRINGEN

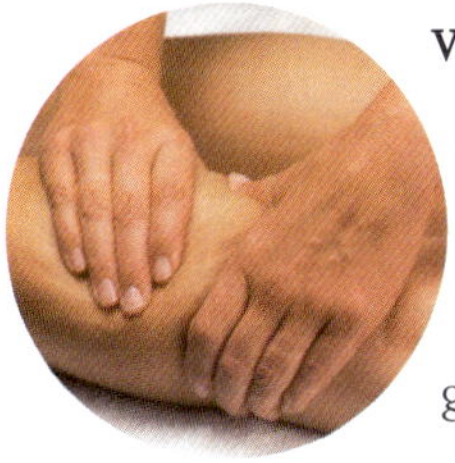
WRINGEN

Wringen bewirkt einen Druck auf den Muskel und die darunterliegenden Gewebeschichten, verbunden mit zusätzlichem Drehen. Legen Sie die Hände nebeneinander auf einen Arm bzw. ein Bein (Schritt 1), und führen eine kräftige Wringbewegung aus (Schritt 2). Massieren Sie Arm bzw. Bein methodisch nach oben und nach unten, wobei Sie zwischen den Griffen einen sanften Druck mit aufliegenden Händen (Schritt 3) ausüben. Wringen ist äußerst wirkungsvoll zur Erwärmung und Anregung, darf aber nur an den Gliedmaßen angewendet werden. ❧

SCHRITT 1

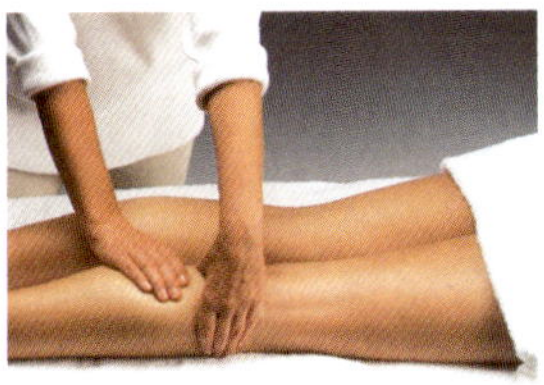
SCHRITT 2

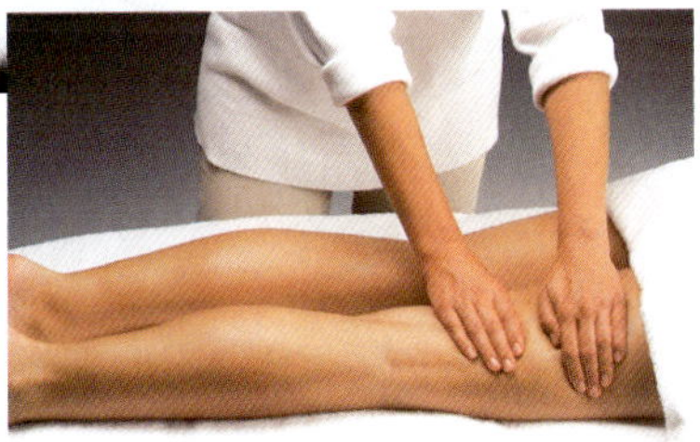
SCHRITT 3

ZUSAMMENDRÜCKEN

Sie drücken und entlasten abwechselnd eine Hautpartie. Diese simple Technik können Sie bei großen Muskeln und Fettgeweben, aber auch bei winzigen Regionen wie Ohrläppchen oder den Hautfalten zwischen Fingern und Zehen anwenden. Im ersten Fall üben Sie mit allen Fingern festen Druck aus, bei letzterem benötigen Sie nur Zeigefinger und Daumen. ❧

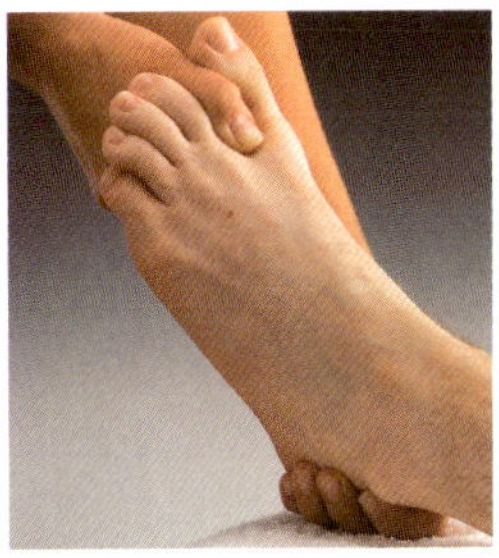
SCHRITT 1

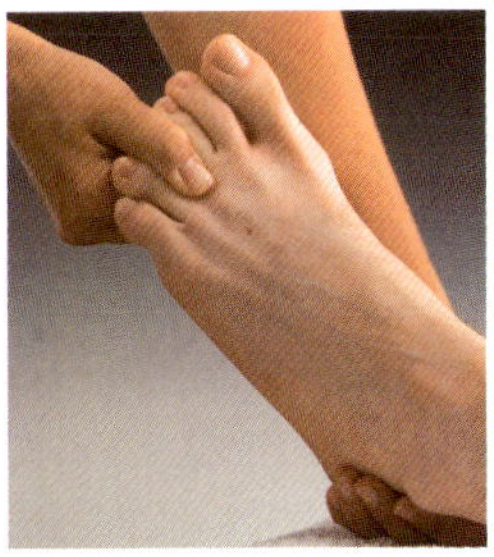
SCHRITT 2

SCHRITT 3

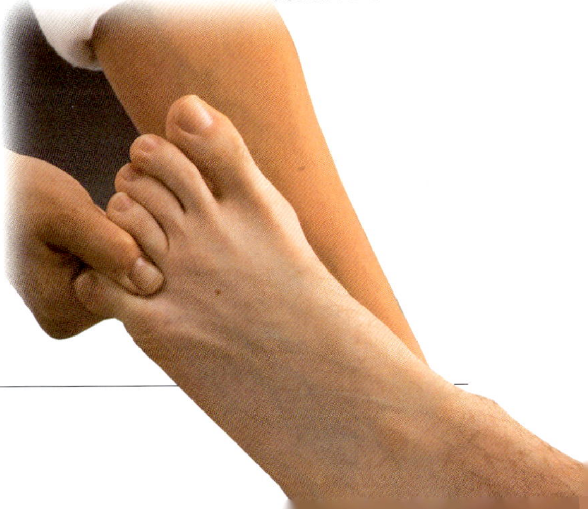

Friktion ~ Reibetechniken

Beim Reiben setzt man Handflächen oder Handballen, Fingerkuppen, die Knöchel einer leicht geballten Faust und sogar den Ellbogen ein. Die Bewegung erfolgt meist kreisförmig, wobei Gewebe und Muskeln vom Knochen weggeschoben werden. Reiben fördert den Blutstrom und den Lymphfluß sowie die Entgiftung des Gewebes. Mit dieser Technik kann man auf tiefe Gewebeschichten einwirken, sollte aber verhärtete Partien zunächst mit *Effleurage* und *Petrissage* auflockern, da sich der Körper andernfalls gegen diese Art der Behandlung wehrt und verspannt.

REIBEN

Reiben ist die leichteste Variante der Friktion, bei der nur Finger, Handflächen oder der Handballen zu kräftigen kreisförmigen Bewegungen verwendet werden. Der angewendete Druck wird nicht so gezielt eingesetzt wie beim Kreisen oder Drücken. Um den Druck zu verstärken, legt man die Hände übereinander (Schritt 3). Diese Bewegung regt an, ist aber dennoch wohltuend, da sie die Muskelpartie angenehm erwärmt. Die Technik wird meist für den Rücken angewendet. ❧

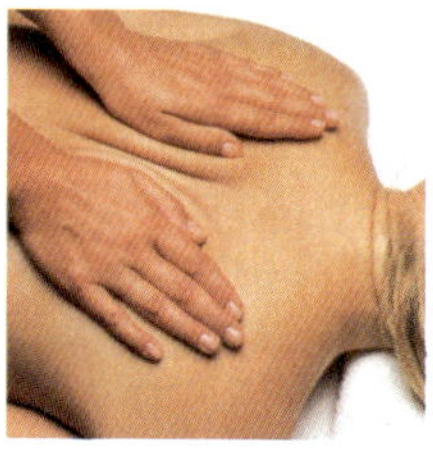

FRIKTION ODER REIBUNG

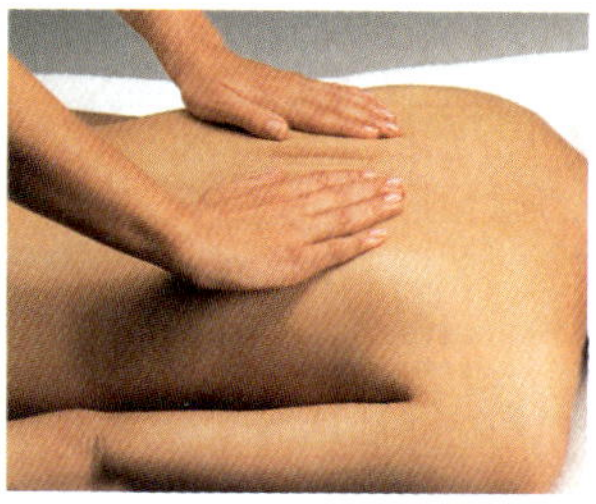

SCHRITT 1

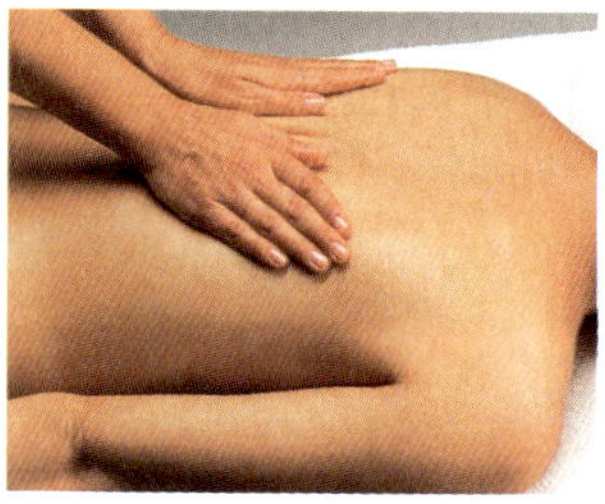

SCHRITT 2

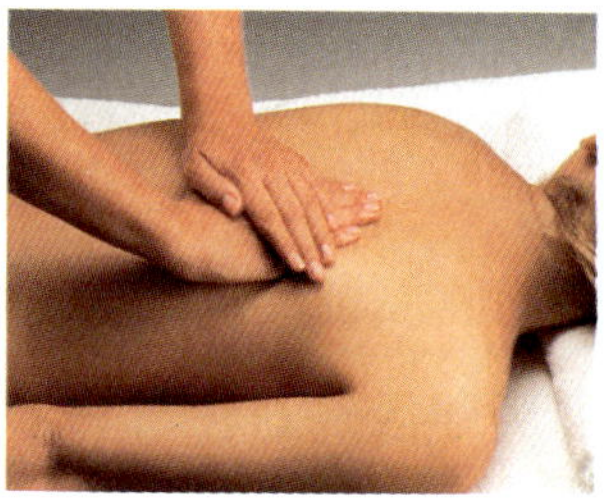

SCHRITT 3

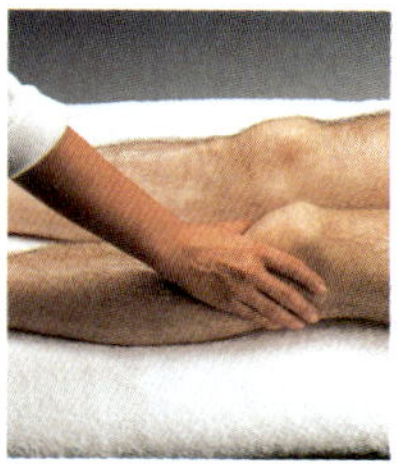

SCHRITT 1

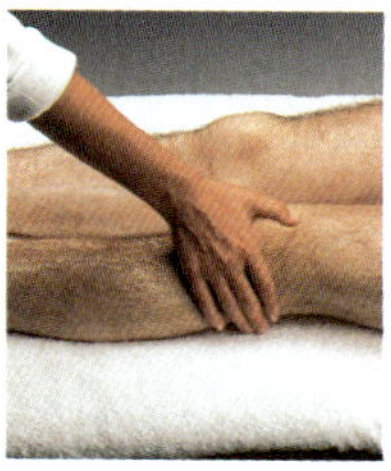

SCHRITT 2

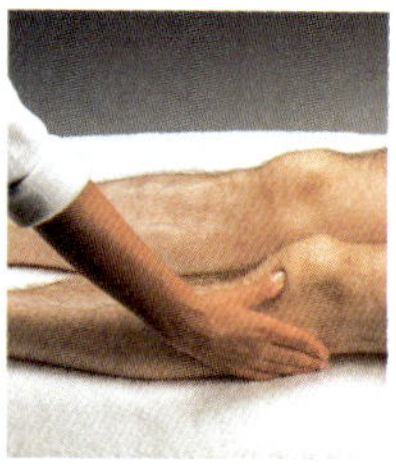

SCHRITT 3

KREISEN

Mit kleinen kreisförmigen Bewegungen von Handballen, Fingerkuppen oder Knöcheln erreicht man tiefere Gewebeschichten. Diese Technik ist besonders nützlich bei Gelenken und trägt dazu bei, Harnsäure und andere Gifte abzutransportieren. Man kann sie im Bereich der Knie, Ellbogen, entlang der Wirbelsäule, an den Fußsohlen und Handflächen anwenden. ❧

DRÜCKEN

Diese tiefenwirksame Technik ist am effektivsten im Rahmen von Shiatsu- oder Druckpunkt-Massagen. Durch das Drücken oder Stimulieren bestimmter Punkte auf der Haut kann man die Gesundheit innerer Organe und den Energiestrom entlang der Körpermeridiane beeinflussen. Die Reflexzonenmassage geht ähnlich vor. Um die Drucktechnik zuverlässig anwenden zu können, muß man die wichtigsten Druckpunkte des Körpers lokalisieren können und wissen, wozu sie dienen (vgl. Karten zu Reflexzonen- und Shiatsu-Massage, S. 59). So kann man mit Druck auf den Punkt zwischen den Augenbrauen (Schritt 3) Kopfschmerzen und verstopfte Nebenhöhlen behandeln. Der Druck wird mit Daumen, Zeigefinger oder auch Ellbogen ausgeübt. ❧

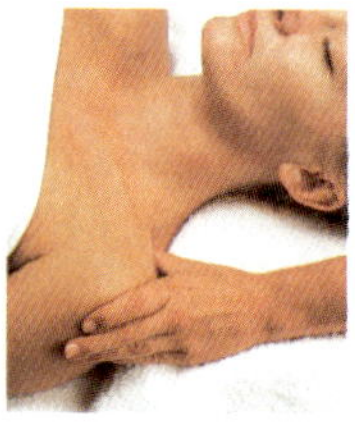

DRÜCKEN

ACHTUNG
Der Druck darf nicht direkt auf die Partien, die den Schmerz verursachen, ausgeübt werden. Nur so stark drücken, wie es der Körper zuläßt.

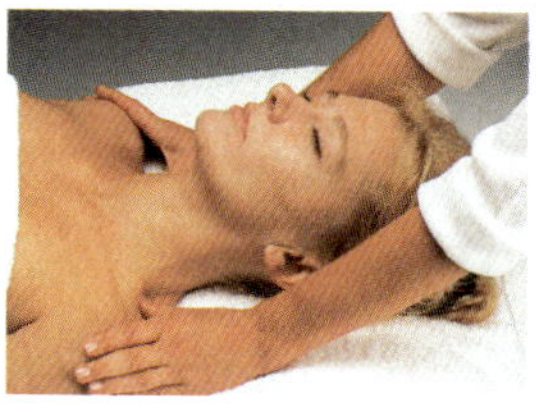

SCHRITT 1

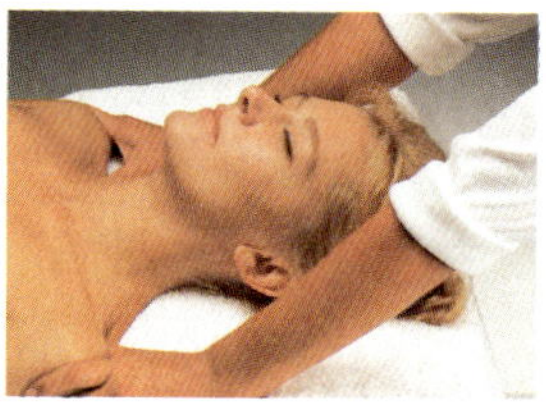

SCHRITT 2

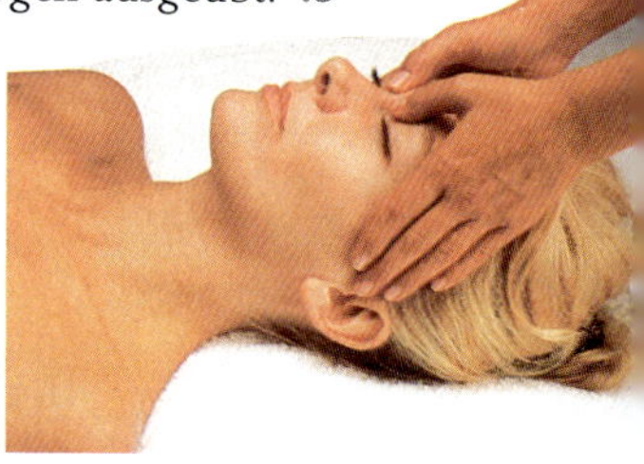

SCHRITT 3

Tapotement ~ Klopf- und Klatschtechniken

Hierbei handelt es sich um energische, schnelle Bewegungen, die im Rahmen der aromatherapeutischen Massage zur Anregung und Kräftigung eingesetzt werden. *Tapotement* umfaßt eine Reihe leichter, schneller Schläge aus den lockeren Handgelenken und ist besonders geeignet, um Fettgewebe abzubauen, Gifte auszuschwemmen, die Muskeln zu kräftigen und den Kreislauf anzuregen.

KLOPFEN

Legen Sie die Handgelenke eng aneinander und trommeln Sie mit locker geballten Fäusten leicht auf die Haut ein. Diese Technik kann auf fleischigen Körperpartien und Muskelgewebe, z. B. den Schultern, angewendet werden.

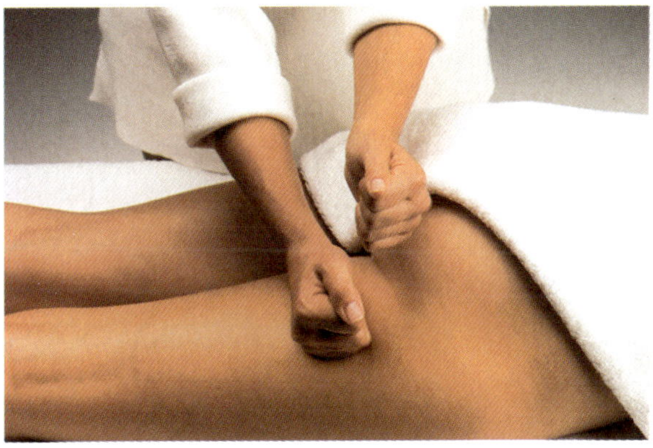

SCHRITT 1

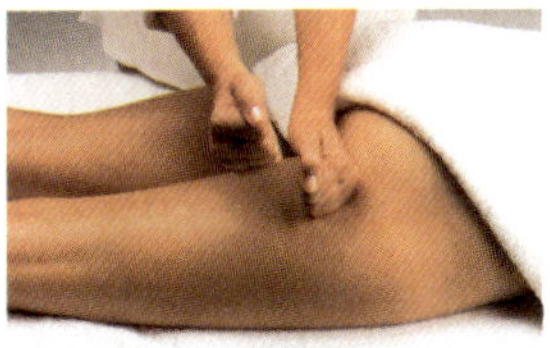

SCHRITT 2

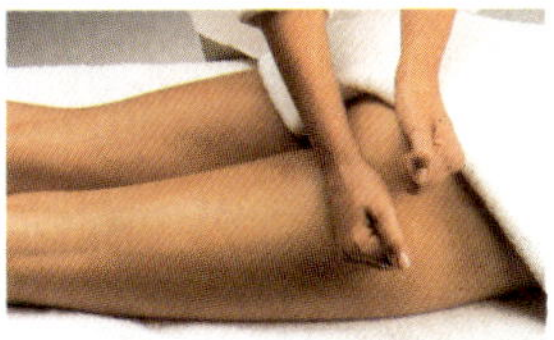

SCHRITT 3

HACKEN

Mit den Handkanten – die Handgelenke dicht beieinander – führen Sie schnelle Hackbewegungen aus, wobei die Hände nicht zu hoch über den Körper geführt werden dürfen. Diese Technik ist besonders auf fleischigen Körperpartien wohltuend, z. B. den Pobacken.

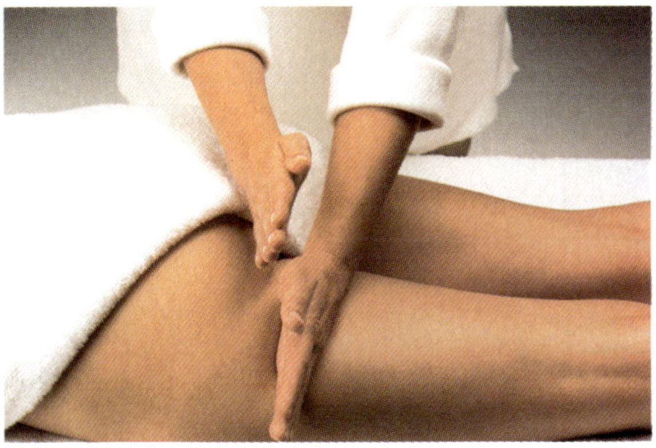

SCHRITT 1

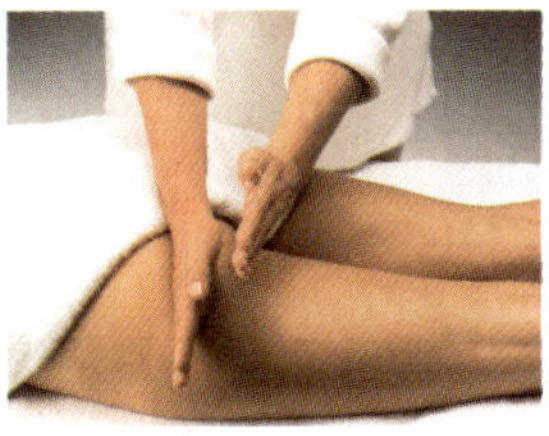

SCHRITT 2

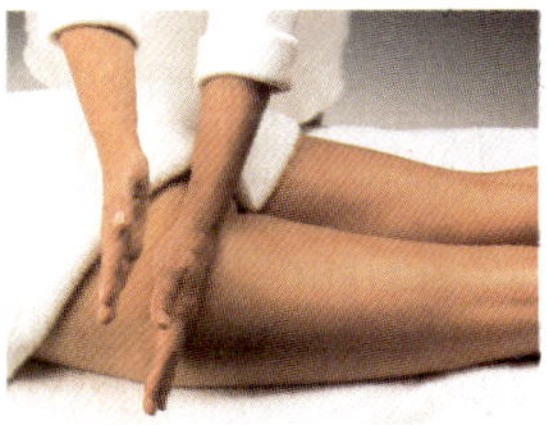

SCHRITT 3

ACHTUNG
***Tapotement* darf nicht auf gelähmten Muskelbereichen, bei Schwangeren oder empfindlichen Körperteilen wie Hals oder Bauch angewendet werden.**

ACHTUNG
Die Hackbewegungen nie über Knochen ausführen!

KLATSCHEN

Bei dieser Technik streckt man die Finger leicht und wölbt die Handflächen. Die Bewegung sollte aber nicht wie ein Klaps klingen! Klatschen ist besonders auf den Schenkeln und Pobacken, aber auch am oberen Rücken sehr wirkungsvoll, wo es Haut und Blutgefäße stimuliert. Diese Technik, die normalerweise auf fleischigen Partien angewendet wird, erfordert schnelle, hüpfende Bewegungen.

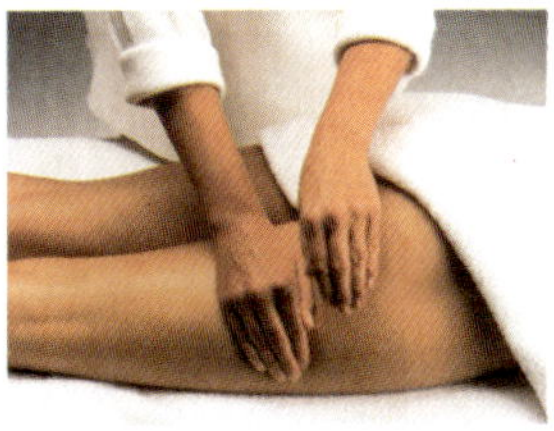

SCHRITT 1

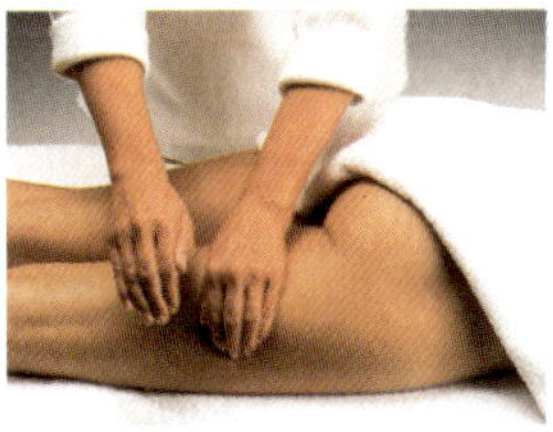

SCHRITT 2

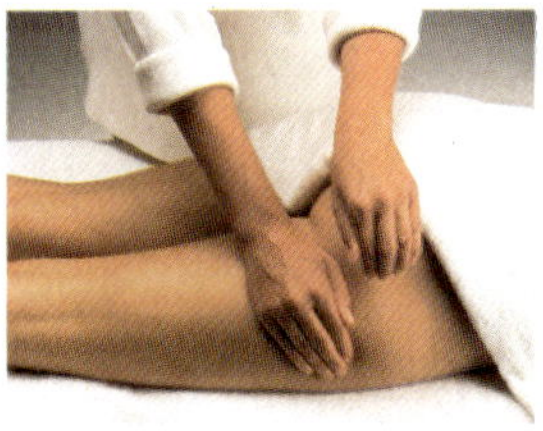

SCHRITT 3

Weitere Techniken

Auch wenn diese Techniken keineswegs auf die aromatherapeutische Massage beschränkt sind, so stellen sie doch ausgezeichnete Methoden dar, um in ihrem Behandlungsrahmen spezifische Probleme zu bearbeiten.

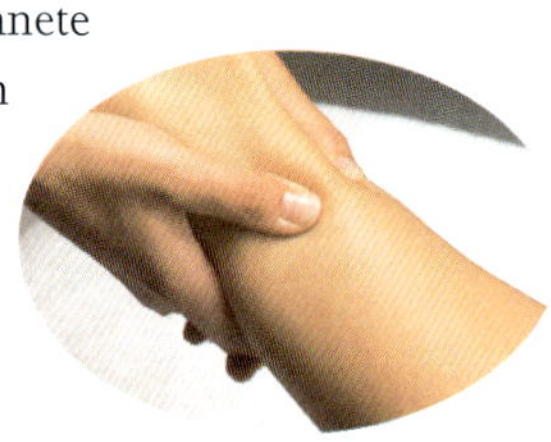

DRAINAGE

SCHRITT 1

LYMPHDRAINAGE

Die Lymphdrainage regt den Fluß der Lymphe an und beschleunigt somit den Abtransport von Giften. Die wichtigsten Lymphknoten hierfür befinden sich beidseitig der Leiste und in den Achselhöhlen, weitere liegen in der Halsregion. Man streicht dabei immer auf diese Lymphknoten hin und übt gleichzeitig nicht zu kräftigen Druck aus. Dabei ist es hilfreich, Finger und Daumen zu einem V zu spreizen (Schritte 1 und 2).

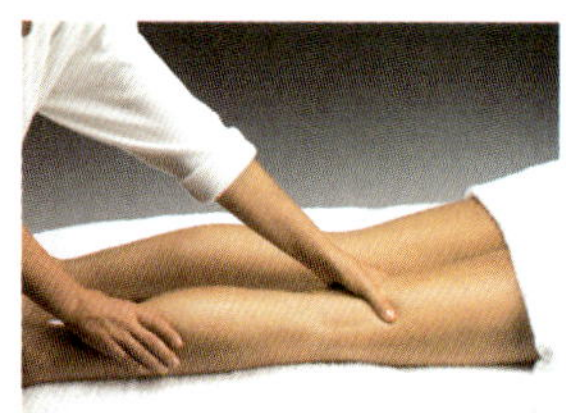

SCHRITT 2

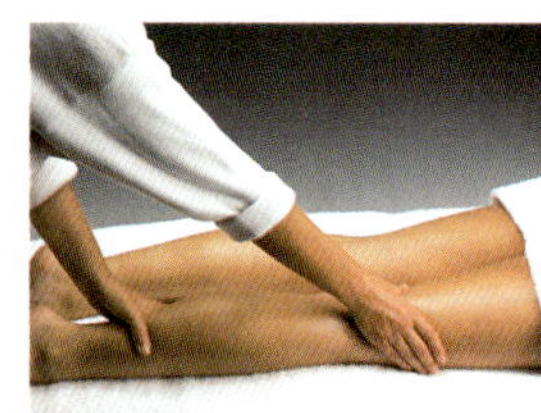

SCHRITT 3

DEHNEN

Das Dehnen ist enger der Shiatsu- als der aromatherapeutischen Massage verwandt. Trotzdem kann es zur wirksamen Muskelentspannung im Rahmen einer aromatischen Sportmassage oder zum Aufwärmen eingesetzt werden. Die Dehnungen sollten immer sanft, aber bestimmt sein, gefolgt von kurzen Pausen. Nicht anwenden bei Bandscheibenvorfall, steifem Nacken oder wenn die Behandlung schmerzt.

ACHTUNG
Klären Sie unbedingt vorher mit Ihrem Arzt, ob eine Lymphdrainage ratsam ist, wenn Sie krank sind, Medikamente einnehmen oder entzündete Lymphknoten haben!

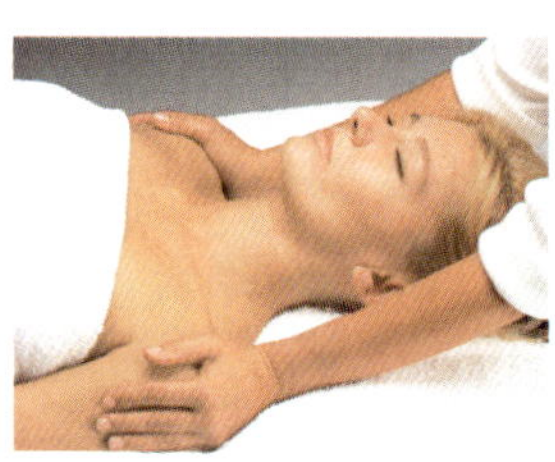

SCHRITT 1

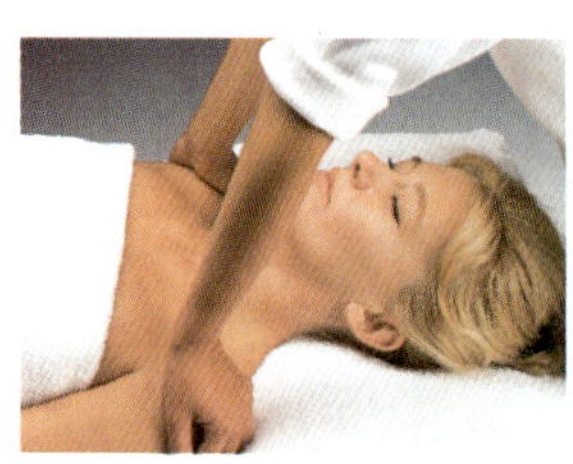

SCHRITT 2

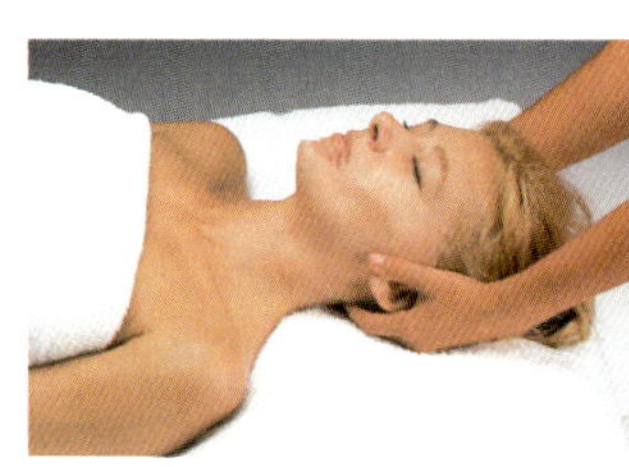

SCHRITT 3

FEDERN

Diese Bezeichnung beschreibt die äußerst leichte und sanfte Berührung der Haut bzw. das Entlanggleiten der Hände knapp über der Hautoberfläche. Die Technik des Federns wird bisweilen am Anfang, meist aber zum Ende einer Reihe von Streichbewegungen ausgeführt, um die Sequenz abzurunden. Ganz am Schluß der Massage angewandt, leitet diese Technik die allmähliche Verringerung des Körperkontaktes zwischen Masseur und Patienten ein und verhindert ein allzu abruptes Abbrechen der Behandlung. Sie kann aber auch zu einer Art »Aura- oder Energie-Massage« dienen, um die unmittelbare Umgebung des Körpers von eventuellen Anspannungen zu reinigen.

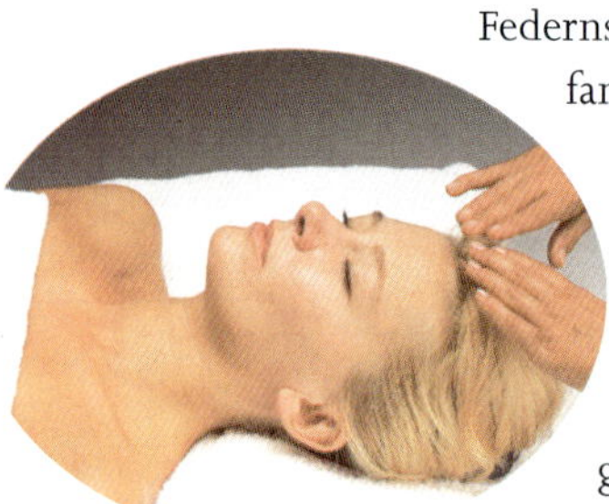

SCHRITT 1

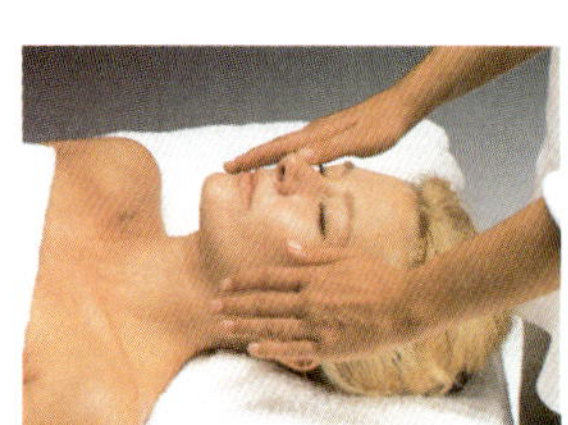

SCHRITT 2

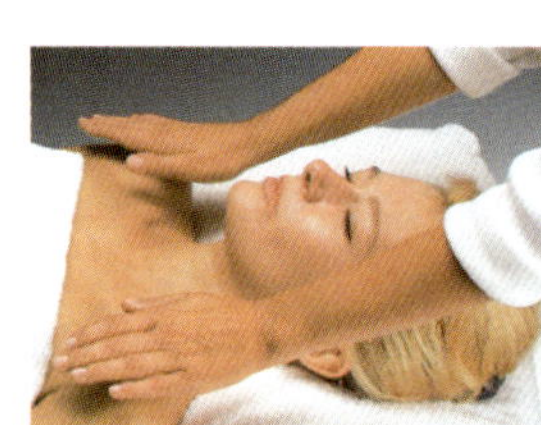

SCHRITT 3

DRUCKPUNKTE ZUR REFLEXZONENMASSAGE

Reflexzonenmassage beruht auf der Theorie, daß der Körper in Zonen eingeteilt ist, die entlang seiner Längsachse verlaufen. Die Fußsohlen bilden diese Zonen ab, was dem Masseur ermöglicht, Unausgewogenheiten im Körper aufzuspüren. Wenn auf die entsprechenden »Reflexpunkte« Druck ausgeübt wird, kann dies helfen, Störungen zu vermeiden.

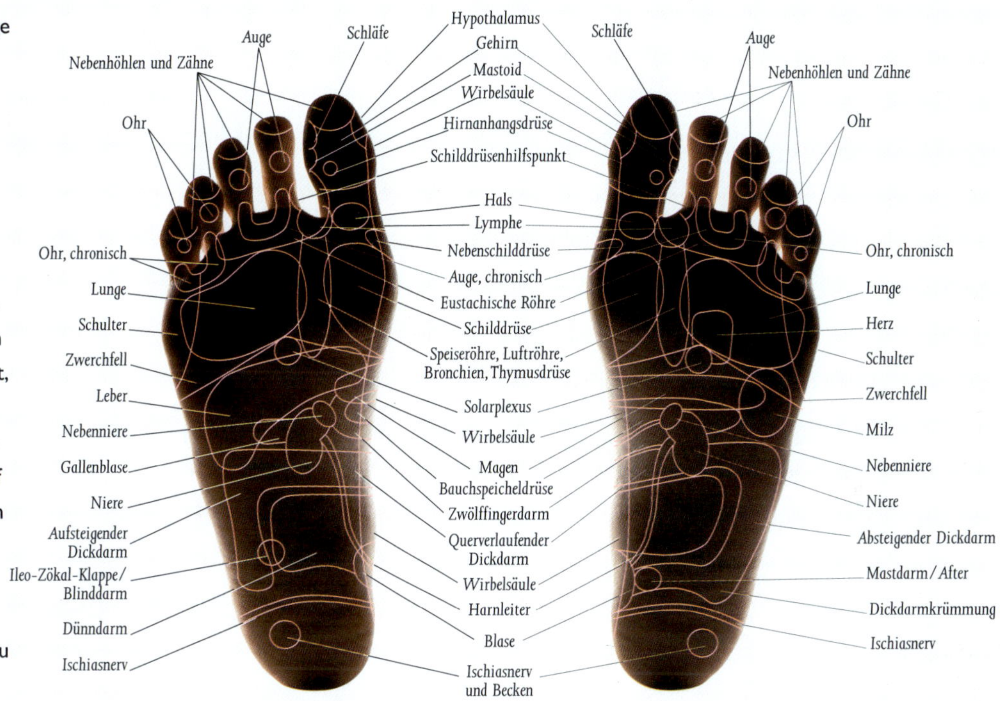

MERIDIANE UND DRUCKPUNKTE ZUR SHIATSU-MASSAGE

Die japanische Finger-Druckmassage Shiatsu fußt auf denselben Grundlagen wie Akupunktur. Durch die Kombination von Akupressur, Massage, Elementen der Physiotherapie und Osteopathie soll der ausgeglichene Energiefluß in den Meridianen wiederhergestellt werden. Druckausübung auf bestimmte Punkte entlang der Meridiane soll Wohlbefinden und Vitalität steigern.

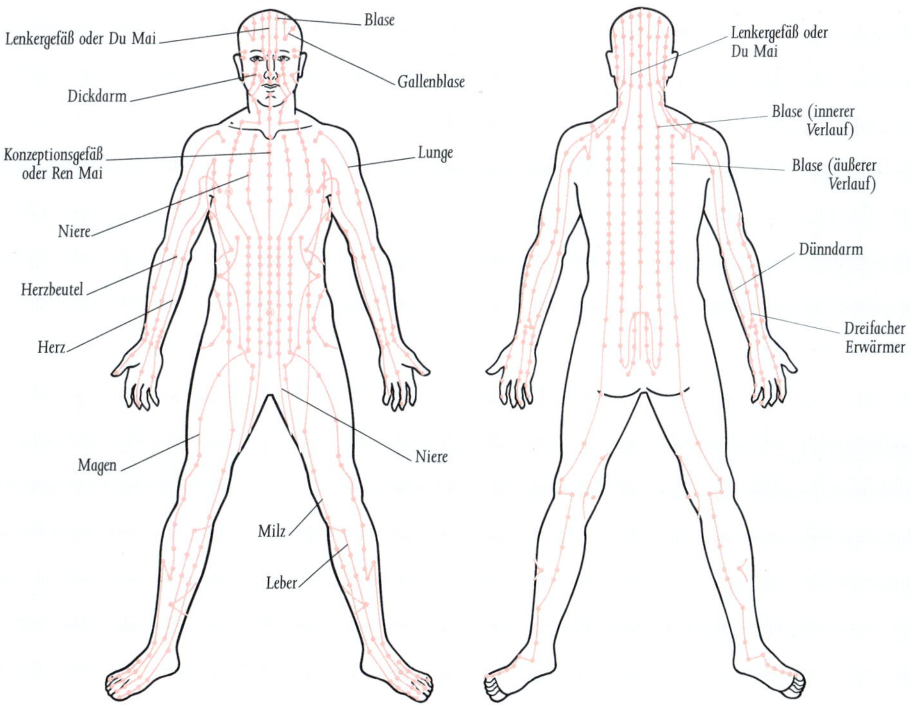

Die Massagebehandlung

Es ist sehr wichtig, daß Masseur und Patient sich in dem Ambiente wohlfühlen, in dem die Behandlung stattfindet. Ideal ist ein ruhiger Raum, als Kommunikationsmittel reicht die »Sprache der Berührung« aus.

Massage ist eine Therapieform, die ohne Worte auskommt. Zu ihren wichtigsten Elementen zählen Ruhe und Berührung, die während der Behandlung ihre eigene Bedeutung annehmen. Sprechen Sie während der Massage nur das Notwendigste, und wählen Sie dabei einen ruhigen Tonfall. Wenn der von Ihnen Massierte gerne reden möchte, gehen Sie auf ihn ein, ohne aber eine tatsächliche Unterhaltung anzuregen.

Es kann durchaus vorkommen, daß durch das Massieren unerwartet Gefühle wie Lachen oder Weinen freigesetzt werden. Blockieren oder unterdrücken Sie diese Äußerungen nicht, sondern nehmen Sie sie kommentarlos hin.

KERZENLICHT

VORTEILE EINER MASSAGE

- Stellt eine beruhigende und wohltuende Alternative zu schwerpunktmäßig verbalen Therapien dar.
- Löst Anspannungen und Schmerzen in der Muskulatur, kräftigt und lockert.
- Regt die Durchblutung und den Lymphfluß an, der den Körper von Giften entschlackt.
- Senkt den Blutdruck, verringert Streß und hilft bei Schlaflosigkeit.
- Löst durch die Ausschüttung von Endorphinen, den natürlichen Opiaten des Gehirns, wohlige Gefühle und Vertrauen aus.
- Regt das Immunsystem an, stärkt die Abwehrkräfte.
- Fördert die Verdauung, lindert Verstopfung und Krämpfe im Bauch.
- Verleiht der Haut strahlendes Aussehen, belebt und verjüngt den gesamten Körper.
- Kann Spannungskopfschmerzen lindern und bei emotionalen Problemen wie Unruhe, Niedergeschlagenheit, Trauer oder dem Gefühl von Ungeliebtsein helfen.

GEGENANZEIGEN

Umstände, unter denen sich eine Massage verbietet:

- Wenn der Masseur sich unwohl oder kraftlos fühlt.
- Unmittelbar nach einer Mahlzeit.
- Im Falle einer ansteckenden Krankheit oder wenn der Masseur oder der Patient erhöhte Temperatur hat.
- Bei schweren Verletzungen wie Brüchen oder Bänderrissen.
- Wenn das Massieren Schmerzen verursacht.
- Auf Hautpartien mit Entzündungen, Ausschlägen, Schnitten, Blasen, Verbrennungen oder Krampfadern.
- Auf frischen Wunden oder Operationsnarben.
- Bei akuten Entzündungen wie Verstauchungen und einigen Arten von Arthritis und Rheuma.
- Wenn der zu Massierende eine Thrombose hat oder hatte.
- Wenn der zu Massierende Krebs hat.
- Bei schwerwiegendem Herzleiden oder anderen ernsthaften Beschwerden des Patienten.
- In der ersten Woche nach einer Impfung.

GEDÄMPFTES LICHT

ÄTHERISCHE ÖLE

MASSAGETISCH

Gestalten Sie das Ambiente so, daß die Massage zu einer angenehmen Erfahrung wird. Handtücher und Öle sollten immer griffbereit sein.

PFLANZE

DAS AMBIENTE

Die optimale Unterlage für eine Massage ist ein Massagetisch oder eine Liege. Sie muß höhenverstellbar sein, um Spielraum für die Behandlung tieferliegenden Gewebes zu geben, ohne daß Sie sich allzusehr bücken oder beugen müssen. Sie können auch einen Futon oder eine 2,5–5 cm dicke Schaummatte auf den Boden legen, die dann mit einem sauberen Laken und/oder einem Handtuch bezogen werden. Die Hauptsache ist, daß Sie sich bei der Massage wohlfühlen und Bewegungsfreiraum haben. Keinesfalls sollten Sie sich unbequem oder angespannt fühlen.

Der Raum sollte angenehm warm sein, da man leicht fröstelt, wenn man mit Massageöl eingerieben ist. Bedecken Sie die Körperteile, die Sie gerade nicht massieren, mit einem Handtuch. Der Massageraum sollte abgeschlossen und ungestört sein. Je nach Situation und Vorlieben der zu massierenden Person kann im Hintergrund leise Musik laufen. Vermeiden Sie direkte Beleuchtung von oben: Die Lichtquelle sollte so natürlich wie möglich und leicht gedämpft sein.

Planen Sie genügend Zeit für die Massage ein.

VOR DER MASSAGE

Vor der Massage sollten Sie sich unbedingt nach dem Gesundheitszustand des Patienten und auch nach etwaigen Gegenanzeigen, z. B. Hautinfektionen, Entzündungen oder Krankheiten erkundigen (*vgl. Liste der Gegenanzeigen, S. 60*). Informationen zur Zusammenstellung von Massageölen finden Sie auf S. 21, für Basisöle auf S. 84 f.

Planen Sie für eine Ganzkörpermassage mindestens eine Stunde ein, entsprechend länger für die vorhergehende Besprechung.

* Überprüfen Sie, ob Ihre Fingernägel kurz sind.
* Waschen Sie Ihre Hände, nehmen Sie alle Ringe ab.
* Binden Sie langes Haar aus dem Gesicht.
* Tragen Sie lockere Kleidung, die Sie beim Massieren nicht behindert.
* Bereiten Sie das Massageöl in einer Schale, die warm und griffbereit stehen sollte.
* Bitten Sie den Patienten, Kontaktlinsen, Schmuck etc. abzulegen.
* Während Sie sich zurückziehen, bitten Sie den Patienten, die gesamte Kleidung bis auf den Slip auszuziehen und sich in ein großes Handtuch einzuhüllen. (Falls sich der Patient nur sehr ungern auszieht, sollten Sie Ihr Vorgehen bei der Massage entsprechend umstellen.)
* Bitten Sie den Patienten, sich bequem auf den Bauch hinzulegen und die Arme entlang dem Körper auszustrecken.
* Breiten Sie ein Handtuch über Rücken und Po, ein zweites über Beine und Füße des Patienten.
* Bitten Sie ihn, sich zu entspannen und die Muskeln soweit wie möglich erschlaffen zu lassen, damit Sie die Gliedmaßen nach Bedarf anheben oder bewegen können.
* Fragen Sie, ob er ein Kissen möchte und bitten Sie ihn, den Kopf von einer Seite auf die andere zu legen, falls der Hals steif wird – es sei denn, der Massagetisch hat eine besondere Vertiefung für das Gesicht.
* Atmen Sie ein paarmal ruhig und tief ein, um zu sich selbst zu finden, und stellen Sie sich dann auf die Person ein, die Sie massieren werden.

ACHTUNG

Bei Menschen mit hohem Blutdruck, Epileptikern, Schwangeren, Säuglingen und Kleinkindern sowie Patienten, die Medikamente einnehmen oder in ärztlicher Behandlung sind, sollten Sie unbedingt die Informationen Risiken auf S. 211 lesen sowie einen Arzt befragen.

Ihre Nägel sollten kurz geschnitten sein.

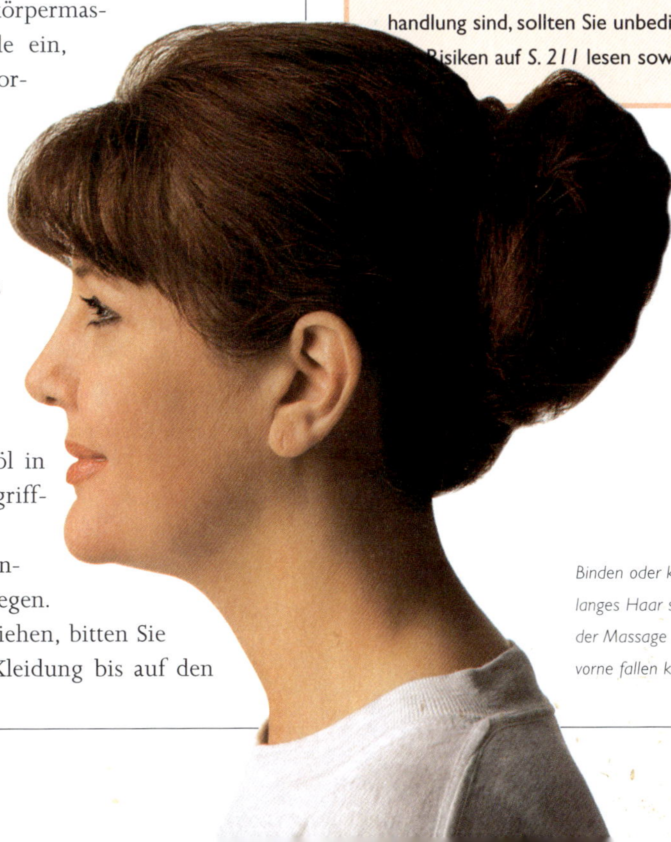

Binden oder knoten Sie langes Haar so, daß es bei der Massage nicht nach vorne fallen kann.

Der Ablauf einer Massage

Wenn das Ambiente stimmt und keine Gegenanzeigen vorliegen, können Sie mit der Ganzkörpermassage beginnen. Vergewissern Sie sich, daß der Patient bequem auf dem Bauch liegt und mit einem oder zwei Handtüchern zugedeckt ist. Die Arme sollten entlang dem Körper ausgestreckt sein, das Gesicht zu einer Seite gewandt – eventuell wird noch ein Kissen benötigt. Ehe Sie anfangen, legen Sie Ihre beiden Hände sanft auf den Rücken der zu massierenden Person, eine am unteren, die andere am oberen Ende der Wirbelsäule. Atmen Sie tief ein, während Sie die Hände auf dem Patienten ruhen lassen. Dies gibt ihm die Gelegenheit, sich an Ihre Berührung zu gewöhnen.

MASSAGEÖL

Rücken

RÜCKENMASSAGE

Schieben Sie das Handtuch beiseite, um den gesamten Rücken der zu massierenden Person freizulegen. Ihre Hände sollten warm sein, ehe Sie sich ein wenig Massageöl auf die Handflächen geben.

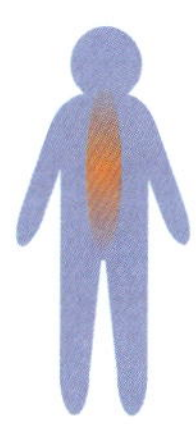

Eine Rückenmassage ist besonders wirksam, um Streßsymptome, die im ganzen Körper zu spüren sind, zu lindern und schmerzende, verhärtete Muskeln zu lockern.

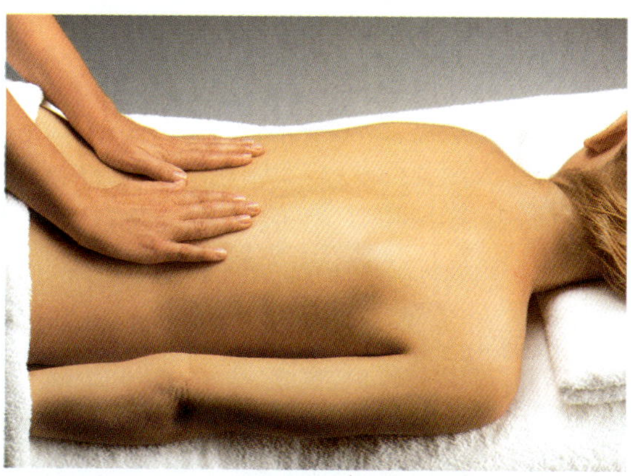

1 ***Streichen:*** *Reiben Sie Ihre Hände und legen Sie sie an das untere Ende der Wirbelsäule des Patienten, wobei die Finger in Richtung seines Kopfes zeigen. Streichen Sie langsam den Rücken nach oben, beidseitig der Wirbelsäule, bis zum Nacken. Breiten Sie Ihre Hände über den Schultern aus und führen Sie sie an den Seiten des Oberkörpers wieder in die Ausgangsposition zurück. Wiederholen Sie diese sanfte, rhythmische Bewegung mehrmals, bis der ganze Rücken mit einem Ölfilm überzogen ist.*

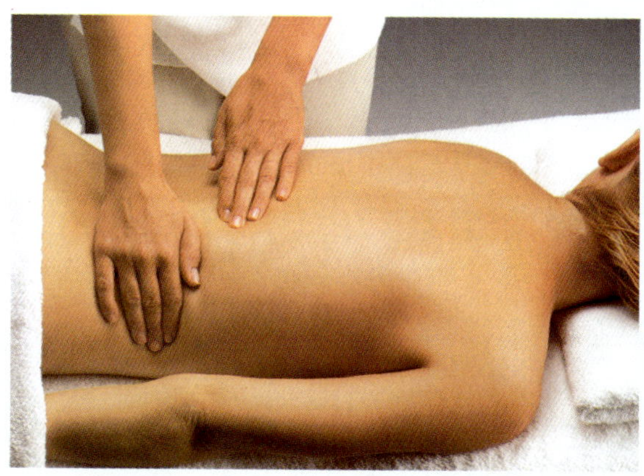

2 ***Ziehen:*** *Führen Sie beide Hände in Hüfthöhe zu einer Seite des Rückens, ohne dabei den Kontakt mit der Haut des Patienten zu verlieren. Arbeiten Sie sich langsam von hier aus zur Achsel hinauf und wieder zurück, wobei Sie mit den Händen abwechselnd fest und rhythmisch ziehen. Mehrmals wiederholen, dann die Körperseite wechseln.*

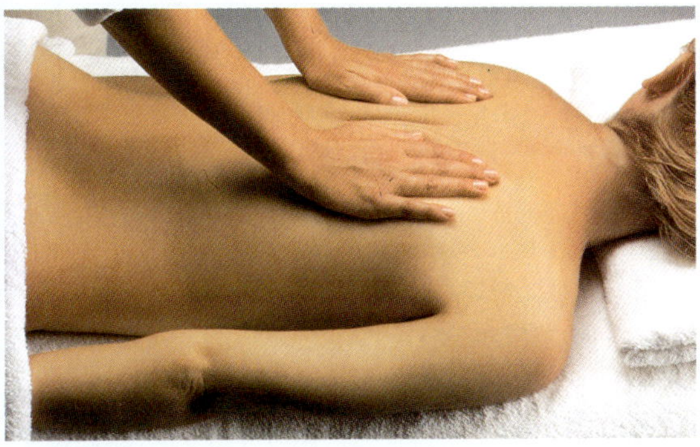

3 **Reiben:** *Ehe Sie die muskulösen Rückenpartien mit stärkerem Druck behandeln, lockern Sie die Region von Nacken und Schultern mit einer schnellen, kreisförmigen Bewegung der Handflächen. Um die Wirkung zu steigern und die Wärmezufuhr zu erhöhen, können Sie beide Hände aufeinanderlegen.*

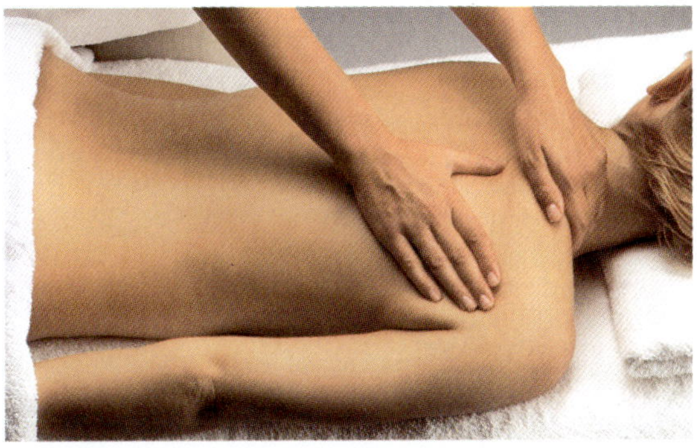

4 **Kneten:** *Kneten Sie die fleischigen, muskulösen Partien des Rückens kräftig, aber dennoch sanft, wobei Sie sich vor allem eventuellen Verspannungen im Bereich des Nackens, der Schultern und der Pobacken widmen.*

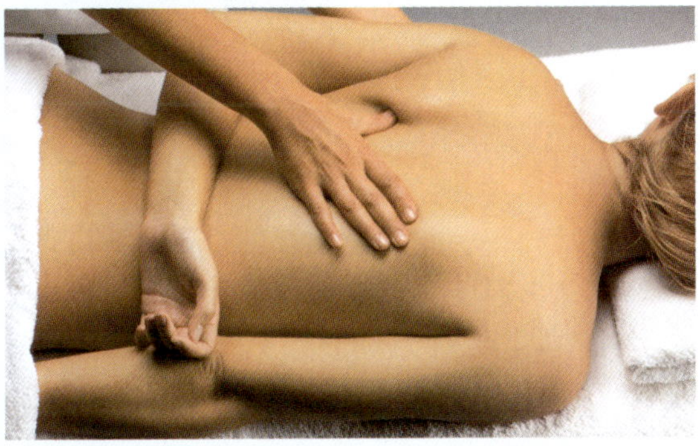

5 **Kreisen:** *Nach der Lockerung der Rückenmuskeln können Sie sich auf verhärtete Bereiche konzentrieren, die Sie mit kleinen Kreisen von Daumen oder Fingerspitzen umfahren. Dabei kann es helfen, den Arm des Patienten über seinen Rücken zu legen, um tiefer unter die Schulterblätter vordringen zu können. Stützen Sie die Schulter mit einer Hand und heben Sie sie sacht an, während Sie sie mit der anderen massieren. Den Vorgang auf der anderen Seite wiederholen.*

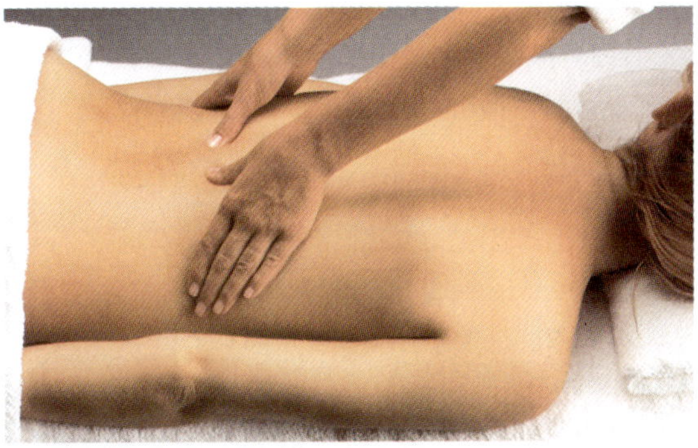

6 **Drücken:** *Stellen Sie sich an das Kopfende des Patienten und fahren Sie mit Ihren Daumen kräftig beidseitig der Wirbelsäule entlang. Ihre Bewegung sollte weich, aber doch druckvoll sein. Gleiten Sie mit den Händen auf beiden Seiten des Oberkörpers entlang und wiederholen Sie diese Bewegung mehrmals.*

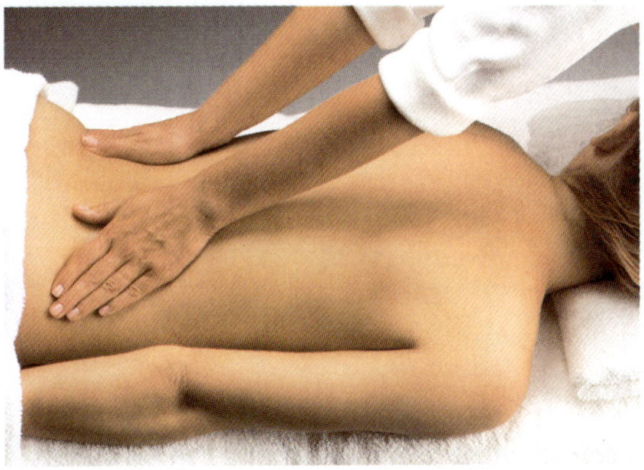

7 **Streichen/Federn:** *Zum Abschluß streichen Sie langsam über den gesamten Rücken. Vom Kopfende des Patienten aus beginnen Sie am oberen Ende des Rückens, breiten die Hände über die Pobacken und entlang der Seiten des Oberkörpers. Lassen Sie Ihre Streichbewegungen immer leichter und langsamer werden, bis Ihre Hände kaum noch die Haut berühren. Bedecken Sie den Rücken mit einem Handtuch und wenden sich den Beinen zu.*

Rückseite der Beine

MASSAGE DER RÜCKSEITE DER BEINE

Schlagen Sie – je nach Raumtemperatur – das Handtuch über einem oder beiden Beinen auf. Bei Bedarf geben Sie etwas mehr Massageöl auf die Handflächen.

Eine gute Massage der Rückseiten der Beine kann Lymphsystem und Durchblutung anregen.

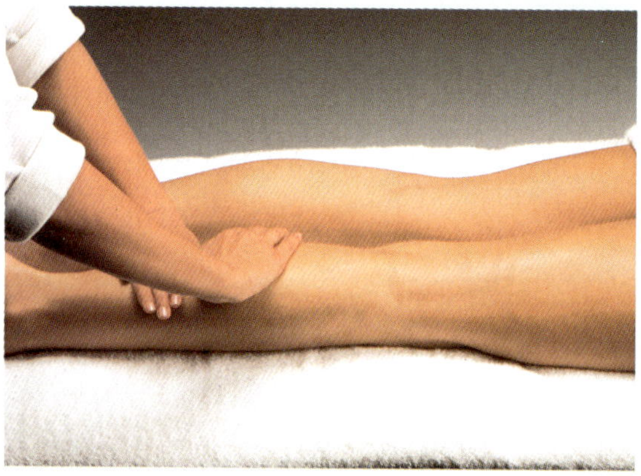

1 ***Gleiten:*** *Legen Sie beide Hände nebeneinander auf den Knöchel des Patienten. Gleiten Sie mit beiden Händen gemeinsam bis an das obere Ende des Beins und führen Sie sie an den Seiten des Beins wieder in die Ausgangsstellung zurück. So oft wiederholen, bis die gesamte Rückseite des Beins eingeölt ist.*

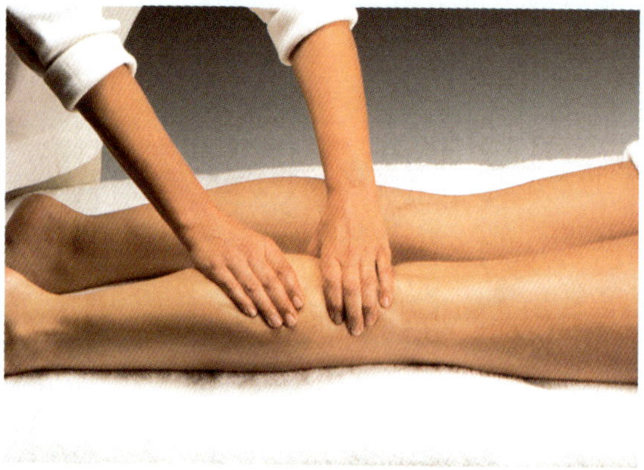

2 ***Wringen:*** *Umfassen Sie leicht mit Ihren nebeneinandergelegten Händen den Knöchel. Massieren Sie das Bein dann mit einer kräftigen wringenden Bewegung nach oben und zurück zum Knöchel, wobei Sie das Gewebe bei jedem Positionswechsel zwischen den Händen drücken. Sparen Sie die empfindlichen Kniekehlen aus und konzentrieren Sie sich auf Wade und Oberschenkel.*

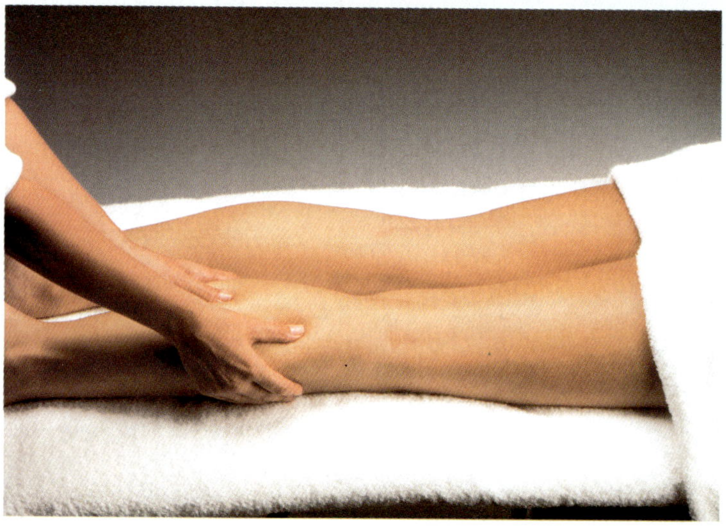

3 ***Kneten:*** *Kneten Sie die Muskeln der Waden, Oberschenkel und Pobacken mit rhythmischen Streichbewegungen. Achten Sie besonders auf angespannte oder verknotete Partien und sparen Sie wiederum die empfindlichen Kniekehlen aus.*

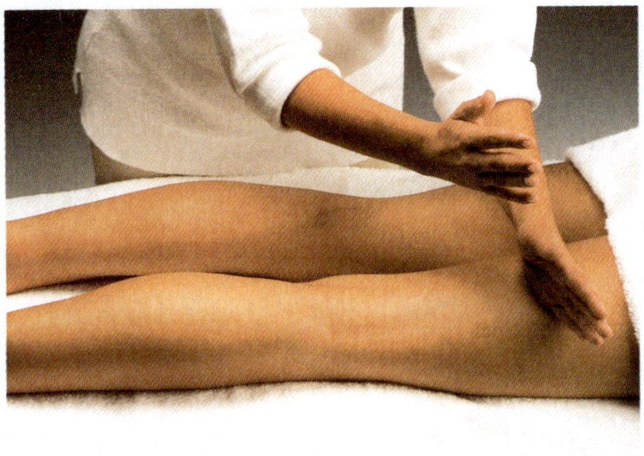

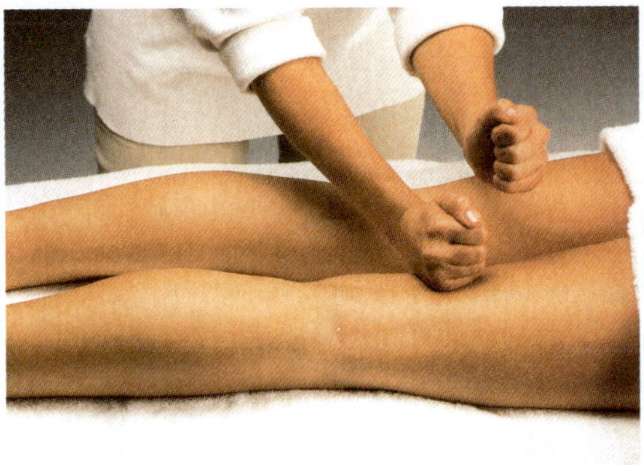

4 ***Hacken:*** *Massieren Sie die Oberschenkel und Pobacken mit rhythmischen Hackbewegungen. Die Wade, sofern sie entsprechend muskulös ist, sollte etwas sanfter bearbeitet werden. Diese energische Technik sollte bei einer besonders beruhigenden Massage nicht angewendet werden. Bei tiefsitzender Muskelverspannung und zum Abbau von Fettgewebe allerdings erweist sich Hacken als sehr wirkungsvoll.*

5 ***Trommeln:*** *Durch rhythmisches Trommeln mit den leicht geballten Fäusten können Sie die Durchblutung anregen und Verspannungen in den fleischigeren Partien der Oberschenkel und Pobacken lösen. (Hier bietet sich auch ein Klatschen mit gewölbten Handflächen an.)*

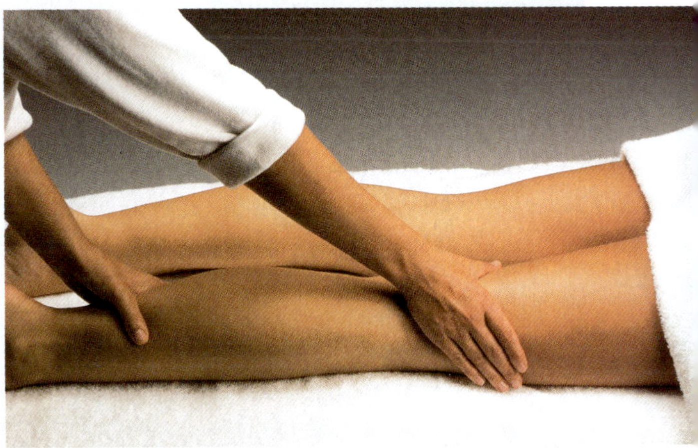

6 ***Lymphdrainage:*** *Spreizen Sie Daumen und Zeigefinger beider Hände zu einem V und legen sie nebeneinander auf den Knöchel des Patienten. Drücken Sie mit den so gespreizten Händen nach oben und streichen Sie abwechselnd die Rückseite des Beins hinauf. Der Ablauf sollte nicht zu fest und rhythmisch sein. Am Oberschenkel angelangt, heben Sie die Hände und führen sie zum Knöchel zurück, ehe Sie die Bewegung wiederholen.*

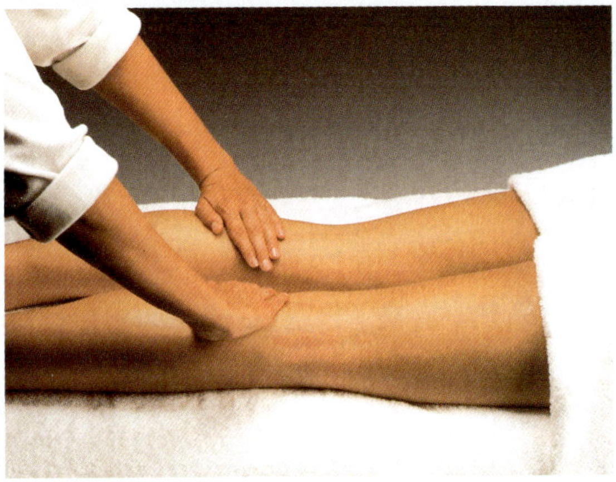

7 ***Gleiten:*** *Zum Abschluß der Einheit wiederholen Sie die einleitenden Gleitbewegungen mit immer leichter werdendem Druck. Decken Sie das eine Bein mit dem Handtuch zu, ehe Sie sich dem zweiten zuwenden. Wenn beide Beine fertigmassiert sind, können Sie jeweils eine Hand auf ein Bein legen und nach oben streichen, bevor Sie das Handtuch darüber breiten.*

Um die Massage auf der Vorderseite der Beine fortsetzen zu können, bitten Sie Ihren Patienten leise, sich umzudrehen. Helfen Sie ihm bei der Positionierung der Handtücher und erkundigen Sie sich, ob er bequem liegt.

Vorderseite der Beine

MASSAGE DER VORDERSEITE DER BEINE

Entfernen Sie das Handtuch von einem oder beiden Beinen. Ölen Sie Ihre Handflächen ausreichend ein, ehe Sie sie nebeneinander auf den Knöchel des Patienten legen.

Eine Vielzahl von Massagetechniken wirkt gegen müde, schwere Beine und vermittelt dem Patienten das Gefühl von wiedererlangter Energie und Leichtigkeit.

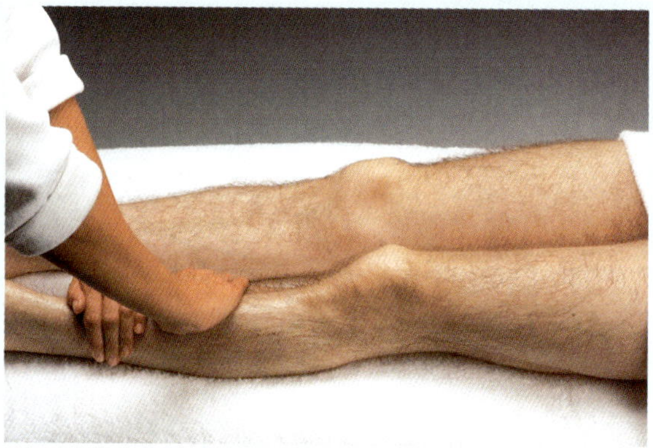

1 ***Gleiten:*** *Gleiten Sie langsam mit beiden Händen zusammen die Wade hinauf, dann an der Seite des Beins hinunter und zurück zum Knöchel. Mehrmals wiederholen.*

2 ***Zusammendrücken:*** Legen Sie Ihre Hände *nebeneinander auf den Oberschenkel und fassen Sie das fleischige Gewebe zwischen Daumen und Zeigefinger. Pressen Sie dann die Muskeln auf der Oberseite des Oberschenkels fest und rhythmisch zusammen. Wiederholen Sie diesen Massagegriff mehrfach zwischen Oberschenkel und Knie.*

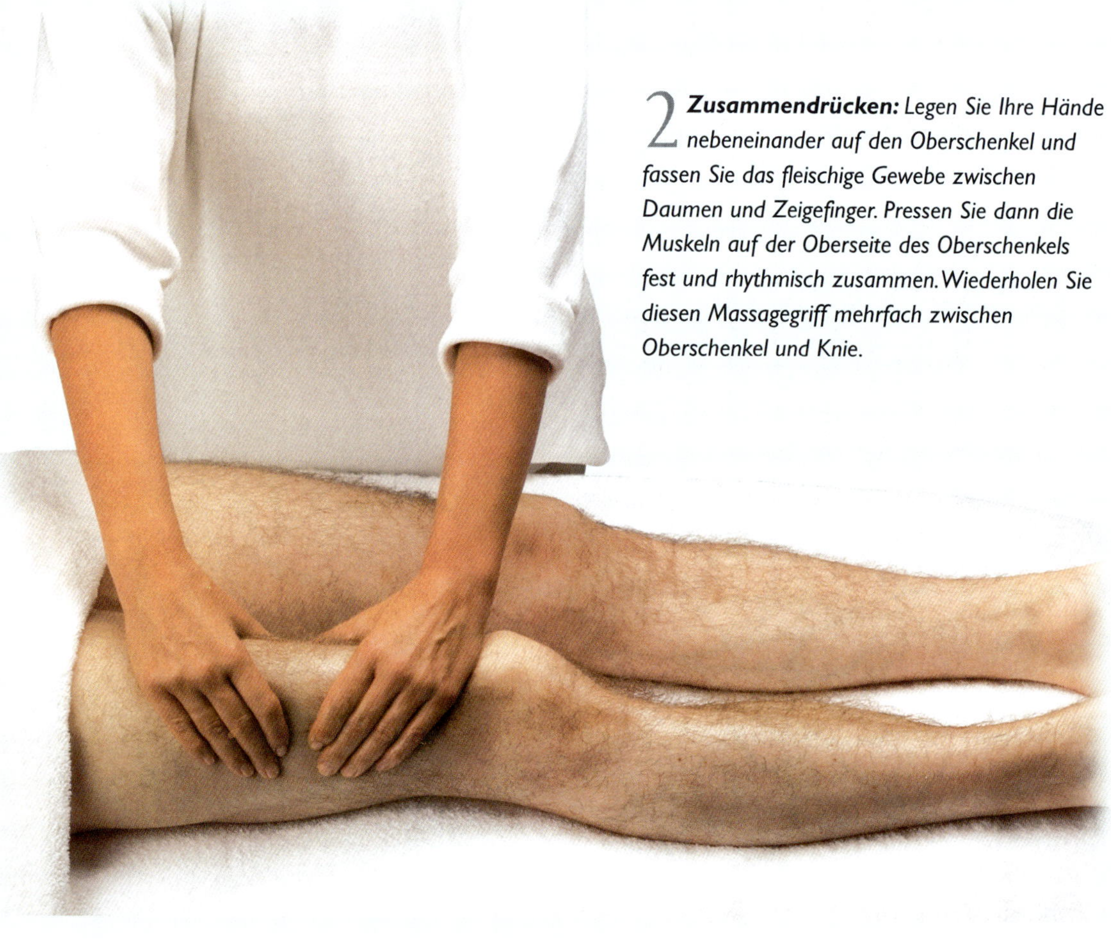

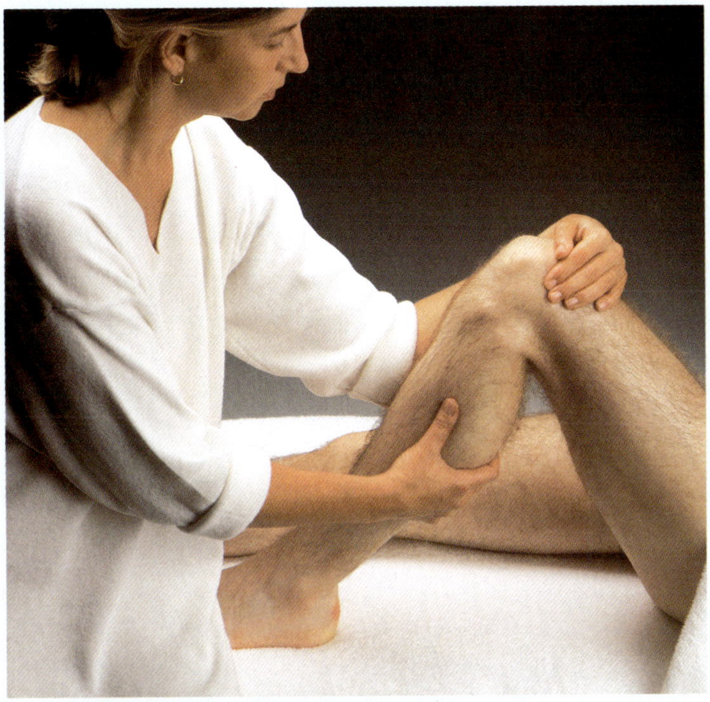

3 **Kneten:** *Wenn die Muskeln aufgewärmt sind, können Sie sich gezielt mit den Verspannungen im Oberschenkel befassen. Kneten Sie dabei das Gewebe in gleichbleibendem Rhythmus. Um die Wadenmuskulatur besser massieren zu können, heben Sie das Knie des Patienten an und verhindern mit Ihrem Körper das Vorrutschen des Fußes. Stützen Sie dabei das angehobene Knie mit einer Hand, während Sie mit der anderen die Wadenmuskeln kneten. Senken Sie dann das Bein sanft ab.*

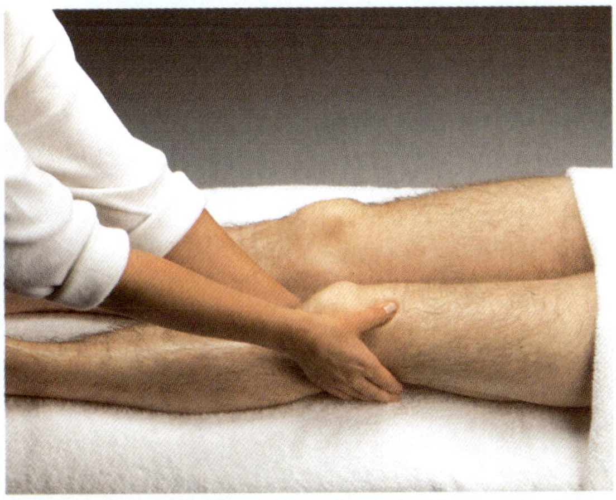

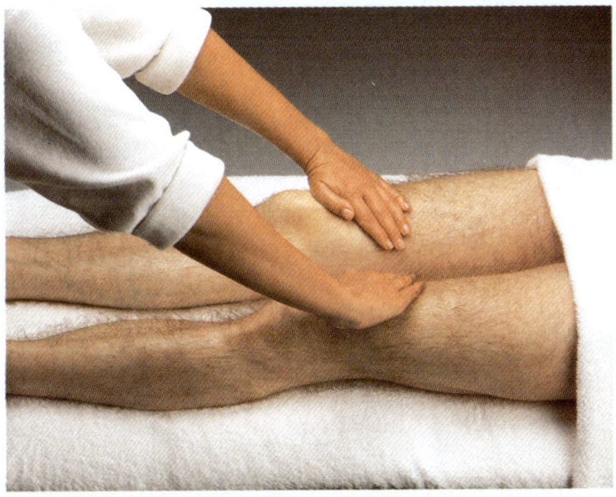

4 **Kreisen:** *Legen Sie Ihre Daumen unterhalb der Kniescheibe des Patienten an und führen Sie abwechselnd Kreise in unterschiedlichen Richtungen aus, bis sich die Daumen oberhalb der Kniescheibe treffen. Diese Kreisbewegung wird dann zurück bis unterhalb des Knies wiederholt. Anschließend massieren Sie den Bereich um Knie und Oberschenkel mit kleinen Kreisbewegungen von Daumen und Fingerspitzen. Drücken Sie nicht auf das schmerzempfindliche Schienbein!*

5 **Gleiten:** *Greifen Sie die einleitende Gleitbewegung am Schluß der Beinmassage auf (oder schließen Sie hier eine Drainage an). Decken Sie das Bein mit dem Handtuch zu, ehe Sie sich dem zweiten in gleicher Weise zuwenden. Nach der Massage beider Beine können Sie jeweils eine Hand auf einen Knöchel legen und dann auf der Oberseite der Beine mit immer leichter werdenden Bewegungen nach oben streichen. Zum Schluß werden beide Beine mit dem Handtuch zugedeckt.*

Füße

MASSAGE DER FÜSSE

Da im Fuß Tausende von Nervenenden liegen, lindert eine entspannende Fußmassage nervliche Anspannung und verleiht neue Energie.

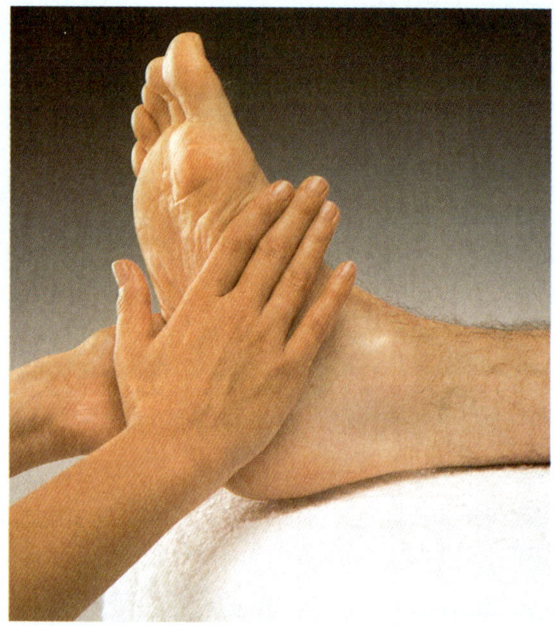

Legen Sie einen oder beide Füße frei. Vergewissern Sie sich, daß Ihre Hände nur leicht eingeölt sind und nehmen Sie eine bequeme Ausgangsposition ein.

1 ***Streichen*** *Sie mit beiden Händen über den Fuß, von den Zehen hin zum Knöchel. Wiederholen Sie diese rhythmische Bewegung mehrmals.*

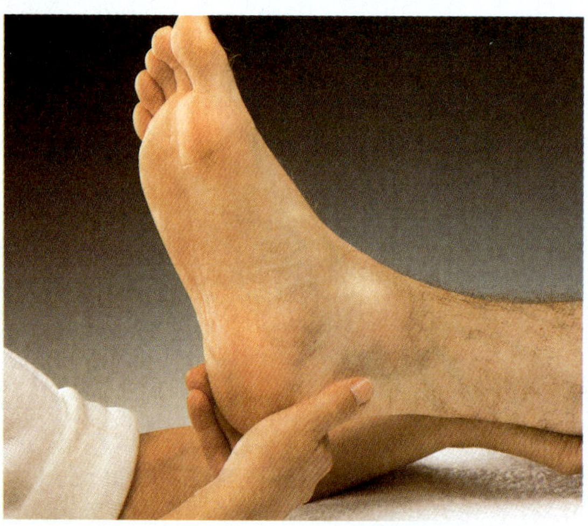

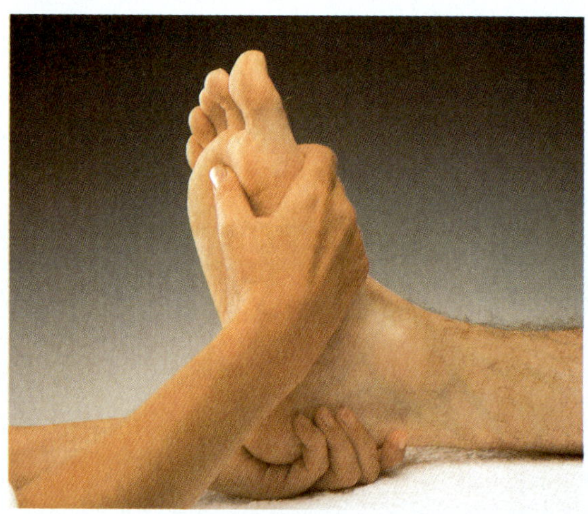

2 ***Reiben:*** *Stützen Sie den Fuß sorgfältig mit einer Hand und wölben Sie die Finger der anderen Hand über die Ferse. Reiben Sie den gesamten Fersenbereich mit festen, kräftigen Bewegungen. In dieser Position können Sie auch den Knöchel lockern und beugen.*

3 ***Kreisen:*** *Während Sie den Fuß weiterhin mit einer Hand abstützen, führen Sie mit dem Daumen (oder den Knöcheln) der anderen Hand kleine kreisförmige Bewegungen auf der ganzen Sohle aus. Vorsicht: Dieser Bereich ist sehr empfindlich, manche Punkte können besonders verspannt oder sensibel sein. (Mit einer »Landkarte« zur Reflexzonenmassage kann man die Bedeutung der einzelnen Zonen erkennen, vgl. S. 59.)*

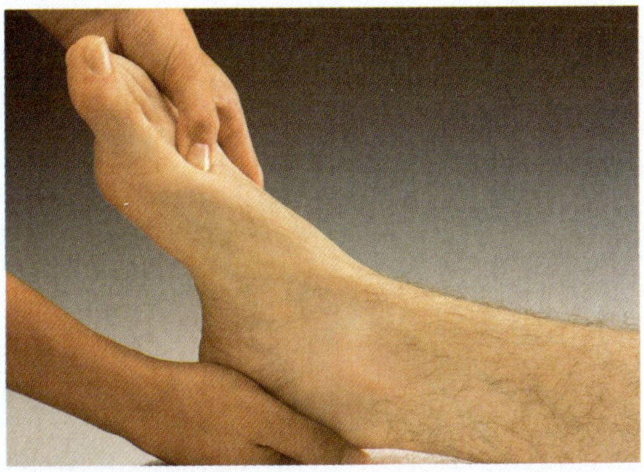

4 **Drücken:** *Nach der Massage der gesamten Sohle stützen Sie den Fuß weiter mit einer Hand ab, während Sie mit der anderen den Fußrücken behandeln. Drücken Sie vorsichtig, aber kräftig mit Daumen oder Fingerspitzen auf die Furchen zwischen den Fußknochen. Beginnen Sie zwischen dem großen Zeh und seinem Nachbarn, streichen Sie druckvoll alle Furchen nacheinander entlang, bis Sie beim kleinen Zeh angekommen sind.*

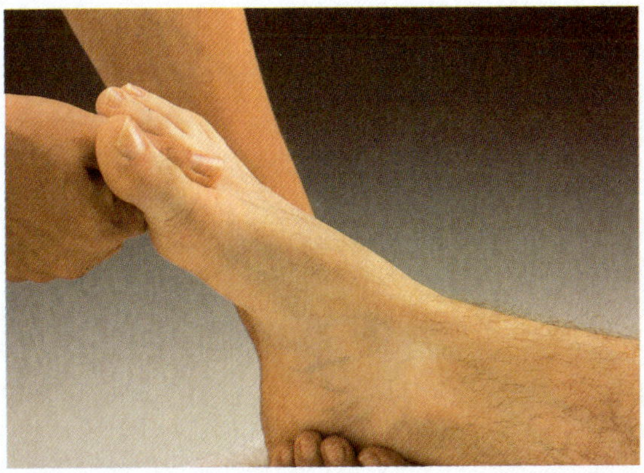

5 **Zusammendrücken:** *Sie stützen den Fuß nach wie vor ab und drücken die fleischigen Polster zwischen dem großen Zeh und seinem Nachbarn mit Daumen und Zeigefinger zusammen. Nach jedem Zudrücken ziehen Sie Ihre Hand zurück. Wiederholen Sie diese Bewegung der Reihe nach zwischen allen Zehen.*

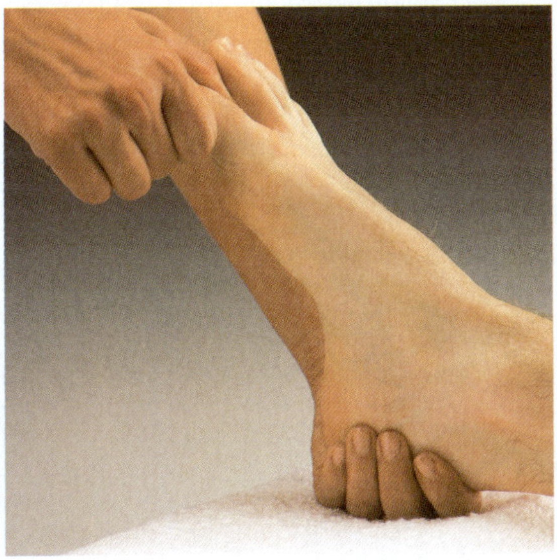

6 **Dehnen:** *Sie halten den Fuß immer noch mit einer Hand fest und fassen den großen Zeh beidseitig zwischen Daumen und Zeigefinger. Drücken und ziehen Sie den Zeh in einer Dehnbewegung solange, bis Ihre Finger an der Zehenspitze abgleiten. Bei jedem Zeh wiederholen.*

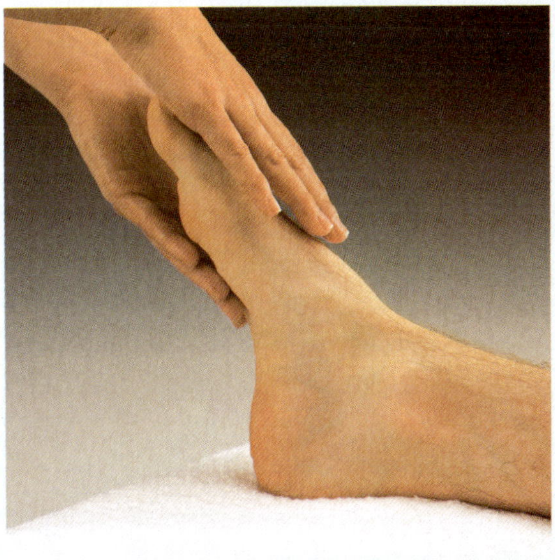

7 **Streichen/Federn:** *Zum Abschluß der Fußmassage streichen Sie den Fuß rhythmisch in Richtung Zehen, wobei Ihre Berührung immer leichter und schließlich kaum mehr spürbar wird. Decken Sie den Fuß mit dem Handtuch zu, ehe Sie sich dem zweiten Fuß in gleicher Weise zuwenden. Ganz zum Schluß können Sie beide Füße streichen und federn, ehe Sie sie zudecken.*

Hände und Arme

MASSAGE DER HÄNDE UND ARME

Schlagen Sie das Handtuch über einem Arm zurück. Legen Sie Ihre Hände, die ausreichend eingeölt sein müssen, nebeneinander auf das Handgelenk des Patienten.

Anspannung schlägt sich oft in den Armen und Händen nieder. Durch eine Massage kann man angestaute Unruhe lösen und das Wohlbefinden steigern.

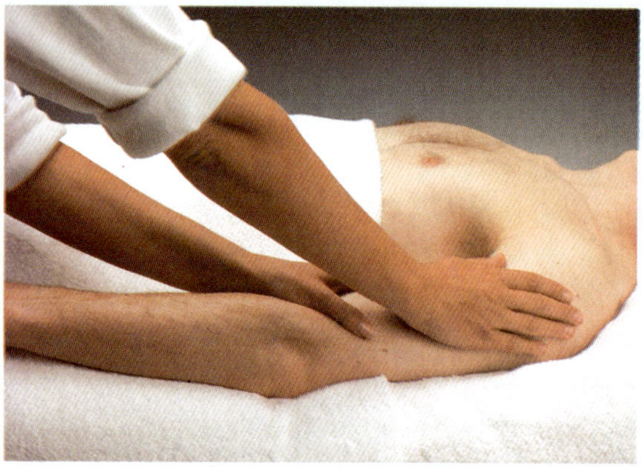

1 ***Gleiten:*** *Führen Sie beide Hände eng aneinander den Arm hinauf bis zur Schulter. Anschließend entlang der Außenseite des Arms zurück zum Handgelenk. Mehrmals wiederholen.*

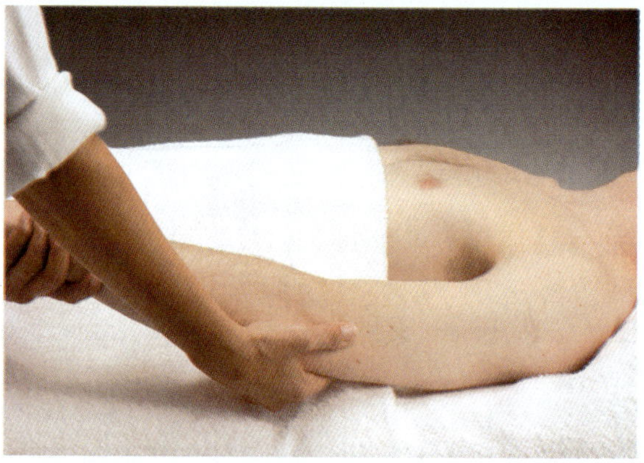

2 ***Reiben:*** *Heben Sie den Arm mit einer Hand ein wenig an und umfassen Sie mit Ihrer freien Hand den Ellbogen. Reiben Sie den Bereich mit langsamen, kreisförmigen Bewegungen und legen Sie dann den Arm sanft neben dem Körper ab.*

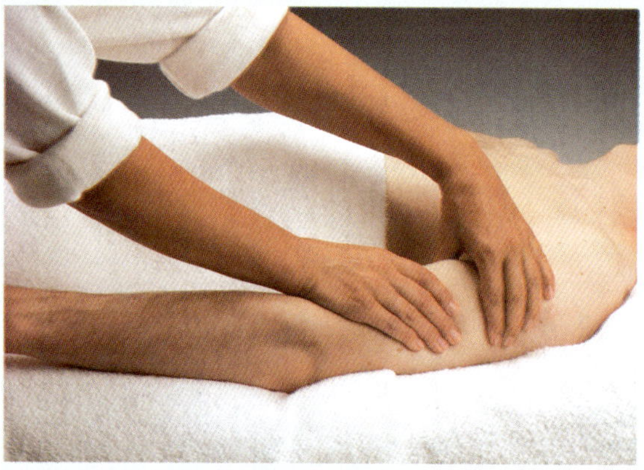

3 ***Kneten:*** *Kneten Sie beidhändig und rhythmisch die Muskulatur des Unter- und Oberarms. Konzentrieren Sie sich dabei vor allem auf angespannte oder verknotete Partien.*

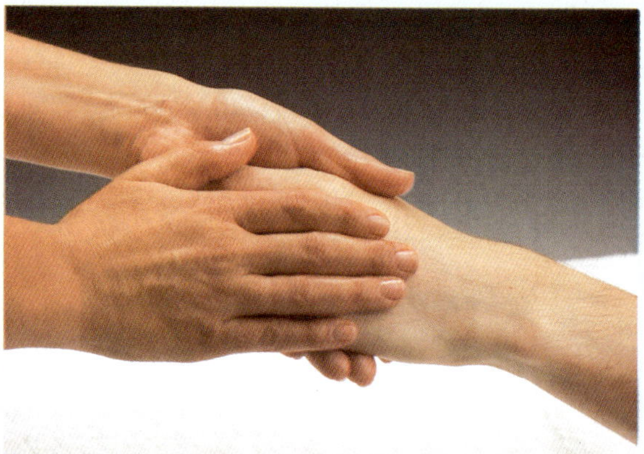

4 ***Streichen:*** *Obwohl die Hände (wie die Füße) nur wenig Massageöl brauchen, überprüfen Sie bitte, daß Ihre Hände leicht eingeölt sind. Umfassen Sie nun mit Ihren beiden Händen die ganze Hand des Patienten und streichen Sie sie sanft.*

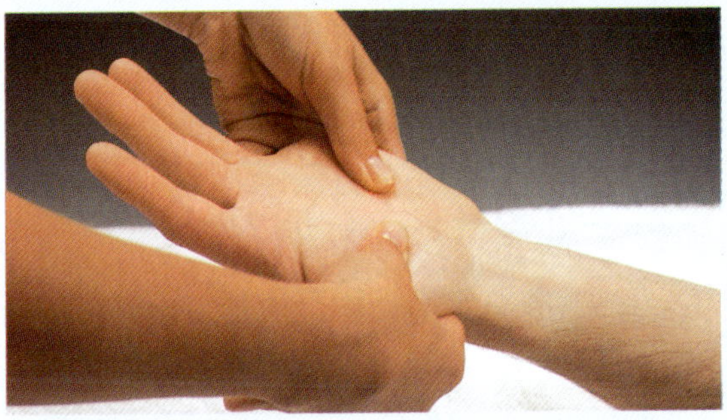

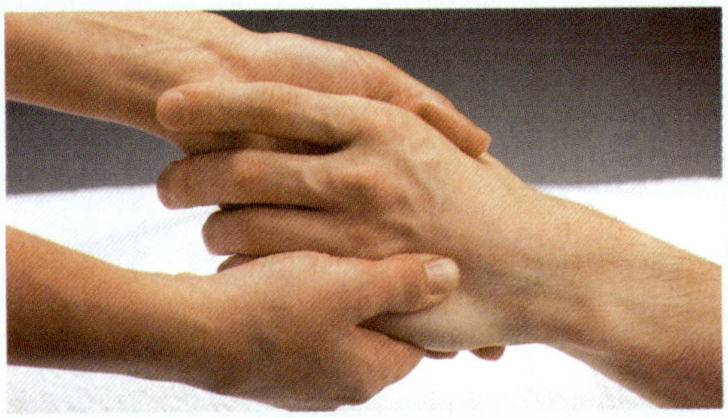

5 **Kreisen:** *Massieren Sie die gesamte nach oben zeigende Handfläche des Patienten mit kleinen, sanften, kreisförmigen Bewegungen Ihrer Daumen oder Knöchel. Während Sie mit den Daumen kräftig drücken, halten Sie die Rückseite der Hand mit Ihren Fingern fest.*

Legen Sie dabei den kleinen Finger Ihrer Linken zwischen den rechten Zeige- und Mittelfinger des Patienten. Der Ringfinger und Mittelfinger Ihrer Linken liegen zwischen seinem Zeigefinger und Daumen. Gleichzeitig legen Sie den kleinen Finger Ihrer Rechten zwischen seinen Mittel- und Ringfinger, den Ringfinger Ihrer Rechten zwischen seinen Ring- und kleinen Finger, und den Mittel- und Zeigefinger Ihrer Rechten an die andere Seite seines kleinen Fingers. Drücken Sie mit allen Fingern kräftig gegen die Rückseite seiner Hand, damit die Handfläche ausgebreitet und gespannt ist. Massieren Sie nun die ganze Handfläche mit kleinen kreisförmigen Bewegungen der Daumen.

6 **Drücken:** *Stützen Sie die Handfläche des Patienten, die nun nach unten zeigt, mit einer Hand ab und drücken Sie mit Ihrer anderen Hand kräftig in die Vertiefungen zwischen den Handknochen. Fahren Sie dabei mit dem Daumen, gleichmäßig drückend, zuerst zwischen Daumen und Zeigefinger entlang und massieren Sie dann alle »Rinnen« in dieser Weise, bis Sie zum kleinen Finger kommen.*

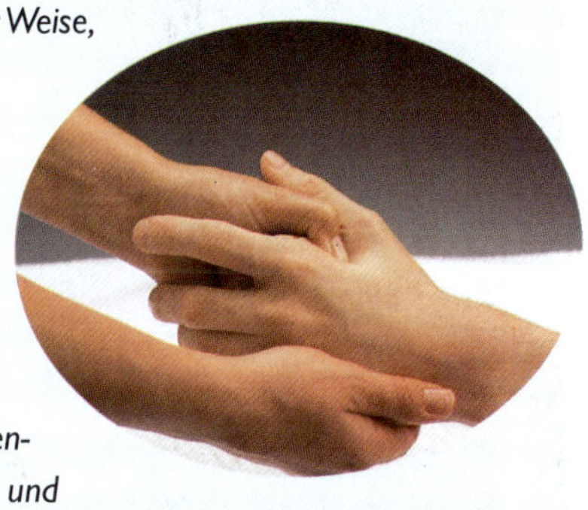

7 **Pressen** *Sie die Polster zwischen den Fingern Ihres Patienten sanft mit Daumen und Zeigefinger zusammen. Widmen Sie sich dabei vor allem dem Bereich zwischen Daumen und Zeigefinger.*

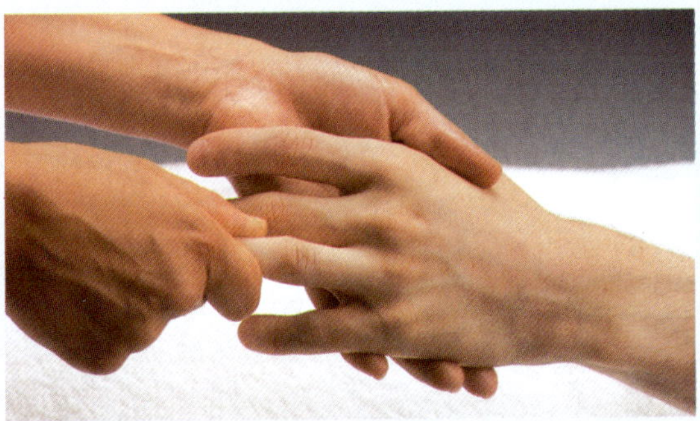

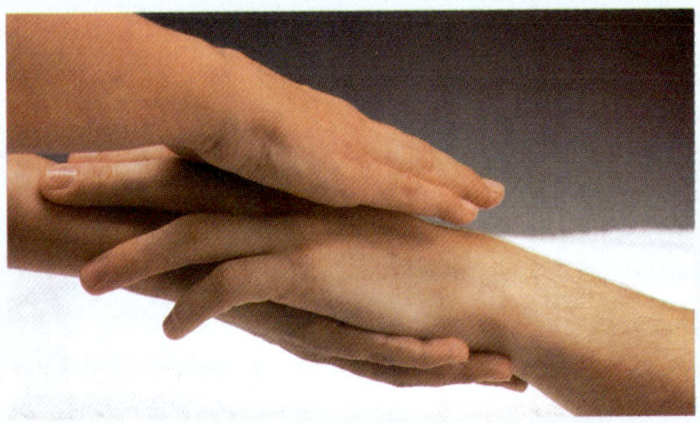

8 **Dehnen:** *Sie stützen die Hand des Patienten, deren Innenseite nach unten zeigt, und massieren mit Ihrer anderen Hand der Reihe nach jeden einzelnen Finger. Dann drücken Sie die Außenkante jedes Fingers zusammen und ziehen kräftig, bis Ihre Finger von der Kuppe abrutschen. Zum Abschluß schieben Sie mit einer Hand alle Finger zu einem Bogen zusammen, wobei Sie mit der anderen Hand das Handgelenk des Patienten abstützen.*

9 **Streichen/Federn:** *Zum Abschluß dieser Einheit streichen Sie die Hand mehrmals vom Gelenk in Richtung Finger. Halten Sie dabei die Hand einige Sekunden lang fest in der Ihren, ehe Sie sanft an den Fingerspitzen loslassen. Wiederholen Sie diese Bewegung mit stetig leichter werdender Berührung und bedecken Sie Arm und Hand mit dem Handtuch, bevor Sie auf der anderen Seite weitermassieren.*

Bauch und Brust

MASSAGE VON BAUCH UND BRUST

Decken Sie Bauch und Brust sorgfältig auf und versichern Sie sich, daß Ihre Hände warm und gut eingeölt sind, ehe Sie sie beiderseits des Nabels Ihres Patienten legen. Ihre Finger zeigen dabei in Richtung Kopf.

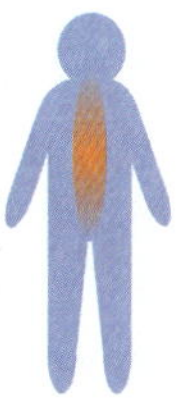

Eine Massage des Bauches fördert die Verdauung und den Abtransport von Abfallprodukten. Eine Brustmassage lockert Versteifung und Unbeweglichkeit im Bereich von Hals und Schultern.

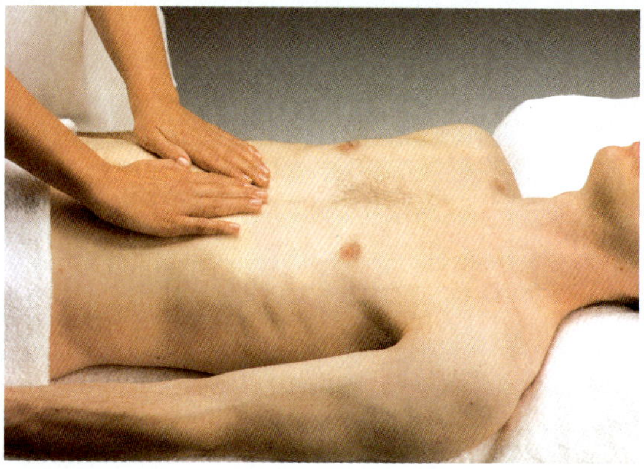

1 ***Streichen:*** *Streichen Sie mit Ihren Händen sanft entlang der Brustmitte, über die Schultern und zurück am seitlichen Oberkörper. Mehrmals wiederholen. Wenn Sie eine Frau behandeln, die ihre Brustpartie nicht gerne massieren lassen möchte, so lassen Sie diesen Bereich zugedeckt und widmen sich nur ihrem Bauch.*

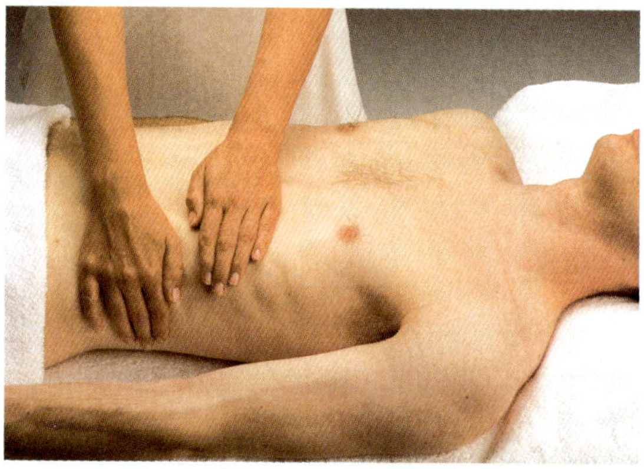

2 ***Ziehen:*** *Legen Sie Ihre Hände nebeneinander in Hüfthöhe an die Seite des Oberkörpers und ziehen Sie abwechselnd mit beiden Händen kräftig und rhythmisch am Gewebe. Massieren Sie bis zur Armbeuge und zurück zum Ausgangspunkt. Auf der anderen Seite wiederholen.*

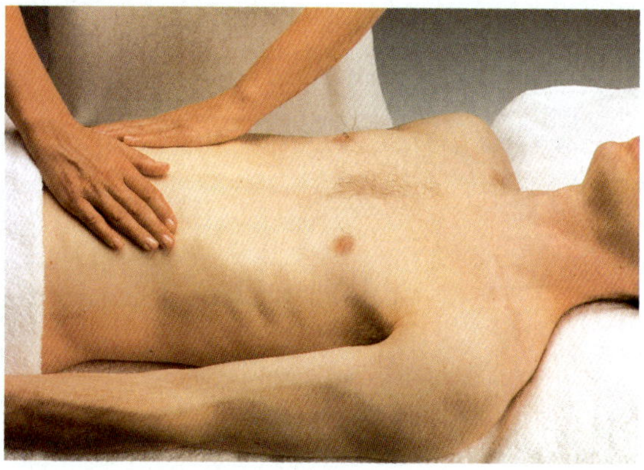

3 ***Kreisen:*** *Legen Sie Ihre Hände leicht auf den Bauch und beschreiben Sie große, sanfte Kreise, wobei Sie die Hände abwechseln und immer im Uhrzeigersinn vorgehen. Sobald eine Hand den Kreis vollendet hat, müssen Sie die andere hochheben, um die erste passieren zu lassen. Anschließend legen Sie die Hand sachte auf den Bauch zurück und setzen die Kreisbewegung fort.*

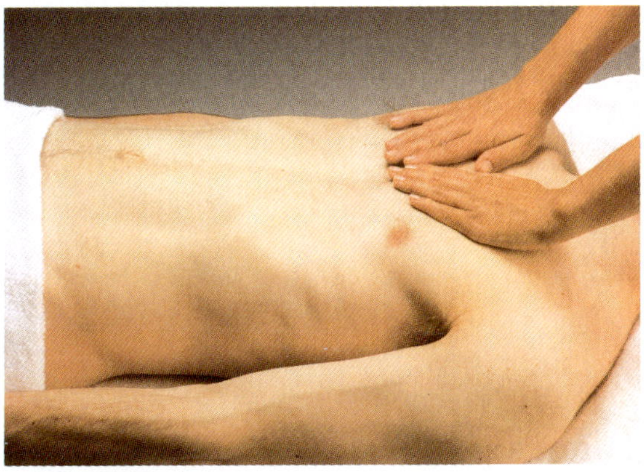

4 **Streichen:** *Sie stehen am Kopfende des Patienten und legen beide Hände auf den oberen Bereich der Brust. Streichen Sie dann sanft mit ausgebreiteten Fingern in Richtung Schultern, zurück über die Schulterblätter und zum Halsansatz. Die Hände sollen stets in Hautkontakt bleiben. Mehrmals wiederholen.*

5 **Reiben:** *Wölben Sie Ihre Hände über die Schultern des Patienten und reiben Sie nun mit gewölbten Handflächen über Oberarme, Brust und Halsansatz. Decken Sie dann Oberkörper und Bauch mit dem Handtuch zu. Sie können diese Einheit aber auch mit Streichbewegungen auf dem ganzen Oberkörper abschließen, ehe Sie den Patienten zudecken.*

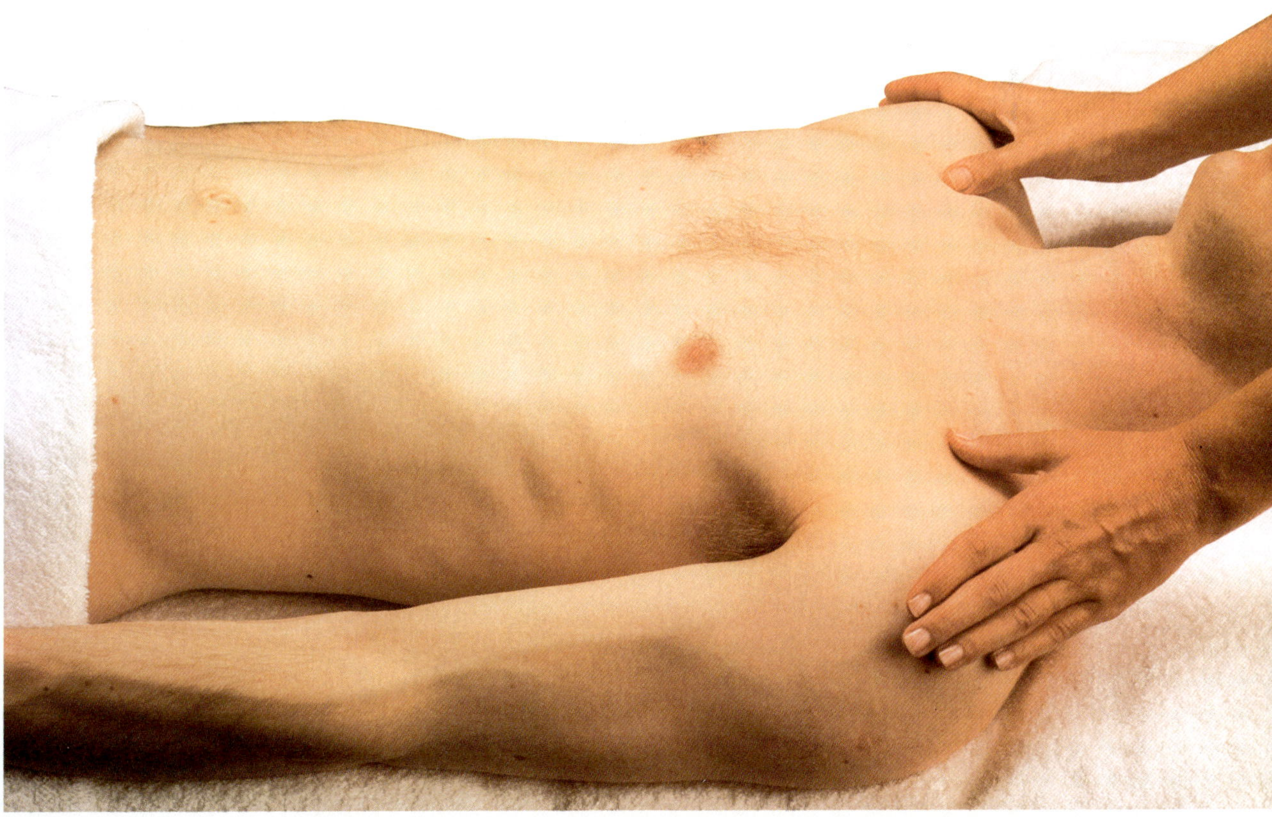

Hals und Nacken

MASSAGE IM HALS- UND NACKENBEREICH

Stellen Sie sich an das Kopfende des Patienten und legen Ihre eingeölten Hände an beide Seiten des Halses.

Viele Spannungen schlagen sich im Hals- und Nackenbereich nieder. Eine gute Halsmassage lindert Versteifungen.

1 ***Pressen:*** *Sie beginnen, indem Sie Ihre Daumen fest in die beidseitigen Höhlungen zwischen Halsansatz und Schulterblättern legen. Drücken Sie mit Ihrem ganzen Körpergewicht einige Sekunden lang zu, ehe Sie loslassen. Fahren Sie dann mit Ihren Daumen auf den Schultern ein Stückchen weiter und drücken Sie erneut. So lange wiederholen, bis Sie die gesamte Länge der Schultern massiert haben.*

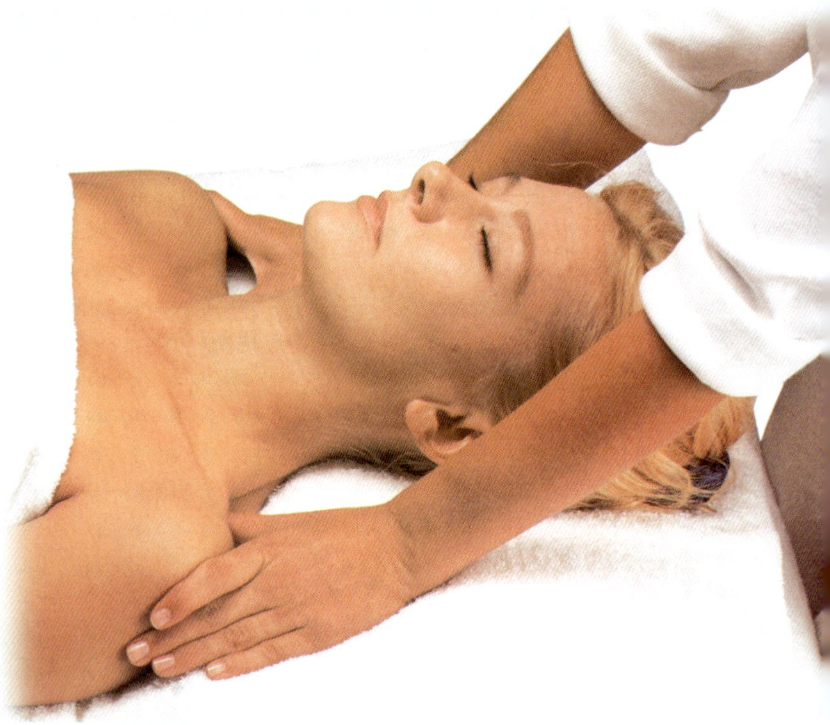

2 ***Ziehen:*** *Bitten Sie den Patienten, die Schultern anzuheben, und fahren Sie mit Ihren Händen – die Flächen nach oben – darunter. Legen Sie Ihre Hände jeweils neben die Wirbelsäule und krümmen die Finger leicht nach oben. Nun bitten Sie den Patienten, sich zu entspannen und zurückzulegen, während Sie die Hände zu sich ziehen und dabei die Muskeln zu beiden Seiten des Rückgrats kräftig dehnen. Nehmen Sie die Hände unter den Schultern hervor und wiederholen Sie das Ganze zweimal.*

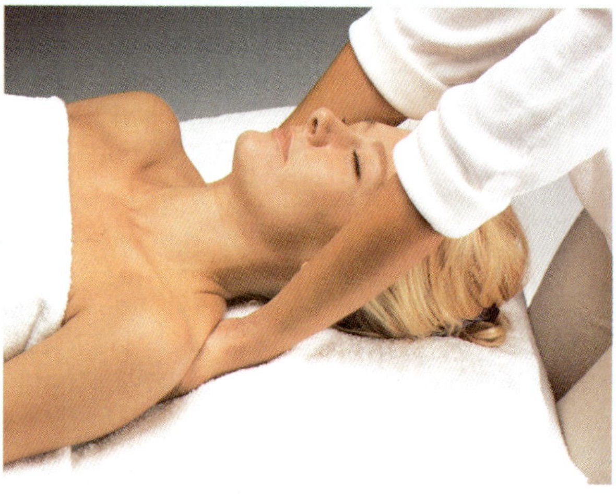

3 **Dehnen:** *Legen Sie beide Hände fest an den Nackenansatz direkt unter dem Schädel und schließen Sie die Finger um den Hinterkopf des Patienten. Heben Sie nun den Kopf sehr sanft an und strecken Sie den Hals in einer geraden, gleichmäßigen Bewegung auf sich zu. Einige Sekunden halten, dann den Kopf hinlegen.*

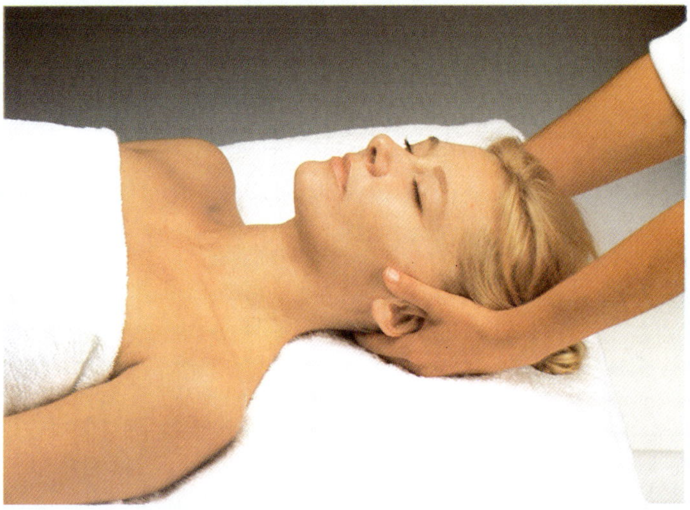

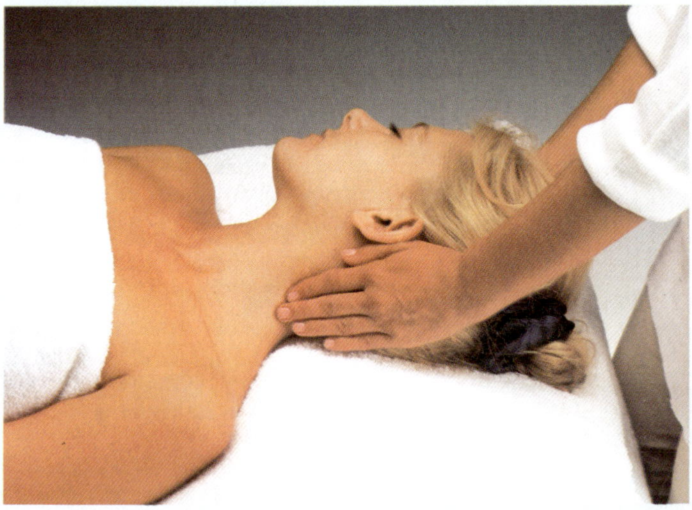

4 **Streichen:** *Legen Sie den Kopf vorsichtig auf die rechte Seite, während Sie ihn mit Ihrer Rechten stützen und dabei Ihre Linke auf die Schulter des Patienten legen. Streichen Sie nun mit Ihrer Linken langsam und sanft über die Schulter und den Hals, bis hinter das Ohr. Mehrfach wiederholen. Um Spannungen zu lockern, massieren Sie anschließend den Bereich am Nackenansatz.*

5 **Kreisen:** *Während der Kopf des Patienten immer noch auf der Seite liegt, legen Sie Ihre Finger an seinen Nackenansatz. Massieren Sie nun mit Ihren Fingerspitzen den Nacken mit kleinen, kreisförmigen Bewegungen in Richtung Ohr. Da sich hier Verspannungen einnisten können, sollten Sie diese Sequenz mehrmals langsam wiederholen. Legen Sie dann den Kopf auf die linke Seite, wiederholen Sie die beiden letzten Schritte und bewegen Sie schließlich den Kopf in seine aufrechte Ausgangsposition zurück.*

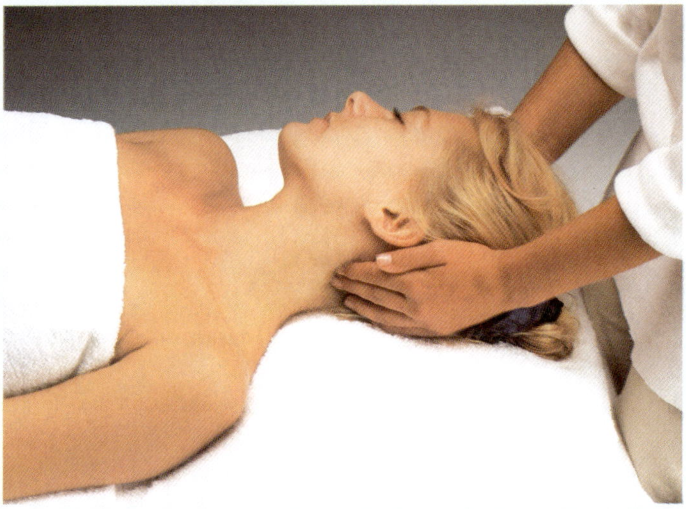

Gesicht und Kopfhaut

MASSAGE VON GESICHT UND KOPFHAUT

Sie stehen am Kopfende des Patienten. Vergewissern Sie sich, daß Ihre Hände ausreichend eingeölt sind und beginnen Sie dann mit Schritt 1.

Eine Gesichtsmassage verleiht der Haut ein gesundes, rosiges Aussehen. Kopfschmerzen und Anspannung lösen sich, der Patient fühlt sich wohlig und gelassen.

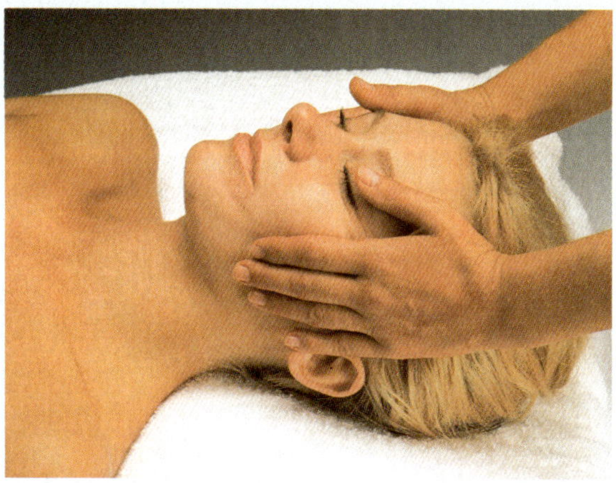

1 ***Streichen:*** *Um Kontakt mit dem Patienten herzustellen, legen Sie zunächst Ihre Hände ganz sanft an den Haaransatz, wobei Sie leicht über die Haare streichen können. Ölen Sie dann Ihre Hände ein wenig ein, stellen Sie sich hinter den Kopf des Patienten und legen Ihre Handflächen links und rechts neben sein Kinn. Streichen Sie nun mit einer leichten, gleitenden Bewegung vom Hals über die Wangen, hinauf zur Stirn, sparen Sie jedoch die empfindliche Zone um die Augen herum aus. Das Streichen soll allmählich fester werden, bis Sie den Kieferknochen leicht nach oben drücken. Mehrmals wiederholen, bis das Gesicht leicht mit Öl bedeckt ist.*

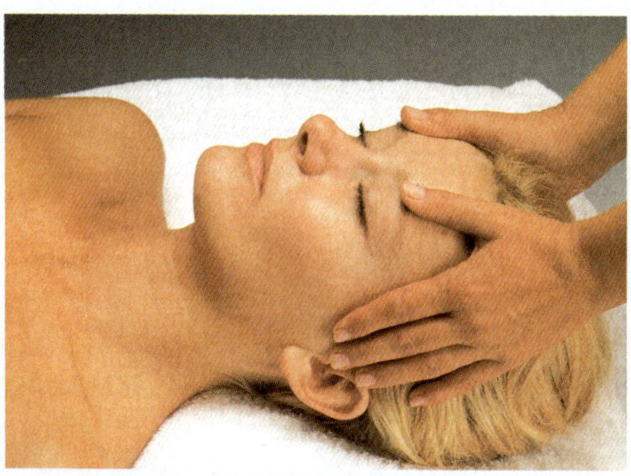

2 ***Streichen:*** *Legen Sie beide Daumen in die Mitte der Stirn des Patienten und streichen Sie langsam über Stirn und Schläfen. Fangen Sie unmittelbar am Haaransatz an und bewegen Sie sich langsam in Richtung Augenbrauen, bis die gesamte Stirn massiert ist.*

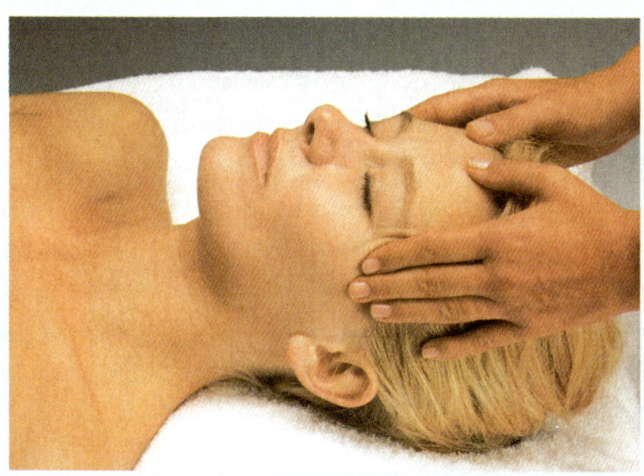

3 ***Kreisen:*** *Kreisen Sie mit Ihren Fingern behutsam über die Schläfen. Diese äußerst beruhigende Technik kann geistige Anspannung, Kopfschmerzen und Unruhe lindern.*

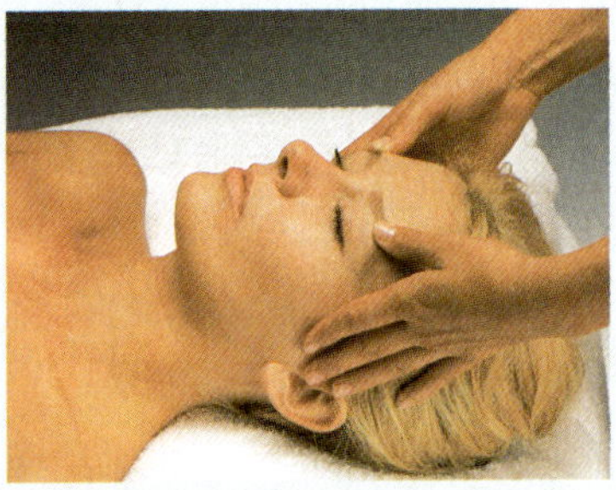

4 ***Drücken:*** *Legen Sie beide Daumen auf die Mitte der knöchernen Kante oberhalb der Augen. Drücken Sie einen Moment lang fest, ehe Sie wieder loslassen. Setzen Sie nun Ihre Daumen jeweils um wenige Zentimeter nach außen und wiederholen Sie den Druck solange, bis Sie an den äußeren Augenwinkeln angekommen sind. Führen Sie die Druckmassage an der knöchernen Kante unterhalb der Augen aus, allerdings mit weniger kräftigem Einsatz. Beginnen Sie am inneren Rand der Augenhöhle.*

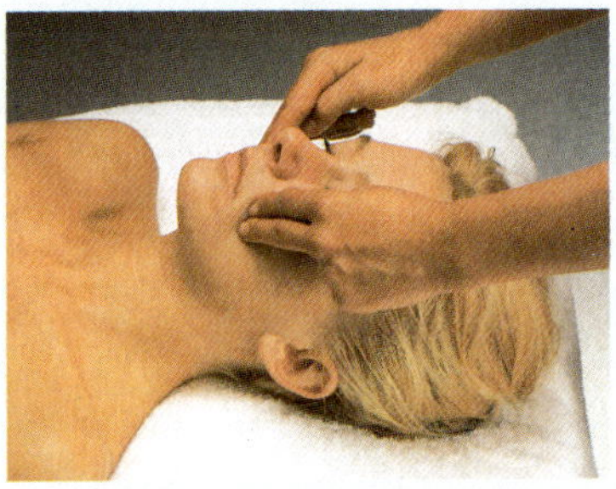

5 ***Kreisen:*** *Mit Ihren Zeigefingern massieren Sie in kleinen, kreisförmigen Bewegungen zunächst die Zonen links und rechts der Nase, wobei Sie am Nasenrücken anfangen und langsam weiter nach unten wandern. Wenden Sie dieselbe Technik auf den Wangen beiderseits der Nasenflügel, oberhalb der Oberlippe und am Kinn an.*

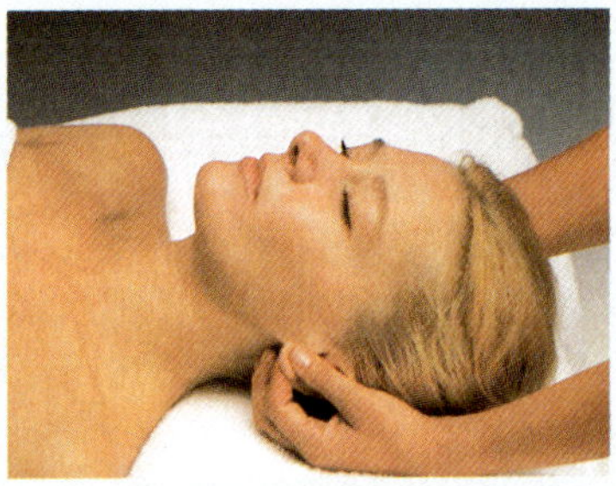

6 ***Zusammendrücken:*** *Nehmen Sie nun die Ohrläppchen des Patienten sanft zwischen Daumen und Zeigefinger und pressen Sie sie zusammen. Kneifen Sie in den Rand des gesamten Ohrläppchens, von unten nach oben und zurück. Abschließend ziehen Sie das Ohrläppchen ein- bis dreimal nach unten – das hilft bei Kopfschmerzen.*

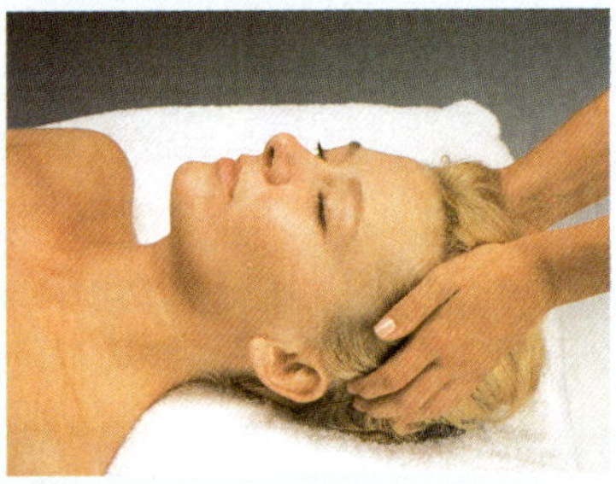

7 ***Kreisen:*** *Führen Sie Ihre Hände um den Nacken zum Hinterkopf. Hinter den Ohren beginnend, massieren Sie mit Fingern und Daumen zunächst entlang der Schädelbasis und dann die gesamte Kopfhaut des Patienten, ohne dabei das Haar zu fettig zu machen!*

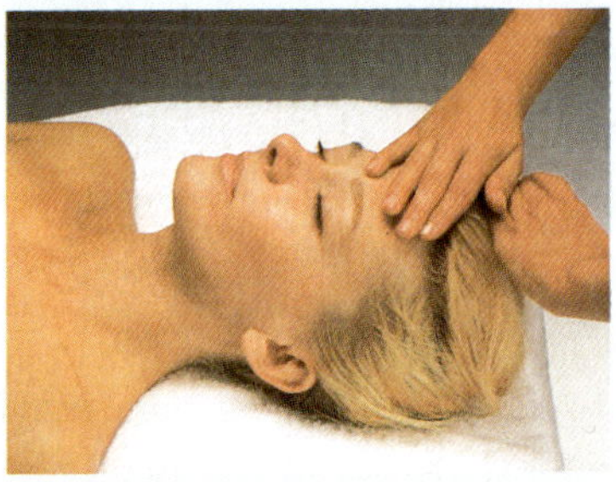

8 ***Streichen:*** *Streichen Sie zum Schluß über Stirn und Haare des Patienten, so wie Sie es am Anfang gemacht haben. Lassen Sie Ihre Berührung dabei immer leichter werden.*

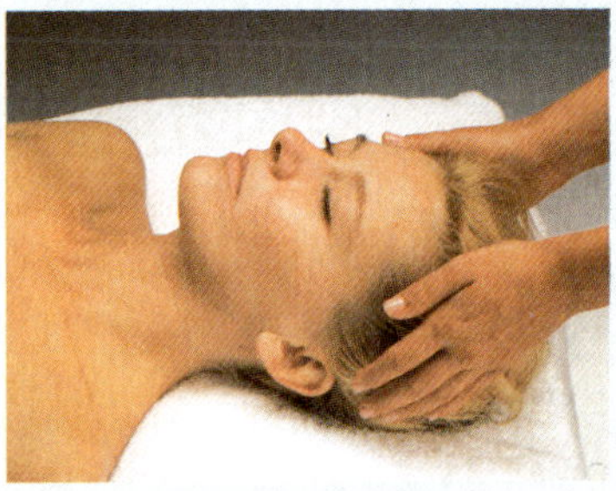

9 ***Federn:*** *Zum Abschluß der gesamten Massage streichen Sie mit den Händen leicht über das Gesicht (und, wenn Sie mögen, über den gesamten Körper) des Patienten, ohne dabei die Hautoberfläche zu berühren. Das trägt dazu bei, eventuelle Reste physischer und psychischer Anspannung aufzulösen, die während der Massage freigesetzt wurden.*

Wenn Sie mit der Massage fertig sind, bitten Sie den Patienten, sich noch ein paar Minuten zu entspannen und die Behandlung wirken zu lassen. Überschüssiges Öl kann mit Papierhandtüchern oder einem feuchten, warmen Handtuch entfernt werden. Ziehen Sie sich diskret zurück, um dem Patienten zu erlauben, »zu sich zu kommen« und sich anzuziehen.

Massage ausgewählter Bereiche

Ist keine Ganzkörpermassage (S. 62–77) nötig, kann man sich natürlich auch auf bestimmte Körperteile konzentrieren, z. B. Rücken, Füße, Hände oder Gesicht. Darüber hinaus kann eine Massage auch anderen Zwecken als der Entspannung oder Streßbewältigung dienen: So kann sie eine sinnliche Kommunikation zwischen Liebenden darstellen oder die Bande zwischen Eltern und Kind stärken. Heilende und diagnostische Massagetechniken wie Shiatsu oder Reflexzonenmassage widmen sich bestimmten Körperteilen wie Körpermeridianen oder Füßen. Zur Behandlung von Krankheiten werden unterschiedliche Formen der Massage eingesetzt.

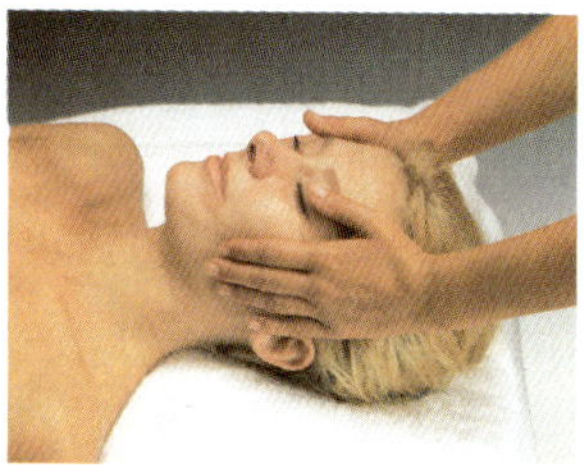

GESICHTSMASSAGE

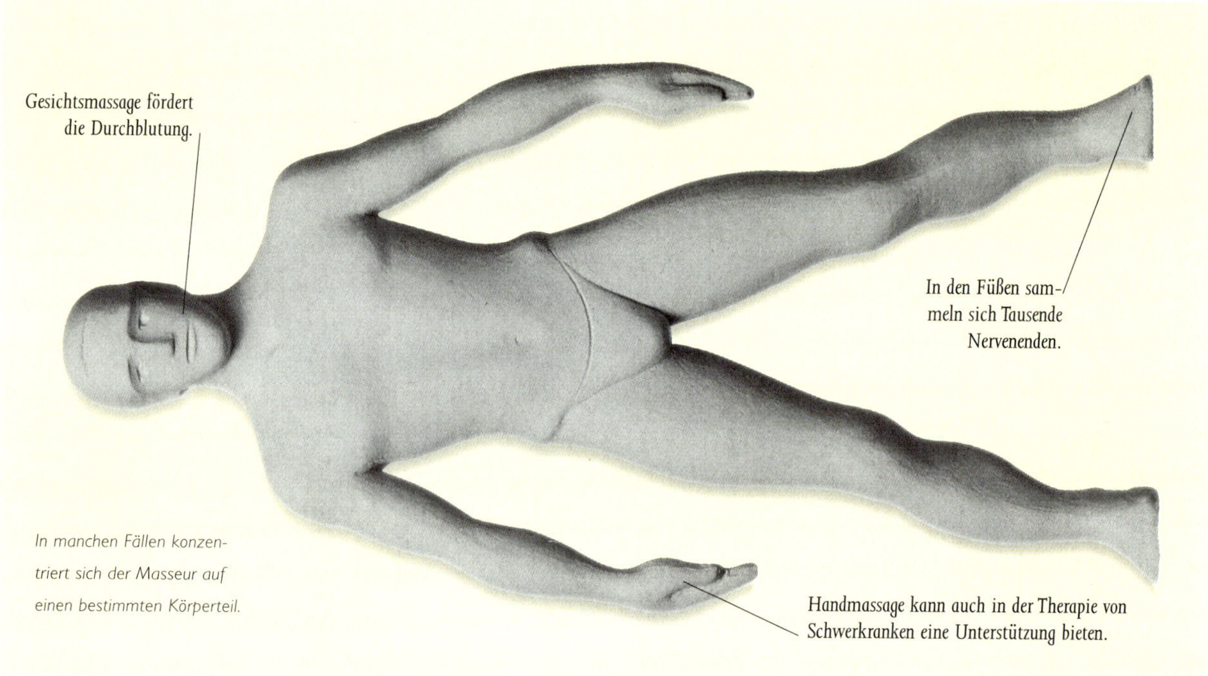

In manchen Fällen konzentriert sich der Masseur auf einen bestimmten Körperteil.

RÜCKEN

Eine Rückenmassage kann äußerst entspannend sein. In den Muskeln von Rücken, Hals und Schultern sammeln sich oft Verspannungen, und gleichzeitig ist der Rücken derjenige Körperteil, der die größte Menge ätherisches Öl aufnehmen kann. Halten Sie sich einfach an das Kapitel über den Rücken im Rahmen der Ganzkörpermassage (S. 62 f.), verwenden Sie aber mehr Zeit für die einzelnen Schritte und richten Sie Ihre Technik speziell auf die Bedürfnisse des Patienten aus.

HÄNDE UND FÜSSE

Die Massage von Händen und Füßen ist vor allem dann wirksam, wenn der Patient krank ist oder einen engeren Kontakt mit dem Masseur scheut. Als besonders praktisch erweist sie sich im Krankenhaus, wenn man den Patienten nicht bewegen kann, oder als ergänzende Therapie. In den Fußsohlen enden Nerven, die zu allen Organen, Drüsen und Systemen des Körpers führen. Darauf gründet sich das Prinzip der Reflexzonenmassage (S. 59). So ist es möglich, den gesamten Körper mittels einer einfachen Fußsohlenmassage zu behandeln. Mehr Informationen hierzu finden Sie in den entsprechenden Abschnitten zur Ganzkörpermassage (S. 68 f.).

GESICHT

Ausgeprägte Feinfühligkeit der Berührung ist bei der Gesichtsmassage vonnöten. Die in der Ganzkörpermassage dargestellte Sequenz (S. 76 f.) läßt sich gleichermaßen im Rahmen einer Kosmetikbehandlung und zur Belebung des Teints einsetzen. Sie regt die Durchblutung an, fördert die Versorgung tiefliegender Hautschichten und verleiht der Hautoberfläche einen gesunden, rosigen Hauch. Trotzdem sollte eine Gesichts- und Kopfhautmassage nicht auf ein Kosmetikum reduziert werden, da sie auch bei der Bekämpfung streßbedingter Beschwerden von Nutzen ist. Hierzu zählen psychologische Befindlichkeitsstörungen wie Schlaflosigkeit, Kopfschmerzen oder Niedergeschlagenheit. Vor Gesichtsmassagen muß das Make-up entfernt werden!

Eigenmassage

Auch eine Eigenmassage bietet zahlreiche Annehmlichkeiten. Der Hauptvorteil liegt sicherlich darin, daß man sie immer und überall durchführen kann, ohne auf jemand anderen angewiesen zu sein. Sie können sich immer dann massieren, wenn Sie es am nötigsten haben – in der Badewanne, im Auto, auf dem Bett oder am Schreibtisch. Für eine Eigenmassage eignen sich vor allem Hals, Schultern, Hände und Füße.

KOPFSCHMERZEN UND MÜDE AUGEN

Wenn Sie Kopfweh oder durch zuviel Bildschirmarbeit überanstrengte Augen haben, legen Sie Ihre gewölbten Handflächen über die Augen und schauen Sie in diese Dunkelheit. Kreisen Sie mit den Mittelfingern über die Schläfen und streichen Sie dann mit den Händen von der Stirnmitte nach außen (siehe Abbildung links).

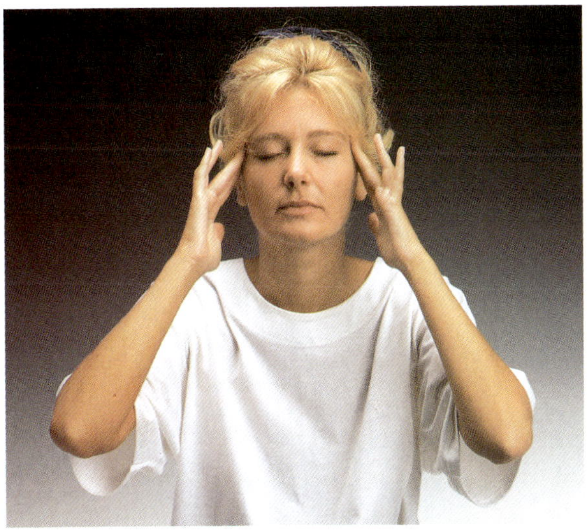

HILFT BEI KOPFSCHMERZEN

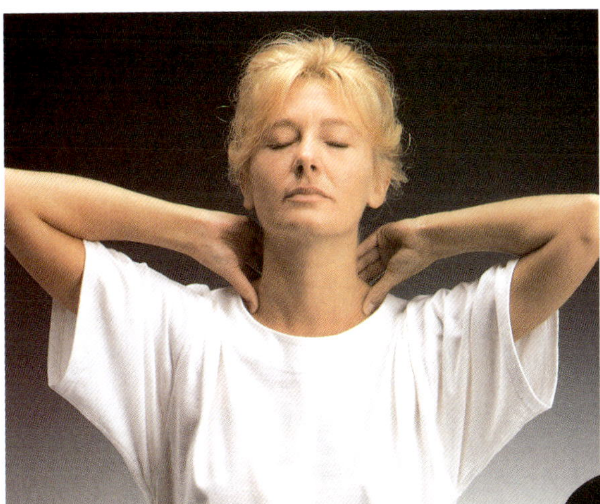

LÖST SPANNUNGEN

SCHULTERN UND HALS

Vollführen Sie mit den Schultern einige kreisförmige Auf- und Abbewegungen, und drehen Sie den Kopf sanft von einer Seite zur anderen. Reiben Sie dann mit kleinen Kreisbewegungen Ihrer Fingerkuppen Hals, Schultern und Kopfhaut mit beiden Händen (siehe Abbildung oben). Kippen Sie nun den Kopf zu einer Seite und massieren Sie die andere Schulter, den Arm entlang zum Ellbogen. Wiederholen Sie diese Einheit auf der anderen Seite. Diese Übung läßt sich sogar bei einem Stau im Auto oder am Schreibtisch durchführen!

STEIGERUNG DES WOHLBEFINDENS

Diese Einheit können Sie in der Wanne, auf dem Bett oder Fußboden ausführen. Am besten sind die Fußsohlen geeignet, denn über sie können wir unseren ganzen Organismus behandeln. (*Vgl. Reflexzonen-Diagramm, S. 59.*)

Massage während der Schwangerschaft

Vor allem in den abschließenden Monaten der Schwangerschaft, wenn der Körper angespannt und sehr schwer ist, kann eine vorsichtige Massage äußerst wirkungsvoll sein. Da Schwangere sich nicht auf den Bauch legen können, müssen sie bei manchen Massagetechniken auf der Seite liegen oder auf einem Stuhl sitzen. Bei der Rückenmassage bietet es sich an, die Schwangere rittlings auf einem Stuhl sitzen und sich auf ein Kissen stützen zu lassen. Die Massage von Schultern und Hals kann Muskelverspannung und Unruhe lindern.

Besonders gegen Ende der Schwangerschaft kommt es oft zu Schmerzen im unteren Rückenbereich, zusammen mit körperlicher Erschöpfung und Nervenanspannung. Eine Rückenmassage kann Schmerzen und Verspannungen lindern und den gesamten Körper beleben.

Die Massage von Händen, Füßen, Hals und Gesicht erweist sich gleichfalls als sehr wohltuend. Regelmäßig angewendet, kann eine sanfte Massage von Füßen und Knöcheln Ödemen entgegenwirken. Die Massage von Hals und Gesicht stärkt das Selbstvertrauen und das allgemeine Wohlbefinden.

NACKENMASSAGE

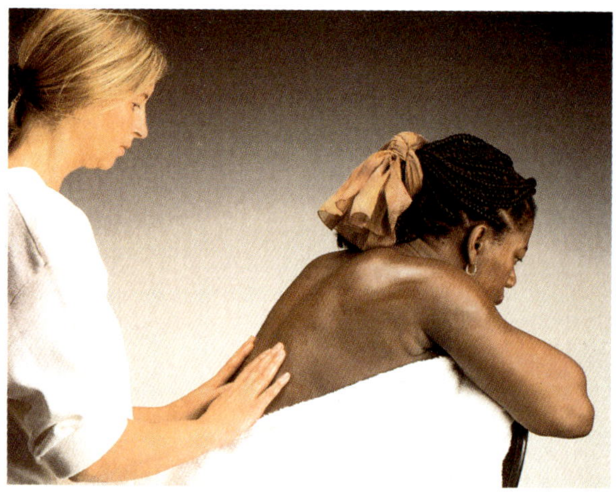

RÜCKENMASSAGE

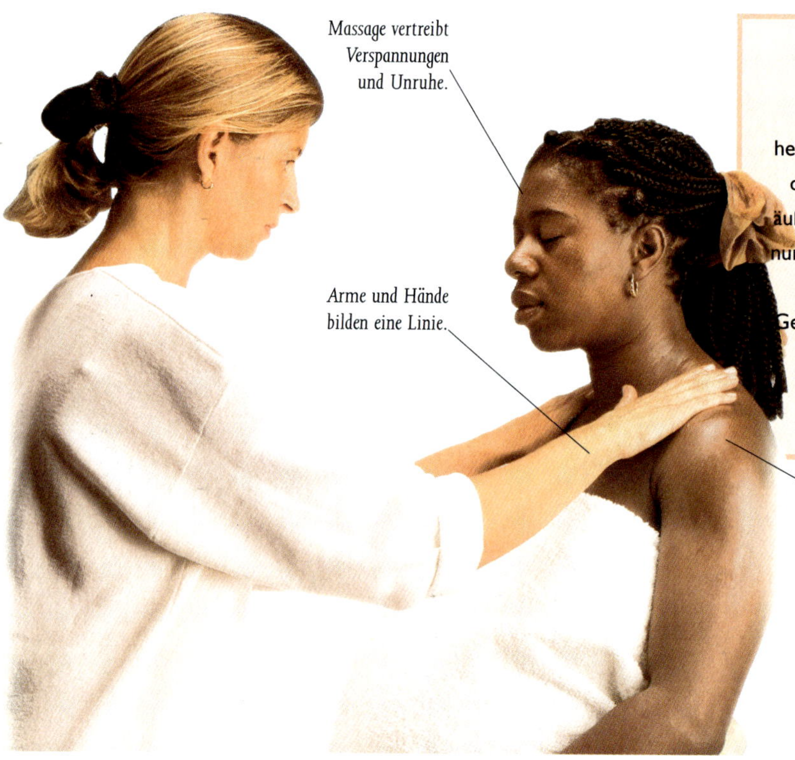

Besonders gegen Ende der Schwangerschaft lindern Hals- und Schultermassagen Verspannungen.

ACHTUNG

Aufgrund der Empfindlichkeit des heranwachsenden Kindes sollte man während der Schwangerschaft bei jeglicher Massage äußerst vorsichtig sein. Ätherische Öle dürfen nur in Absprache mit einem Arzt/Heilpraktiker sehr verdünnt eingesetzt werden. Gegenanzeigen während der Schwangerschaft siehe S. 211.

Babymassage

Viele Mediziner schätzen Massage, um bei kranken Säuglingen und Kindern Anspannungen und Unruhe zu lösen. Untersuchungen beweisen, daß sie auch bei gesunden Kindern unterstützend wirkt, z. B. damit Babys besser gedeihen und schlafen oder auch Vertrauen gewinnen. Massage kann das Streßempfinden bei Eltern mindern und ihnen helfen, besser auf die Bedürfnisse ihres Kindes einzugehen. Darüber hinaus stärkt Massage das Band zwischen Eltern und Kind. Bei Beschwerden wie Überaktivität, Schlaflosigkeit und Bauchschmerzen spricht Massage gut an. Die meisten Kinder ab einem Alter von sechs Wochen lassen sich gefahrlos an Armen, Beinen, Rücken und Bauch massieren. Man kann das drei- bis viermal wöchentlich durchführen. Eine 20minütige Massage vor dem Bad hilft unruhigen Kindern, am Abend einzuschlafen.

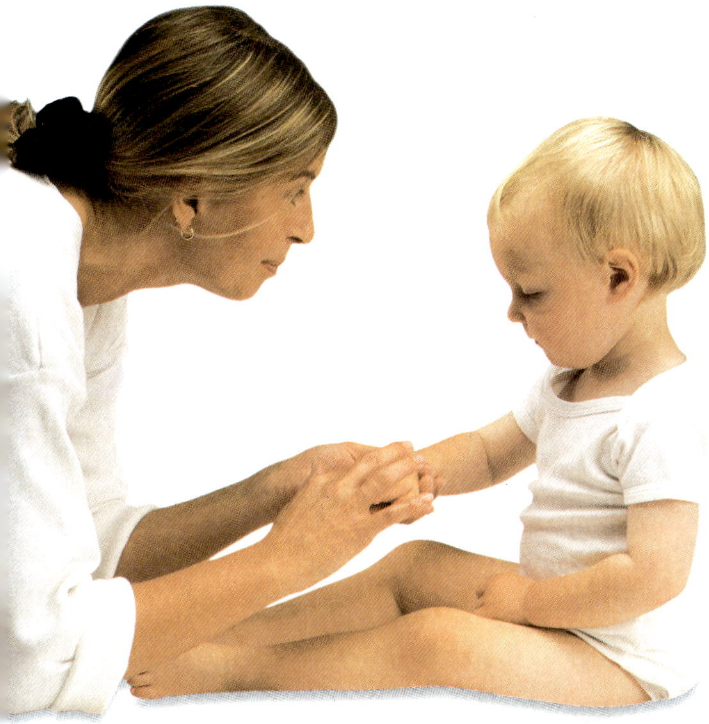

1 Die Massage von Füßen, Beinen, Armen und Oberkörper wirkt entspannend und hilft bei Schlaflosigkeit und Unruhe.

ACHTUNG

Babys sollten in den ersten sechs Wochen nicht massiert werden. Das gleiche gilt für die erste Woche nach einer Impfung und bei Gelenkproblemen. Ätherische Öle dürfen nicht bei Fieber und nur verdünnt und in Absprache mit einem Arzt/Heilpraktiker verwendet werden.

Vgl. S. 211.

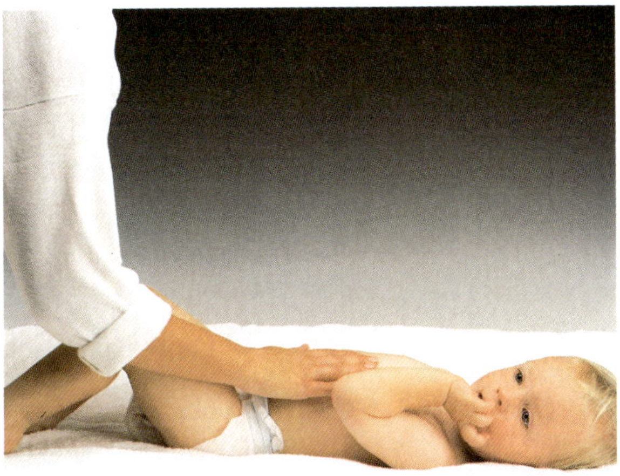

2 Sanfte, kreisförmige Massage von Magen oder Rücken und der Einsatz von verdünnten ätherischen Ölen lindern Koliken, Bauchschmerzen und andere Beschwerden.

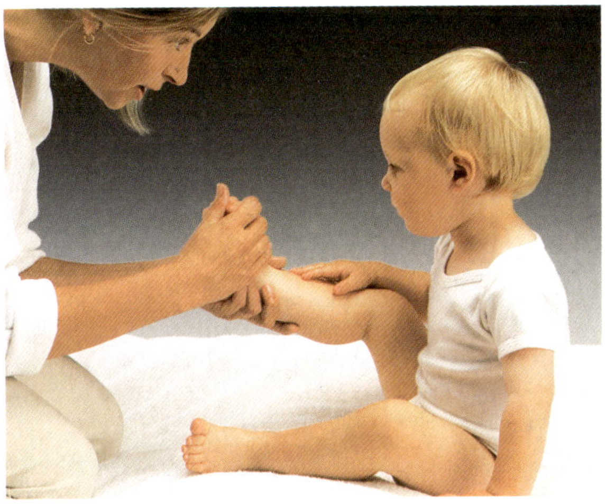

3 Mit einer einfachen örtlichen Massage von Händen oder Füßen lassen sich der Kontakt und das Vertrauensverhältnis zwischen Kindern und Eltern vertiefen.

Sportmassage und Lymphdrainage

Eine Massage ist vor und nach sportlicher Betätigung, aber auch zum Entgiften des Körpers, zur Zellulitisbehandlung und für Rekonvaleszenten wirkungsvoll.

SPORTMASSAGE

Bei einer anregenden Sportmassage gelangen normalerweise mehr Druck und Energie zum Einsatz als bei einer Massage, die in erster Linie der Entspannung dient. So setzt man bei der Massage von tiefliegendem Gewebe vor allem auf Techniken wie Kneten, Reiben, Hacken und Trommeln. Sportliche Betätigung ist der wichtigste Weg, die Durchblutung anzuregen und die allgemeine Vitalität zu steigern.

ACHTUNG

Manche Sportarten, z. B. Joggen oder Aerobic, können langfristig negative Begleiterscheinungen mit sich bringen. Untersuchungen zeigen, daß sanfte Betätigungen wie Yoga, schnelles Gehen und Schwimmen im Dienste der Fitneß letztlich effektiver sind.

Gründliches Aufwärmen beugt Sportverletzungen vor, ebenso wie Massagen vor und nach dem Training.

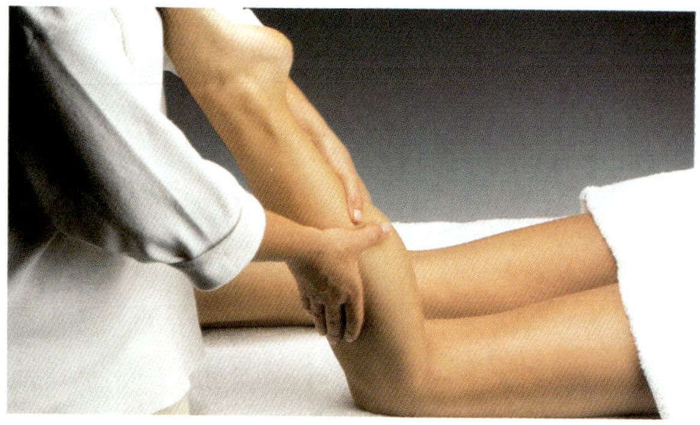

MASSAGE DER WADE

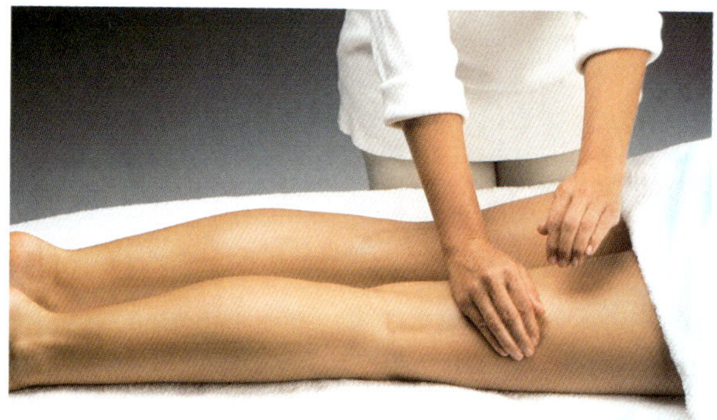

DIE OBERSCHENKEL WERDEN »GEKLATSCHT«

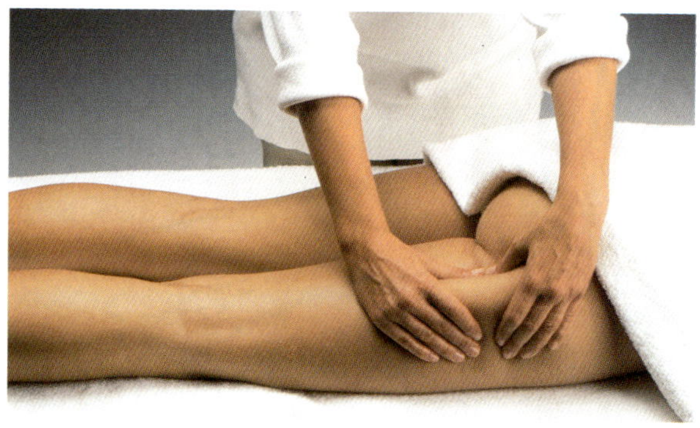

DIE MUSKULATUR WIRD ZUSAMMENGEDRÜCKT

LYMPHDRAINAGE

Bei einer Lymphdrainage werden Gifte, Bakterien und Schlacken mit der Lymphe durch die Lymphbahnen des Körpers ausgeschwemmt. So werden Akne, Ekzeme und Ödeme (Wasseransammlungen im Gewebe) gelindert. Lymphdrainage kann auch eingesetzt werden, um schmerzhafte Schwellungen nach einer Brustoperation erträglicher zu machen. Diese entschlackende, entstauende Massage beruhigt die Haut und findet häufig auch bei kosmetischen Behandlungen Verwendung. Bei der Lymphdrainage sollten die Streichbewegungen immer in Richtung auf den nächstgelegenen Lymphknoten gerichtet sein (vgl. S. 58).

Sinnliche Massage

Als ausgeprägt sinnliches Erlebnis kann Massage eine neue Dimension in die sexuelle Beziehung eines Paares bringen. Der Raum sollte gut temperiert und bequem sein. Suchen Sie sich die ätherischen Öle aus, die Sie für die Massage verwenden wollen. Manchen Ölen werden erotisierende Eigenschaften nachgesagt (S. 94) – auf jeden Fall aber soll der Geruch der Öle beiden Partnern zusagen!

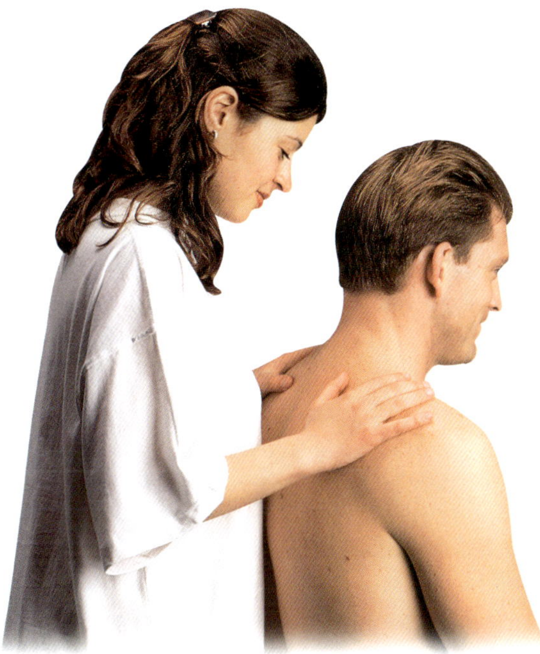

1 *Eine Aromamassage ist ein entspannendes und angenehmes Erlebnis und fördert eine neue Qualität der Beziehung. Sie ist eine ideale Gelegenheit, neue Gefühle und Eindrücke kennenzulernen.*

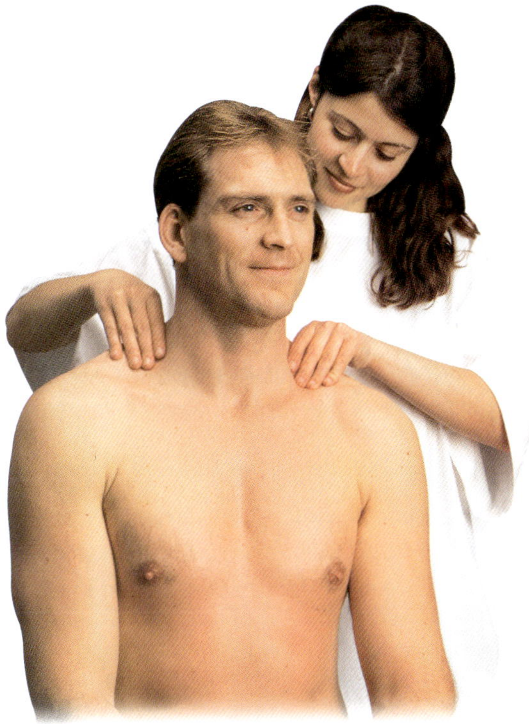

2 *Eine sinnliche und intime Massage muß sich nicht nur auf die erotischen Körperzonen konzentrieren, sondern sollte die Empfindsamkeit des ganzen Körpers auskosten.*

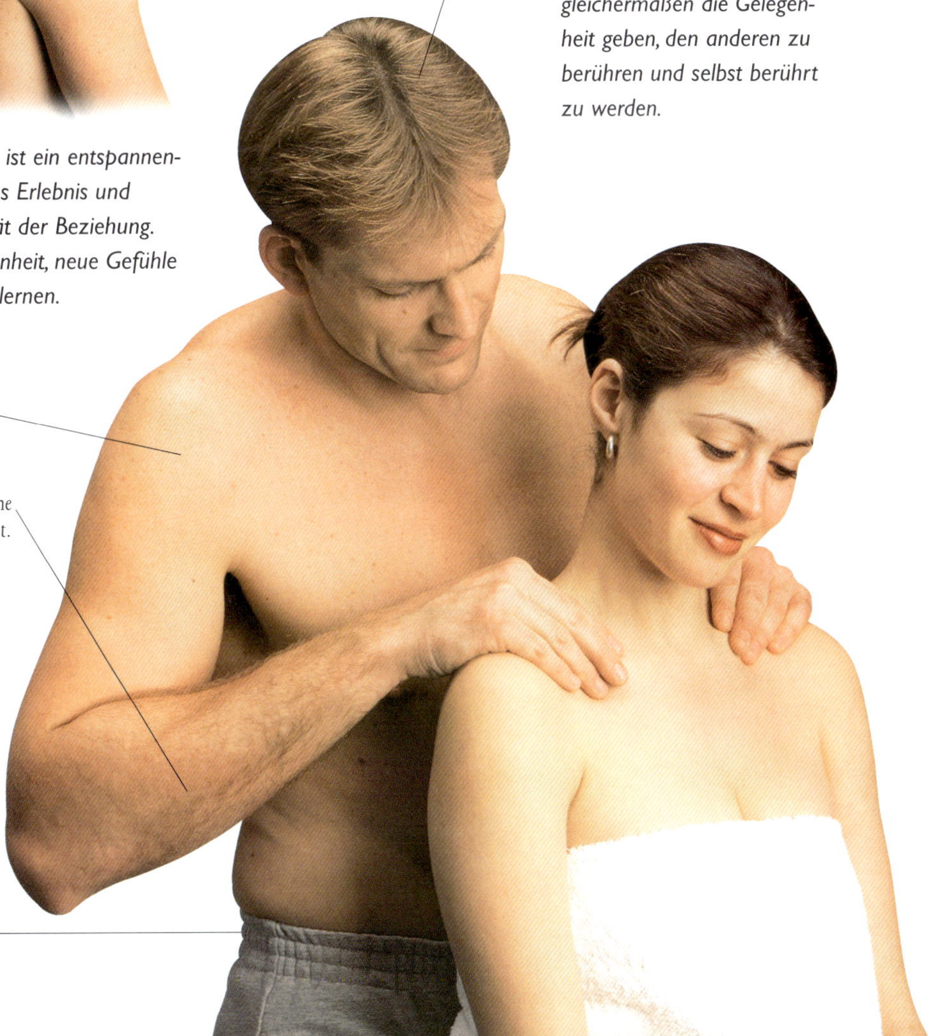

Die Kommunikation wird durch Massage vertieft.

Die Schultern sollen locker bleiben.

Hände und Arme sind entspannt.

3 *Eine sinnliche Massage sollte beiden Partnern gleichermaßen die Gelegenheit geben, den anderen zu berühren und selbst berührt zu werden.*

Schaffen Sie ein sinnlich-angenehmes Ambiente, z. B. mit Kerzenlicht.

Basisöle, die sich als Trägeröle eignen

PFLANZLICHE ÖLE UND ANDERE TRÄGERSUBSTANZEN

* **Süßes Mandelöl:** Ausgeprägt blaßgelbes Öl mit leicht nussigem Aroma. Enthält Olein, Glyzeride und Linolsäure. Reich an Mineralien, Vitaminen und Proteinen.
HAUPTANWENDUNGSGEBIETE: Hervorragendes Gleitmittel, macht die Haut weich und führt ihr Nährstoffe zu. Gut bei empfindlicher, trockener und gereizter Haut. Nützliches Mehrzwecköl mittlerer Konsistenz für Massage und Gesichtspflege.

* **Aprikosenkernöl:** Blaßgelbes, geschmeidiges Öl, reich an Mineralien und Vitaminen, wird von der Haut gut aufgenommen. Nichtraffinierte Öle enthalten Spuren von Vitamin E.
HAUPTANWENDUNGSGEBIETE: Für Kosmetika, in erster Linie gegen vorzeitig gealterte, trockene, empfindliche und entzündete Haut. Kann auch als leichtes Massageöl verwendet werden.

* **Avocadoöl:** Das nichtraffinierte Öl ist eine dunkelgrüne, zähflüssige, nährstoffreiche, aber dennoch leicht absorbierbare Substanz mit essentiellen Fettsäuren, Proteinen, Mineralien, Betakarotin und Vitamin E. Die raffinierte Variante ist hellgelb, riecht kaum und enthält nur wenige Nährstoffe.
HAUPTANWENDUNGSGEBIETE: Nichtraffiniert unterstützt es die Regeneration der Haut. Empfohlen bei trockener, stumpfer, ausgetrockneter, reifer Haut sowie Ekzemen. Optimal in der Mischung mit einem leichteren Trägeröl wie Süßem Mandelöl.

* **Borretschsamenöl:** Hellgelbes Öl, reich an essentiellen Fettsäuren wie Gammalinolensäure, Mineralien und Vitaminen.
HAUPTANWENDUNGSGEBIETE: Verjüngt die Haut, gut für alle Hauttypen, vor allem trockene, reife oder narbige Haut. Empfohlen bei Ekzemen, Prämenstruellem Syndrom, Schuppenflechte und Beschwerden in den Wechseljahren. Optimal in der Mischung mit einem leichteren Trägeröl wie Süßem Mandelöl.

* **Calendulaöl (Ringelblumenöl):** Öliger Auszug, der die fettartigen, löslichen Aktivelemente der Ringelblume, Calendula officinalis, in einem leichten Trägeröl wie Sonnenblumenkernöl enthält.
HAUPTANWENDUNGSGEBIETE: Sehr wirksam bei Wundheilung, Narbenbildung, Verbrennungen, Schwellungen und anderen Verletzungen. Fördert die Bildung neuen Gewebes, gut für alle Hauttypen. In der allgemeinen Hautpflege wird es am besten mit anderen Trägerölen gemischt.

* **Karottensamenöl:** Orangefarbenes Öl, reich an Betakarotin, Mineralien und Vitamin A. Kühl und dunkel aufbewahren.
HAUPTANWENDUNGSGEBIETE: Verjüngt und nährt die Haut, gut gegen vorzeitige Hautalterung, trockene, juckende Haut und Nagelentzündungen. Nur stark verdünnt anwenden, in Verbindung mit anderen Trägerölen/-cremes.

* **Rizinusöl:** Dickes, leicht klebriges Öl mit starkem Geruch. Gutes Gleitmittel, wasserabweisend, abführend.
HAUPTANWENDUNGSGEBIETE: Im Rahmen der Aromatherapie meist in der Haarpflege verwendet, besonders bei sprödem, geschädigtem oder trockenem Haar und bei Haarausfall.

* **Kokosnußöl:** Kommt in zwei Arten vor: natürlich und fraktioniert. Während die natürliche Variante bei kühlen Temperaturen fest wird, bleibt die fraktionierte flüssig. Letztere ist äußerst leicht, klar und geruchlos, wird nicht ranzig und stellt ein vielseitiges Trägeröl dar.
HAUPTANWENDUNGSGEBIETE: Das fraktionierte Öl kann als leichte und schnell absorbierbare Basis für Massageöle oder als allgemeines Gleitmittel verwendet werden. Als universales Trägeröl oder Ausgangsmaterial besonders zur Parfumherstellung empfohlen.

* **Nachtkerzenöl:** Goldgelbes, geschmeidiges Öl aus den Samen der Nachtkerze, Oenothera biennis. Reich an Vitaminen und Mineralien, vor allem Gammalinolensäure. Kühl und dunkel aufbewahren.
HAUPTANWENDUNGSGEBIETE: Dank seines hohen Gehalts an Gammalinolensäure ist es vielseitig einsetzbar, u. a. bei Ekzemen, Schuppenflechte, Prämenstruellem Syndrom und

Beschwerden in den Wechseljahren. Hervorragender Feuchtigkeitsspender für trockene, reife oder rissige Haut.

* **Traubenkernöl:** Nur in raffinierter Form erhältliches, sehr geschmeidiges, geruchsarmes, blaßgrünes Öl. Enthält einige Vitamine, Mineralien und Proteine.
HAUPTANWENDUNGSGEBIETE: Dank der feinen Konsistenz eine beliebte Basis für Massageöle. Für Hautpflege und Kosmetik am besten mit nahrhafteren Trägerölen zu vermischen.

* **Johanniskrautöl:** Wie Calendulaöl ist auch dieses Produkt ein öliger Auszug von Pflanzenextrakten in leichtem Trägeröl, z. B. Sonnenblumenkernöl. Leuchtendrötliche Farbe.
HAUPTANWENDUNGSGEBIETE: Entzündungshemmend, nervenstärkend, besonders wirksam bei Neuralgien, Ischias und nervlich bedingten Beschwerden. Kann zu Lichtempfindlichkeit der Haut führen.

* **Haselnußöl:** Blaßgelbes Öl von geschmeidiger Konsistenz mit ausgeprägt nussigem Aroma. Enthält Vitamine, Mineralien, Proteine und essentielle Fettsäuren, einschließlich Linolsäure.
HAUPTANWENDUNGSGEBIETE: Zieht leicht in die Haut ein, wirkt adstringierend. Gut für alle Hauttypen, vor allem entzündete Haut. Wird normalerweise mit anderen Trägerölen gemischt.

* **Jojobaöl:** Dieses gelbe »Öl« ist eigentlich ein flüssiges Wachs von leichter Konsistenz, das sehr gut von der Haut aufgenommen wird. Seine chemische Struktur ähnelt der des Talgs, einer hauteigenen, öligen Substanz. Hervorragend als Feuchtigkeitsspender und Emulsion. Enthält Proteine, Mineralien und die entzündungshemmende Myristinsäure.
HAUPTANWENDUNGSGEBIETE: Jojoba ist eines der vielseitigsten Trägeröle, sowohl für Massage als auch Kosmetik. Passend für alle Hauttypen, einschließlich fleckiger und fettiger Haut, klärt verstopfte Poren. Empfohlen auch bei entzündeter und gereizter Haut, als leichter Sonnenschutz und Haarspülung.

* **Olivenöl:** Von den zahlreichen Qualitäten ist das kaltgepreßte Native Olivenöl Extra am besten. Dieses zähe, dunkelgrüne Öl ist reich an Mineralien, Proteinen und Vitaminen sowie essentiellen Fettsäuren, in erster Linie Alphalinolensäure.
HAUPTANWENDUNGSGEBIETE: Gut für ausgetrocknete oder gereizte Haut, zur Linderung von Schwangerschaftsstreifen und Narben. Natürlicher Sonnenschutz und Haarspülung. Oft in Verbindung mit leichteren Basisölen verwendet.

* **Pfirsichkernöl:** Blaßgoldenes, geschmeidiges Öl mit süßem Aroma. Enthält Mineralien und Vitamine (Vitamin E).
HAUPTANWENDUNGSGEBIETE: Überwiegend für die Schönheitspflege verwendet, wird von der Haut leicht aufgenommen. Besonders wertvoll bei reifer, trockener, empfindlicher Haut und erweiterten Äderchen.

* **Hagebuttensamenöl:** Ausgeprägt blaßgelbes, geschmeidiges und geruchsarmes Öl. Reich an Vitaminen, bis zu 35 % Linolsäure und 44 % Gammalinolensäure.
HAUPTANWENDUNGSGEBIETE: Hervorragend geeignet für die Hautpflege, fördert die Erneuerung des Gewebes. Gut bei Ekzemen, Schuppenflechte, Prämenstruellem Syndrom und Beschwerden der Wechseljahre.

* **Sonnenblumenkernöl:** Das nichtraffinierte Öl ist von leichter Konsistenz, goldgelb und hat ein leicht nussiges Aroma. Schwerer zu erhalten als die raffinierte Variante, dabei reicher an Nährstoffen, Mineralien, essentiellen Fettsäuren, Vitaminen, vor allem Vitamin E.
HAUPTANWENDUNGSGEBIETE: Universales Trägeröl für Massage und Schönheitspflege, ideal für alle Hauttypen.

* **Weizenkeimöl:** Schweres, dunkelorange-rotes, leicht klebriges Öl mit ausgeprägt erdigem Geruch. Reich an Proteinen, Mineralien und Vitaminen, vor allem Vitamin E.
HAUPTANWENDUNGSGEBIETE: Fördert die Erneuerung des Gewebes. Bestens für reife Haut, Falten, Narben und Schwangerschaftsstreifen. Gibt man es zu anderen, labileren Trägerölen (in einem Anteil von maximal 15 %), so kann es dank seiner antioxydierenden Eigenschaften deren Haltbarkeit verlängern.

Um Hautreizungen zu vermeiden, sollten ätherische Öle generell mit Trägerölen vermischt werden.

TEIL DREI

Medizinische Aromatherapie

Seit Jahren nutzen Heilpraktiker und Mediziner ätherische Öle zur Behandlung diverser Beschwerden. Je nach Therapeut und Fall kann Aromatherapie ausschließlich, eher jedoch in Verbindung mit konventionellen Methoden oder anderen Formen der alternativen Medizin eingesetzt werden. Ergänzend zu den bislang vorgestellten Verwendungsmöglichkeiten verschreiben professionelle Therapeuten ätherische Öle bisweilen auch zur innerlichen Anwendung.

EUKALYPTUSBLATT

Die Behandlung ernster Erkrankungen und innerliche Anwendungen gehören in die Hände qualifizierter Therapeuten. Aromatherapie läßt sich jedoch vielfach gefahrlos zu Hause nützen, um leichte Erkrankungen zu kurieren oder eine konventionelle Therapie zu unterstützen. Die Seiten 97–175 widmen sich dem Einsatz ätherischer Öle zu Hause. Das untenstehende Verzeichnis von Beschwerden, die im folgenden nach Körpersystemen gruppiert sind, erleichtert den Zugriff auf das jeweilige Problem und seine aromatherapeutische Behandlung.

»Als älteste Prinzipien überhaupt sind die Aromatherapie und die Wissenschaft von den Heilpflanzen zugleich diejenigen, die sich als die wirksamsten erwiesen haben ...«

DR. JEAN VALNET

VERZEICHNIS DER BESCHWERDEN UND BEHANDLUNGEN

KNOBLAUCH-
KAPSELN

Klinische Aromatherapie

In vielen westlichen Ländern beginnen sich auch Schulmediziner für Therapien mit natürlichen Aromen, etwa als Alternative zu Antibiotika, zu interessieren. Häufig tritt das Problem auf, daß nur private Krankenversicherungen diese Behandlung finanzieren.

Bis vor wenigen Jahren nahmen Wissenschaftler und Vertreter der Schulmedizin entweder überhaupt keine Notiz von der klinischen Aromatherapie oder begegneten ihr mit großer Skepsis. Langsam jedoch setzt ein Sinneswandel ein, und Heilpflanzen werden im Lichte jüngster Forschungsergebnisse neu bewertet. Es ist inzwischen hinlänglich bekannt, daß viele moderne Medikamente gesundheitsschädlich sein können und eine stetig wachsende Zahl von Krankheitserregern gegen ehedem erfolgreiche synthetische Präparate resistent wird.

Selbstverständllich kann man bei einer Erkältung sein Teebaum- oder Eukalyptusöl völlig gefahrlos in eine Duftlampe träufeln und sich so die Luft reinigen lassen, die innerliche Anwendung ätherischer Öle im Einsatz gegen ansteckende Krankheiten setzt allerdings umfassende medizinische Erfahrung und größte Sorgfalt voraus. So dürfen in Deutschland ausschließlich Ärzte oder Heilpraktiker die innerliche Anwendung dieser Öle verschreiben. Die Internationale Vereinigung der Aromatherapeuten legt Wert auf die Feststellung, daß innerliche Anwendung eindeutig außerhalb ihrer Zuständigkeit liege.

Tatsächlich können ätherische Öle außerordentlich gefährlich sein, wenn sie ohne sachverständige Aufsicht eingenommen werden. Das erklärt sich zum einen durch ihre hohe Konzentration, zum anderen dadurch, daß sie in unverdünnter Form die empfindlichen Schleimhäute des Verdauungstraktes angreifen können. Manche ätherischen Öle können, selbst in sehr kleiner Dosis, extrem giftig oder sogar tödlich sein, ein Beispiel hierfür ist die Poleiminze. Die Frage nach der Gefährlichkeit ätherischer Öle, die in den letzten 20 Jahren immer wieder zu Recht von den Medien aufgegriffen wurde, hat schließlich dazu geführt, daß potentiell gefährliche Öle – wie Poleiminze – aus dem Verkehr gezogen wurden.

Innerlich angewendet ist Poleiminze hochgradig giftig!

Der Verkauf ätherischer Öle an das breite Publikum wird durch explizite Hinweise zu Verwendung, Gegenindikationen und Risiken ebenfalls deutlich strenger gehandhabt. Aus rechtlichen Gründen müssen die Etiketten aller ätherischen Öle inzwischen Sicherheitsklauseln wie »Nur äußerlich anwenden« und »Außer Reichweite von Kindern aufbewahren« tragen. Angesichts der möglichen Gefahren durch einen Mißbrauch sollte die klinische Aromatherapie ausschließlich hochqualifizierten Therapeuten vorbehalten bleiben. Sie liegt weit jenseits der Möglichkeiten von Laien, auch derjenigen, die sich in ihrer Freizeit ausführlich mit diesem Thema befassen.

ACHTUNG

Die innerliche Einnahme von ätherischen Ölen kann Gesundheitsschädigungen hervorrufen, schlimmstenfalls sogar zum Tod führen!

Ätherische Öle dürfen innerlich nur angewendet werden, wenn ein hochqualifizierter Therapeut dazu geraten hat.

WISSENSCHAFTLICHE UNTERSUCHUNGEN

Die Technik des »Aromatogramms« verspricht, den Weg der Aromamedizin in den klinischen Bereich zu ebnen. Als Militärarzt im Zweiten Weltkrieg ver-

wendete der französische Arzt Dr. Jean Valnet ätherische Öle zur Behandlung psychischer und physischer Erkrankungen, wobei er sie auch oral verabreichte – und zwar höchst erfolgreich. Er testete ausgewählte Öle auf Bakterienkulturen, und konnte so feststellen, welche Öle sich am besten zur Behandlung eigneten und in welcher Dosis sie verabreicht werden mußten.

Die Tests zeigten, daß mehrere Öle bei ein und derselben Infektion oft ähnlich wirkten. Das erklärt sich dadurch, daß diese Öle eine gesunde Umgebung erzeugen, in der krankheitsauslösende Keime nicht überleben können. Laut Valnet werden die ätherischen Öle im Rahmen einer Therapie nach ihren jeweiligen Heilungskräften zusammengestellt. So erweisen sich etwa bei Blasenleiden Sandelholz und Wacholder als besonders wirkungsvoll. Valnets wohl bedeutendste Entdeckung war jedoch, daß Bakterien bei der Behandlung durch Öle, anders als bei Antibiotika, nicht resistent werden.

Staphylococcus aureus *(oben) kann mit ätherischen Ölen erfolgreich bekämpft werden (Bild ganz oben).*

Die Methode des Aromatogramms stößt auch in Medizinerkreisen auf ein wachsendes Interesse, vor allem weil sie aufzeigt, daß bestimmte ätherische Öle bei solchen Bakterienstämmen wirken können, die gegenüber Antibiotika bereits unempfindlich sind.

Die chemische Struktur von Antibiotika ist letztlich recht einfach. Bakterien haben deswegen so leichtes Spiel, weil Antibiotika oft nur aus einem einzigen Molekül bestehen. Im Unterschied dazu sind ätherische Öle höchst komplexe Gebilde mit einer Vielzahl von unterschiedlich proportionierten Molekülen, die sich gegenseitig in ihrer Wirkung verstärken. So hat man herausgefunden, daß eine Ölmischung dann weniger wirksam ist, wenn man ihr das stärkste infektionshemmende Element entzieht.

Zahlreiche Mediziner greifen mittlerweile zunehmend auf die Heilkraft der ätherischen Öle zurück, vor allem dort, wo ein Einsatz von Antibiotika nicht unbedingt ratsam erscheint oder nicht nötig ist. Sofern eine Infektion nicht massiv durch Antibiotika eingedämmt werden muß, ehe sie größeren organischen Schaden anrichten kann, scheint es vernünftig, harmlosere Infekte mit einem spezifischen Öl lokal zu behandeln. Unerwünschte Nebenwirkungen werden auf diese Art vermieden, und der natürliche Bakterienhaushalt der Schleimhäute wird geschont.

Die empfindlichen Bakterienkulturen des Darms und der Scheide werden in ihrem Gleichgewicht nicht nur durch Antibiotika, sondern auch durch andere weitverbreitete Medikamente, z. B. die Pille, entzündungshemmende Präparate und Medikamente gegen zuviel Magensäure, gestört. So können bestimmte Aromaöle dazu dienen, die Darmflora wiederherzustellen und chronische Infektionen wie Soor oder Blasenentzündung zu heilen. Im Rahmen einer Behandlung mit ätherischen Ölen ist es unabdingbar, daß der Therapeut die Dosierung genau kontrolliert und den Patienten auf eventuelle Nebenwirkungen hin untersucht.

In zunehmendem Maße setzen naturheilkundliche Mediziner das Aromatogramm zu Diagnose und Behandlung ein. Oft können ätherische Öle dem Organismus helfen, »sich selbst zu helfen«. So wurde beispielsweise Muskatellersalbei erfolgreich bei der Behandlung einer chronischen Blasenentzündung eingesetzt, und zwar nicht aufgrund von antibakteriellen Eigenschaften, sondern weil er den Östrogenhaushalt der Patientin wieder ins Gleichgewicht brachte. Daraufhin konnte der so gestärkte Organismus die Entzündung aus eigener Kraft heilen. Diese Erfolge können sich allerdings nur dann einstellen, wenn ein erfahrener Therapeut mittels eines Aromatogramms eine exakte Diagnose zu erstellen vermag und die entsprechenden ätherischen Öle maßgeschneidert und dosiert einsetzt.

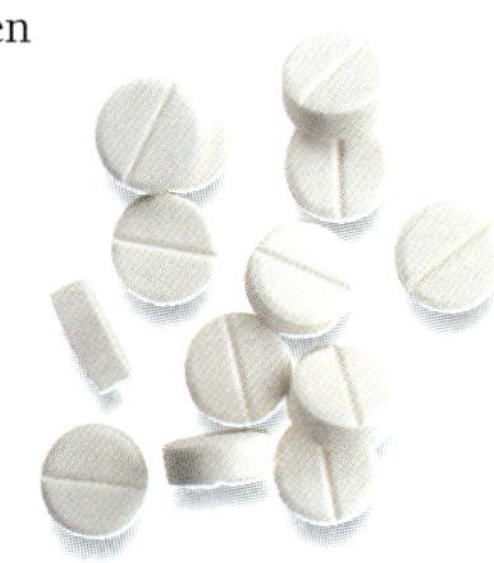

Zahlreiche Bakterienstämme haben Resistenzen gegen Antibiotika entwickelt. Alternative Heilmethoden können eine Hilfe sein, auch solche Krankheiten wieder erfolgreich zu behandeln.

Diagnose und Verschreibung

Das Aromatogramm stellt zweifellos ein höchst ausgefeiltes Instrument für eine Diagnose im Rahmen klinischer Aromatherapie dar. Darüber hinaus setzen Mediziner jedoch auch andere, klassische Methoden der Diagnose ein, etwa anhand der Symptome oder der allgemeinen Befindlichkeit des Patienten.

Bei jeder Erkrankung ist es angebracht, sich ein Bild vom Gesamtzustand des Betroffenen zu machen und eventuell signifikante Gegenanzeigen festzuhalten. So muß bei der klinischen Aromatherapie beispielsweise beachtet werden, einem Patienten mit sehr hohem Paracetamolspiegel keine phenolhaltigen Öle zu verabreichen, da dies aufgrund der ähnlichen Ausscheidungsmechanismen dieser Chemikalien zu einer Überdosierung führen könnte. Ehe man eine Aromamassage beginnt, muß man sich vergewissern, daß keine Gegenanzeigen – etwa eine Thrombose – vorliegen. Bestimmte ätherische Öle sollen auch bei Epilepsie, hohem Blutdruck oder Schwangerschaft keinesfalls verwendet werden.

WEITERE METHODEN DER DIAGNOSE

Zu den Diagnosemethoden, die im Rahmen der Aromatherapie besonders relevant sind, gehört die Reflexzonenmassage. Sie wird zwar als eigenständige Therapieform eingesetzt, stellt aber auch ein nützliches Instrument zur Diagnose dar, bei der ein professioneller Therapeut die Füße untersucht. Problemzonen stellen sich als blockierte oder schmerzhafte Punkte auf der Fußsohle dar, die jeweils mit bestimmten Zonen des Körpers in Beziehung stehen. Manche Therapeuten führen auch eine Augendiagnose durch. Verfärbungen der Iris werden hierbei als Hinweise auf erkrankte Körperbereiche interpretiert. Selbst im Zusammenhang mit klinischer Aromatherapie ist es ratsam, auch das Temperament und die Befindlichkeit des Individuums zu berücksichtigen, anstatt sich ausschließlich auf die organischen Symptome zu konzentrieren.

Im Rahmen einer klinischen Aromatherapie ist es unumgänglich, sich einen Gesamteindruck von dem Patienten zu schaffen.

VERSCHREIBUNG BESTIMMTER MISCHUNGEN

Bei der Pflanzenheilkunde ist es üblich, verschiedene Kräuter zu einem individuellen Präparat zu mischen, das dann meist als Tinktur (auf Alkoholbasis) oder als Auszug bzw. Absud (Kräuteraufguß in kochendem/kaltem Wasser) verabreicht wird. Auf diese Weise können sich die kombinierten Kräuter in ihrer Wirkung gegenseitig verstärken, da das therapeutische Potential eines einzelnen Heilkrauts durch die chemische Verbindung mit anderen Pflanzen zunimmt. Mit anderen Worten: Das Endprodukt ist mehr als die Summe seiner Einzelteile. Durch eine geschickte Kombination unterschiedlicher Kräuter kann man darüber hinaus auch die unterschiedlichen Aspekte einer Erkrankung berücksichtigen.

Eine individuell maßgeschneiderte Arznei stellt eine Palette aus mehreren ätherischen Ölen dar.

Auch in der Aromatherapie macht man sich diese Synergieeffekte zunutze und mischt unterschiedliche ätherische Öle, um eine maßgeschneiderte Arznei zu erhalten. Jede Mischung entwickelt dabei ihre eigene chemische Struktur und therapeutische Handlungsweise, die durch die Mischung der Inhaltsstoffe vorgegeben wird. Anders als Kräuter können Öle jedoch nicht auf Wasserbasis zubereitet werden, da sie sich nicht mit Wasser mischen. Aufgrund ihrer hohen Konzentration können sie allerdings auch nicht unverdünnt verwendet oder auf der Haut aufgetragen werden. Deshalb mischt man sie mit Alkohol oder pflanzlichen Ölen und Fetten. Werden ätherische Öle zur innerlichen Anwendung verschrieben, müssen sie zunächst mit einer alkoholischen Basis vermengt oder auf Fettbasis (z. B. Kakaobutter) in Pessare verarbeitet werden, die dann in die Scheide oder den After eingeführt werden. Gerade auf dem europäischen Kontinent ist die Behandlungsmethode durch Absorption weitverbreitet.

FALLSTUDIE: BEHANDLUNG EINES KINDES MIT HUSTEN

Wie subtil und individuell die aromatherapeutische Behandlung durch einen klinischen Therapeuten gestaltet werden kann, zeigt der folgende Fall eines Kindes, das unter hartnäckigem Husten leidet. Aufgrund des nächtlichen Hustens leidet es obendrein unter Schlaflosigkeit, und der Therapeut vermutet, daß das Kind zu alledem zu Nervosität neigt. In einem solchen Fall ist es von größter Wichtigkeit, Arzneien einzusetzen, die die verschiedenen Facetten des Allgemeinzustandes auf physischer wie psychischer Ebene berücksichtigen. Folgende Wirkungsweisen sind demnach erforderlich: schleimlösend (für leichteres Abhusten), antibakteriell (gegen die Infektion), balsamisch (gegen Reizzustände), beruhigend (gegen Schlaflosigkeit), nervenstärkend (gegen Nervosität). Ein Kräutertee oder Sirup, der Kamille (entspannend), Huflattich (schleimlösend), Echinacea (keimtötend), und Pfefferminze (abschwellend) enthält, wäre hier angebracht. Für jeden Aspekt der Erkrankung stehen verschiedene Öle zur Auswahl. Im Falle dieses Kindes, das über Husten und Schlaflosigkeit klagt, kann Myrte eingesetzt werden. Sie hat ähnliche Eigenschaften wie Eukalyptus (dessen Öl oft bei Husten und Erkältungen herangezogen wird), ist aber viel milder (daher für ein Kind bekömmlicher) und nicht so anregend (beeinträchtigt also den Schlafrhythmus nicht noch zusätzlich). Angaben zur spezifischen Auswahl der ätherischen Öle in einem Fall wie diesem finden sich auf S. 92.

Die Behandlung eines Kindes mit Husten richtet sich nach den Symptomen.

MYRTE

Manche Öle, so auch die Myrte, eignen sich besonders zur Behandlung von Kindern, da sie ausgesprochen mild sind.

DIE AUSWAHL VON BEHANDLUNGSFORMEN

Untersuchungen haben ergeben, daß die Einnahme von Arzneien nicht unbedingt die wirksamste Variante einer aromatherapeutischen Behandlung sein muß. Auch für die klinische Anwendung haben Gattefossé und Valnet eine breite Palette von Therapieformen befürwortet, die man parallel einsetzen kann. Dazu gehören Dampfinhalation und Aromabäder sowie Einreiben der Haut mit ausgewählten Ölen oder Cremes. Auf diese Weise gelangt eine Vielzahl von Substanzen – die ihrerseits so kombiniert wurden, daß sie genau den Krankheitssymptomen des Patienten entsprechen – in den Körper. Der Effekt ätherischer Öle auf das Nervensystem zeigt sich bei einer Inhalation fast unmittelbar, während sie bei oraler Anwendung und der langsamen Absorption über den Verdauungstrakt verzögert eintritt.

Bei der Zusammenstellung einer individuellen Arznei kann ein erfahrener Therapeut all diese Nuancen berücksichtigen und sich das Verhalten ätherischer Öle optimal zunutze machen.

Beim Inhalieren werden die flüchtigen Öle unmittelbar vom Organismus aufgenommen. Geben Sie einige Tropfen Öl in heißes Wasser und breiten Sie sich ein Handtuch über den Kopf.

RINDE DES EUKALYPTUSBAUMES

Ein erfahrener Therapeut kennt Eigenschaften und Wirkungsweise eines Öls – hier Eukalyptus – ehe er es mit anderen vermengt.

ZITRONEN-EUKALYPTUS

Die meisten Therapeuten werden darin übereinstimmen, daß die wichtigsten Zutaten einer aromatherapeutischen Mixtur Wissen und Erfahrung sind. Zunächst ist es unumgänglich, Eigenschaften und Wirkungsweisen eines jeden ätherischen Öls an sich kennenzulernen, ehe man es mit anderen mischt. Für die Zusammenstellung einer Arznei gegen Husten und Verschleimung empfiehlt sich z. B. Blaugummi-Eukalyptus: Sein Duft ist kampferartig, stechend und erinnert an Kräuter, er wirkt schleimlösend, antibakteriell, antiseptisch und fiebersenkend. Cineol ist sein chemischer Hauptbestandteil. Blaugummi-Eukalyptus hilft vor allem bei ansteckenden Krankheiten und Atemwegsbeschwerden. Da er giftige Stoffe enthält, darf er nicht bei Kleinkindern verwendet werden. Gibt man mehr als 3–5 Tropfen seines Öls zum Badewasser, prickelt die Haut.

Sobald man ein Öl mit all seinen Vor- und Nachteilen kennt, kann man sich seiner Familie zuwenden. Neben dem Blaugummi-Eukalyptus existieren zahlreiche andere Eukalyptusarten, von denen allerdings nur wenige therapeutisch genutzt werden – allen voran Zitronen-Eukalyptus und Schmalblättriger (Pfefferminz-)Eukalyptus. Zur weiteren Verwandtschaft dieser Myrtengewächse gehören Teebaum, Kajeput, Niaouli, Westindischer Lorbeer, Gewürznelke, Myrte und Piment.

Bei dem soeben beschriebenen Fall (S. 91) hätte man auch Lavendel, ein wirksames Beruhigungsmittel und Nerventonikum, oder Benzoe einsetzen können, das die Atemwege beruhigt, wärmt und trocknet. Das Zusammenwirken von Myrte, Lavendel und Benzoe ist gleichzeitig ein Beispiel für ausgewogene Kopf-, Herz- und Basisnoten bzw. für einen harmonischen Dreiklang, der bei der Parfumherstellung von so großer Bedeutung ist (*Vgl.* S. 48). Zu gleichen Teilen gemischt, können diese Essenzen zur Verdunstung, als Badezusatz oder zur örtlichen Massage verwendet werden. Sollte die Infektion anhalten, könnte man ein wenig Teebaumöl hinzugeben, dessen stark keimtötende Eigenschaften bekannt sind. Allerdings mögen viele Kleinkinder seinen medizinischen Geruch überhaupt nicht!

Zauberformeln zur Herstellung einer guten Rezeptur gibt es keine: Es kommt auf gesunden Menschenverstand, Wissen und Intuition des Therapeuten an. Richten Sie sich bei der Anfertigung einer Ölmischung zur Massage oder einer anderen aromatherapeutischen Behandlung so genau wie möglich nach der zu behandelnden Person und vermeiden Sie unharmonische, unangenehme Kombinationen von Aromen. Halten Sie sich unbedingt an die Hinweise zu Risiken und Gefahren (S. 178–210) und erkundigen Sie sich nach Gegenindikationen, bevor Sie die jeweilige Arznei einsetzen.

Die Chemie der ätherischen Öle

Bei der Mischung ätherischer Öle zu therapeutischen Zwecken darf ihre Chemie nicht vernachlässigt werden. Ätherische Öle sind hochkomplexe chemische Zusammensetzungen. So kann ein einziges Öl Hunderte von Bestandteilen aufweisen. Die Mehrzahl hiervon läßt sich jedoch elf chemischen Gruppierungen zuordnen, wie untenstehende Aufstellung zeigt.

Die Kenntnis dieser chemischen Komponenten ist aus mehreren Gründen wichtig. So lassen sich Öle, die einen hohen Anteil an gemeinsamen Bestandteilen besitzen, meist gut mischen. Bergamotte und Muskatellersalbei harmonisieren demnach miteinander, da beide viel Linalylazetat (ein Ester) enthalten, obwohl sie verschiedenen botanischen Familien und Geruchsgruppen angehören. Aus der chemischen Zusammensetzung eines Öls oder einer Ölmischung lassen sich physiologische und psychologische Wirkungsweise und Bioaktivität ablesen.

Die Aromatherapie geht von elf chemischen Hauptgruppen aus, von denen jede eine überwiegend stimulierende, beruhigende oder ausgleichende Wirkung hat. Die ätherischen Öle wurden analysiert, indem man sie zwischen zwei elektrische Platten sprühte und anschließend ihre Eigenschaften auf einem Raster festhielt. Es zeigte sich, daß chemische Bestandteile mit negativer Dynamik – sie wurden zum positiven Pol hingezogen – anregende, tonisierende und wärmende Eigenschaften aufwiesen, während jene Komponenten, die zum negativen Pol wanderten, entspannende, kühlende und entzündungshemmende Eigenschaften hatten. Somit läßt sich die Wirkung einzelner Öle und Mischungen anhand ihrer Hauptbestandteile und deren Polarität theoretisch voraussagen. Die chemischen Gruppierungen werden detailliert klassifiziert und beschrieben, um dann in der Reihenfolge ihrer anregenden oder entspannenden Eigenschaften aufgelistet zu werden.

Ester zählen zu den entspannendsten chemischen Verbindungen, während Phenole die anregendsten sind. Darüber hinaus hat man weitere Eigenschaften oder Wirkungsweisen entdeckt, die sich bestimmten Gruppierungen zuweisen lassen. So gelten Ester generell als entzündungshemmend, pilztötend und narbenheilend, während Phenole antiseptische und antibakterielle Eigenschaften aufweisen, dabei aber auch die Haut reizen können. Die Tabellen auf S. 212–214 geben Aufschluß über die wichtigsten chemischen Familien der ätherischen Öle.

DUNKLES GLAS SCHÜTZT VOR LICHTEINFALL.

BESTANDTEILE

Die wichtigsten Familien der chemischen Bestandteile sind:

Ester: entspannend
Aldehyde (fetthaltig): entspannend
Ketone: entspannend
Sesquiterpene: ausgleichend
Laktone und Kumarine: ausgleichend
Oxyde: sanft anregend
Säuren: sanft anregend
Aldehyde (aromatisch): sanft anregend
Monoterpene: anregend
Alkohole: anregend
Phenole: anregend

Öle – sie sollten in dunklen Glasflaschen aufbewahrt werden – haben vor allem anregende, ausgleichende oder entspannende (beruhigende) Wirkung, was durch ihre Hauptbestandteile bedingt ist. Rot steht für anregende, Violett für ausgleichende und Blau für beruhigende Öle.

ROT – ANREGEND

VIOLETT – AUSGLEICHEND

BLAU – BERUHIGEND

Man darf allerdings nicht davon ausgehen, daß man Komponenten bestimmter ätherischer Öle, die chemisch verwandt sind, miteinander kombinieren und man mit absoluter Gewißheit vorhersagen kann, welche biologischen Eigenschaften diese Gruppierungen aufweisen werden. Nachweislich können ähnliche Bestandteile in unterschiedlichen Ölen durchaus unterschiedliche Wirkungsweisen bedingen.

Letztlich kann man die erwartete Wirkung eines ätherischen Öls nur schätzen, niemals exakt voraussagen – so faszinierend der Blick auf seine chemischen Bestandteile auch sein mag. Verläßlicher sind in dieser Hinsicht klinische Studien, die über die spezifischen Wirkungen von botanisch genau klassifizierten ätherischen Ölen durchgeführt worden sind. Zahlreiche solcher Studien, die Aufschluß über Bioaktivität und pharmakologische Aspekte einzelner Essenzen geben, sind inzwischen veröffentlicht worden.

Teil dieser Untersuchungen ist die systematische Erforschung der potentiell anregenden oder beruhigenden Wirkung von ätherischen Ölen auf das Nervensystem, der sich die Väter der Aromatherapie widmeten. Unter Verwendung der Inhalationsmethode stellten sie fest, daß bestimmte ätherische Öle die Nervenfunktionen auf einer rein physiologischen Ebene anregten, während andere eher entspannend wirkten.

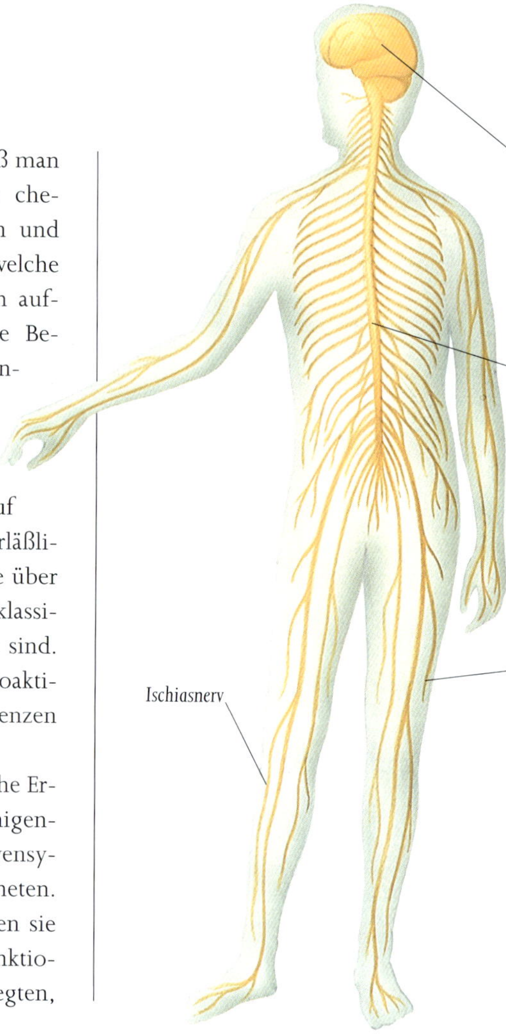

Wissenschaftliche Untersuchungen widmen sich der Wirkung bestimmter ätherischer Öle auf das Nervensystem.

WIRKUNG INHALIERTER ÄTHERISCHER ÖLE AUF DAS NERVENSYSTEM

Diese Übersicht schlüsselt die beruhigende oder anregende Wirkung jener ätherischen Öle auf, die von Valnet, Gattefossé und Rovesti untersucht wurden. Dabei stellte sich die Geranie als adaptogen heraus. Sie kann – je nach Situation – beruhigend oder stimulierend wirken.

Beruhigend	Anregend	Erotisierend
Anis	Angelika	Borneol (Kampfer)
Bergamotte	Basilikum	Gewürznelke
Geranie	Borneol (Kampfer)	Myrte
Kamille	Fenchel	Rose
Karottensamen	Geranie	Salbei
Lavendel	Gewürznelke	Ylang Ylang
Majoran	Jasmin	Zimt
Melisse	Kardamom	
Muskatellersalbei	Kiefer	**Enterotisierend**
Neroli	Rosmarin	Kampfer
Zitronengras	Salbei	
Zypresse	Sandelholz	
	Süßorange	
	Ylang Ylang	
	Zimt	
	Zitrone	

Fenchelöl regt im allgemeinen das Nervensystem an.

Weitere Forschungen zur Klassifikation in beruhigende bzw. anregende Öle wurden schließlich in Japan durchgeführt. Dort las man mittels Elektroenzephalogramm (EEG) die normalen Hirnfunktionen von Probanden, stellte aber gleichzeitig Untersuchungen zu ihrem Erwartungspotential an (wobei elektrische Hirnströme, ausgelöst durch Antizipation, gemessen werden). Wie erwartet, zeigten anfängliche Experimente, daß Lavendel die Erwartungspotentialkurve unterdrückte, Jasmin sie hingegen steigerte. Mit anderen Worten: Lavendel hatte beruhigende, Jasmin anregende Wirkung.

Einige der gemessenen Kurven erbrachten jedoch überraschende Resultate. So stellten sich Neroli und Rose, die zunächst als beruhigend eingestuft worden waren, als anregende Öle heraus, während Zitrone und Sandelholz einen ausgeprägt beruhigenden Effekt zeigten, obwohl man sie ursprünglich als anregend klassifiziert hatte. Spätere Untersuchungen ergaben, daß manche Öle gleichzeitig die Hirnaktivität anregen und das restliche Nervensystem beruhigen können – und umgekehrt. Während Essenzen von Neroli und Rose das Hirn stimulieren und die Stimmung heben, verlangsamen sie den Herzschlag, senken den Blutdruck und beruhigen die Nerven. Etliche Öle, so auch Bergamotte und Geranie, weisen diese Doppelwirkung auf, was sie für die Behandlung von streßbedingten Beschwerden besonders wirkungsvoll macht, da sie einen Zustand ruhiger Vitalität herbeiführen können. Wiederum andere Öle, z. B. Lavendel, können je nach Befindlichkeit des einzelnen entweder anregend oder beruhigend wirken. Im Polaritätstest (S. 93) zeigt Lavendel ein annähernd ausgewogenes Verhältnis von beruhigenden und anregenden Komponenten, was seinen ausgleichenden Charakter begründen mag. Der Polaritätstest bestätigt im Falle von Gewürznelkenöl, das fast 70 % Phenole enthält und als Stimulans bekannt ist, die generell anregende Wirkung, und bei Römischer Kamille, die zu über 70 % aus Estern besteht, die allseits bekannten, überwiegend beruhigenden Eigenschaften.

Auf rein psychologischer Ebene zeigen die Ergebnisse, daß Reaktionen von der jeweiligen Dosierung abhängen. Gattefossé hatte bereits früher festgestellt, daß manche Essenzen gering dosiert anregend, in größerer Menge jedoch beruhigend wirken – genau wie Wein. Ein gutes Beispiel hierfür ist Angelika, die in kleiner Dosis das Hirn aktiviert, in großer Menge jedoch geradezu narkotisierend wirkt.

Kurven von Hirnströmungen, die in einer Untersuchung von Erwartungspotentialen gemessen wurden, zeigen, ob ein bestimmtes Öl als beruhigend (links) oder anregend (rechts) empfunden wird.

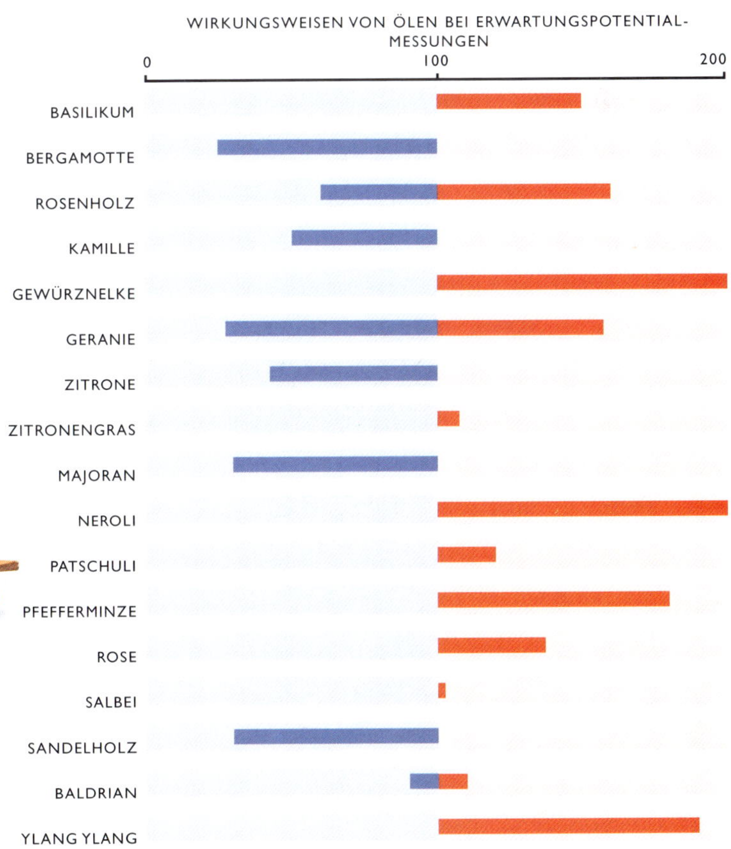

Aromatische Heilmittel

Medizinische Aromatherapie kann zu Hause vielseitig eingesetzt werden. Einfache Anwendungen wie Aromabäder und Inhalation, wie sie im ersten Teil des Buches vorgestellt wurden (S. 16–41), können für medizinische Zwecke variiert werden. Gleiches gilt für Massage- und Gesichtsöle, Reinigungsmittel, Cremes und Gels, die über kosmetische Zwecke hinaus auch bei Hautproblemen wertvolle Hilfe leisten können. Die folgenden knapp 80 Seiten befassen sich mit verbreiteten Beschwerden und den entsprechenden aromatherapeutischen Heilmitteln.

Ätherische Öle helfen bei Insektenstichen.

Praxisnahe Ratschläge zur Ersten Hilfe bei akuten Problemen leiten dieses Kapitel ein, gefolgt von Hinweisen zu Therapie und Vorbeugung verbreiteter Beschwerden. Die in Frage kommenden ätherischen Öle werden jeweils hervorgehoben, ihre Anwendung beschrieben, darüber hinaus finden sich Tips zu Ernährung und ergänzenden Behandlungsmethoden. Die Beschwerden sind nicht alphabetisch, sondern therapeutisch gegliedert aufgeführt: Haut, Erste Hilfe (S. 97), Hauterkrankungen (S. 102), Haut, Schönheitspflege (S. 113), Haare und Kopfhaut (S. 118), Knochen, Muskeln und Gelenke (S. 122), Herz und Kreislauf (S. 128), Atemwege (S. 134), Mund, Zähne und Mundschleimhaut (S. 142), Verdauungstrakt (S. 145), Urogenitaltrakt/Hormonsystem (S. 150), Immunsystem, Infektionskrankheiten (S. 161), Nervensystem (S. 167). Auf S. 87 findet sich eine vollständige Auflistung aller Einträge.

Selbstgemischte Öle bewahrt man am besten in Glasflaschen auf.

Warnungen bzw. Hinweise zu Risiken und Gefahren sollten Sie stets beherzigen! Nähere Informationen zu den Ölen finden Sie auf den Seiten 178–210, wo sie im einzelnen vorgestellt werden. S. 211 liefert weitere Tips zum sicheren Umgang mit ätherischen Ölen. Bei ernsten oder anhaltenden Beschwerden sollten Sie unbedingt einen Arzt zu Rate ziehen.

SCHLÜSSEL ZU DEN SYMBOLEN

KAMILLE

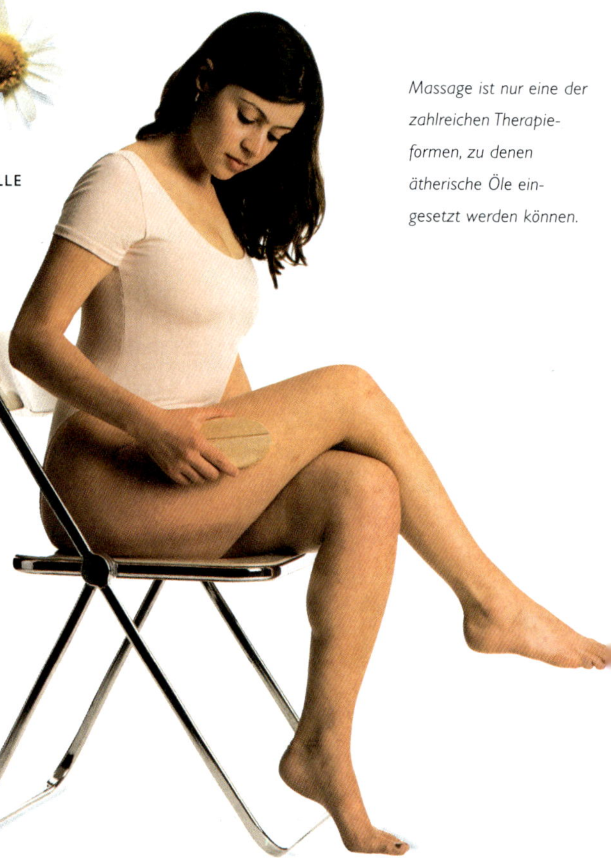

Massage ist nur eine der zahlreichen Therapieformen, zu denen ätherische Öle eingesetzt werden können.

DIE HAUT

Erste Hilfe

Prellungen/ Blutergüsse

ANFÄNGLICHEN SCHMERZEN und Schwellungen folgen oft »blaue Flecken«. Sie sind Zeichen dafür, daß das Gewebe durch Schlag oder Druck beschädigt wurde. Besonders bei Vitamin-C-Mangel reagiert die Haut empfindlich. Blutarme und korpulente Menschen holen sich leichter Blutergüsse.

ACHTUNG
Schwere Prellungen können erhebliche innere Blutungen auslösen. Im Zweifelsfalle wenden Sie sich an einen Arzt.

TIPS ZUR ERNÄHRUNG

Essen Sie Vitamin-C-reiche Lebensmittel oder nehmen Sie Vitamin-C-Präparate. Der Tagesbedarf liegt bei 60 mg.

WEITERE SCHRITTE

Bei Schock empfehlen sich die Bach-Blüten-Notfalltropfen. Lagern Sie den verletzten Körperteil hoch.

Ausreichend Vitamin C – beispielsweise in Orangen – schützt vor Blutergüssen.

DIE MENSCHLICHE HAUT

VERWEISE

ABSCHÜRFUNGEN *siehe* SCHNITTE/WUNDEN, S. 99

INSEKTENSTICHE/BISSE S. 101

KRATZER *siehe* SCHNITTE/WUNDEN, S. 99

SCHWELLUNGEN *siehe* PRELLUNGEN/ BLUTERGÜSSE, S. 97

KLINISCHE DETAILS

Fallstudien belegen die Wirksamkeit von Teebaumöl bei Prellungen. So wurde Teebaumöl in einer Verdünnung von 1:40 bei entzündlichen Blutergüssen erfolgreich in Kompressen eingesetzt.

ANWENDUNGSMETHODEN

Bei kleineren Prellungen lindert unverdünntes Lavendel- oder Teebaumöl die entzündliche Reaktion und beschleunigt die Heilung.

Legen Sie bei starker Schwellung eine kalte Kompresse an, um die Schwellung zu lindern. Anschließend können Sie Hamamelislotion auftupfen, vermengt mit einigen Tropfen Kamillen- (Römische oder Echte) oder Lavendelöl. Bis zum Eintritt der Besserung zwei- oder dreimal täglich auftragen.

Arnika ist eines der wirksamsten Heilmittel bei Prellungen.

ACHTUNG
Arnika darf nicht mit verletzter Haut in Berührung kommen!

AROMATHERAPEUTISCHE ÖLE

Lavendel, Teebaum, Kamille (Römische und Echte), Fenchel, Ysop, Geranie, Zypresse, Schafgarbe.

Schafgarbenöl kann – verdünnt angewendet – Hämatomschmerzen lindern.

Arnikasalbe ist eine hochwirksame Pflanzenarznei.

Verbrennungen

MAN UNTERSCHEIDET drei Grade von Verbrennungen: leichte (Röte und Schwellung, 1. Grad), mittlere (Schwellung und Blasenbildung, 2. Grad), schwere (Hautzerstörung und Verkohlung, 3. Grad). Sie können durch trockene oder feuchte Hitze (Verbrühungen) hervorgerufen werden und zählen zu den häufigsten Verletzungen im Haushalt. Sie können aber auch durch Kontakt mit Chemikalien, Strahlung oder Strom entstehen.

Tips zur Ernährung

Reichlich trinken, um die Giftstoffe der verbrannten Haut auszuschwemmen.

Weitere Schritte

Bei Schock empfehlen sich die Bach-Blüten-Notfalltropfen. *Vgl. auch* Sonnenbrand.

ACHTUNG
Verbrennungen 2. und 3. Grades, vor allem wenn sie mit Schock einhergehen, müssen sofort ärztlich behandelt werden.

Küchen sind eine große Gefahrenquelle für Verbrennungen.

KLINISCHE DETAILS

Leichte Verbrennungen können auf eine Behandlung mit ätherischen Ölen ansprechen, die Schmerzen lindern, Blasenbildung und Entzündung verhindern und eine narbenfreie Heilung fördern. Lavendel- und Teebaumöl werden vermehrt auch klinisch zur Versorgung von leichten Verbrennungen eingesetzt. Auch Echte Kamille enthält Bestandteile, die das Abheilen von Verbrennungen beschleunigen.

ANWENDUNGSMETHODEN

Halten Sie die betroffene Partie sofort ca. 10 Minuten unter kaltes Wasser. Bei mittleren und schweren Verbrennungen einen Arzt aufsuchen.

Bei Entzündung größerer Brandwunden ist ein Arztbesuch dringend angeraten. Nur fachmännische Wundversorgung kann eine möglichst schonende Heilung einleiten.

Nur bei Verbrennungen 1. Grades: Geben Sie etwas Lavendel-, Teebaum- oder Echtes-Kamillen-Öl auf sterile Gaze und decken Sie die verbrannte Stelle ab. Nach einigen Stunden erneuern, kein Klebepflaster verwenden.

Im späteren Heilungsstadium ist Calendulaöl oder -creme sehr wirksam, da sie auch die Narbenbildung verringern kann.

AROMATHERAPEUTISCHE ÖLE

Lavendel, Teebaum, Echte Kamille, Blaugummi-Eukalyptus, Geranie, Schafgarbe.

Geben Sie bei Verbrennungen 1. Grades einige Tropfen ätherisches Öl auf einen Gazeverband und bedecken Sie die betroffene Stelle.

ACHTUNG
Vermeiden Sie bei der Erstversorgung von Brandwunden fetthaltige Öle und Salben, da sie die Haut geradezu »fritieren« können.

Schnitte/Wunden

KLEINE SCHNITTE und Kratzer zählen zu den häufigsten Verletzungen. Wenn sich Glas, Rost, Splitter oder Schmutz in der Wunde befinden, muß man Vorkehrungen gegen eine Infektion treffen.

TIPS ZUR ERNÄHRUNG

Mangel an Vitamin C verlangsamt die Heilung und macht anfälliger für Infektionen. Essen Sie Lebensmittel, die reich an Vitamin C sind, oder nehmen Sie Vitamin-C-Präparate. Knoblauch schützt auch vor Infektionen.

WEITERE SCHRITTE

Bei Schock empfehlen sich die Bach-Blüten-Notfalltropfen.

Knoblauchkapseln wappnen den Körper gegen Infektionen.

ACHTUNG
Stark blutende, verunreinigte oder tiefe Wunden benötigen sofortige ärztliche Hilfe und müssen eventuell genäht werden.

AROMATHERAPEUTISCHE ÖLE

Teebaum, Lavendel, Kamille (Römische und Echte), Schafgarbe, Myrrhe, Patschuli, Benzoe, Palmarosa, Blaugummi-Eukalyptus, Gewürznelke.

ACHTUNG
Verwenden Sie zur Erstversorgung von offenen Wunden keine fetthaltigen Öle oder Salben, da sie den Heilungsprozeß verlangsamen können.

Was wäre eine Kindheit ohne Wunden und Schnittverletzungen! Aromatherapie kann den natürlichen Heilungsprozeß unterstützen.

Lavendel ist als Heilmittel bei Schnittverletzungen und Wunden besonders wirksam.

KLINISCHE DETAILS

Teebaum und Lavendel eignen sich hervorragend zur Ersten Hilfe bei Abschürfungen und kleinen Wunden, da sie stark antiseptisch sind und die Heilung der Haut beschleunigen. Selbst unverdünnt angewendet brennen sie nicht auf der Verletzung, fördern aber zugleich eine erhöhte Blutzufuhr zur verletzten Region. Darüber hinaus können sie die Narbenbildung verringern. Entwickelt sich eine Entzündung und/oder eitert die Wunde, ist ein Arztbesuch anzuraten.

ANWENDUNGSMETHODEN

Verschmutzte kleine Wunden mit Wasser ausspülen, dem einige Tropfen der empfohlenen Öle zugegeben wurden.
Bedecken Sie große Wunden mit sterilem Mull, der mit Lavendel- oder Teebaumöl getränkt ist. Heilt die Wunde nur langsam, geben Sie Myrrhe oder Schafgarbe dazu. Myrrhe kann auch unverdünnt aufgetragen werden.
Achtung! Bei größeren Verwundungen ist immer erst ein Arztbesuch anzuraten.

Bei Schwellungen legen Sie eine kalte Kompresse mit Hamamelis und einigen Tropfen Kamillen- oder Lavendelöl auf. Sie können Kompressen ruhig zwei- bis dreimal oder auch häufiger anwenden.

In einem fortgeschrittenen Heilungsstadium hilft Calendulaöl oder -creme. Die Narbenbildung kann so verringert werden.

SONNE

Sonnenbrand

BEI SONNENBRAND handelt es sich um eine durch Strahlung hervorgerufene Verbrennung. Dieselbe Art von Verbrennung kann durch UV-Licht (z. B. Sonnenstudio) oder reflektiertes Licht (z. B. Gletscher) entstehen. Hellhäutige Menschen und Kinder sind anfälliger als dunkelhäutige, zumindest solange, bis ihre Pigmentbildung zunimmt.

Tips zur Ernährung

Trinken Sie sehr viel Wasser oder andere Flüssigkeiten, um nicht auszutrocknen. Alkohol, Kaffee, schwarzer Tee oder stark zuckerhaltige Getränke erfüllen diesen Zweck nicht! Anfällige Menschen können durch vitaminhaltige und gesunde Ernährung ihre Widerstandsfähigkeit erhöhen.

Weitere Schritte

Legen Sie sich nur kurz in die Sonne, verwenden Sie wirksamen Sonnenschutz (Jojobaöl entspricht Sonnenschutzfaktor 6). Tragen Sie lockere Kleidung und einen Hut. *Vgl.* auch Verbrennungen, Hitzeausschlag.

Bevor Sie sich in die Sonne begeben, sollten Sie unbedingt einen guten Sonnenschutz auftragen.

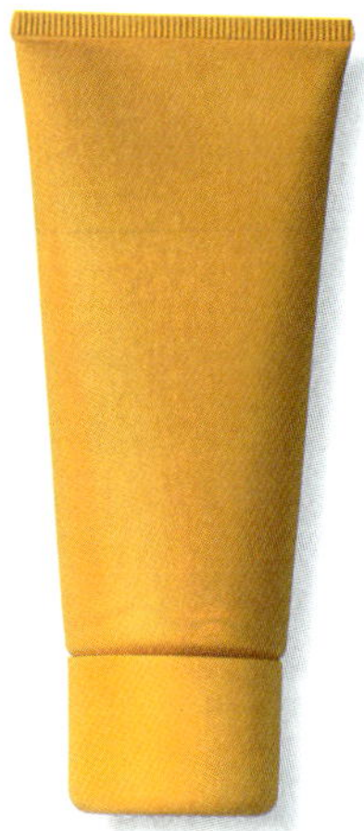

SONNENCREME

KLINISCHE DETAILS

Klinische Untersuchungen haben erwiesen, daß Lavendel und Teebaum die Auswirkungen von Verbrennungen (und somit auch von Sonnenbrand) erheblich lindern können. Das ätherische Öl von Römischer und Echter Kamille sowie Rose werden klinisch auch zur Behandlung von Strahlendermatitis, hervorgerufen durch Strahlentherapie, eingesetzt.

ANWENDUNGSMETHODEN

Auf kleine Hautpartien Lavendel- oder Teebaumöl pur auftragen.

Großflächigen Sonnenbrand betupfen Sie mit einer Lotion aus 3–4 Tropfen Lavendel-, Römischem-/Echtem-Kamillen- oder Teebaumöl und 15 ml destilliertem Wasser (bzw. Kamillen-, Rosen- oder Lavendelwasser).

Legen Sie sich in ein lauwarmes Bad mit 8–10 Tropfen Lavendel-, Römischer-/Echter-Kamillen- oder Teebaumöl und tragen Sie danach eine leichte Feuchtigkeitslotion auf.

Im späteren Heilungsstadium sind Calendulacreme bzw. ein -ölauszug mit einigen Tropfen Rosen-, Kamillen- (Echte oder Römische) oder Neroliöl sehr wirksam und verhindern die Narbenbildung.

AROMATHERAPEUTISCHE ÖLE

Lavendel, Teebaum, Rose, Kamille (Römische und Echte), Schafgarbe, Geranie, Neroli.

Schützen Sie sich beim Skifahren oder Segeln vor reflektiertem Licht, und denken Sie daran, daß die Nase eine besonders exponierte Stelle ist!

ACHTUNG
Übermäßige Sonnenbestrahlung kann Hautkrebs verursachen. Übertriebene Sonnenbäder lassen die Haut schrumpelig und lederartig aussehen.

ACHTUNG
Vermeiden Sie bei der Erstversorgung von Sonnenbrand fetthaltige Öle und Salben, da sie die Haut geradezu »fritieren« können.

Insektenstiche/Bisse

STICHE UND BISSE variieren von harmlos bis lebensbedrohlich, können anschwellen und sogar offene Wunden darstellen. Vergiftungen, allergische Reaktionen und Infektionen können auftreten. Zu den verbreiteten Verletzungen dieser Art zählen Stiche und »Bisse« von Quallen, Hunden, Bienen, Wespen, Zecken, Wanzen, Flöhen, Bremsen, Mücken, Sandflöhen, Hornissen und Moskitos. Es ist wichtig, den jeweiligen Verursacher zu identifizieren, da unterschiedliche Gegengifte eingesetzt werden müssen.

BIENE

Tips zur Ernährung

Vitamin C beschleunigt die Heilung der Haut, Knoblauch beugt Infektionen vor.

Weitere Schritte

Bei Schock empfehlen sich die Bach-Blüten-Notfalltropfen.

SPINNE

KLINISCHE DETAILS

In Australien greift man bei der Behandlung von Bissen und Stichen aller Art – z. B. Moskitos, Sandflöhe, Fliegen, Bremsen, Wespen, Bienen, Spinnen und Quallen – traditionell auf Teebaumöl zurück.
Lavendelöl gilt als klassisches Heilmittel bei Stichen und Bissen. Es wirkt sogar bei Natternbissen.

ANWENDUNGSMETHODEN

Bienen: Entfernen Sie den Stachel mit einer Pinzette. Legen Sie eine Eiskompresse, die in einer Lösung aus 15 ml Sodabikarbonat, 15 ml Kamillen- oder Lavendelwasser (bzw. destilliertem Wasser mit einigen Tropfen dieser Öle) getränkt wurde. Wiederholen Sie diese Anwendung mehrfach, bis die Schwellung zurückgeht.

Ameisen/Hornissen: Benutzen Sie eine Eiskompresse wie beim Bienenstich.

Quallen/Seeigel: Stacheln und Tentakel entfernen und unverdünntes Teebaum- oder Lavendelöl auftragen. In Abständen wiederholen.

Moskitos/andere Insekten: Unverdünntes Lavendel- oder Teebaumöl (bzw. eine Mischung beider) auftragen. Stündlich oder sooft wie erforderlich wiederholen. Bei einer Entzündung legen Sie eine Eiskompresse mit etwas Kamillen-, Lavendel- oder Melissenöl auf. 8–10 Tropfen dieser Öle im Badewasser beugen Infektionen vor.

Zecken und Blutegel: Teebaumöl unverdünnt auf das lebende Tier träufeln, einwirken lassen und nach 20 Minuten das Tier – sofern es nicht bereits abgefallen ist – entfernen. Das unverdünnte Öl dreimal täglich auf den Biß auftragen, um Reizungen und Infektionen vorzubeugen.

Schlangen: Rufen Sie einen Arzt. Ein Druckverband verlangsamt den Transport des Giftes in der Blutbahn. Bei Natternbissen viel Lavendelöl auftragen.

Spinnen: Mischen Sie je 2–3 Tropfen Lavendel- und Teebaumöl in 5 ml Alkohol oder Apfelessig. Dreimal täglich auftragen.

Wespen: Legen Sie kalte Kompressen auf, getränkt mit Apfelessig und 2 Tropfen Lavendel- bzw. Teebaumöl. Kompressen solange erneuern, bis die Schwellung zurückgeht.

AROMATHERAPEUTISCHE ÖLE

Lavendel, Teebaum, Kamille (Römische und Echte), Melisse, Basilikum, Bergamotte.

ACHTUNG
Schlangenbisse können, vor allem in tropischen Regionen, äußerst gefährlich sein. Suchen Sie sofort Hilfe!

Insektenstiche – vor allem von Bienen und Wespen – kann man erfolgreich mit Melissenöl behandeln.

ZITRONENMELISSE

ACHTUNG
Wenden Sie sich sofort an einen Arzt, wenn Sie von einem tollwütigen Tier oder einer Giftschlange gebissen wurden. Insektenstiche im Mund oder Hals können lebensbedrohlich sein.

ACHTUNG
Wenn Bienenstiche allergische Reaktionen in Form von starken Schwellungen auslösen – sofort einen Arzt aufsuchen!

ACHTUNG
Behandeln Sie Bisse der giftigen Schwarzen Witwe bis zum Eintreffen ärztlicher Hilfe mit Lavendel.

Die Haut

Erkrankungen der Haut

Ekzeme

Die Begriffe »Ekzem« und Dermatitis bezeichnen eine Vielzahl entzündeter oder gereizter Hautzustände, die oft mit Rötung, Schuppung, Ausschlägen, Blasenbildung, Jucken, nässenden Bläschen und Grind einhergehen. Nesselfieber geht mit Brennen, Jucken, weißen Beulen, roten Flecken oder kleinen Furunkeln einher. Bisweilen bilden sich rote Streifen. Kleinkinder leiden manchmal unter Kopfgrind, bei dem sich eine dicke, gelbliche Kruste auf der Kopfhaut ausbreitet und hinter den Ohren zu Abschuppung der Haut führt.

Chronische Ekzeme stehen in Zusammenhang mit ererbten Allergien, vor allem auf Weizen- oder Milchprodukte. Kontaktekzeme bilden sich bei Überempfindlichkeit auf Reizauslöser wie Waschmittel, Kosmetika oder Staub.

Tips zur Ernährung

Mangel an Fettsäuren kann zu atopischen Ekzemen führen, zu wenig Vitamin B 5 zu allgemeinen allergischen Reaktionen. Die Vitamine C und B sind hier sinnvoll, Nachtkerzenöl kann ebenfalls helfen. Gegebenenfalls sollten Sie einen Allergiespezialisten aufsuchen.

Weitere Schritte

Versuchen Sie bei einem Kontaktekzem die Ursache der Reaktion herauszufinden. Bei Kontaktdermatitis und atopischen Ekzemen ist es wichtig, emotionale Anspannung und Streß zu verringern.

Kopfgrind ist eine bei Babys weitverbreitete Art von Kontaktekzem. Sobald der Haarwuchs einsetzt, verschwindet diese Erkrankung meist.

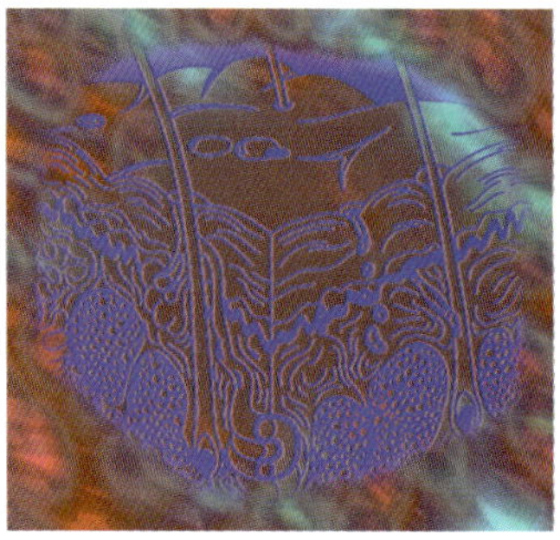

DIE MENSCHLICHE HAUT

Verweise

Furunkel *siehe* **Abszesse/Furunkel**, S. 104

Kopfgrind *siehe* **Ekzeme**, S. 102

Nagel- und Hornhautgeschwüre *siehe* **Nagelentzündungen**, S. 107

Nagelbettentzündung *siehe* **Nagelentzündungen**, S. 107

ACHTUNG
Selbst milde ätherische Öle wie Kamille können, vor allem bei Kindern, Allergien auslösen! Führen Sie deshalb immer eine Einreibprobe durch *(S. 211)*, ehe Sie ein Öl zum ersten Mal anwenden.

Aromatherapeutische Öle

Kamille, Teebaum, Schafgarbe, Rose, Melisse, Lavendel, Myrrhe, Patschuli, Benzoe, Karottensamen, Zeder, Neroli, Bergamotte, Geranie.

Anwendungsmethoden

Obwohl pures Lavendel- oder Teebaumöl wirksam sein können, empfehlen sich bei Allergien maximal 1%ige Verdünnungen.

Wenden Sie kalte Kompressen mit Rosen-, Kamillen- oder Lavendelwasser an, dem 1–2 Tropfen folgender Öle zugegeben wurden: nässendes Ekzem – Patschuli oder Myrrhe; schuppendes Ekzem – Rose oder Melisse; entzündetes Ekzem – Kamille oder Schafgarbe; infiziertes Ekzem – Teebaum oder Lavendel. Sooft wie nötig anwenden.

Sofern die Haut leichte Cremes oder Öle verträgt, stellen Sie eine milde Mischung zusammen: 25 ml Calendulacreme oder -öl bzw. Nachtkerzenöl mit 5–6 Tropfen einer Mischung aus Kamille, Lavendel und Rose (oder Melisse). Zweimal täglich auftragen.

Geben Sie grundsätzlich einige Tropfen Öl oder eine Handvoll Natriumbikarbonat (gegen Juckreiz) zum Badewasser.

Behandeln Sie Ekzeme auf der Kopfhaut und Kopfgrind mit 1–3 Tropfen (je nach Alter) Lavendel- oder Teebaumöl, gemischt mit 15 ml leicht erwärmtem Olivenöl. Sanft einmassieren, 5–10 Minuten einwirken lassen, dann auswaschen (nicht in die Augen bringen!). Zunächst täglich anwenden, später zur Vorbeugung Lavendel- oder Teebaumshampoo.

Klinische Details

Klinische Untersuchungen und Fallstudien zeigen, daß Teebaumöl, Kamillenöl und Rosenöl erfolgreich zur Behandlung verschiedener Hautentzündungen und Ekzeme eingesetzt wurden.

Bartflechte

BEI DER BARTFLECHTE bilden sich zahlreiche rote Pickel auf Gesicht und Hals, obendrein ist die Haut oft schuppig und wund. Es handelt sich um eine Pilzinfektion, die durch Akne und Rasieren erschwert wird.

TIPS ZUR ERNÄHRUNG

Nehmen Sie reichlich Knoblauch zu sich – auch in Kapselform –, der das Immunsystem stärkt und Infektionen bekämpft.

WEITERE SCHRITTE

Meiden Sie alkoholhaltige After-Shave-Produkte oder scharfe Chemikalien, einschließlich parfümierte Seife. *Vgl. auch* Akne.

AROMATHERAPEUTISCHE ÖLE

Teebaum, Lavendel, Myrrhe, Zitronengras, Patschuli, Pfefferminze, Zitrone-Eukalyptus, Geranie.

KLINISCHE DETAILS

Klinische Studien beweisen die Wirksamkeit von Teebaumöl als Heilmittel gegen unterschiedliche Arten von Dermatomykosen (Hautflechten).

Verwenden Sie zur Rasur nur milde, unparfümierte Seife.

ANWENDUNGSMETHODEN

Geben Sie 10–12 Tropfen Teebaumöl in eine Flasche mit 50 ml Lavendelwasser und schütteln Sie gut (vor jeder Anwendung!). Tragen Sie die Mixtur mit einem Wattestäbchen auf die betroffenen Stellen auf.

Stellen Sie eine beruhigende Creme oder ein Öl her, indem Sie je 3–4 Tropfen Teebaum-, Lavendel- und Myrrhenöl in 25 ml Calendulacreme, -öl oder -auszug mischen. Morgens und abends sparsam auftragen.

Geben Sie einige Tropfen Teebaumöl (oder eines der obengenannten Öle) zu dem warmen Wasser, mit dem Sie sich waschen.

Teebaumöl kann verdünnt oder unverdünnt verwendet werden.

Fußpilz

TYPISCH FÜR FUSSPILZ ist gerötete, nässende oder schuppende Haut und Jucken zwischen den Zehen. Sohlen und Fersen können weiß und schuppig werden. Der Pilz kann auch auf Finger und Nägel übergreifen. Manchmal reißt die Haut schmerzhaft auf. Fußpilz ist eine ansteckende Pilzinfektion. Übermäßiges Schwitzen und luftundurchlässige Fußbekleidung erhöhen die Anfälligkeit.

TIPS ZUR ERNÄHRUNG

Nehmen Sie reichlich Knoblauch zu sich – auch in Kapselform –, der das Immunsystem stärkt. Vitamin A fördert die Gesundheit der Haut. Fühlen Sie sich ausgelaugt, sollten Sie auf Multivitamin- und Mineraltabletten zurückgreifen.

WEITERE SCHRITTE

Tragen Sie keine synthetische Wäsche und gehen Sie sooft wie möglich barfuß. Achten Sie auf sorgfältigste Hygiene!

ANWENDUNGSMETHODEN

Waschen und trocknen Sie die Füße und tupfen Sie 2–3mal täglich unverdünntes Teebaumöl auf. Bei nässender Haut verdünnen Sie an den ersten Tagen das Öl mit etwas Alkohol.

Machen Sie täglich ein 5–10 minütiges warmes Fußbad mit 5–10 Tropfen Teebaumöl. Auch Apfelessig kann hinzugefügt werden.

Fußpuder für den täglichen Gebrauch: 45 ml unparfümierter Talk oder Stärkemehl mit 5–6 Tropfen Teebaum, Zitronen-Eukalyptus (oder Zitronengras) und Lavendel mischen. Die Mixtur soll 24 Stunden ziehen, bevor Sie sie anwenden.

Bei wunder Haut tragen Sie jeweils 3–4 Tropfen Teebaum-, Lavendel- und Myrrhenöl in 25 ml Calendula(auszug)öl oder -creme auf.

AROMATHERAPEUTISCHE ÖLE

Teebaum, Lavendel, Myrrhe, Zitronengras, Pfefferminze, Patschuli, Zitronen-Eukalyptus, Geranie.

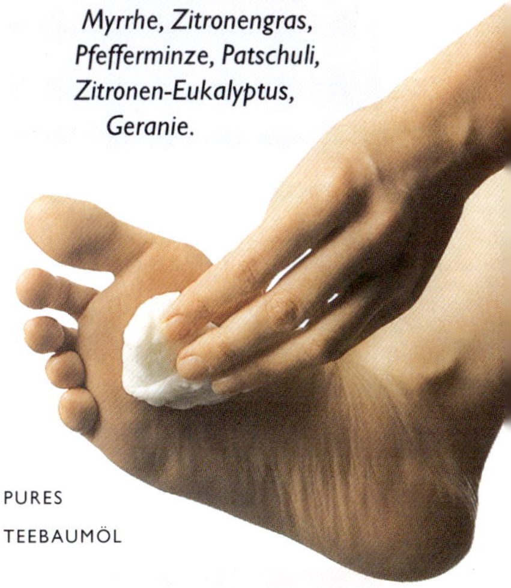

PURES TEEBAUMÖL

KLINISCHE DETAILS

Unverdünntes Teebaumöl hat sich bei der klinischen Behandlung von Fußpilz hervorragend bewährt.

Abszesse/Furunkel

Bei Abszessen oder Furunkeln handelt es sich um schmerzhafte, mit Eiter oder Gewebsflüssigkeit gefüllte Schwellungen, die überall am Körper auftreten können. Auslöser dürfte eine Invasion von Staphylokokken oder Streptokokken sein, die vor allem bei geschwächtem Allgemeinbefinden, Hormonschwankungen, einer Störung des Bluthaushalts aber auch bei unausgewogener Ernährung und Akne leichtes Spiel haben.

Tips zur Ernährung

Um den Organismus zu reinigen, sollten Sie Genußmittel meiden, viel frisches Obst und Gemüse essen und reichlich Wasser oder Kräutertees trinken. Knoblauch – auch in Kapselform – stärkt das Immunsystem.

Weitere Schritte

Drücken Sie Abszesse bzw. Furunkel niemals aus! Sorgfältige Hygiene kann helfen, die Infektion einzudämmen. *Vgl.* Akne, Zahnschmerzen/Zahnabszeß, Streß.

Reinlichkeit hat in der Behandlung von Hauterkrankungen eine lange Tradition.

Klinische Details

Medizinische Untersuchungen haben bestätigt, daß Teebaumöl bei der Behandlung von Furunkeln und Abszessen besonders wirksam ist: Es zieht in die Haut ein, bekämpft die Infektion und leitet den Eiter ab, ohne daß man die Haut öffnen müßte. Insgesamt beschleunigt Teebaumöl den Heilungsprozeß und verhindert die Narbenbildung.

Jedes der genannnten ätherischen Öle kann – verdünnt in Trägeröl – auf die Haut aufgetragen werden.

BERGAMOTTÖL

Aromatherapeutische Öle

Teebaum, Lavendel, Bergamotte, Myrrhe, Kamille (Römische und Echte), Zitrone, Galbanum, Grapefruit, Blaugummi-Eukalyptus, Zitronen-Eukalyptus.

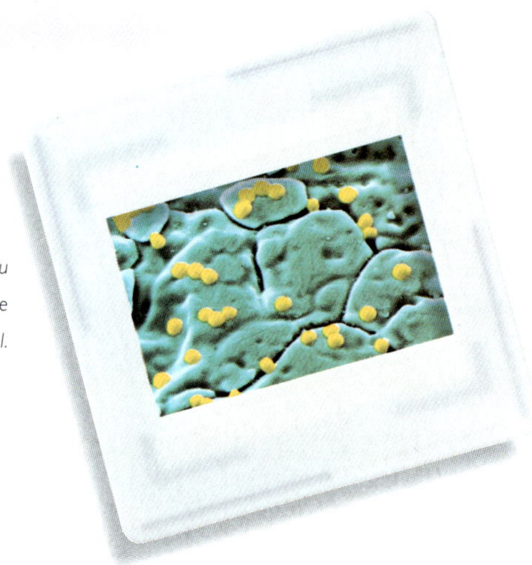

Staphylokokken führen zu Hautinfektionen wie Akne oder Furunkel.

Anwendungsmethoden

Warten Sie nicht, bis Furunkel/Abszesse aufplatzen, sondern tupfen Sie sofort zwei- bis dreimal täglich unverdünntes Teebaumöl auf.

Haben sich Abszesse/Furunkel gebildet, legen Sie einen warmen Heilerde-Umschlag mit 3–4 Tropfen Teebaumöl auf. 30 Minuten ziehen lassen, dann mit Wasser abwaschen.

Zwei- bis dreimal täglich eine heiße Kompresse auflegen, die in gekochtem Wasser mit etwas Apfelessig und einigen Tropfen der empfohlenen Öle getränkt wurde. Danach mit unverdünntem Teebaumöl betupfen.

In kritischen Fällen Mull auflegen, der 12 Stunden in Teebaumöl gezogen hat. Mit einem Pflaster abdecken.

8–10 Tropfen Teebaum-, Bergamott- oder Lavendelöl (bzw. eines der empfohlenen Öle) als allgemeines Desinfektionsmittel zum Badewasser sind hilfreich.

Mit Geranienöl und Aprikosenkernöl kann man einen Feuchtigkeitsspender speziell zur Behandlung von Akne herstellen.

AROMATHERAPEUTISCHE ÖLE

Teebaum, Bergamotte, Geranie, Lavendel, Rosmarin, Zypresse, Sandelholz, Zitronengras, Wacholder, Palmarosa, Petitgrain, Kamille, Patschuli, Zitronen-Eukalyptus.

KLINISCHE DETAILS

Zahlreiche wissenschaftliche Blindversuche haben die Wirksamkeit von Teebaumöl bei der Behandlung von Akne nachgewiesen. Darüber hinaus ergeben sich bei seiner Verwendung weniger Nebenwirkungen als beispielsweise bei Benzolperoxyd, einem weitverbreiteten chemischen Aknepräparat.

Akne

Typisch für diese Erkrankung sind unreiner Teint, vergrößerte Poren, Pickel und Mitesser. Manchmal bilden sich Furunkel und Abszesse. Betroffen sind u. a. Gesicht, Hals und Rücken. Aufgrund einer Überproduktion der Talgdrüsen verstopfen die Poren, was im Jugendalter, in den Wechseljahren und vor bzw. während der Menstruation besonders häufig auftritt. Akne verschlimmert sich durch unausgewogene Ernährung (insbesondere übermäßigen Genuß von Fett, Öl und Zucker), Bewegungsmangel, ungenügende Hygiene, Streß und emotionale Faktoren.

Tips zur Ernährung

Gute Ernährung spielt eine Schlüsselrolle. Trinken Sie viel Wasser und Kräutertees (Kamille, Pfefferminze und Zitronenmelisse), meiden Sie Schwarztee, Kaffee und Alkohol. Mangel an Vitamin A (Retinol) führt zur Verstopfung der Poren. Empfohlene Nahrungszusätze sind Nachtkerzenöl, Knoblauchkapseln, Zink sowie die Vitamine A und B.

Weitere Schritte

Entspannen und bewegen Sie sich regelmäßig. Sonnenbäder sind – in Maßen – ebenfalls zuträglich. Waschen Sie sich mit einer unparfümierten, pH-neutralen Seife und meiden Sie starkes Make-up, vor allem Puder. *Vgl. auch* Fettige Haut, Abszesse/Furunkel, Prämenstruelles Syndrom (PMS), Streß.

ANWENDUNGSMETHODEN

Morgens und abends pures Teebaumöl mit Watte auftragen.

Jeweils 7–8 Tropfen Rosmarin-, Geranien- und Fenchelöl in 50 ml leichtem Basisöl für eine wöchentliche Massage, die die Entschlackung fördert, Streß abbaut und als Lymphdrainage wirkt.

Zubereitung einer Reinigungslotion: 25 ml Hamamelis, 75 ml Lavendelwasser, 15 ml Glyzerin, je 7 Tropfen Lavendel- und Bergamott- sowie je 3 Tropfen Teebaum- und Kamillenöl. Vor Gebrauch gut schütteln!

Rühren Sie ein heilendes/nährendes Öl bzw. Creme an: 3 Tropfen Lavendel- und jeweils 1–2 Tropfen Patschuli- und Geranienöl auf 25 ml Aprikosenkernöl oder eine neutrale Cremebasis.

Machen Sie ein- bis zweimal wöchentlich eine tiefenreinigende Maske: 25 ml feuchte Heilerde und je 2–3 Tropfen Teebaum-, Bergamott- und Lavendelöl.

Machen Sie zwei- oder dreimal wöchentlich ein Dampfbad fürs Gesicht mit etwas Teebaum-, Bergamott- und Lavendelöl. Tragen Sie anschließend kaltes Wasser auf, dem 15 ml Apfelessig und einige Tropfen Geranien- oder Zypressenöl hinzugefügt wurden.

Geben Sie 8–10 Tropfen von einem der empfohlenen Öle zur Desinfektion ins Badewasser. Waschen Sie Ihr Gesicht mit Wasser, in das Sie etwas Teebaumöl gegeben haben.

In der Pubertät tritt Akne sehr häufig auf. Allerdings kann man sie in den Griff bekommen, wenn man viel frisches Obst und Gemüse zu sich nimmt und süße oder fette Speisen meidet.

Warzen

WARZEN SIND GUTARTIGE, vom Papillomavirus ausgelöste Wucherungen auf Händen, Fingern, Ellbogen, Knien oder Fußsohlen, am Zehenansatz oder im Gesicht. Im Zentrum der Warzen erkennt man winzige schwarze Pünktchen. Warzen erweisen sich gemeinhin als äußerst hartnäckig, verschwinden meist jedoch von selbst. Aufgrund ihrer Unansehnlichkeit greifen die meisten Betroffenen freilich zu einer Therapie.

Tips zur Ernährung

Vitamin E unterbindet die Bildung von Warzen. Knoblauch stärkt das Immunsystem.

Weitere Schritte

Warzen sind ansteckend. Schützen Sie sich in Schwimmbädern und Turnhallen durch das Tragen von entsprechendem Schuhwerk.

ANWENDUNGSMETHODEN

Dreimal tägliches Bestreichen der Warzen mit purem Teebaumöl zeigt nach einem Monat oder mehr Erfolg.

Warzen sollte man täglich mit einer Mischung aus gleichen Teilen Teebaum- und Zitronen-Eukalyptus-Öl betupfen und mit einem Pflaster abdecken. Nach einigen Tagen kann man ihre schwarzen Wurzeln mit einer desinfizierten Nadel herausziehen. Setzen Sie die Behandlung 6 Wochen fort, bis die Haut geheilt ist.

Einige Tropfen eines der empfohlenen Öle im Bad oder Fußbad desinfizieren und fördern die Heilung.

Wenn die Warze verschwunden ist, tragen Sie weiterhin Weizenkeim- oder Calendulacreme bzw. -öl auf, vermischt mit etwas Myrrhe. Das beschleunigt die Heilung und verhindert eine Neuansteckung.

Zitrone ist ein klassisches Mittel gegen Warzen.

ACHTUNG
Warzen im Genital- und Afterbereich oder am Kehlkopf müssen von einem Arzt behandelt werden!

AROMATHERAPEUTISCHE ÖLE

Teebaum, Gewürznelke, Zimtblatt, Zitronen-Eukalyptus, Virginia-Zeder, Zitrone, Tagetes.

Hühneraugen/ Schwielen

HÜHNERAUGEN UND SCHWIELEN finden sich überwiegend auf den Zehen. Ein Hühnerauge kann nach innen wachsen, auf tiefere Hautschichten drücken und somit Schmerzen verursachen. Oft kommt es auch zu verwachsenen Nägeln und Nagelbettentzündungen. Rheuma oder Arthritis sowie schlecht sitzende Schuhe können die Beschwerden verschlimmern.

Tips zur Ernährung

Mangel an Vitamin A kann ein Anwachsen abgestorbener Hautzellen verursachen, was zu Hornhautbildung führt. Vitamin A ist für die Gesundheit der Haut von elementarer Bedeutung!

Weitere Schritte

Gut sitzendes Schuhwerk ist zur Vorbeugung und Behandlung von Hühneraugen und Schwielen unabdinglich. *Vgl. auch* Nagelentzündungen, Warzen.

AROMATHERAPEUTISCHE ÖLE

Teebaum, Tagetes, Karottensamen, Lavendel.

Gut sitzende Schuhe und Barfußlaufen – wann immer möglich – verhindern Hühneraugen und Schwielen.

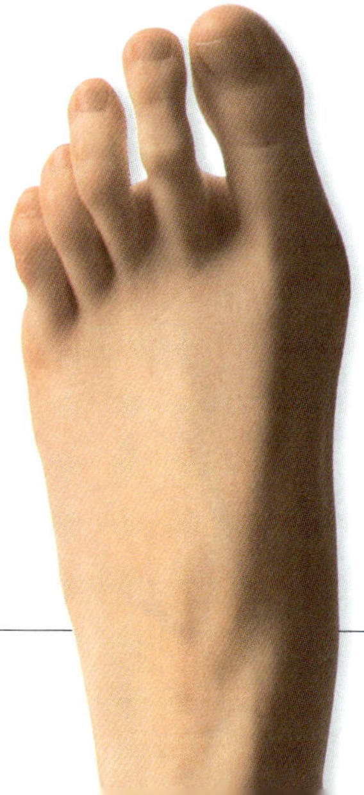

ANWENDUNGSMETHODEN

Baden Sie die Füße täglich in warmem Wasser, dem 15 ml Apfelessig, eine Handvoll Meersalz und einige Tropfen Teebaumöl zugegeben wurden. Gut abtrocknen und die tote Haut mit Bimsstein oder einer metallenen Hautfeile abtragen.

Tragen Sie nach dem täglichen Bad pures Teebaum- oder Tagetesöl auf und kleben Sie ein Pflaster darüber. Die Wirkung stellt sich nach einigen Wochen ein. Langfristig wirksame Therapie.

Bei Abklingen der Beschwerden tragen Sie eine Salbe bzw. ein Öl auf, bestehend aus je 3–4 Tropfen Lavendel-, Karottensamen- und Teebaumöl, aufgelöst in 25 ml Calendulacreme oder -öl. Das pflegt die Haut und verhindert einen Rückfall.

Nagelentzündungen

Die Nagelhaut wird rot, entzündet sich, schmerzt und kann sogar eitern. Das Nagelbett verfärbt, der Nagel selbst verformt sich und weist Furchen auf. Weitverbreitet ist die Nagelfalzentzündung (Paronychie), die oft durch den Umgang mit Waschmitteln hervorgerufen wird. Ein Nagelgeschwür (Onyx) dagegen ist eine Pilzinfektion, die durch *Candida albicans* ausgelöst wird.

Tips zur Ernährung

Ausreichend Proteine, Vitamin A und E schützen die Nägel.

Weitere Schritte

Vermeiden Sie Nagellack; ziehen Sie zum Abwaschen bzw. Putzen mit chemischen Reinigern Gummihandschuhe an.

Aromatherapeutische Öle

Teebaum, Petitgrain, Blaugummi-Eukalyptus, Lavendel, Tagetes, Rosmarin, Karottensamen.

Klinische Details

Teebaumöl ist aufgrund seiner stark pilztötenden und antiseptischen Eigenschaften ausgesprochen wirksam.

Anwendungsmethoden

In die entzündeten Nägel und ihr Nagelbett dreimal täglich 2–3 Minuten lang unverdünntes Teebaumöl einmassieren.

Mischen Sie 5 ml Weizenkeimöl, 20 ml Borretsch- oder Karotten(basis)öl mit je 5–6 Tropfen Lavendel-, Rosmarin- und Karottensamenöl. Mindestens einmal pro Woche zur Vorbeugung in die Nägel und Nagelhäute einmassieren.

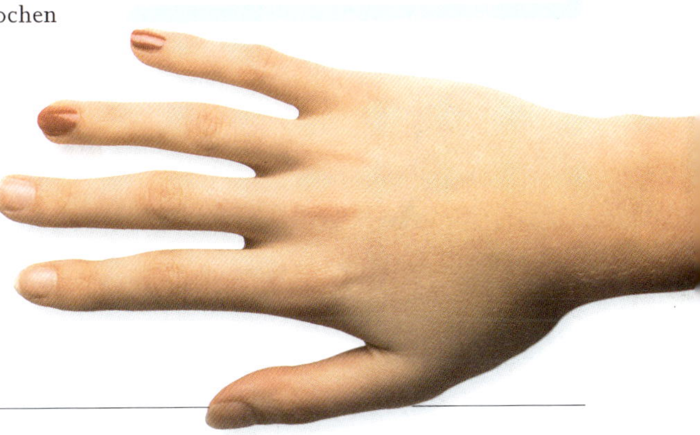

Nagelinfektionen können durch das häufige Tragen von Nagellack oder ungeschützten Umgang mit Reinigungsmitteln entstehen.

Oberschenkelflechte

Auf der Innenseite der Oberschenkel bilden sich entzündete Pickel, die zu einem schuppigen, roten und juckenden Fleck zusammenwachsen. Vor allem Männer sind von dieser Pilzinfektion betroffen, die besonders in heißem Klima auftritt.

Tips zur Ernährung

Knoblauch – auch in Kapselform – stärkt das Immunsystem.

Weitere Schritte

Tragen Sie keine engen Hosen, lassen Sie möglichst viel Luft an die Haut. Kleidung und Handtücher gründlich waschen.

Mit regelmäßigem Knoblauchverzehr – auch in Kapselform – können Sie Ihr Immunsystem stärken und Infektionen vorbeugen.

Anwendungsmethoden

Geben Sie regelmäßig 8–10 Tropfen Teebaum- und Zitronen-Eukalyptus- bzw. Zitronengrasöl als Desinfektionsmittel zum Badewasser.

Gründlich waschen und trocknen, dann Teebaumöl unverdünnt auf die entzündete Hautpartie auftragen.

Tragen Sie zur Vorbeugung eine Salbe bzw. Lotion aus je 3–4 Tropfen Lavendel-, Myrrhen- und Teebaumöl auf 25 ml Calendulacreme oder -(auszug)öl auf.

Aromatherapeutische Öle

Teebaum, Myrrhe, Lavendel, Zitronengras, Pfefferminze, Patschuli, Zitronen-Eukalyptus, Geranie.

Klinische Details

In wissenschaftlichen Untersuchungen wurde die Wirksamkeit von Teebaum- und Zitronengrasöl gegen Dermatomykosen (Hautflechten) nachgewiesen.

Hitzeausschlag

Dieser Ausschlag aus kleinen roten, juckenden Bläschen kann sich auf jedem Körperteil bilden, wenn die Schweißdrüsen aufgrund von Hitze oder Feuchtigkeit blockieren. Eine allergische Reaktion kann auch mit im Spiel sein.

In der Sonne sollte man immer eine schützende Kopfbedeckung tragen!

Tips zur Ernährung

Trinken Sie viel Wasser, um den Körper zu kühlen und einer Austrocknung vorzubeugen. Anfällige Menschen können durch die Einnahme von Paraaminobenzoesäure, einem Mitglied der Vitamin-B-Familie, ihre Widerstandsfähigkeit erhöhen.

Weitere Schritte

Bleiben Sie im Schatten und lassen Sie frische Luft an die betroffene Partie. Tragen Sie in der Sonne leichte Baumwollkleidung und einen Hut. *Vgl.* Ekzeme.

Klinische Details

Klinische Studien beweisen, daß Rosenöl und -wasser Hitzeausschläge erfolgreich lindern.

Anwendungsmethoden

Mischen Sie je 2 Tropfen Rosen- (oder Teebaum-), Kamillen- und Lavendelöl mit 25 ml Rosenwasser. Gut schütteln und die betroffenen Partien mit einem Wattebausch betupfen.

Mischen Sie 4–5 Tropfen Lavendelöl mit einer Handvoll Backpulver und geben Sie die Mixtur in das lauwarme Badewasser. Mindestens 10 Minuten einwirken lassen.

Aromatherapeutische Öle

Lavendel, Kamille (Römische und Echte), Teebaum, Rose.

Grindflechte

Winzige rote Pickel entwickeln sich zu entzündeten Flecken oder Eiterbläschen, die sich mit einer Kruste überziehen. Meist sind Gesicht, Kopfhaut und Hals, manchmal auch Hände und Knie betroffen. Diese ansteckende Hautkrankheit, die meist Kinder befällt, kann sich aus einem infizierten Kratzer oder Insektenstich entwickeln. Ein Arztbesuch ist anzuraten.

Tips zur Ernährung

Mit reichlich Knoblauch – auch in Kapselform – stärken Sie Ihr Immunsystem und beugen Infektionen vor.

Weitere Schritte

Sorgfältige Hygiene ist nötig, um die Ausbreitung der Infektion zu verhindern. *Vgl.* Haarausfall, Abszesse/Furunkel.

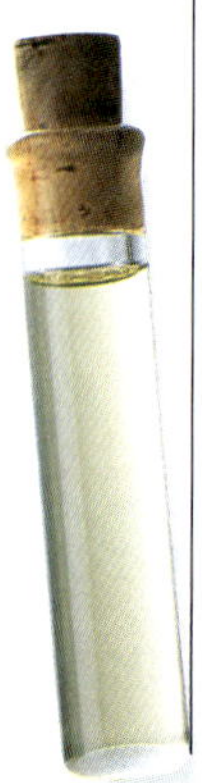

Aromatherapeutische Öle

Teebaum, Lavendel, Myrrhe, Patschuli, Kamille (Römische und Echte), Benzoe.

Klinische Details

Wissenschaftliche Studien zeigen, daß Teebaumöl erfolgreich zur Behandlung der Infektion an sich, aber auch der damit verbundenen Hautreizung, eingesetzt werden kann.

Teebaum- und Lavendelöl sind starke antiseptische Heilmittel gegen viele Hauterkrankungen – und dabei trotzdem mild.

Anwendungsmethoden

Tupfen Sie in Absprache mit einem Arzt/Heilpraktiker unverdünntes Teebaumöl auf die betroffenen Stellen. Zweimal täglich wiederholen.

Bei offenen Bläschen reinigen Sie in Absprache mit einem Arzt/Heilpraktiker die Umgebung mit destilliertem Wasser, dem etwas Teebaumöl hinzugefügt wurde, und bedecken sie mit einer Mullkompresse oder einer Auflage, die in einer Lösung aus 25 ml Lavendelwasser und 5–6 Tropfen Teebaumöl eingelegt war. Befestigen Sie die Auflage an den Rändern mit Heftpflaster und lassen Sie sie für eine Stunde einwirken. Dann soll frische Luft an die Hautpartie. Sooft wie nötig wiederholen.

Geben Sie 5–10 Tropfen Lavendel- oder Teebaumöl und eine Tasse Apfelessig zur allgemeinen Desinfektion in das Bade- bzw. Waschwasser.

Unterschenkelgeschwür

Bei Unterschenkelgeschwüren wirkt die Haut papierartig dünn, was auf mangelnder Durchblutung beruht. Vor allem an Unterschenkeln und Füßen entwickeln sich schnell offene – häufig schmerzlose – Geschwüre. Bei älteren Menschen führen Krampfadern oft zu Unterschenkelgeschwüren, was durch Durchblutungsstörungen noch verschlimmert wird. Manchmal kann bloßes Kratzen die Haut so verletzen, daß sie aufreißt und nur langsam heilt.

»Tropische« Geschwüre, die ebenfalls mit papierartig dünner Haut einsetzen, treten vor allem in feuchtheißem Klima auf. Eine schmerzfreie wunde Stelle bildet sich an Beinen oder Füßen, was auf eine Infektion oder schlechte Ernährung zurückzuführen sein kann.

Tips zur Ernährung

Essen Sie frische, ballaststoffreiche Lebensmittel mit den Vitaminen E, C, D und A. Schränken Sie sich bei Milchprodukten ein und meiden Sie Kaffee, Tee und Alkohol. Nehmen Sie zusätzlich Zink- und Multivitamintabletten.

Weitere Schritte

Ein Arztbesuch ist anzuraten. Lagern Sie das betroffene Bein hoch. Bettruhe ist angebracht. Baden Sie nicht zu heiß. Sobald Sie einigermaßen wiederhergestellt sind, sollten Sie sich zur Vorbeugung ausreichend bewegen. *Vgl. auch* Niedriger Blutdruck, Krampfadern.

AROMATHERAPEUTISCHE ÖLE

Teebaum, Lavendel, Echte Kamille, Myrrhe, Bergamotte, Geranie, Schafgarbe.

ANWENDUNGSMETHODEN

Baden Sie ein offenes Geschwür mit einer warmen Lösung aus Lavendel-, Bergamott- und/oder Teebaumöl, der Sie einige Tropfen destilliertes/abgekochtes Wasser zugeben.

Geben Sie reines Lavendel- oder Teebaumöl auf die Wunde. Bei dünner Haut sprühen Sie destilliertes Wasser auf (z. B. mit sauberem Zerstäuber), dem pro 25 ml je 3–4 Tropfen Bergamott-, Teebaum- und Lavendelöl beigemischt wurden. Gut schütteln, stündlich wiederholen. Die wunde Stelle muß viel Luft bekommen.

Bedecken Sie das Geschwür nur ausnahmsweise (z. B. zum Schlafen) mit einer lockeren Auflage.

Zwecks besserer Durchblutung und zur Vorbeugung massieren Sie die Füße regelmäßig mit einer Mischung aus je 3–4 Tropfen Rosmarin-, Zypressen- und Geranienöl auf 25 ml Basisöl, z. B. Karotte oder Süße Mandel.

Sobald Besserung eintritt, tragen Sie in Absprache mit einem Arzt einmal täglich folgende Salbe auf, wobei Sie sanft nach oben streichen: 25 ml Calendulacreme oder -öl mit je 3–4 Tropfen Lavendel- (oder Bergamott-), Teebaum- und Myrrhenöl.

KLINISCHE DETAILS

Gattefossé und Valnet behandelten hartnäckige Unterschenkelgeschwüre erfolgreich mit Lavendel.

Klinische Untersuchungen zeigen die Wirksamkeit von Lavendel- und Teebaumöl. Letzteres half auch bei schweren, stark vereiterten Unterschenkelgeschwüren, die auf andere Behandlungsmethoden nicht angesprochen hatten.

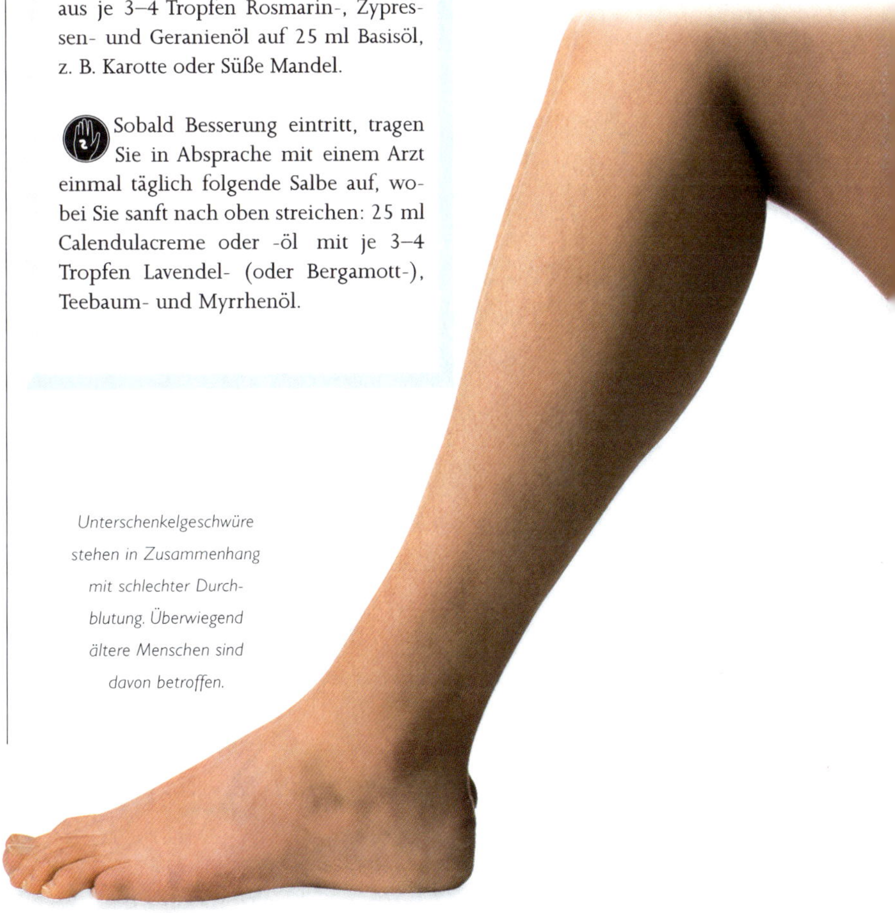

Unterschenkelgeschwüre stehen in Zusammenhang mit schlechter Durchblutung. Überwiegend ältere Menschen sind davon betroffen.

Schuppenflechte

SCHUPPENFLECHTE IST eine nicht ansteckende Hautkrankheit, deren Intensität erheblich variieren kann. Zu den Symptomen zählen chronisches Abschuppen, Flecken, ringförmige Hautrisse und gerötete Entzündungsherde. Als Ursache nimmt man überdurchschnittliche Produktion und Vergrößerung von Hautzellen an. Allergien, Umweltfaktoren und Streß erhöhen die Anfälligkeit für Schuppenflechte.

Tips zur Ernährung

Testen Sie, auf welche Lebensmittel Sie allergisch sind. Nehmen Sie täglich sechsmal 500 mg Nachtkerzenöl ein.

Weitere Schritte

Sonne und Meerwasser schaffen oft Linderung. Es müssen eventuell verschiedene Therapieansätze ausprobiert werden. Besonders zu empfehlen sind Psychotherapie sowie Ernährungs- und Allergieberatung. *Vgl. auch* Haarausfall, Streß.

Das Öl der Avocado tut der Haut gut.

AROMATHERAPEUTISCHE ÖLE

Teebaum, Kajeput, Myrrhe, Lavendel, Virginia-Zeder, Angelika.

KLINISCHE DETAILS

Bei klinisch durchgeführten Therapien hat Nachtkerzenöl in 60 % aller Fälle geholfen.

ANWENDUNGSMETHODEN

Stellen Sie eine Lotion aus 25 ml Avocadoöl und 25 ml Borretschsamen- bzw. Nachtkerzen- und etwas Weizenkeimöl her, denen Sie 15 Tropfen Teebaum- und jeweils 5 Tropfen Kajeput- und Myrrhenöl hinzugeben. Mindestens zweimal täglich auftragen.

Mischen Sie 25 ml Apfelessig und 75 ml Lavendelwasser mit jeweils 10 Tropfen Lavendel-, Kajeput- und Teebaumöl. Schütteln und mehrmals wöchentlich in die Kopfhaut einmassieren.

Geben Sie stets eine Handvoll Totes-Meer-Salz und einige Tropfen der obengenannten Öle ins Badewasser.

Scherpilzflechte

SCHERPILZFLECHTE BEFÄLLT meist die Kopfhaut und führt zu Abschuppungen und Jucken (Trichophytie) sowie bisweilen zu kahlen Stellen. Die charakteristische ringförmige Abschuppung findet sich aber auch auf Ellbogen und Knien. Auslöser sind Pilze, die Krankheit kann durch Haustiere oder Tiere auf dem Bauernhof übertragen werden.

Tips zur Ernährung

Knoblauch stärkt Ihr Immunsystem und bekämpft die Infektion.

Weitere Schritte

Tragen Sie keine synthetischen Stoffe. Die betroffenen Stellen sollen viel frische Luft und Sonne bekommen. Große Sauberkeit verhindert neuerliche Infektion. Kämme, Handtücher, Kleidung und Bettwäsche sollten desinfiziert werden, indem man einige Tropfen Teebaumöl in die Waschmaschine gibt.

AROMATHERAPEUTISCHE ÖLE

Teebaum, Zitronengras, Lavendel, Myrrhe, Pfefferminze, Zitronen-Eukalyptus, Patschuli.

KLINISCHE DETAILS

Klinisch nachgewiesen wurde die Wirksamkeit folgender Öle: Teebaum, Zitronengras, Zitronen-Eukalyptus und Grapefruit.

Schafe können Scherpilzflechte übertragen.

ANWENDUNGSMETHODEN

Drei- bis viermal täglich unverdünntes Teebaumöl auf die betroffenen Stellen auftragen.

Tritt die Scherpilzflechte auf der Kopfhaut auf, tragen Sie Teebaumöl unverdünnt auf und waschen Sie die Haare täglich mit Teebaumölshampoo.

Geben Sie regelmäßig 8–10 Tropfen Teebaumöl (oder eines der anderen empfohlenen Öle) als mildes Desinfektionsmittel zum Badewasser.

Sobald Besserung eintritt, tragen Sie morgens und abends eine nährende Heilsalbe oder Ölmischung aus je 3–4 Tropfen Teebaum-, Lavendel- und Myrrhenöl auf 25 mg Calendulacreme oder -auszugöl auf.

Krätze

MEIST BEFALLEN DIE kleinen, geröteten, juckenden Pusteln, die sich entzünden können, Leistengegend, Penis, Brustwarzen und die Haut zwischen den Fingern. Diese höchst ansteckende Hautkrankheit wird durch Krätzmilben verursacht, enger Kontakt zwischen den Personen spielt dabei keine Rolle. Die weiblichen Milben legen ihre Eier unter die Haut. Sobald die geschlüpften Jungtiere ihre Gänge nach außen graben, führt das zu erheblichem Juckreiz.

TIPS ZUR ERNÄHRUNG

Knoblauch stärkt Ihr Immunsystem und bekämpft Infektionen.

WEITERE SCHRITTE

Ein Besuch beim Arzt/Heilpraktiker ist anzuraten. Waschen Sie Bettwäsche und Kleidung häufig unter Zugabe von Teebaumöl. Reiben Sie die Matratze mit einer 10%igen Alkohollösung ab.

AROMATHERAPEUTISCHE ÖLE

Teebaum, Lavendel, Bergamotte, Pfefferminze, Gewürznelke, Rosmarin, Zitronen-Eukalyptus, Blaugummi-Eukalyptus, Kiefer, Thymian, Zitronengras, Zimtblatt, Zitrone.

Krätzmilben legen Eier unter die Haut. Die geschlüpften Schmarotzer graben einen Weg nach außen, was zu unerträglichem Juckreiz und Blasenbildung führt.

ANWENDUNGSMETHODEN

Geben Sie 8–10 Tropfen Lavendel- oder Teebaumöl als Desinfektionsmittel zum Bade- oder Waschwasser.

Nachdem Sie die Haut vorsichtig gewaschen haben, behandeln Sie die betroffenen Partien zwei- bis dreimal täglich mit einer Lotion aus 50 ml Glyzerin und je 5 Tropfen Teebaum-, Lavendel-, Zitronen-Eukalyptus-, Pfefferminz- und Gewürznelkenöl.

KLINISCHE DETAILS

Dr. Valnet beschrieb »Helmerichs Salbe« als besonders wirksam. Sie besteht aus den ätherischen Ölen von Tragantgummi, Zitrone, Pfefferminze, Lavendel, Gewürznelke und Zimt.

Frostbeulen

KLEINE, SCHMERZHAFTE oder juckende, blaurote Schwellungen, meist an Zehen, Fingerspitzen, Nase oder Ohren, die schlimmstenfalls Geschwüre bilden. Frostbeulen entstehen bei extremer Kälte oder unzureichender Durchblutung. Reiben verschlimmert den Zustand!

TIPS ZUR ERNÄHRUNG

Da Vitamin- und Mineralmangel dieser Erkrankung Vorschub leisten, empfiehlt es sich, täglich Multivitamin- und Mineralpräparate in ausgewogener Kombination einzunehmen. Rutin, ein B-Vitamin, wurde erfolgreich in die Therapie von durchblutungsbedingten Beschwerden einbezogen.

WEITERE SCHRITTE

Warme Kleidung und ausreichend Bewegung sind wichtig zur Vorbeugung. *Vgl. auch* Niedriger Blutdruck.

AROMATHERAPEUTISCHE ÖLE

Schwarzer Pfeffer, Teebaum, Zitrone, Lavendel, Rosmarin, Geranie, Ingwer, Kiefer.

KLINISCHE DETAILS

Als Salbe auf die Frostbeulen aufgetragen, entwickeln Paprika und Cayennepfeffer ihre besonderen therapeutischen Qualitäten. Ähnliches gilt für das ätherische Öl von Schwarzem Pfeffer.

Schlechte Durchblutung kann zu Frostbeulen führen. Ingwerprodukte – z. B. Kekse (s. Bild) – oder Massagen mit Ingweröl regen den Kreislauf an.

ANWENDUNGSMETHODEN

Geschlossene Frostbeulen reiben Sie vorsichtig mit einer Lotion aus 2–3 Tropfen Schwarzes-Pfeffer-Öl auf 5 ml Calendula- oder Arnikacreme ein.

Bei Frostbeulen an den Zehen nehmen Sie ein warmes Fußbad mit einigen Tropfen eines empfohlenen Öls. Die Füße mindestens einmal täglich 10 Minuten darin baden.

Massagen mit folgendem Ölkonzentrat regen die Durchblutung an: je 10 Tropfen Rosmarin- und Kiefernöl, je 5 Tropfen Schwarzes-Pfeffer- und Ingweröl auf 50 ml Süßes-Mandel-Öl. Zur Haltbarmachung fügen Sie etwas Weizenkeimöl hinzu. Die örtliche Blutzufuhr kann durch Fußmassagen mit obiger Mischung ebenfalls verbessert werden.

Herpes

DIESE SCHMERZHAFTEN Bläschen bilden sich meist im Gesicht oder auf den Lippen, können aber auch auf andere Körperteile oder Personen übergreifen. Verursacher ist das *Herpes-simplex*-Virus, das im Körper schlummern kann und ausbricht, wenn die Abwehrkräfte schwinden. Manche Menschen sind besonders bei erhöhter Anspannung und Krankheit oder sehr heißem bzw. kaltwindigem Wetter gefährdet.

Tips zur Ernährung

Ergänzen Sie Ihre Nahrung mit den Vitaminen C und B. Allergien können auch eine Rolle spielen. Versuchen Sie, eventuelle Verursacher ausfindig zu machen.

Weitere Schritte

Strenge Hygiene verhindert die Ansteckung anderer Körperteile oder Personen. *Vgl. auch* Streß.

Aromatherapeutische Öle

Teebaum, Melisse, Lavendel, Bergamotte, Myrrhe, Geranie, Zitronen-Eukalyptus, Kamille (Römische und Echte).

ANWENDUNGSMETHODEN

Um ihre Ausbreitung möglichst zu verhindern, betupfen Sie die Bläschen gleich bei der ersten Andeutung wiederholt mit unverdünntem Teebaumöl.

Geben Sie 3 Tropfen Teebaumöl (oder eine Mischung aus Lavendel-, Melissen- und Teebaumöl) auf 5 ml Alkohol oder Apfelessig. Diese Lotion kann anstelle von unverdünntem Teebaumöl verwendet werden, doch nur solange die Bläschen noch zu sind.

Wenn eine Besserung eintritt, können Sie je 3–4 Tropfen Teebaum-, Bergamott- und Lavendel- bzw. Myrrhenöl, gemischt mit 25 ml Johanniskraut- oder Calendula(auszug)creme oder -öl, auftragen.

Unter Streß kommt es leicht zu Bläschenausschlag.

Vitamine und andere Präparate zur Nahrungsergänzung stärken die Abwehrkräfte.

Viele Menschen machen die Erfahrung, daß Streß und Überbeanspruchung einen Bläschenausschlag hervorrufen können. Oft geschieht das ausgerechnet vor wichtigen Terminen!

KLINISCHE DETAILS

Klinische Studien haben gezeigt, daß Teebaumöl vor allem im Frühstadium eines Bläschenausschlags sehr wirkungsvoll eingesetzt werden kann.

Deutsche Ärzte verwenden im Rahmen der Aromatherapie Melissenöl zur klinischen Behandlung von Bläschenausschlag.

Myrrhe hilft bei schmerzhaften Bläschen und steigert obendrein das Immunsystem.

Rechtzeitige Behandlung mit Teebaumöl oder einer Mischung aus Ölen in Apfelessig kann die Ausbreitung von Bläschen verhindern.

DIE HAUT
Schönheitspflege

Alternde Haut

MIT DEM ALTER VERLANGSAMT sich die Zellteilung, die dünner gewordene Epidermis verliert an Spannung und Elastizität. Falten, Altersflecken und erweiterte Äderchen entstehen. Der Alterungsprozeß der Haut wird durch Rauchen, unausgewogene Ernährung, zuviel Sonne, Heizungsluft und Streß zusätzlich beschleunigt.

TIPS ZUR ERNÄHRUNG

Zuviel Essen läßt die Haut schnell altern. Ballaststoffreiche, frische Nahrung mit einem Minimum an Zusatzstoffen dagegen fördert ihre Gesundheit. Man sollte täglich genügend trinken, Alkohol, Tee und Kaffee allerdings nur in Maßen. Untersuchungen haben gezeigt, daß Hautalterung großenteils durch Oxydation herbeigeführt wird, ausgelöst durch die sogenannten freien Radikale. Antioxydantien – allen voran die Vitamine A (Betakarotin), C, E sowie Selen können den Körper vor diesen schädlichen Einwirkungen schützen.

WEITERE SCHRITTE

Altern ist unausweichlich, aber ein gesunder Lebensstil mit ausreichend Bewegung und Entspannung können dazu beitragen, die sichtbaren Zeichen des Alterns zu mildern. Trotz unserer jugendorientierten Gesellschaft darf das Alter an sich nicht abgewertet werden. *Vgl. auch* Narbige Haut, Empfindliche Haut/Erweiterte Äderchen.

Frisches Obst und Gemüse halten rundum jung!

AROMATHERAPEUTISCHE ÖLE

Rose, Weihrauch, Sandelholz, Neroli, Geranie, Lavendel, Karottensamen, Elemi, Galbanum, Myrrhe, Palmarosa, Patschuli.

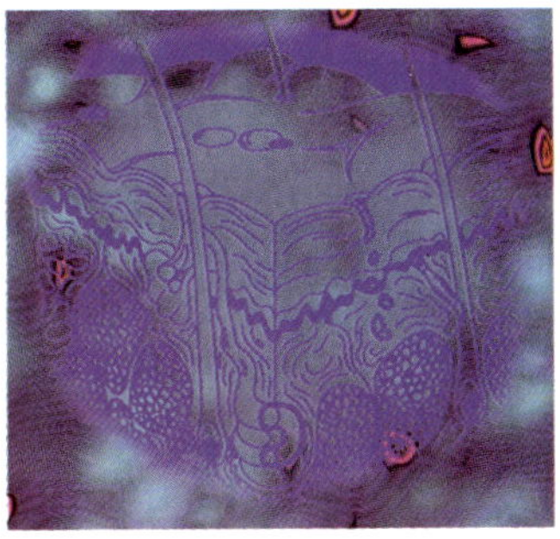

DIE MENSCHLICHE HAUT

VERWEISE

ERWEITERTE ÄDERCHEN siehe **EMPFINDLICHE HAUT/ERWEITERTE ÄDERCHEN,** S. 116

FALTEN siehe **ALTERNDE HAUT,** S. 113

ÖLIGE HAUT siehe **FETTIGE HAUT,** S. 114

RAUHE HAUT siehe **RISSIGE HAUT,** S. 115

KLINISCHE DETAILS

Marguerite Maury hat nachgewiesen, daß ätherische Öle die Erneuerung der Hautzellen anregen und somit die sichtbaren Zeichen des Alterns erfolgreich hinauszögern.

ANWENDUNGSMETHODEN

Verwenden Sie zweimal täglich ein natürliches Reinigungsmittel/Gesichtswasser. Mischen Sie je 7 Tropfen Geranien- und Lavendelöl mit je 3 Tropfen Weihrauch- und Neroliöl (bzw. Petitgrainöl) auf 75 ml Rosenwasser. Fest in einer dunklen Glasflasche verschließen, nach einem Monat durch einen Kaffeefilter seihen, 25 ml Glyzerin dazugeben und gut schütteln.

Von größter Bedeutung ist es, Hals und Gesicht regelmäßig mit einem Öl bzw. einer Creme einzureiben, die das Entstehen neuer Hautzellen anregt. Eine gute Mischung: 25 ml Jojobaöl, Mandel- oder Traubenkernöl (bzw. eine neutrale Cremebasis), 15 ml Weizenkeimöl, 15 ml Hagebuttensamenöl (oder ein anderes, reichhaltiges Öl auf Pflanzenbasis, z. B. Aprikosenkern, Avocado, Haselnuß, Borretsch, Nachtkerze oder Pfirsichkern), 10–15 Tropfen (insgesamt) Lavendel-, Rosen-, Neroli- oder Petitgrain- sowie Weihrauchöl.

Zur Verhinderung und Behandlung von Augenfältchen tupfen Sie sich vor dem Schlafen etwas Weizenkeim- oder Hagebuttensamenöl auf.

Sanfte Gesichtsmassage, die die Augenpartie ausspart, fördert Durchblutung und Muskelspannung. Verwenden Sie eines der empfohlenen Öle in einem leichten Basisöl.

Machen Sie einmal wöchentlich eine Gesichtsmaske: 30 ml Heilerde, 10 ml flüssiger Honig, 5 ml Wasser, 4–5 Tropfen (insgesamt) Karottensamen-, Weihrauch- und Lavendelöl.

Fettige Haut

HORMONELLE UMSTELLUNGEN, die übermäßige Talgproduktion auslösen, führen besonders bei Jugendlichen zu fettiger Haut, die dazu neigt, große Poren, Mitesser und Pickel zu bilden.

TIPS ZUR ERNÄHRUNG

Gesättigte Fettsäuren verschlimmern das Problem. Fettige Haut auf Nase, Stirn und Kinn (Mischhaut) ist auf Mangel an Vitamin B 2 (Riboflavin) zurückzuführen, das sich z. B. in Hefe und Weizenkeimen findet. Empfohlen sind viel frisches Obst und Gemüse, ausreichend Wasser, Säfte und Kräutertees.

WEITERE SCHRITTE

Verwenden Sie eine sanfte, unparfümierte, pH-neutrale Seife. Pflegen Sie Ihre Haut regelmäßig und dem spezifischen Problem angemessen, vermeiden Sie starkes Make-up. Sonne – in Maßen genossen – ist durchaus sinnvoll. *Vgl. auch* Akne.

AROMATHERAPEUTISCHE ÖLE

Teebaum, Bergamotte, Geranie, Lavendel, Rosmarin, Zypresse, Sandelholz, Zitronengras, Muskatellersalbei, Wacholder, Palmarosa, Petitgrain, Kamille (Römische und Echte), Patschuli, Zitronen-Eukalyptus, Zeder.

KLINISCHE DETAILS

Öle gegen übermäßige Talgproduktion: Teebaum, Geranie, Bergamotte, Wacholder, Zeder, Lavendel. Regulierend wirken: Geranie, Lavendel, Palmarosa.

ANWENDUNGSMETHODEN

So stellen Sie eine Reinigungslotion her: 25 ml Hamamelis, 75 ml Lavendelwasser, 15 ml Glyzerin, je 7 Tropfen Lavendel- und Geranienöl, je 3 Tropfen Bergamott- und Sandelholzöl.

Ein feuchtigkeitsspendendes Öl/Creme: je 2–3 Tropfen Lavendel-, Geranien-, Patschuli- oder Palmarosaöl, 15 ml Weizenkeimöl, 25 ml Aprikosenkernöl bzw. eine neutrale Creme. Zweimal täglich sparsam auftragen, Reste nach 15 Minuten entfernen.

Zur Belebung der Haut: 20 ml Apfelessig und 5 Tropfen Lavendelöl auf 60 ml Rosenwasser und 20 ml Hamamelisöl.

Tragen Sie ein- bis zweimal pro Woche eine Maske aus 25 ml feuchter Tonerde mit je zwei Tropfen Teebaum-, Bergamott- und Lavendelöl auf.

Trockene Haut

DIESE HAUT IST FEST und fein strukturiert, gleichzeitig aber auch sehr spröde und anfällig. Sie neigt eher zu Falten, Schuppenflechte und Ekzemen als fettige Haut. In schweren Fällen können Äderchen platzen oder Risse auftreten. Trockene Haut verschlimmert sich besonders bei Heizungsluft und zuviel Sonne.

TIPS ZUR ERNÄHRUNG

Ergänzen Sie Ihre Nahrung mit biotinreicher Bierhefe. Stellen Sie sicher, daß Sie genügend Vitamin A zu sich nehmen, gegebenenfalls in Tablettenform. Verwenden Sie kaltgepreßte Pflanzenöle, vor allem Walnuß-, Borretsch- und Nachtkerzenöl.

WEITERE SCHRITTE

Pflegen Sie die Haut mit Feuchtigkeitspräparaten und schützen Sie sie vor extremer Hitze und Kälte. *Vgl. auch* Alternde Haut, Rissige Haut.

AROMATHERAPEUTISCHE ÖLE

Rose, Sandelholz, Neroli, Lavendel, Kamille, Palmarosa, Rosenholz, Geranie, Benzoe, Myrrhe.

KLINISCHE DETAILS

Salbe aus Rosenöl hilft bei sehr trockener Haut und wurde zur klinischen Behandlung von Haut eingesetzt, die durch Strahlentherapie in Mitleidenschaft gezogen worden war.

ANWENDUNGSMETHODEN

Feuchtigkeitsspender: Mischen Sie je 2–3 Tropfen Rosen-, Geranien- bzw. Palmarosa- und Lavendelöl, 25 ml Aprikosenkernöl mit 15 ml reichhaltigem Öl wie Avocado, Borretsch, Nachtkerze, Weizenkeim, Hagebuttensamen.

Gesichtswasser/Reinigungspräparat: je 7–8 Tropfen Kamillen-, Lavendel- und Sandelholzöl mit 75 ml Rosenwasser in einem dunklen, gut schließenden Behälter aufbewahren; nach einem Monat durch einen Kaffeefilter gießen, 25 ml Glyzerin hinzufügen, gut schütteln. Zweimal täglich anwenden.

Maske: 30 ml Heilerde, 10 ml Honig, 10 ml Stärkemehl, 1 Eigelb, 5 ml Nachtkerzen- bzw. Hagebuttensamenöl und einige Tropfen Rosen-, Lavendel- oder Sandelholzöl. Nach 15 Minuten mit kühlem Wasser abspülen.

Rissige Haut

RISSIGE ODER RAUHE Haut kann an Händen und Füßen, im Gesicht – in der Mundpartie – oder auf anderen Körperteilen auftreten. Die oft schmerzhaften Risse können durch Kälte, Schuppenflechte oder Ekzeme hervorgerufen oder verschlimmert werden. Die Beschwerden können von einem Mangel an Vitamin B (vor allem B 2, B 6 und Biotin) und Fettsäuren kommen.

Tips zur Ernährung

Verwenden Sie kaltgepreßte pflanzliche Öle (vor allem Walnuß und Borretsch) und ergänzen Sie Ihre Kost mit Vitamin-B-reichen Produkten wie Bierhefe, Leber und Weizenkeimen.

Weitere Schritte

Schützen Sie die Haut vor extremer Hitze und Kälte. Behandeln Sie anfällige Partien mit feuchtigkeitsspendenden Ölen wie unraffiniertem Avocadoöl und Weizenkeimöl. *Vgl. auch* Trockene Haut.

Aromatherapeutische Öle

Myrrhe, Patschuli, Lavendel, Echte Kamille, Benzoe, Teebaum, Rose, Sandelholz.

Echte Kamille beruhigt die Haut.

Anwendungsmethoden

Bereiten Sie eine Lotion aus je 3–4 Tropfen Myrrhen-, Echtes-Kamillen- und Patschuli-/Benzoeöl und 25 ml Calendulacreme. Morgens und abends einmassieren.

Für sehr trockene Haut: etwas Rosenöl auf 25 ml Weizenkeim-, Borretsch-, Walnuß-, Avocado- oder Hagebuttensamenöl (bzw. eine Mischung hiervon). Täglich anwenden.

Klinische Details

Echte Kamille wird zur medizinischen Behandlung von rissiger Haut eingesetzt.

Narbige Haut

MANCHE NARBEN sind pigmentiert wie Muttermale, die meisten jedoch hautfarben. Sie entstehen vor allem durch Verbrennungen oder tiefe Wunden. Schwere Windpocken, infizierte Furunkel, Pickel oder Abszesse können ebenfalls bleibende Narben hinterlassen. Verbreitet sind Dehnungsstreifen nach einer Schwangerschaft oder plötzlicher Gewichtsabnahme.

Tips zur Ernährung

Mangel an Folsäure läßt Wunden langsamer und mit einer graubraunen Pigmentierung heilen. Die Vitamine C, E und ungesättigte Fettsäuren fördern den Heilungsprozeß der Haut.

Weitere Schritte

Pflegen Sie die betroffene Haut bzw. Wunden oder Furunkel unverzüglich mit Ölen, die die Wundheilung beschleunigen. *Vgl. auch* Alternde Haut, Windpocken, Schwangerschaft.

Aromatherapeutische Öle

Rose, Weihrauch, Neroli, Lavendel, Elemi, Galbanum, Sandelholz, Palmarosa.

Klinische Details

Pflanzliche Öle mit hohem Vitamin-E-Gehalt (z. B. Borretsch, Weizenkeim) tun vernarbter Haut besonders gut. Rosenöl, in Verbindung mit Hagebuttensamenöl, ist wirksam bei der Behandlung von jeglichen Narben (einschließlich pigmentierter Narben und Malen), Dehnungsstreifen, alten Verletzungen und Operationsnarben.

Anwendungsmethoden

5 ml Hagebuttensamen-, Weizenkeim- oder Borretschöl auf 5 ml hypoallergene Cremebasis und 1 Tropfen Rosen-, Lavendel- oder Neroliöl. Mindestens zweimal täglich auftragen.

Gegen Schwangerschaftsstreifen: Je 15 ml Weizenkeim-, Borretsch- und Hagebuttensamenöl mit 25 ml Jojoba-, Traubenkern- oder Süßes-Mandel-Öl mischen. Maximal 6 Tropfen Rosen-, Neroli-, Weihrauch- oder Lavendelöl (bzw. eine Mischung hiervon) hinzufügen. Massieren Sie mit der Mixtur ab dem vierten Monat zweimal täglich Bauch und Brust ein. Hilft auch gegen existierende Dehnungsstreifen.

Je 1–2 Tropfen Neroli-, Rosen- und Lavendelöl auf 25 ml Jojoba-, Aprikosen- bzw. Pfirsichkernöl oder eine hypoallergene Creme bzw. Lotion geben. Feuchtigkeitsspender täglich auftragen.

Empfindliche Haut/Erweiterte Äderchen

Empfindliche Haut kann jedem Hauttyp angehören. Kosmetika, Parfums und Waschmittel führen leicht zu Reizungen. Von erweiterten Äderchen, die sich als feine rote Linien auf den Wangen zeigen, sind meist Menschen mit hellem, empfindlichem Teint betroffen, sie können aber auch ein Zeichen der Hautalterung sein. Empfindliche Haut ist meist erblich und oft anfällig für Allergien. Erweiterte Äderchen können von Durchblutungsstörungen ausgelöst werden, die die Wände der haarfeinen Blutgefäße krampfaderartig ausdehnen.

Tips zur Ernährung

Empfindliche Haut reagiert oft negativ auf chemische Nahrungsmittelzusätze. Schränken Sie den Konsum von Alkohol, Tee und Kaffee auf ein Minimum ein!

Weitere Schritte

Vermeiden Sie starke Sonne, extreme Hitze und Kälte sowie jegliche Reizstoffe, z. B. Lanolin, Pflegemittel und Parfums auf Alkoholbasis. Verwenden Sie nur milde Essenzen! *Vgl. auch* Alternde Haut, Krampfadern.

Koffein kann die Neigung zu erweiterten Äderchen verstärken.

KLINISCHE DETAILS

Dank seiner adstringierenden und tonisierenden Wirkung ist Rosenöl bei der Behandlung von erweiterten Äderchen sehr wirksam. Allerdings muß man Geduld aufbringen!

Rosen werden traditionell mit Schönheit gleichgesetzt. Rosenöl eignet sich hervorragend zur Pflege empfindlicher Haut.

ANWENDUNGSMETHODEN

Vermeiden Sie aggressive Seifen. Bereiten Sie ein natürliches Reinigungsöl zu: Je 5–6 Tropfen Kamillen- und Lavendelöl sowie 2–3 Tropfen Rosenöl mit 75 ml Rosenwasser mischen. In ein dunkles, gut schließendes Behältnis füllen, nach einem Monat durch einen Kaffeefilter gießen und 25 ml Glyzerin hinzufügen. Gut schütteln. Mit einem Wattebausch morgens und abends vor der Feuchtigkeitscreme auftragen.

Mischen Sie jeweils 2–3 Tropfen Rosen-, Neroli- bzw. Petitgrain- und Lavendelöl mit 25 ml Hamamelisöl und geben Sie 75 ml Orangenblütenwasser dazu. Zweimal täglich auf die Wangen auftragen.

Feuchtigkeitsspender: Insgesamt 5–6 Tropfen Rosen-, Kamillen- oder Lavendelöl auf 25 ml Jojoba-, Aprikosen- oder Pfirsichkernöl bzw. eine antiallergene Creme oder Lotion geben. Bei erweiterten Äderchen: 15 ml Hagebuttensamenöl oder hypoallergene Creme mit 3 Tropfen Rosenöl mischen und zweimal täglich einmassieren.

Bei erweiterten und entzündeten Äderchen: Rosenwasserkompressen auf die Wangen auflegen.

Verwenden Sie keine Masken aus Tonerde, sondern nur Packungen mit Honig – das beruhigt und spendet Feuchtigkeit.

AROMATHERAPEUTISCHE ÖLE

Rose, Kamille, Lavendel, Jasmin, Neroli, Karottensamen, Schafgarbe.

Schwitzen

Die Produktion von Schweiß ist der körpereigene Abkühlungsmechanismus. Bei anstrengender Bewegung und Hitze schwitzt man mehr, bei Streß, Unruhe oder Furcht kann der sprichwörtliche »Angstschweiß« ausbrechen. Schwitzen wird zum Problem, wenn Bakterien an der Hautoberfläche Milchsäure produzieren und so den unangenehmen Schweißgeruch hervorrufen.

Tips zur Ernährung

Trinken Sie viel Wasser, um den Organismus durchzuspülen und zu reinigen. In heißen Regionen sollte man zusätzliche Mineralien einnehmen, um den Verlust durch Schwitzen auszugleichen.

Weitere Schritte

Waschen Sie sich mit keimtötender Teebaumseife. Tragen Sie keine Kleidung aus Kunstfaser. Ihre Schuhe sollten aus Leder oder anderen atmungsaktiven Materialien sein. Meiden Sie Kaffee und Nikotin und treiben Sie Sport.

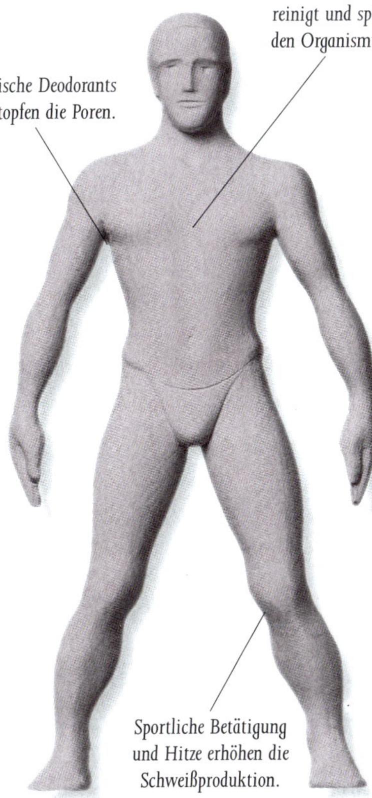

ANWENDUNGSMETHODEN

Abendliches Fußbad: Geben Sie insgesamt 5–6 Tropfen Lavendel-, Teebaum- und Rosmarinöl sowie 15 ml Apfelessig in eine Schüssel warmes Wasser. Badewasserzusatz: 8–10 Tropfen von einem der empfohlenen Öle.

Mischen Sie einige Tropfen Teebaumöl mit etwas Hamamelis und massieren Sie die Mixtur morgens in die Fußsohlen und Achselhöhlen ein.

Bereiten Sie eine Mixtur für ein klassisches Kölnisch Wasser: 5 ml Bergamott-, 2,5 ml Zitronen-, 2,5 ml Lavendel-, 1,5 ml Neroli- oder Petitgrain-, 0,5 ml Rosmarinöl. 150 ml Wodka dazugeben und mindestens einen Monat an einem kühlen und dunklen Platz ziehen lassen.

Rezept für ein kühlendes, erfrischendes Körperöl: Geben Sie 10 Tropfen Bergamott-, 5 Tropfen Zitronen-, 5 Tropfen Lavendel-, 3 Tropfen Neroli- oder Petitgrain- und 1 Tropfen Rosmarinöl auf 50 ml Basisöl, z. B. Süße Mandel oder Traubenkern.

AROMATHERAPEUTISCHE ÖLE

Teebaum, Petitgrain, Zypresse, Rosmarin, Bergamotte, Grapefruit, Myrte, Neroli, Thymian, Zitrone, Orange, Limette, Mandarine, Lavendel.

ACHTUNG
Chemische Deodorants, die das Schwitzen unterbinden sollen, sind grundsätzlich ungesund, da sie die Poren verstopfen. Deos auf Aluminiumbasis können zu Hautreizungen führen.

KÖLNISCH WASSER

KLINISCHE DETAILS

Zu den klassischen Kölnisch-Wasser-/Deodorantölen zählen Bergamotte, Neroli, Lavendel, Rosmarin (bisweilen unter Zusatz von Thymian, Orange, Zitrone, Petitgrain). Diese aromatische »Kölner Mischung« gelangte dank ihrer erfrischenden, kühlenden, desodorierenden und antiseptischen Eigenschaften schnell zu Weltruhm.

Der frische, intensive Duft von Zitronen wird traditionell in Deodorants und anderen erfrischenden Pflegeprodukten verwendet.

Aufgrund seiner erfrischenden und belebenden Eigenschaften wird Rosmarin häufig für Seifen und Kosmetika eingesetzt.

Haare und Kopfhaut

Fettiges Haar

Der Zustand der Haare sagt viel über die Verfassung des Menschen und beeinflußt zudem sein Erscheinungsbild maßgeblich. Fettiges, strähniges Haar sieht nicht nur unschön aus, sondern ist obendrein schwer zu frisieren.

Fettiges Haar beruht wie fettige Haut auf einer Überproduktion der Talgdrüsen. Häufiges Waschen mit aggressiven Shampoos greift den natürlichen Schutzmantel des Haares an und führt zu verstärkter Talgproduktion.

Tips zur Ernährung

Zuviel Fast food wie Kartoffelchips, Gebratenes und insbesondere gesättigte Fettsäuren können die Talgdrüsen auf der Kopfhaut in unerwünschter Weise anregen. Nahrhafte Kost mit vielen Mineralien und Vitaminen (vor allem B, C und F oder essentielle Fettsäuren) fördert gesundes Haar und normalisiert die Tätigkeit der Talgdrüsen.

Weitere Schritte

Benützen Sie ein mildes, pH-neutrales Shampoo, das den Säureschutzmantel des Haares schont, und eine Bürste mit Naturborsten. *Vgl. auch* Schuppen, Haarausfall.

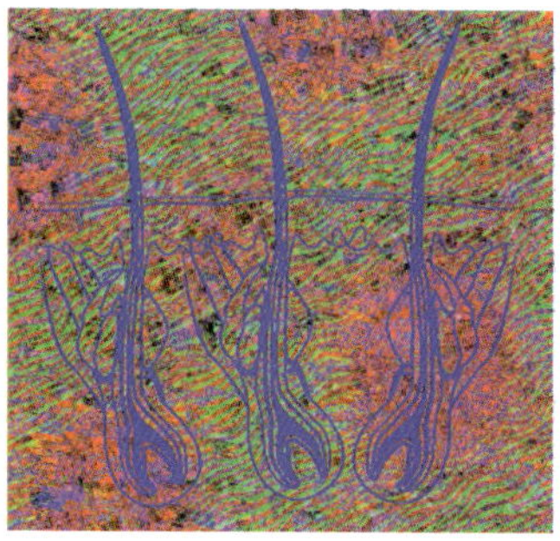

MENSCHLICHES HAAR

Verweise

Alopezie *siehe* **Haarausfall**, S. 119

Beschädigtes Haar *siehe* **Trockenes/Geschädigtes Haar**, S. 120

Pediculosis *siehe* **Kopfläuse**, S. 121

Seborrhöische Dermatitis *siehe* **Schuppen**, S. 120

ANWENDUNGSMETHODEN

Mildes, pH-neutrales Shampoo schont den Säureschutzmantel der Haare. Geben Sie 20–30 Tropfen Rosmarin-, Lorbeer- und Bergamott- oder Sandelholzöl auf 100 ml Shampoo (oder: 2–3 Tropfen auf 5 ml Shampoo). Lassen Sie zwischen zwei Haarwäschen möglichst drei Tage verstreichen.

Fettiges Haar bekommt einmal wöchentlich eine Spülung: 10–12 Tropfen (insgesamt) Rosmarin-, Sandelholz- und Lavendelöl mit 25 ml leicht erwärmtem Jojobaöl (oder Sonnenblumenkernöl) mischen, in die Kopfhaut einmassieren. In warme Handtücher wickeln und eine Stunde einwirken lassen. Beim Auswaschen erst Shampoo ohne Wasser auftragen, da das Haar sonst ölig bleibt.

Mischen Sie 50 ml Lavendelwasser (Rosen- oder Orangenblütenwasser), 50 ml Hamamelisöl, 15 ml Apfelessig und je 3 Tropfen Grapefruit-, Westindisches-Lorbeer- oder Rosmarin- und Lavendelöl. Zwischen den Haarwäschen einmassieren.

Spülen Sie abschließend mit 3 Tropfen Lavendel-, Rosmarin- oder Lorbeeröl auf 15 ml Apfelessig, um den Säurehaushalt der Kopfhaut wiederherzustellen.

AROMATHERAPEUTISCHE ÖLE

Bergamotte, Zeder, Zypresse*, Sandelholz, Zitrone*, Limette*, Grapefruit, Rosmarin, Westindischer Lorbeer, Wacholder*, Lavendel, Mandarine*, Kiefer*, Teebaum, Patschuli, Petitgrain, Muskatellersalbei, Spanischer Salbei, Schafgarbe.*

*Alle mit * markierten Öle sind in Shampoos oder Pflegeprodukten nicht stabil.*

KLINISCHE DETAILS

Handelsübliche Shampoos gegen fettige Haare setzen auf Teebaum- und Westindisches-Lorbeer-Öl, während pharmazeutische Präparate und Einreibmittel Rosmarinöl enthalten. Auch Lavendelöl eignet sich bei fettigem Haar hervorragend als Spülung.

Zu häufiges Haarewaschen regt die Überproduktion der Talgdrüsen an und verschlimmert langfristig den Zustand.

Haarausfall

KRANKHAFTER HAARAUSFALL, Alopezie genannt, betrifft vor allem Männer und Frauen in vorgerücktem Alter. Bei Männern ist Haarausfall meist erblich bedingt, unausgewogene Ernährung, hormonelle Umbrüche und Streß können beteiligt sein. Bei Frauen läßt sich Haarausfall oft auf chemische Haarfarben, Bleichmittel und Dauerwellenpräparate zurückführen. Auch Krankheit, Chemo- und Strahlentherapien können zu Haarverlust führen.

Zu heißes Fönen schädigt die Haare ebenso wie aggressive Behandlungen mit Chemikalien.

ERNÄHRUNGSTIPS

Trinken Sie nur wenig Tee, Kaffee und Alkohol und achten Sie auf ausreichende Zufuhr von Vitaminen und Mineralien, allen voran die Vitamine B, C und essentielle Fettsäuren sowie Inosit, der u. a. in Leber, Weizenkeimen und Hefe enthalten ist. Nehmen Sie zusätzlich Hefe- und Lezithinpräparate.

WEITERE SCHRITTE

Meiden Sie Chemikalien und waschen Sie das Haar nur einmal pro Woche mit einem milden, pH-neutralen Shampoo.

KLINISCHE DETAILS

Bei Haarausfall können ätherische Öle – vor allem in Verbindung mit einer Kopfhautmassage – erfolgreich eingesetzt werden, um die Durchblutung und somit die Haarwurzeln zu stimulieren. Studien haben ergeben, daß insbesondere unverdünntes Lavendelöl Haarausfall verringert und neues Wachstum anregt.

Eine Vielzahl ätherischer Öle hilft bei Haar- und Kopfhautproblemen.

ANWENDUNGSMETHODEN

Eine regelmäßige Kopfhautmassage hilft. Mischen Sie hierzu 45 ml Kokosnuß- und 45 ml Weizenkeimöl mit je 7–8 Tropfen Westindischem-Lorbeer-, Rosmarin- und Lavendelöl.

Fördert den Haarwuchs: Mischen Sie 10–12 Tropfen Rosmarin- oder Lavendelöl mit 25 ml leicht erwärmtem Jojoba-, Rizinusöl oder Nativem Olivenöl Extra. Gut in die Kopfhaut einmassieren, eine Stunde unter warmen Handtüchern wirken lassen. Beim Auswaschen erst Shampoo ohne Wasser einmassieren, damit kein Öl im Haar bleibt.

Mischen Sie 15 ml Apfelessig mit je 3 Tropfen Westindischem-Lorbeer-, Rosmarin- und Lavendelöl und geben Sie 100 ml Lavendel-, Rosen- oder Orangenblütenwasser dazu. Schütteln und in die Kopfhaut einmassieren.

Unverdünntes Lavendelöl in die Kopfhaut einmassieren.

Geben Sie einige Tropfen der obengenannten Öle zu Ihrem Shampoo oder zur abschließenden Spülung.

AROMATHERAPEUTISCHE ÖLE

Westindischer Lorbeer, Rosmarin, Lavendel, Echte Kamille, Muskatellersalbei, Wacholder, Spanischer Salbei, Schafgarbe.

Ein Tip aus der Naturheilkunde: Spülungen mit Brennesselaufguß.

Schuppen

Bei einfachen Schuppen entstehen auf der Kopfhaut Abschilferungen abgestorbener Haut. Bei der schwereren Variante, der seborrhöischen Dermatitis, können sich die fettigen Hautstellen infizieren und zu Entzündungen führen. Diese Dermatitis wird durch überaktive Talgdrüsen erschwert. Chemische Kosmetika, unausgewogene Ernährung und Streß erhöhen das Erkrankungsrisiko.

Tips zur Ernährung

Falsche Kost und Lebensmittelallergien sind, zusammen mit fettigem Haar, die Hauptauslöser. Meist helfen Nachtkerzenölkapseln und Vitamin E gegen Schuppen.

Weitere Schritte

Verwenden Sie eine Bürste mit Naturborsten und bürsten Sie Ihr Haar nicht naß. Bei hartnäckigen Schuppen sollten Sie sich auf Lebensmittelallergien testen lassen.

KLINISCHE DETAILS

Wissenschaftliche Untersuchungen zeigen, daß Zitronengrasöl wirksam gegen Pilz- oder Hefeinfektionen eingesetzt werden kann, die Dermatitis auslösen.

AROMATHERAPEUTISCHE ÖLE

Teebaum, Kamille, Zitronelle, Muskatellersalbei, Lavendel, Zitronengras, Zitronen-Eukalyptus, Rosmarin.

ANWENDUNGSMETHODEN

Mischen Sie 25 Tropfen Teebaumöl mit 50 ml leicht erwärmtem Jojoba- oder Kokosnußöl. Gut in die Kopfhaut einreiben, in warme Handtücher einwickeln und eine Stunde wirken lassen. Mit 5 Tropfen Teebaumöl auf 5 ml mildem Shampoo auswaschen. Shampoo erst ohne Wasser auftragen, um das Öl zu entfernen. Einmal wöchentlich anwenden.

Täglich bzw. regelmäßig 5 Tropfen Teebaumöl auf 5 ml mildes Shampoo geben.

Zwischen den Haarwäschen die Kopfhaut mit einigen Tropfen unverdünntem Teebaumöl massieren.

Geben Sie beim Haarewaschen einige Tropfen eines empfohlenen Öls in die letzte Spülung.

Trockenes/Geschädigtes Haar

Trockenes oder gestresstes Haar neigt dazu, matt, kraus und widerspenstig zu werden. Es wird brüchig, die Enden spleißen leicht. Zu häufige chemische Behandlungen wie Dauerwellen, Bleichen oder Färben, aber auch zu viel Hitze und Sonne können die Auslöser sein.

Tips zur Ernährung

Proteinmangel führt zu brüchigen Haaren und Nägeln, ungenügende Zufuhr an essentiellen Fettsäuren (z. B. in kaltgepreßten Pflanzenölen) läßt Kopfhaut und Haar austrocknen. Abwechslungsreiche Nahrung fördert auch einen gesunden Haarwuchs.

Weitere Schritte

Verwenden Sie eine Bürste mit Naturborsten und ein mildes, pH-neutrales Shampoo, das den natürlichen Säureschutzmantel der Haut schont. *Vgl. auch* Haarausfall, Schuppen.

AROMATHERAPEUTISCHE ÖLE

Sandelholz, Ylang Ylang, Lavendel, Kamille (Echte und Römische), Rose, Geranie, Petitgrain, Neroli, Muskatellersalbei, Spanischer Salbei, Schafgarbe, Rosmarin, Teebaum.

Hinweis: Ylang Ylang ist in Shampoos oder Pflegeprodukten nicht stabil.

Kamille lindert die Beschwerden bei trockener, gereizter oder empfindlicher Kopfhaut.

ANWENDUNGSMETHODEN

Nehmen Sie ein mildes, pH-neutrales Shampoo und geben Sie 20–30 Tropfen (insgesamt) Kamillen-, Lavendel- und Geranienöl auf 100 ml Shampoo (oder 2–3 Tropfen ätherisches Öl auf 5 ml Shampoo).

Mischen Sie je 4 Tropfen Kamillen-, Petitgrain- und Lavendelöl mit 25 ml erwärmtem Jojoba-, Rizinusöl oder Nativem Olivenöl. Gründlich in die Kopfhaut einmassieren, in warme Handtücher einwickeln und eine Stunde wirken lassen. Beim Auswaschen erst Shampoo auftragen, um das Öl zu entfernen. Einmal wöchentlich anwenden.

Letzte Spülung: 3 Tropfen Lavendel-, Petitgrain-, Geranien- oder Kamillenöl und 15 ml Apfelessig in das Spülwasser geben. Das schwemmt Shampooreste aus und normalisiert den Säurehaushalt der Kopfhaut.

KOPFLÄUSE (PEDICULUS CAPITIS)

Läuse legen im Haar ihre winzigen Eier ab und vermehren sich rapide. Ihre Bisse verursachen ein unangenehmes Jucken auf der Kopfhaut.

Kopfläuse

LÄUSE SIND WINZIGE, graue Blutsauger, die im Haar leben. Sie halten sich dicht an der Kopfhaut und sind nur schwer auszumachen, da sie nicht größer als ein Stecknadelkopf sind. Sie wechseln sehr schnell von einem Kopf zum andern. Das erste Zeichen ihrer Anwesenheit ist Kopfhautjucken, das aber erst dann auftritt, wenn die Läuse sich so rasant vermehrt haben, daß sie die gesamte Kopfhaut mit winzigen Bissen übersäen können. Ihre winzigen, grauweißen Eier – Nissen – kleben fest am Haar, meist in Kopfhautnähe, sind kaum zu erkennen und deshalb auch schwer zu entfernen.

ERNÄHRUNGSTIPS

Knoblauch beugt gegen Läuse vor.

WEITERE SCHRITTE

Regelmäßiges Kämmen hält Läusebefall in Grenzen. Sobald ein Familienmitglied befallen ist, sollten alle anderen ihr Haar vorsorglich untersuchen und auskämmen. Bürsten, Kämme, Handtücher und Kopfkissenbezüge müssen gründlich gewaschen und desinfiziert werden, z. B. unter Verwendung einiger Tropfen Teebaumöl im Waschwasser.

KLINISCHE DETAILS

Mehrere ätherische Öle töten zwar die Läuse, nicht aber ihre Eier. Deshalb muß die Behandlung regelmäßig (in dreitägigem Abstand) so lange durchgeführt werden, bis sämtliche Läuse geschlüpft oder entfernt sind. Diese Therapie ist weitaus weniger giftig als handelsübliche Mittel und pflegt obendrein das Haar.

FEIN GEZINKTER »LÄUSEKAMM«

Im Rahmen der Behandlung können Abreibungen mit den empfohlenen Ölen oder ein besonderer Kamm eingesetzt werden, der in Apotheken erhältlich ist.

AROMATHERAPEUTISCHE ÖLE

Blaugummi-Eukalyptus, Lavendel, Teebaum, Zimtblatt, Rosmarin, Geranie, Gewürznelke, Thymian.

ANWENDUNGSMETHODEN

Um eine drohende Ansteckung zu vermeiden, wenden Sie täglich Teebaum- oder Lavendelshampoo an. Geben Sie 1–3 % Lavendel- oder Teebaumöl in ein mildes, pH-neutrales Shampoo (20–60 Tropfen auf 100 ml Shampoo oder 2–3 Tropfen auf 5 ml Shampoo). 10 Minuten einwirken lassen. Geben Sie etwas Lavendelöl ins letzte Spülwasser.

Um Läuse und Nissen zu bekämpfen, reiben Sie die Kopfhaut mit einer Mischung aus 5 ml Lavendel- und Teebaumöl auf 25 ml Wodka und 75 ml Wasser ein. Mindestens eine Stunde (am besten über Nacht) einwirken lassen, auswaschen. Die Haare mit einem Läusekamm durchkämmen. Alle drei Tage nach Ausbruch der Ansteckung anwenden, bis sich der Zustand gebessert hat.

Bei stark gereizter oder empfindlicher Kopfhaut: statt Alkohol und Wasser obige Mixtur mit einem Pflanzenöl anrühren.

ROSMARINÖL

Knochen, Muskeln und Gelenke

Rheuma

Rheumatische Erkrankungen umfassen Bindgewebserkrankungen sowie Entzündungen an Gelenken und Wirbelsäule. Meistens entwickelt sich Rheuma ganz allmählich, wobei der eigentliche Auslöser schwer auszumachen ist. Fast immer spielt jedoch lang anhaltende Reibung eine Rolle, entweder rein physikalischer oder aber subtil psychologischer Natur. Ein leichter, konstant zunehmender Muskelschmerz kann in Zusammenhang mit Streß, Umweltfaktoren (Hitze oder Kälte) oder einer Umstellung der Ernährung plötzlich akut werden.

Tips zur Ernährung

Da Rheuma – wie Arthritis – durch eine Ansammlung von Körpergiften erschwert wird, sollte die Kost entsprechend angepaßt werden. *Vgl.* Arthritis.

Weitere Schritte

Im Rahmen der Diagnose muß man den gesamten Lebensstil kritisch unter die Lupe nehmen, da die Behandlung den Menschen als Ganzes umfassen soll. *Vgl. auch* Muskelschmerzen.

Fenchel kann rheumatische Beschwerden und Schmerzen lindern. Das gilt sowohl für das Gemüse an sich als auch das daraus gewonnene ätherische Öl, das man zum Einreiben mit einem Basisöl vermengt.

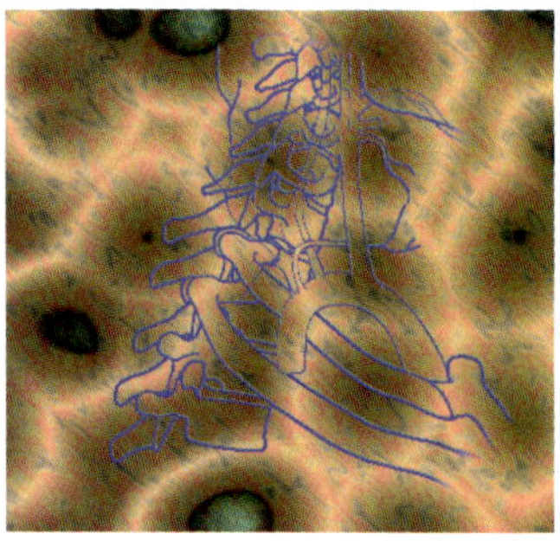

KNOCHENGEWEBE

Verweise

Chronische Polyarthritis *siehe* **Arthritis**, S. 125

»Dienstmädchenknie« *siehe* **Schleimbeutelentzündung**, S. 127

Gicht *siehe* **Arthritis**, S. 125

Muskelkrampf *siehe* **Krämpfe**, S. 126

Osteoarthritis *siehe* **Arthritis**, S. 125

Schmerzen *siehe* **Muskelschmerzen**, S. 124

Sportverletzungen *siehe* **Verstauchungen/Zerrungen**, S. 123

Tennisarm *siehe* **Schleimbeutelentzündung**, S. 127

Klinische Details

In der Naturheilkunde gelten die Öle von Speiklavendel und Wacholder als wirksame Arzneien gegen Rheumaschmerzen.

ANWENDUNGSMETHODEN

Massage lindert Rheumaschmerzen, da sie die Durchblutung fördert und Körpergifte ausschwemmt. Für ein Massagekonzentrat mischen Sie je 3–4 Tropfen Lavendel-, Wacholder-, Rosmarin- und Schwarzes-Pfeffer- bzw. Ingweröl mit 25 ml Johanniskrautöl. Zweimal täglich einmassieren.

Geben Sie 8–10 Tropfen eines empfohlenen Öls zum Badewasser, um Schmerzen zu lindern und die Beweglichkeit zu steigern.

Wechseln Sie heiße und kalte Kompressen ab, wobei einige Tropfen Lavendel- oder Kamillenöl Schmerzen und Schwellungen lindern können. Die Kompressen je 10 Minuten einwirken lassen.

AROMATHERAPEUTISCHE ÖLE

Zur Entgiftung: Fenchel, Wacholder, Karottensamen, Selleriesamen, Zitrone, Teebaum, Angelika, Grapefruit.
Gegen Entzündung: Kamille, Lavendel, Schafgarbe.
Schmerzstillende Mittel, um die Beweglichkeit zu fördern: Kiefer, Speiklavendel, Majoran, Rosmarin, Ingwer, Schwarzer Pfeffer, Blaugummi-Eukalyptus, Kardamom, Pfefferminze, Gewürznelke.

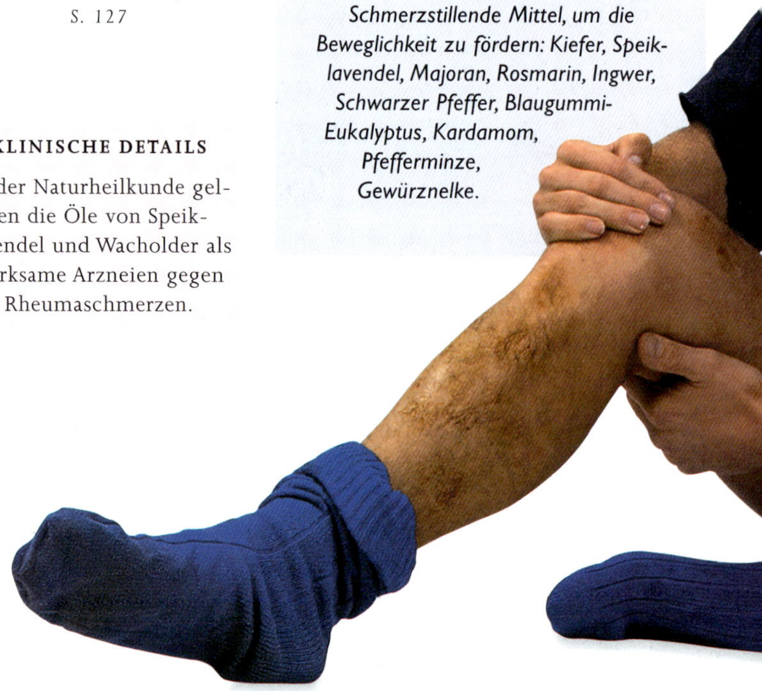

Zedernholz enthält einen hohen Anteil an ätherischem Öl und ist deshalb sehr aromatisch.

Verstauchungen/ Zerrungen

Bei einer Verstauchung schmerzt das Gelenk und seine Umgebung. Bewegung verschlimmert den Zustand, es kommt zu Schwellungen und Blutergüssen. Typisch für eine Zerrung ist ein plötzlicher, stechender Schmerz, der mit Schwellung und Krämpfen einhergehen kann. Bei einer Verstauchung werden die Bänder und das benachbarte Gewebe gezerrt und können sogar reißen. Eine Zerrung stellt sich ein, wenn ein Muskel oder eine Muskelgruppe bei einer plötzlichen Bewegung überlastet wird.

Ernährungstips

Ausreichend Vitamin C beschleunigt die Heilung von Gewebe und Knochen.

Weitere Schritte

Die betroffene Partie ruhigstellen und hochlagern.

KLINISCHE DETAILS

Eine klassische Arznei gegen langsam heilende Verstauchungen wurde aus einer Mischung aus Speiklavendel und Terpentin (Kiefernöl) hergestellt.

Verstauchungen und Zerrungen zählen zu den häufigsten Sportverletzungen. Durch gründliches Aufwärmen kann man sie vermeiden – doch sind sie erst einmal aufgetreten, kann Aromatherapie die Heilung beschleunigen.

ANWENDUNGSMETHODEN

Legen Sie eine kalte Kompresse (Eis) auf, der Sie etwas Kamillenöl zugegeben haben. Häufig wiederholen, um die Schwellung zu lindern; nicht massieren. Mit einer Bandage umwickeln, die mit Hamamelis befeuchtet wurde, und möglichst ruhigstellen.

Bei Rückgang der Schwellung folgende Creme bzw. Öl sanft auftragen: je 3–4 Tropfen Kiefern-, Lavendel- und Rosmarinöl auf 25 ml Calendulacreme oder -öl. Oder verwenden Sie ein Einreibmittel, dem Sie einige Tropfen der obigen Öle beigemischt haben.

Tragen Sie Arnikasalbe auf Blutergüsse auf – allerdings nicht bei verletzter Haut!

Um die Heilung zu beschleunigen, baden Sie in warmem Wasser mit 8–10 Tropfen der empfohlenen Öle und 45 ml Meersalz.

AROMATHERAPEUTISCHE ÖLE

Speiklavendel, Lavendel, Kamille, Kiefer, Rosmarin, Blaugummi-Eukalyptus, Thymian, Majoran.

ACHTUNG
Schwere Verstauchungen und Zerrungen sind nur schwer von Brüchen zu unterscheiden. Suchen Sie im Zweifelsfall sofort einen Arzt auf!

Muskelschmerzen

MUSKELSCHMERZEN KÖNNEN jeden Körperteil befallen. Oft verhärten schmerzhafte Verspannungen die Muskulatur im Schulter- und Nackenbereich. Auch Überanstrengung, schlechte Haltung, Feuchtigkeit und Kälte, Verletzungen, Streß und Anspannung können Muskelschmerzen auslösen. Sie treten aber auch bei Rheuma, Arthritis, Hexenschuß oder Bandscheibenvorfall auf.

Tips zur Ernährung

Muskelschmerzen können auf Biotinmangel hindeuten (z. B. bei Einnahme von Antibiotika). Die beste natürliche Quelle für Biotin ist Hefe. Auch Mangel an Vitamin E kann zu Degenerationserscheinungen am Muskel führen, die mit Steifheit und Schmerzen einhergehen. Nehmen Sie zusätzlich Nachtkerzen- oder Borretschöl.

Weitere Schritte

Treiben Sie behutsam Sport (Schwimmen, Yoga), vermeiden Sie Überanstrengung. Durch Alexander-Technik können Sie schlechte Haltung verbessern. Bei Bandscheibenvorfall oder strukturellen Problemen ist eine Osteopathie-Beratung bzw. ein Arztbesuch ratsam.

ANWENDUNGSMETHODEN

Muskelschmerzen sprechen gut auf Massagen an. Mischen Sie je 7–10 Tropfen Lavendel-, Majoran- und Rosmarinöl mit 50 ml Trägeröl und massieren Sie die Mixtur in die betroffene Muskelpartie ein – am besten nach einer warmen Dusche oder einem Bad.

Heißes Baden entspannt die Muskeln und lindert die Schmerzen umgehend. Geben Sie 8–10 Tropfen eines der empfohlenen Öle in das Wasser, um die Heilwirkung des Bades noch zu steigern.

Zur Vorbeugung und Kräftigung der Muskeln vor der sportlichen Betätigung mischen Sie folgendes Massageöl: je 10 Tropfen Rosmarin- und Kiefernöl mit je 5 Tropfen Grapefruit- und Schwarzes-Pfeffer-Öl auf 50 ml eines pflanzlichen Trägeröls. Sanft auf dem gesamten Körper verteilen, vor allem auf den Muskeln, die die meiste Belastung erwartet.

AROMATHERAPEUTISCHE ÖLE

Majoran, Rosmarin, Schwarzer Pfeffer, Kamille, Lavendel, Ingwer, Kiefer, Wacholder, Bergamotte, Grapefruit.

Im Rahmen eines allgemeinen Fitneßprogramms können behutsame Übungen helfen, Muskelschmerzen zu verhindern. Plötzliche Anstrengungen dagegen rufen sehr oft Beschwerden hervor.

Ingwer findet häufig Verwendung in Ölen zur Sportmassage, da es die Muskulatur erwärmt.

KLINISCHE DETAILS

In Sportlerkreisen ist bestens bekannt, daß eine Kombination von Massage und ätherischen Ölen nicht nur bei Muskelschmerzen, sondern auch zur Vorbeugung außerordentlich effektiv ist. Rosmarin ist besonders hilfreich bei müder, steifer und überbeanspruchter Muskulatur.

ROSMARIN

Rosmarin wird häufig gegen Muskelschmerzen eingesetzt.

Arthritis

Die unterschiedlichen Formen der Arthritis gehen mit Gelenkschmerzen und steigender Immobilität einher. Die häufigsten Arten sind chronische Polyarthritis, Osteoarthritis und Gicht. Bei ersterer, die alle Altersgruppen betreffen kann, schwillt das Gewebe um die Gelenke (meist Armgelenke und Fingerknochen) an, die Haut spannt, das Gelenk selbst wird allmählich steif und kann sich verformen. Bei der Osteoarthritis, unter der vor allem ältere Menschen leiden, kommt es zu zunehmend starken Schmerzen und Gelenkversteifung, besonders in Hüften, Knien und Fingern. Gicht, gekennzeichnet durch starke Schmerzen und geschwollene, brennende Gelenke, befällt meist Zehen, manchmal auch Finger. Die Ursachen bei allen Formen von Arthritis sind vielschichtig. Das – auch erblich bedingte – Erkrankungsrisiko steigt bei emotionalen Konflikten, Bewegungsmangel (bzw. zuviel Bewegung), bei Osteoarthritis, unausgewogener Ernährung und Nahrungsmittelallergien.

Tips zur Ernährung

Zunächst muß die Kost auf die Ausscheidung der Gifte abgestimmt sein: viel Wasser, Salate, Obst, Hülsenfrüchte, weißes Fleisch und Fisch. Meiden Sie rotes Fleisch, Tee, Kaffee, Alkohol, Essig, Gewürze, raffiniertes Mehl, Zucker, Konservierungsstoffe. Die Vitamine A, C, D und E sind für gesunde Knochen und Muskeln wichtig. Nehmen Sie täglich 15 ml Lebertran und Nachtkerzenöl ein.

Weitere Schritte

Betreiben Sie behutsam Sport, vor allem Yoga. Überprüfen Sie Ihre Lebensumstände: Arthritis wird oft durch emotionale Befindlichkeiten beeinflußt. Alle erschwerenden Bedingungen wie Streß, Kälte oder falsche Ernährung müssen ausfindig gemacht und abgestellt werden. Lassen Sie sich auf Lebensmittelallergien untersuchen.

KLINISCHE DETAILS

Fallstudien beweisen, daß die Aromatherapie bei der Behandlung von Gicht zu den erfolgreichsten Methoden gehört, da sie nicht nur Körpergifte abbaut, sondern zugleich auch Schmerzen und Steifheit lindert.

Zur Massage empfehlen sich Karotten- oder Karottensamenöl.

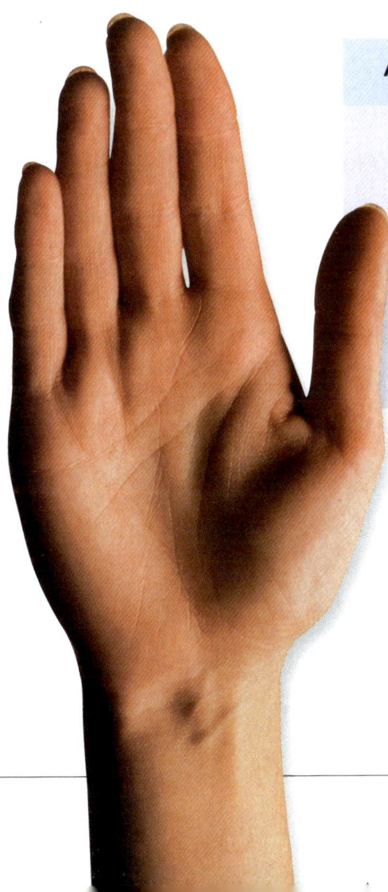

ANWENDUNGSMETHODEN

Zur einleitenden Entgiftung bei allen Arten von Arthritis geben Sie je 3 Tropfen Fenchel-, Karotten- oder Selleriesamen- und Wacholderöl (bzw. bis zu 10 Tropfen der zur Entgiftung empfohlenen Öle) ins Badewasser, zusammen mit zwei Handvoll Bitter- und einer Handvoll Steinsalz. 14 Tage wiederholen. Die untengenannten schmerzlindernden Öle lassen sich auch gut mit dem Badewasser vermengen.

Zur Linderung von Schmerzen/Steigerung der Beweglichkeit: Massieren Sie betroffene Partien zweimal täglich behutsam mit je 7–10 Tropfen Lavendel-, Rosmarin- und Majoranöl auf 50 ml pflanzlichem Trägeröl.

Zur Linderung von Schmerzen und Entzündungen: Legen Sie eine kalte Kompresse mit einigen Tropfen Lavendel-, Kamillen- oder Schafgarbenöl auf. Gegen Versteifung helfen heiße Kompressen mit Ölen wie Rosmarin, Majoran oder Schwarzer Pfeffer.

AROMATHERAPEUTISCHE ÖLE

Zur Entgiftung: Fenchel, Wacholder, Karottensamen, Selleriesamen, Zitrone, Grapefruit.
Gegen Entzündungen: Kamille, Schafgarbe, Lavendel.
Zur Förderung der Beweglichkeit: Kiefer, Majoran, Rosmarin, Ingwer, Schwarzer Pfeffer, Blaugummi-Eukalyptus, Kardamom, Lavendel.

ACHTUNG
Unmittelbar nach Wärmebehandlungen (Bäder, Massagen, Kompressen) sollte das Gelenk bewegt werden, um Stauungen zu vermeiden. Geschwollene und entzündete Gelenke niemals massieren!

Krämpfe

MUSKELKRÄMPFE LÖSEN plötzliche, starke Schmerzen aus. Sie können sowohl die bewußt zu beeinflussende Skelettmuskulatur (z. B. Arme, Beine) als auch die nicht bewußt kontrollierbare glatte Muskulatur (z. B. der Organe) befallen. Meist sind Wade und Fuß, auch nachts, betroffen, vor allem in der Schwangerschaft oder bei Blutarmut. Dysmenorrhö (gestörte, schmerzhafte Periode) ist ebenfalls eine Art von Krampf, ausgelöst durch das Zusammenziehen der Gebärmuttermuskulatur. Magenkrämpfe treten oft bei Verdauungsproblemen oder Durchfall auf. Kälte und andere Faktoren, die die Durchblutung der Muskulatur drosseln, können Krämpfe auslösen. Auch ein überbeanspruchter Muskel kann sich plötzlich verkrampfen, was vielen Sportlern zu schaffen macht.

Tips zur Ernährung

Reichhaltiges, schweres Essen kann Krämpfe auslösen. Schwimmen Sie nicht unmittelbar nach einer ausgiebigen Mahlzeit. Bei Mangel an Pantothensäure (in Hefe, Leber und Weizenkeimen), Salz oder Natrium steigt das Risiko. Knoblauch-, Kalzium- und Zinkkapseln ergänzen die Nahrung sinnvoll.

Weitere Schritte

Dehnen Sie den verkrampften Muskel, wärmen Sie ihn mit leichten Streichbewegungen auf, ehe Sie das tieferliegende Gewebe kneten und drücken. *Vgl. auch* Dysmenorrhö, Verdauungsstörungen, Muskelschmerzen, Schwangerschaft.

Muskelkrämpfe treten oft in den Waden auf.

KLINISCHE DETAILS

In zahlreichen Untersuchungen konnte nachgewiesen werden, daß der Einsatz ätherischer Öle sowohl zur Vorbeugung als auch zur Behandlung von Muskelkrämpfen und akuten starken Verspannungen erfolgversprechend ist.

Eine Wärmflasche leistet bei Krämpfen gute Dienste.

AROMATHERAPEUTISCHE ÖLE

Rosmarin, Muskatellersalbei, Majoran, Schwarzer Pfeffer, Lavendel, Ingwer, Kiefer, Bergamotte, Wacholder, Kamille, Koriander.

ANWENDUNGSMETHODEN

Ein hilfreiches Massageöl zur Linderung von schmerzhaften Muskelkrämpfen: Mischen Sie jeweils 5 Tropfen Majoran-, Rosmarin und Lavendelöl mit 3 Tropfen Schwarzem-Pfeffer- oder Ingweröl auf 25 ml Basisöl bzw. -creme.

Bei Magenkrämpfen, Periodenschmerzen oder Muskelkrämpfen durch Unterkühlung hilft eine heiße Kompresse mit etwas Muskatellersalbei- oder Majoranöl – und eine Wärmflasche.

Als Öl für eine vorbeugende Massage nach anstrengenden Aktivitäten: je 7–10 Tropfen Rosmarin-, Majoran- und Lavendelöl mit 50 ml pflanzlichem Trägeröl mischen. Nach einer warmen Dusche massieren Sie das Öl sanft auf dem ganzen Körper ein, vor allem in die am meisten beanspruchten Muskeln.

Geben Sie zur Vorbeugung und Muskelentspannung 8–10 Tropfen eines empfohlenen ätherischen Öls ins Badewasser.

Massagen mit einem der empfohlenen Öle können Krämpfe lindern.

Schleimbeutel-entzündung

Bei einer Schleimbeutelentzündung schwillt das Gelenk an und erhitzt sich. Betroffen sind hiervon Ellbogen (»Tennisarm«), Knie, Schulter und Hüfte. Der Schleimbeutel ist ein kleines, wassergefülltes Kissen, das Muskeln und Sehnen ein reibungsloses Gleiten am Gelenk ermöglicht. Die Beschwerden stellen sich ein bei Überlastung oder äußerer Einwirkung.

Tips zur Ernährung

Nehmen Sie ausreichend Kalzium und Magnesium zu sich, damit der Körper genügend »Gelenkschmiere« produzieren kann. Kalzium ist in hoher Konzentration in Milch, grünen Blattgemüsen, Nüssen, Körnern und Getreide enthalten, Magnesium in Vollkorn, Nüssen und Meeresfrüchten. Vitamin C (auch in Tablettenform) beschleunigt den Heilungsprozeß.

Weitere Schritte

Stellen sie das Gelenk bis zum Abklingen der Entzündung ruhig. *Vgl.* auch Arthritis, Ödem, Rheuma.

ANWENDUNGSMETHODEN

Mischen Sie je 3–4 Tropfen Rosmarin-, Kiefern- und Majoran- bzw. Gewürznelkenöl mit 25 ml Calendulacreme oder -öl. Zweimal täglich auf die betroffenen Partien auftragen.

Zur Erstbehandlung des geschwollenen Gelenks: Legen Sie eine kalte Kompresse mit einigen Tropfen Kamillen- oder Lavendelöl auf. So lange wiederholen, bis die Entzündung zurückgegangen ist.

KLINISCHE DETAILS

Da Gewürznelkenstiele ein Hautgift enthalten, sollen sie nicht im Rahmen aromatherapeutischer Behandlungen angewendet werden.

Das Öl der Gewürznelkenknospe hingegen gilt als ein probates Mittel gegen Schleimbeutel- und Gelenkentzündung, Nebenhöhlenentzündung und Knochenabnützung.

AROMATHERAPEUTISCHE ÖLE

Gewürznelkenknospe, Kamille, Speiklavendel, Schafgarbe, Rosmarin, Majoran, Kiefer.

ACHTUNG
Niemals direkt auf einem geschwollenen Gelenk massieren!

Die Schultern können anschwellen und empfindlich werden.

Auch die Schleimbeutel des Ellbogens können betroffen sein (»Tennisarm«).

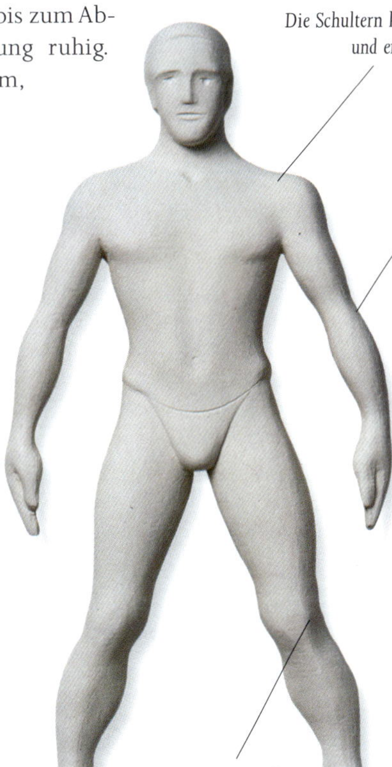

Ein harter Schlag auf das Gelenk kann eine Schleimbeutelentzündung auslösen.

Die betroffenen Schleimbeutel sprechen gut auf die Behandlung mit ätherischen Ölen an. Darüber hinaus fördert Ruhe das Abklingen der Entzündung.

Eine kalte Kompresse auf der entzündeten Partie kann Schmerzen und Schwellungen lindern.

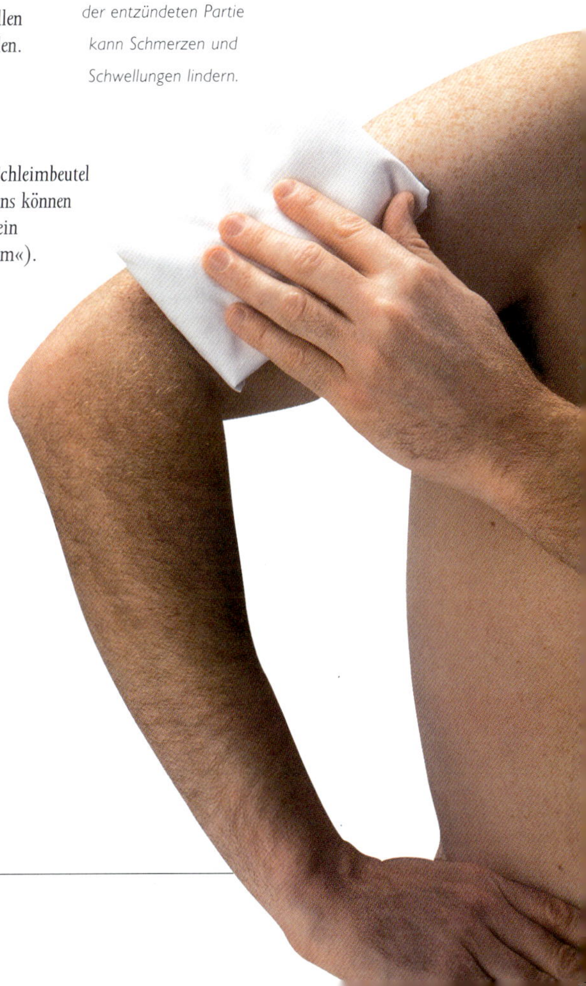

Herz und Kreislauf

Arteriosklerose

Manche Arten der Arteriosklerose bleiben unbeachtet, während Angina pectoris – Symptom schwerer Erkrankung der Herzkranzgefäße – sich als ein akuter Schmerz im Brustraum bemerkbar macht, der meist durch Anstrengung oder Streß verursacht wird. Die Gefahr der Arteriosklerose besteht darin, daß sie zu einem Herzinfarkt oder Schlaganfall führen kann, wenn die Warnsignale nicht früh erkannt werden. Auch eine Schädigung der Nieren kann vorliegen. Arteriosklerose entsteht durch allmähliche Ablagerung von Fetten an den Innenwänden der Arterien. Das führt zur Verdickung und Verhärtung der Gefäßwände, was wiederum den Fluß von Blut und Sauerstoff erschwert. Die Fetteinlagerungen hängen mit einem erhöhten Cholesterinspiegel im Blut zusammen.

Tips zur Ernährung

Essen Sie viel frische, ballaststoffreiche Kost, meiden Sie rotes Fleisch, tierische Fette, Milchprodukte, raffinierten Weizen und Zucker, Alkohol, Tee und Kaffee. Ein bis zwei Gläser Rotwein sind allerdings gestattet. Salz ist verboten! Rohe Zwiebeln, Knoblauch, Rosmarin, Vitamine C und E ergänzen die Nahrung.

Weitere Schritte

Vermeiden Sie Streß, ändern Sie gegebenenfalls Ihren Lebensstil. Betätigen Sie sich körperlich (z. B. Schwimmen oder Yoga). Aromatherapeutische Massage kann Streß und Unruhe lindern. *Vgl. auch* Hoher Blutdruck, Streß.

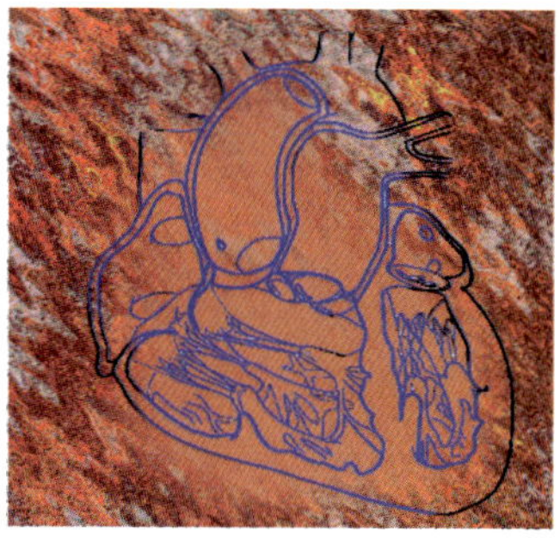

Das Herz

Verweise

Angina pectoris *siehe* **Arteriosklerose**, S. 128

Blutdruck *siehe* **Hoher Blutdruck**, S. 129 und **Niedriger Blutdruck**, S. 130

Flüssigkeitsstau *siehe* **Ödem**, S. 133

Hypertonie *siehe* **Hoher Blutdruck**, S. 129

Hypotonie *siehe* **Niedriger Blutdruck**, S. 130

Schlechte Durchblutung *siehe* **Niedriger Blutdruck**, S. 130

Tachykardie *siehe* **Herzjagen**, S. 130

Anwendungsmethoden

Mindestens einmal wöchentlich massieren: Mischen Sie je 7–10 Tropfen Rosmarin- und Lavendelöl mit 5 Tropfen Baldrianöl auf 50 ml pflanzlichem Trägeröl.

Reiben Sie mit der obigen Ölmischung täglich Brust und Fußsohlen ein.

Geben Sie täglich beruhigende Öle wie Lavendel, Majoran oder Kamille ins Badewasser, um Streß abzubauen.

Aromatherapeutische Öle

Rosmarin, Zitrone, Schafgarbe, Lavendel, Baldrian, Majoran, Wacholder, Kamille.

Klinische Details

Schafgarbe gilt als spezifische Arznei bei Neigung zu Thrombosen und Bluthochdruck.

Sanfte Übungen bauen Streß ab.

Bei Yoga werden die Muskeln sanft gedehnt, ohne daß dabei der Körper belastet wird.

Entspannung ist das Schlüsselwort, wenn es um Vermeidung von Streß und seine negativen Folgen für das Herz geht. Yoga ist eine ideale Kombination von sanfter körperlicher Betätigung und geistiger Entspannung.

Baldrian, einst als Allheilmittel bekannt, wird seit dem Mittelalter erfolgreich verwendet. Heute setzt man es u. a. bei Angina pectoris unterstützend ein.

Hoher Blutdruck

HOHER BLUTDRUCK ist eine der typischen Zivilisationskrankheiten unserer Zeit. Zu den Symptomen, von denen oft Workaholics betroffen sind, zählen Kopfschmerzen, Herzjagen, Unruhe. Langfristig können die Beschwerden zu gestörter Nierenfunktion oder Herzversagen führen. Ständiger Streß, Rauchen, Arteriosklerose, unausgewogene Nahrung, zuviel Alkohol, Salz, Koffein und tierische Fette erhöhen das Erkrankungsrisiko.

TIPS ZUR ERNÄHRUNG

Überdenken Sie Ihre Eßgewohnheiten: Gesund sind Fisch und ballaststoffreiche Nahrungsmittel mit hohem Vitamin-E-Gehalt. Vermeiden Sie rotes Fleisch, tierische Fette, raffinierten Weizen und Zucker, Alkohol, Kaffee und schwarzen Tee. Knoblauch ist empfehlenswert.

WEITERE SCHRITTE

Nehmen Sie Ihren Lebens- und Arbeitsstil, Ihre beruflichen und privaten Ziele kritisch unter die Lupe, wenn Sie langfristige Besserung anstreben. Ratsam sind Yoga, Meditation, Psychotherapie oder Problemberatung. *Vgl. auch* Arteriosklerose, Herzjagen, Streß.

Reizstoffe wie Alkohol und Koffein sowie salzreiche Kost, z. B. Räucherfisch, sollten vermieden werden.

Halten Sie sich bei Nahrungsmitteln mit hohem Anteil an tierischen Fetten, Zucker und raffiniertem Mehl zurück!

KLINISCHE DETAILS

Aromatherapie ist ein wichtiger Schritt auf dem Weg zu einem ausgewogenen, neu überdachten Lebensstil.

ANWENDUNGSMETHODEN

Wenn möglich, nehmen Sie sich einmal pro Woche Zeit für eine professionelle Massage mit entspannenden ätherischen Ölen: je 7–10 Tropfen Ylang-Ylang-, Lavendel- und Majoranöl auf 50 ml Jojobaöl. Eigen- oder Partnermassage kann auch sehr wohltuend sein.

Nehmen Sie täglich ein Entspannungsbad, dem Sie 8–10 Tropfen von Ölen wie Lavendel, Ylang Ylang, Kamille oder Majoran hinzufügen.

Geben Sie zu Hause oder im Büro regelmäßig beruhigende Öle in einen Verdunster bzw. eine Duftlampe. Alternativ können Sie einige Tropfen auf ein Taschentuch geben, das Sie tagsüber ab und zu an die Nase halten.

AROMATHERAPEUTISCHE ÖLE

Lavendel, Majoran, Ylang Ylang, Kamille (Römische und Echte), Muskatellersalbei, Baldrian, Melisse, Schafgarbe, Bergamotte, Vetiver, Rose, Neroli, Jasmin.

MEHRKORNBROT

WIRSING

KAFFEE-BOHNEN

Gesunde Mischkost mit frischem Obst und Gemüse, Getreide und Körnern sowie Pflanzenölen anstelle von rotem Fleisch und tierischen Fetten trägt nicht nur zu einem normalen Blutdruck bei, sondern darüber hinaus auch zu einem gesunden Organismus.

GERÄUCHERTE MAKRELE

Niedriger Blutdruck

Obwohl Hypotonie weniger Risiken in sich birgt als hoher Blutdruck (Hypertonie), kommt es oft zu unangenehmen Beschwerden wie Schwindel, Benommenheit, ständiger Müdigkeit und Kältegefühl (vor allem an den Extremitäten). Streß, nervliche Anspannung, mangelnde Durchblutung, Blutarmut und erbliche Faktoren können eine Rolle spielen.

Tips zur Ernährung

Achten Sie auf ausreichend Vitamin C und E, essen Sie viel Knoblauch und Zwiebeln. Gewürze wie Ingwer, Koriander und Schwarzer Pfeffer regen den Kreislauf an.

Weitere Schritte

Frische Luft, Bewegung und Atemübungen lindern die Beschwerden. Anregende Massage ist sehr zu empfehlen.

AROMATHERAPEUTISCHE ÖLE

Rosmarin, Kiefer, Basilikum, Fenchel, Pfefferminze, Westindischer Lorbeer, Thymian, Angelika, Spanischer Salbei, Schwarzer Pfeffer, Kümmel, Ingwer, Zimtblatt, Koriander, Gewürznelke, Kampfer.

Frischer Knoblauch und Knoblauchkapseln können den Blutdruck regulieren und somit vor Herzerkrankungen schützen.

ANWENDUNGSMETHODEN

Therapeutische Massage: Mischen Sie je 7–10 Tropfen Rosmarin-, Kiefern- und Basilikumöl (oder 5 Tropfen Schwarzes-Pfeffer-Öl) mit 50 ml pflanzlichem Trägeröl. Mit kräftigen Bewegungen über den ganzen Körper verteilen, vor allem an Händen und Füßen.

Geben Sie regelmäßig 8–10 Tropfen von einem der empfohlenen Öle zum Badewasser.

Geben Sie zu Hause oder im Büro anregende Öle in einen Verdunster, um Körper und Geist zu beleben.

ACHTUNG
Niedriger Blutdruck kann ein Symptom schwerwiegender Erkrankungen sein. Wenden Sie sich im Zweifelsfall an einen Arzt.

Herzjagen

Diese Bezeichnung umfaßt alle Varianten eines unregelmäßigen Herzschlags, wie Herzstolpern und das zu schnelle Schlagen des Herzens (Tachykardie), und kann – was ganz natürlich ist – durch körperliche Anstrengung, aber auch durch Bluthochdruck, Streß und Panikattacken ausgelöst werden. Besonders Frauen in den Wechseljahren sind davon betroffen.

Tips zur Ernährung

Nehmen Sie mehr Vitamin B zu sich, vermeiden Sie Stimulanzien wie Koffein und Nikotin, essen Sie maßvoll. Knoblauch – auch in Kapselform – ist gesund, ebenso Kräutertees wie Kamille oder z. B. Besenginster.

Weitere Schritte

Yoga, Meditation, Atem- und Entspannungsübungen bauen Streß ab und helfen wirksam gegen Panikattacken.

AROMATHERAPEUTISCHE ÖLE

Ylang Ylang, Lavendel, Muskatellersalbei, Rose, Melisse, Kamille, Neroli, Baldrian.

ACHTUNG
Herzjagen kann auf eine bestehende Herzerkrankung hindeuten. Suchen Sie einen Arzt auf.

Regelmäßige Massage kann Streß lindern.

ANWENDUNGSMETHODEN

Eine Ganzkörpermassage hilft beim Streßabbau. Lassen Sie sich einmal wöchentlich professionell massieren: Mischen Sie je 7–10 Tropfen Ylang-Ylang-, Lavendel- und Muskatellersalbeiöl mit 50 ml Jojobaöl.

Für eine heilsame und entspannende Eigenmassage können Sie die Fußsohlen mit obiger Mixtur ausführlich massieren.

Das Inhalieren beruhigender Öle (z. B. Ylang Ylang) kann die Herzfrequenz normalisieren.

Regelmäßige Aromabäder mit beruhigenden ätherischen Ölen wie Ylang Ylang, Lavendel, Rose, Neroli oder Kamille helfen, Streß und Unruhe abzubauen und somit Herzjagen vorzubeugen.

Zellulitis

DIE SOGENANNTE Orangenhaut macht sich vor allem auf Oberschenkeln, Beinen und Oberarmen bemerkbar und verschwindet selbst nach erheblicher Gewichtsabnahme nur zögerlich. Unter den zahlreichen Auslösern werden immer wieder Körpergifte, egal ob umwelt- oder nahrungsbedingt, genannt. Eine Therapie sollte sich demnach auf die Entschlackung und innerliche Reinigung des Organismus richten. Zellulitis kann aber auch erblich sein.

Tips zur Ernährung

Grundlage für Langzeiterfolge ist eine richtige Ernährung. Schränken Sie sich bei Tee, Kaffee, Alkohol und raffinierten Produkten ein, essen Sie statt dessen rohes Obst und Gemüse und trinken Sie viel Mineralwasser oder Kräutertee. Zink und die Vitamine C und B ergänzen die Nahrung sinnvoll.

Weitere Schritte

Selbst hartnäckige Fälle von Zellulitis lassen sich verbessern, wenn eine Umstellung der Eßgewohnheiten mit folgenden Maßnahmen verbunden wird:

- Stellen Sie sportliche Übungen zusammen, die auf die betroffenen Partien ausgerichtet sind (da sich Zellulitis oft dort bildet, wo das Gewebe nicht trainiert wird).
- Massieren Sie beim Baden das Gewebe kräftig mit Luffa oder Bürste, um Gewebeschlacken abzubauen. Ätherische Massageöle steigern die Wirkung.
- Machen Sie Atem- und Entspannungsübungen, um die Sauerstoffzufuhr ins Gewebe anzuregen.
- Fördern Sie die Durchblutung mit Trockenbürstenmassage. Verwenden Sie eine Bürste mit Naturborsten, beginnen Sie an den Füßen und streichen Sie – stets in Richtung Herz – über Beine, Rumpf, Arme und Schultern.
- Gönnen Sie sich möglichst einmal pro Woche eine Ganzkörpermassage mit besonderem Schwerpunkt auf Lymphdrainage.

KLINISCHE DETAILS

Zahlreiche Cremes und Öle behaupten von sich, Orangenhaut beseitigen zu können – oftmals mit fragwürdigen Ergebnissen. Auch ätherische Öle können nur helfen, wenn sie mit den anderen genannten Maßnahmen kombiniert werden.

Selleriesamen verhindern die Ansammlung von Körpergiften im Gewebe.

ANWENDUNGSMETHODEN

Eine Ganzkörpermassage regt die Durchblutung der Haut an und wirkt wie eine Lymphdrainage: Mischen Sie hierzu je 7–8 Tropfen Rosmarin-, Geranien- und Fenchelöl mit 50 ml Basisöl.

Mischen Sie 3–4 Tropfen Karottensamen-, Grapefruit- und Fenchelöl mit 25 ml Jojoba- oder Karottenträgeröl (oder einer neutralen Creme) und massieren Sie damit kräftig die betroffenen Partien.

Geben Sie 8–10 Tropfen eines empfohlenen Öls (oder eine Mischung davon) ins Badewasser. Zusätzlich können Sie einige Tropfen auf eine Bürste oder Luffa geben, um in der Badewanne die entsprechenden Zonen mit kreisförmigen Bewegungen zu massieren.

AROMATHERAPEUTISCHE ÖLE

Spanischer Salbei, Bergamotte, Rosmarin, Wacholder, Thymian, Grapefruit, Selleriesamen, Fenchel, Geranie, Karottensamen, Koriander, Angelika, Mandarine, Orange, Limette, Petitgrain, Zitrone.

ACHTUNG
Viele Zitrusöle sind phototoxisch, d. h. sie verfärben die Haut, sobald diese Sonnenstrahlen – natürlichen wie künstlichen – ausgesetzt ist.

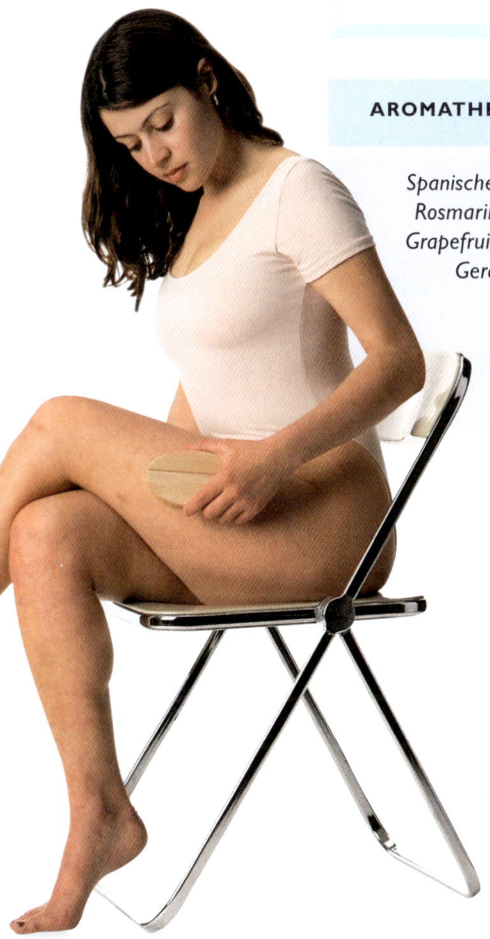

Massage und Trockenbürsten regen die Durchblutung und somit den Abtransport von Körpergiften aus dem Gewebe an.

Hämorrhoiden

BEI HÄMORRHOIDEN handelt es sich um erweiterte Venen im inneren oder äußeren Afterbereich. Sie jucken, schmerzen oder bluten, schlimmstenfalls ist eine Operation angebracht. Auslösende Faktoren sind übermäßiges Sitzen, Übergewicht, mangelnde Durchblutung, Schwangerschaft, Verstopfung und unausgewogene Ernährung, doch können sie auch erblich sein.

TIPS ZUR ERNÄHRUNG

Ballaststoffreiche Kost wie Kleie und Vollkornbrot, Salate und Obst tragen auch zur Reinigung des Verdauungstrakts bei. Viel trinken. Knoblauchkapseln und Vitamin E können die Nahrung sinnvoll ergänzen.

WEITERE SCHRITTE

Gesteigerte körperliche Betätigung. Lagern Sie die Beine sooft wie möglich hoch. *Vgl. auch* Krampfadern.

AROMATHERAPEUTISCHE ÖLE

Zypresse, Geranie, Schafgarbe, Virginia-Zeder, Muskatellersalbei, Weihrauch, Myrrhe, Myrte.

KLINISCHE DETAILS

Scharbockskrautöl kann örtlich angewendet werden. Auch die gefäßverengende Wirkung von Schafgarbenöl ist hinlänglich dokumentiert.

WEIHRAUCH

ANWENDUNGSMETHODEN

Salbe zur Vorbeugung und Linderung der Symptome: Mischen Sie je 5–6 Tropfen Zypressen- oder Schafgarben- mit Geranienöl auf 25 ml Calendulacreme oder -öl bzw. einem Gel). Mehrmals täglich auftragen.

Geben Sie täglich 8–10 Tropfen von einem der angegebenen Öle in Badewanne oder Sitzbad.

Kalte Hamamelislotion, auf einen Wattebausch aufgetragen, kann akute Reizungen lindern.

Weihrauch und Schafgarbe haben sich bei Durchblutungsstörungen bewährt.

Krampfadern

DIESE KNOTIGEN, unansehnlichen, bisweilen auch schmerzhaften Venenschwellungen treten vor allem an den Beinen auf. Beim Entstehen von Krampfadern spielen erbliche Faktoren, aber auch mangelnde Durchblutung und Elastizität der Gefäßwände eine Rolle. Erschwerend können zu langes Stehen, Übergewicht, Schwangerschaft und unausgewogene Ernährung dazukommen.

TIPS ZUR ERNÄHRUNG

Essen Sie ballaststoffreiche Kost, ausreichend Vitamin C, E und Rutin sowie Knoblauch – auch in Kapselform.

WEITERE SCHRITTE

Behutsame körperliche Betätigung. Vermeiden Sie sehr heiße Bäder, zu langes Stehen, schlagen Sie im Sitzen Ihre Beine nicht übereinander, und lagern Sie die Beine sooft wie möglich hoch. *Vgl. auch* Hämorrhoiden.

AROMATHERAPEUTISCHE ÖLE

Zypresse, Geranie, Schafgarbe, Rose, Virginia-Zeder, Muskatellersalbei, Weihrauch, Myrrhe.

KLINISCHE DETAILS

Zypresse und Rose können die Blutgefäße kräftigen und somit eine krankhafte Erweiterung verhindern.

SCHAFGARBE

ANWENDUNGSMETHODEN

Mischen Sie Massageöl/-creme mit je 7–10 Tropfen Geranien- (oder 5 Tropfen Rosen-), Schafgarben- und Zypressenöl mit 50 ml Calendulacreme oder -öl. Sacht auf die Umgebung und oberhalb der Venenknoten auftragen. NIEMALS direkt auf oder unter die Venen drücken! Die Beine nach oben – zum Herzen hin – damit einreiben und dann hochlagern. Täglich wiederholen.

Lindern Sie die Schwellung mit einer kalten Kompresse, die Sie mit Hamamelislotion getränkt haben.

Warme (nicht heiße!) Bäder mit 8–10 Tropfen durchblutungsfördernden Ölen wie Rosmarin oder Wacholder können den Kreislauf insgesamt stärken. Falls eine Entzündung vorliegt, erst mit einem Arzt/Heilpraktiker abklären.

Ödem

Ein Ödem entsteht, wenn durch Ansammlung seröser Flüssigkeit das Gewebe anschwillt. Meist sind Fußgelenke, aber auch Augenbereich, Hände, Füße und Bauch betroffen – oder der gesamte Körper. Schwangere und Übergewichtige leiden besonders unter Ödemen. Das Risiko steigt u. a. bei Herzinsuffizienz, Veranlagung, Nierenerkrankungen, Prämenstruellem Syndrom und der Einnahme der »Pille«.

Massage mit einem der empfohlenen Öle, z. B. Selleriesamen, regt den Abtransport von Gewebsflüssigkeit an.

Ernährungstips

Vitamin B, Fenchel, Sellerie, Petersilie, Knoblauch, Zwiebeln und Fencheltee lindern Beschwerden.

Weitere Schritte

Tritt das Ödem an Füßen oder Fußgelenken auf, lagern Sie die Beine sooft wie möglich hoch, auch beim Schlafen. Massage zählt zu den wirkungsvollsten Therapien, um Durchblutung und Lymphfluß – und den Abtransport der überschüssigen Gewebsflüssigkeit – anzuregen. Treiben Sie vorbeugend Sport. Vgl. auch Schleimbeutelentzündung, Jetlag, Prämenstruelles Syndrom (PMS).

ACHTUNG
Wenn die Wasseransammlung am ganzen Körper auftritt, sollten Sie sofort einen Arzt aufsuchen. Es könnte sich um eine Nieren- oder Herzerkrankung handeln.

ANWENDUNGSMETHODEN

Massieren Sie die betroffenen Stellen mit je 3–4 Tropfen Rosmarin-, Geranien- und Fenchelöl auf 25 ml Trägeröl oder -creme (immer in Richtung Herz).

Machen Sie während der Beschwerden möglichst wöchentlich eine Ganzkörper-Lymphdrainage.

Geben Sie 8–10 Tropfen eines der genannten Öle in das warme (nicht heiße) Badewasser bzw. Fußbad.

ACHTUNG
Rosmarin und Wacholder dürfen bei Schwangeren nicht eingesetzt werden!

AROMATHERAPEUTISCHE ÖLE

Fenchel, Geranie, Zypresse, Wacholder, Rosmarin, Sellersiesamen, Petersilie, Dill, Angelika, Karottensamen, Grapefruit, Thymian, Lavendel, Muskatellersalbei, Kamille.

KLINISCHE DETAILS

Bei der Behandlung von Beschwerden, die durch das Prämenstruelle Syndrom hervorgerufen werden, haben sich Massage und Lymphdrainage in Kombination mit ätherischen Ölen (Wacholder, Lavendel, Muskatellersalbei, Kamille, Rosmarin und Thymian) als außerordentlich wirksam erwiesen.

Ödeme treten häufig an Füßen und Fußgelenken auf.

Entlasten Sie Ihre Beine.

Lagern Sie die Füße hoch.

Die Atemwege

Erkältungen

Zu den typischen Symptomen einer Erkältung gehören Halsschmerzen, Husten, erhöhte Temperatur, Gliederschmerzen, Niesen und Müdigkeit. Die Medizin kennt über 30 verschiedene Typen des Virus, das eine gewöhnliche Erkältung auslöst, die sich ihrerseits zu einer Bronchitis, Nebenhöhlen- oder Ohrentzündung auswachsen kann. Diese ansteckende Infektion entsteht durch das Einatmen infizierter Luft, wobei das Erkrankungsrisiko durch Kälte, Feuchtigkeit, verrauchte Luft in geschlossenen Räumen, Streß und allgemeine Erschöpfung erhöht wird.

Tips zur Ernährung

Reichlicher Verzehr von Milch- und Weißmehlprodukten führt zu übermäßiger Schleimbildung. Um die Abwehrkraft zu stärken, sollten Sie viel frisches, Vitamin-C-haltiges Obst (Zitronen, Orangen) und Gemüse sowie Zwiebeln und Knoblauch essen. Gegen eine bereits bestehende Infektion nehmen Sie Knoblauchkapseln und Vitamin-C-Präparate. Meiden Sie Alkohol, Tee und Kaffee zugunsten von Kräutertee – z. B. Pfefferminze, Hagebutte und Holunder – oder Zitrone mit Honig.

Weitere Schritte

Ruhen Sie und halten Sie sich warm. Wenn Sie im Bett bleiben, erholen Sie sich am schnellsten und stecken auch keine weiteren Personen an! *Vgl. auch* Husten, Kopfschmerzen, Halsentzündung.

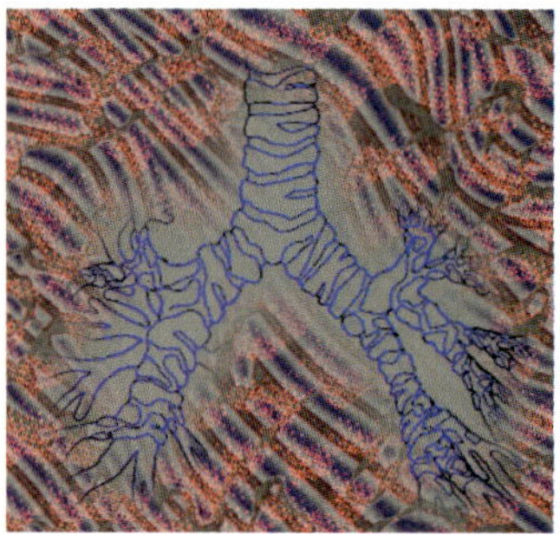

ATEMWEGE

Verweise

Halsschmerzen *siehe* **Halsentzündung,** S. 141

Otitis *siehe* **Ohrenschmerzen/Otitis,** S. 140

Rhinitis *siehe* **Heuschnupfen,** S. 138

Teebaumöl bekämpft erfolgreich Viren und Keime und hilft so bei Erkältungen.

ANWENDUNGSMETHODEN

Konzentrierte Brustsalbe für Erkältungen mit Husten oder Fieber: Mischen Sie je 4–5 Tropfen Thymian-, Ingwer- und Lavendel- bzw. Ysopöl mit 25 ml Trägeröl und reiben damit mindestens zweimal täglich Brust und oberen Rücken ein.

Tropfen Sie während der gesamten Erkältung, insbesondere zu Beginn, Teebaum-, Thymian- oder Eukalyptusöl in den Verdunster. Geben Sie etwas Öl auf ein Taschentuch und inhalieren Sie tagsüber. Nachts können Sie beruhigendes Myrten- oder Lavendelöl auf das Kopfkissen träufeln, um besser schlafen zu können.

Geben Sie insgesamt 5–6 Tropfen Teebaum-, Eukalyptus- oder Spanisches-Salbei- bzw. Thymianöl in dampfendes Wasser und inhalieren Sie mit geschlossenen Augen 5–10 Minuten unter einem Handtuch. (Ätherische Öle sind wirksam gegen Viren.) Mindestens zweimal täglich wiederholen.

Täglich ein heißes Bad mit 8–10 Tropfen Teebaum-, Rosmarin- oder Thymianöl löst die Verschleimung und bekämpft die Entzündung. Lavendel-, Majoran- oder Bergamottöl im Badewasser lindern Gliederschmerzen und fördern einen erholsamen Schlaf.

Bei Halsschmerzen geben Sie 4–5 Tropfen Teebaum-, Spanisches-Salbei- oder Muskatellersalbeiöl in warmes Wasser, rühren um und gurgeln damit mindestens dreimal täglich.

AROMATHERAPEUTISCHE ÖLE

Teebaum, Blaugummi-Eukalyptus, Myrte, Rosmarin, Majoran, Lavendel, Kajeput, Zitrone, Kiefer, Thymian, Pfefferminze, Bergamotte, Schwarzer Pfeffer, Ingwer, Zimtblatt, Gewürznelke, Spanischer Salbei, Ysop.

Husten

HUSTEN IST EIN Reflex des Organismus, um die Atemwege zu reinigen. Er kann »trocken« sein oder mit schleimigem Auswurf einhergehen. Husten kann u. a. durch feuchtkaltes Klima, Pollen, Staub oder Rauchen ausgelöst werden. Er begleitet in vielen Fällen Infektionskrankheiten der Atemwege.

Tips zur Ernährung

Milch- und Milchprodukte führen zu Schleimbildung. Um die Atemwege freizuhalten, sollten Sie viel frisches, Vitamin-C-haltiges Obst (Zitronen, Orangen, Erdbeeren) und Gemüse sowie Zwiebeln und Knoblauch essen. Gegen eine bestehende Infektion nehmen Sie Knoblauchkapseln und Vitamin-C-Präparate. Meiden Sie Alkohol, Schwarztee und Kaffee zugunsten von Kräutertee – insbesondere Pfefferminze – oder Zitrone mit Honig. Huflattich, in Form von Tee oder Sirup dreimal täglich eingenommen, lindert zähen Husten.

Weitere Schritte

Hören Sie auf zu rauchen, ruhen Sie aus und halten Sie sich warm. Behandeln Sie sich je nach Art des Hustens (trocken/schleimig). *Vgl. auch* Bronchitis, Erkältungen, Fieber, Kopfschmerzen, Grippe, Hals- und Nebenhöhlenentzündung.

AROMATHERAPEUTISCHE ÖLE

Wärmend/kräftigend (fiebrige Erkältung): Angelika, Zimtblatt, Ingwer, Muskat, Gewürznelke, Anis.
Beruhigend/balsamisch (trockener Husten): Benzoe, Zeder, Myrrhe, Weihrauch, Galbanum, Sandelholz, Majoran.
Schleimlösend (übermäßige Schleimbildung): Myrte, Pfefferminz, Ysop, Kiefer, Rosmarin, Lavendel.
Keimtötend (Infektionen): Blaugummi-Eukalyptus, Teebaum, Bergamotte, Thymian, Kampfer, Kajeput, Spanischer Salbei.

ERDBEEREN

ANWENDUNGSMETHODEN

Reiben Sie Brust, Rücken und Hals mit einer Mischung aus wärmenden und schleimlösenden Ölen ein. Mischen Sie je 3–4 Tropfen Lavendel-, Thymian-, Ingwer- oder Ysopöl mit 25 ml leichtem Basisöl oder -creme.

Inhalieren (mindestens zweimal täglich) lindert trockenen Husten. Geben Sie je 2–3 Tropfen Sandelholz- und/oder Weihrauch- bzw. Benzoeöl in eine Schüssel mit heißem Wasser und inhalieren Sie 5–10 Minuten. Hartnäckige Verschleimung: Nehmen Sie je 2–3 Tropfen Teebaum-, Lavendel-, Thymian-, Pfefferminz- oder Eukalyptusöl.

Bei Infektionen füllen Sie Teebaum-, Speiklavendel-, Eukalyptus- oder Thymianöl (bzw. eine Mischung davon) in einen Verdunster. Bei trockenem Husten und im Schlafzimmer sind beruhigende Öle (Sandelholz, Benzoe, Weihrauch, Zeder und Myrte) sinnvoll. Geben Sie einige Tropfen dieser ätherischen Öle auf ein Taschentuch und inhalieren Sie tagsüber wiederholt.

Inhalationen und heiße Bäder mit 8–10 Tropfen eines empfohlenen Öls (oder einer Mischung) stärken die Abwehrkräfte des Organismus.

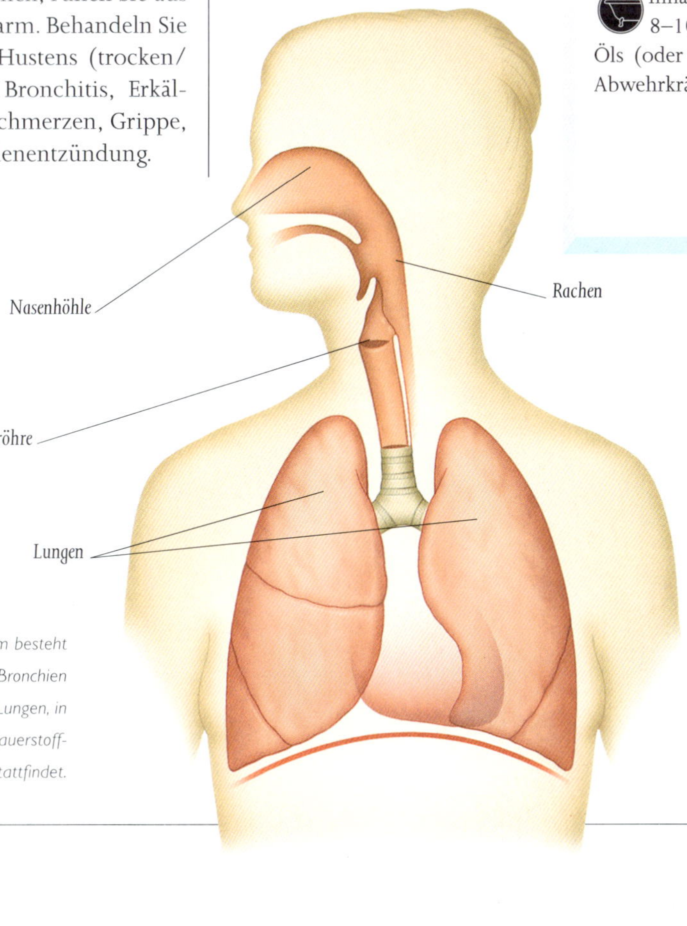

Vitamin C ist in frischem Obst – etwa in Erdbeeren – und Gemüse enthalten.

Das Atemsystem besteht aus Luftröhre, Bronchien und den beiden Lungen, in welchen die Sauerstoffaufnahme stattfindet.

ACHTUNG
Geben Sie maximal 3 Tropfen von Gewürzölen (Eukalyptus, Kampfer oder Pfefferminze) ins Badewasser!

Bronchitis

Bronchitis ist eine Entzündung der Bronchien, die mit Husten, Verschleimung und Schmerzen in der Brust einhergeht. Akute Bronchitis beginnt meist mit einer Erkältung oder Halsschmerzen, die von mehrtägigem Fieber begleitet werden. Chronische Bronchitis ist eine Langzeiterkrankung ohne Fieber, die durch Streß, Rauchen, feuchtkaltes Klima, Luftverschmutzung oder schlechte Haltung und Allergien erschwert wird.

Tips zur Ernährung

Milchprodukte, Lebensmittel mit hellem Mehl und Fast food verschlimmern die Erkrankung. Nur eine gesunde Ernährung mit viel Vitamin A und C kann die Abwehrkräfte des Körpers steigern. Ingwer, Knoblauch, Zwiebeln und Meerrettich stellen eine wertvolle Ergänzung der Nahrung dar. Trinken Sie im Winter dreimal täglich Tee aus Ingwerwurzel. Huflattichtee oder -sirup hilft bei chronischer Bronchitis.

Weitere Schritte

Hören Sie auf zu rauchen, ruhen Sie aus und halten Sie sich warm. Meiden Sie Kälte und Feuchtigkeit sowie sehr trockene, kalte Luft. *Vgl. auch* Erkältungen, Husten, Fieber, Kopfweh, Nebenhöhlenentzündung, Halsentzündung.

Aromatherapeutische Öle

Beruhigend/balsamisch: Benzoe, Zeder, Myrrhe, Weihrauch, Galbanum, Sandelholz, Majoran. Schleimlösend: Myrte, Pfefferminze, Ysop, Kiefer, Rosmarin, Lavendel. Keimtötend: Blaugummi-Eukalyptus, Teebaum, Bergamotte, Thymian, Kampfer, Kajeput, Spanischer Salbei.

Klinische Details

Inhalieren mit einer Ölmischung aus Pfefferminze, Lavendel und Salbei hilft bei chronischer Bronchitis.

ACHTUNG
Geben Sie maximal 3 Tropfen von Gewürzölen (Eukalyptus, Kampfer oder Pfefferminze) ins Badewasser!

Anwendungsmethoden

Reiben Sie Brust, Rücken und Hals mit einer Mischung aus wärmenden und schleimlösenden Ölen ein. Geben Sie je 4–5 Tropfen Lavendel-, Pfefferminz- und Spanisches-Salbei- bzw. Muskatellersalbeiöl auf ein leichtes Basisöl bzw. -creme. Sie können auch die gleichen Mengen von Ysop-, Thymian- und Angelikaöl verwenden.

Inhalieren (mindestens zweimal täglich) lindert trockenen Reizhusten. Geben Sie insgesamt 6 Tropfen Sandelholz- und/oder Weihrauch- bzw. Benzoeöl in eine Schüssel mit dampfendem Wasser und inhalieren Sie 5–10 Minuten. Bei zäher Verschleimung geben Sie 6 Tropfen Teebaum-, Ysop- oder Thymian- und/oder Eukalyptusöl in das Wasser.

Bei Infektionen füllen Sie Teebaum-, Eukalyptus- oder Thymianöl in einen Verdunster. Bei trockenem Husten und im Schlafzimmer sind beruhigende Öle (Majoran, Zeder und Myrte) sinnvoll. Geben Sie auch einige Tropfen ätherisches Öl auf ein Taschentuch und halten Sie es tagsüber immer wieder an die Nase.

Inhalationen oder heiße Bäder mit 8–10 Tropfen eines der empfohlenen Öle (oder einer Mischung hiervon) stärken die Abwehrkräfte des Organismus.

Huflattich hat eine lange Tradition als Lungenarznei.

Rauchen schadet den Atemwegen und ist eine der Hauptursachen von chronischer Bronchitis.

ACHTUNG
Vor allem bei Kindern und älteren Menschen kann akute Bronchitis zu Komplikationen, z. B. Lungenentzündung, führen. Ziehen Sie einen Arzt zu Rate, sobald sich der Zustand verschlechtert!

Asthma

TYPISCH FÜR ASTHMA sind Atemnot und pfeifendes Keuchen, hervorgerufen durch Muskelkrämpfe in der Bronchialwand und Verschleimung. Während eines Anfalls kann es aufgrund der erschwerten Atmung zu Panik kommen. Asthma ist bei Kindern weit verbreitet, klingt aber meist mit der Pubertät ab. Die Erkrankung kann erblich bedingt sein und wird, wie viele allergische Zustände, durch unausgewogene Ernährung, Allergene (Staub, Haarspray, Polituren, Federn etc.), Zigarettenrauch, Umweltfaktoren (Feuchtigkeit), aber auch physische Überanstrengung, Unruhe, Angst und emotionale Befindlichkeit erschwert.

TIPS ZUR ERNÄHRUNG

Eine Vielzahl von Allergenen kann einen Asthmaanfall auslösen, z. B. Hausstaub und Katzenhaare. Die Eßgewohnheiten müssen sorgfältig untersucht und gegebenenfalls umgestellt werden. Vermeiden Sie Schwarztee, Kaffee, Schokolade zugunsten von Kräutertee wie Kamille, Lindenblüte oder Melisse. Vitamin B ist eine sinnvolle Nahrungsergänzung.

WEITERE SCHRITTE

Sobald individuelle Auslöser und Krankheitsmuster von Asthma identifiziert sind, kann man erfolgreich gegen die Krankheit vorgehen. Hilfreich sind Allergietests, Atemübungen, Yoga, Psychotherapie, Akupunktur und Homöopathie. Zu empfehlen sind auch regelmäßige Massagen von Brust, Hals und Schultern. *Vgl. auch* Bronchitis, Heuschnupfen.

AROMATHERAPEUTISCHE ÖLE

Muskatellersalbei, Zypresse, Sandelholz, Rose, Ysop, Melisse, Majoran, Benzoe, Weihrauch, Lavendel, Kamille, Baldrian. (Bei Verschleimung/Bronchitis: Blaugummi-Eukalyptus, Pfefferminze.)

VOGELFEDERN

ANWENDUNGSMETHODEN

Mischen Sie 3–4 Tropfen Lavendel-, Muskatellersalbei-, Weihrauch- oder Benzoeöl mit 25 ml Süßem-Mandel-Öl und massieren Sie mit großflächigen Bewegungen vom Gesäß aufwärts über die Schultern und an den Seiten des Rumpfes herab.

Geben Sie Lavendel- oder Pfefferminzöl (oder ein anderes empfohlenes Öl) in einen Verdunster; träufeln Sie etwas Öl auf ein Taschentuch, um tagsüber – besonders bei Einsetzen einer Attacke – mehrfach zu inhalieren.

Geben Sie im Rahmen der Vorbeugung regelmäßig 8–10 Tropfen eines der angegebenen Öle zum Badewasser.

HAARSPRAY

KLINISCHE DETAILS

Bei hartnäckigem Asthma und Reizhusten kann eine regelmäßige Behandlung mit Lavendel (als Badezusatz, Massageöl und Inhalationsöl) lindernd wirken.
So konnte z. B. ein asthmatisches Mädchen einen zweiwöchigen Campingurlaub ohne einen einzigen Asthmaanfall verbringen.

Asthmaanfälle werden häufig durch Allergene ausgelöst. Sobald man den Auslöser identifiziert hat, sollte man ihn unbedingt vermeiden. Allergene sind u. a. Pollen, Düfte, Hausstaub, Federn, Reinigungsmittel und Tierhaare.

HAUSHALTSPOLITUR

STAUBTUCH

Heuschnupfen

HEUSCHNUPFEN IST EINE allergische Form der Nasenschleimhautentzündung. Manche Symptome ähneln dem Schnupfen: Die Augen tränen, man leidet unter Kopfschmerzen, Niesreiz und einer verstopften bzw. ständig laufenden Nase. Heuschnupfen tritt oft erstmals in der Kindheit auf, kann sich aber auch viel später entwickeln. Ausgelöst wird er meist durch Pollenflug im Frühling und Sommer. Streß und Erschöpfung erhöhen das Risiko.

Tips zur Ernährung

Meiden Sie Milch und Milchprodukte. Viel Vitamin C und Knoblauch können die Schwere der Attacke lindern, das gleiche gilt für Honig von Bienen aus der jeweiligen Region. Folgender Kräutertee wirkt vorbeugend, insbesondere wenn man mit der Behandlung mindestens einen Monat vor Ausbruch der jeweiligen »Saison« beginnt: 2 Teile Holunder, je 1 Teil Augentrost, Ephedra und Amerikanische Gelbwurzel. Diese Mischung darf bei Herzbeschwerden nicht verwendet werden! Wird ein Arzneimittel-Tee länger als vier Wochen eingenommen, bedarf dies der Aufsicht durch einen Arzt/Heilpraktiker.

Weitere Schritte

Machen Sie den Allergieauslöser ausfindig. Yoga, Entspannungs- und Atemübungen sind sinnvoll. *Vgl. auch* Husten, Nebenhöhlenentzündung.

AROMATHERAPEUTISCHE ÖLE

Kamille, Melisse, Rose, Zitronen-Eukalyptus, Lavendel, Pfefferminze, Gewürznelke, Rosmarin, Zitrone, Blaugummi-Eukalyptus, Ysop, Kajeput, Myrte, Basilikum, Majoran, Kiefer, Muskatellersalbei, Spanischer Salbei, Thymian.

KLINISCHE DETAILS

Die wirksamsten Öle gegen Heuschnupfen enthalten nicht nur Antihistaminika und Wirkstoffe gegen Allergien, sondern weisen daneben auch balsamische und entzündungshemmende Eigenschaften auf. Zu ihnen zählen Rose, Kamille, Melisse, Zitronen-Eukalyptus, Lavendel und Thymian – vor allem die milderen zitrol- und linalolhaltigen Sorten. Rosenöl wird klinisch bei Schleimhautentzündungen und Kopfschmerzen eingesetzt.

ANWENDUNGSMETHODEN

ANMERKUNG: Um die optimalen Öle herauszufinden, muß man so lange ausprobieren und kombinieren, bis man eine zufriedenstellende Lösung gefunden hat.

Geben Sie eines der angegebenen Öle auf ein Taschentuch und inhalieren Sie wiederholt. Zusätzlich können Sie auch einen Verdunster aufstellen.

Geben Sie regelmäßig eines der Öle ins Badewasser.

Regelmäßige Massage von Hals, Brust und Rücken kann die Schwere und Häufigkeit von Attacken lindern: Mischen Sie je 4–5 Tropfen Kamillen- und Lavendelöl mit 3 Tropfen Rosen- oder Melissenöl auf 25 ml Calendula- oder einem leichten Basisöl.

Legen Sie kühle Kompressen mit Rosenwasser (nicht Rosenöl!) auf die geröteten Augen.

Bei entzündeten Nasenschleimhäuten geben Sie zwei- bis dreimal täglich eine Mischung aus insgesamt 2–3 Tropfen Rosen-, Kamillen- und/oder Lavendelöl und 5 ml Vaseline in die Nasenlöcher.

Heuschnupfen wird durch Allergene in der Atemluft ausgelöst. Seinen Namen hat er von den Graspollen, die während der Heuernte umherfliegen.

HOLUNDER

Eine Kur mit Kräutertee – rechtzeitig vor dem Ausbruch der »Heuschnupfenzeit« begonnen – kann die Symptome lindern.

Nebenhöhlen-entzündung

Hier handelt es sich um eine Entzündung der Schleimhäute, die die Hohlräume hinter, über und beiderseits der Nase auskleiden. Die Erkrankung wird von Kopfschmerzen und Schnupfen, manchmal auch Fieber begleitet. Sie entsteht meist aus einer Erkältung, Heuschnupfen oder nach langem Aufenthalt in feuchtkalter Luft. Bei chronischer Nebenhöhlenentzündung ist die Nase ständig verstopft, zwischen den Augen sitzt ein dumpfer Schmerz. Überheizte, schlecht gelüftete Räume und Nackenverspannungen verschlimmern Nebenhöhlenentzündungen.

Tips zur Ernährung

Wer wiederholt mit Nebenhöhlenentzündung zu kämpfen hat, leidet oft an Allergien, vor allem auf Kuhmilch und Gluten. Vermeiden Sie diese Produkte, die eine übermäßige Schleimbildung verursachen, und essen Sie viel frisches Obst und Gemüse, vor allem solches mit hohem Vitamin-C-Gehalt (Zitronen, Orangen und Erdbeeren) sowie Zwiebeln und Knoblauch(kapseln).

Weitere Schritte

Identifizieren Sie Allergieauslöser. Frische Luft, tiefes Durchatmen und maßvolle Bewegung lindern die Verstopfung der Nase. Hüten Sie bei Fieber das Bett! *Vgl. auch* Erkältungen, Ohrenschmerzen, Fieber, Heuschnupfen, Kopfschmerzen.

Milchprodukte regen die Produktion von Schleim an, weshalb man sie im Falle von chronischer Nebenhöhlenentzündung meiden sollte.

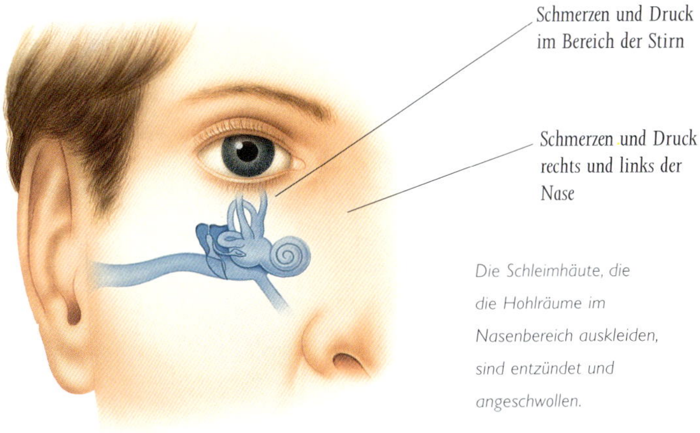

Die Schleimhäute, die die Hohlräume im Nasenbereich auskleiden, sind entzündet und angeschwollen.

ACHTUNG
Geben Sie maximal 3 Tropfen von Gewürzölen (Eukalyptus, Kampfer oder Pfefferminze) ins Badewasser!

AROMATHERAPEUTISCHE ÖLE

Benzoe, Zimtblatt, Ingwer, Muskat, Gewürznelke, Anis, Majoran, Myrte, Pfefferminze, Ysop, Kiefer, Rosmarin, Blaugummi-Eukalyptus, Teebaum, Bergamotte, Thymian, Kampfer, Kajeput, Spanischer Salbei, Rose, Kamille.

ACHTUNG
Nebenhöhlenentzündung kann zu weiteren Infektionen führen, z. B. Ohren- und sogar Hirnhautentzündung. Suchen Sie im Zweifelsfall sofort einen Arzt auf.

ANWENDUNGSMETHODEN

Abschwellende Präparate erleichtern das Atmen und bekämpfen die Infektion. Geben Sie je 2–3 Tropfen Kiefern- oder Rosmarin-, Pfefferminz- und Eukalyptusöl in dampfendes Wasser, legen Sie sich ein Handtuch über den Kopf und inhalieren Sie 5–10 Minuten. Mehrmals täglich wiederholen.

Um die Verschleimung zu lösen, massieren Sie Nacken, Brust und Fußsohlen mit je 3–4 Tropfen Eukalyptus-, Kiefern- oder Rosmarin- und Pfefferminzöl, gemischt mit 25 ml leichtem Basisöl oder -creme.

Tröpfeln Sie Teebaum-, Eukalyptus- und/oder Thymianöl zur Bekämpfung von Infektionen in einen Verdunster. Nachts sollten Sie beruhigende Öle (Majoran, Lavendel und/oder Myrte) wählen. Geben Sie einige Tropfen auf ein Taschentuch, um tagsüber wiederholt zu inhalieren.

Heiße Bäder mit 8–10 Tropfen eines angegebenen Öls (oder einer Mischung) stärken den Organismus gegen die Infektion. Das gleiche gilt fürs Inhalieren.

Bei entzündeten Nasenschleimhäuten geben Sie zwei- bis dreimal täglich eine Mischung aus insgesamt 2–3 Tropfen Lavendel-, Kamillen- und/oder Rosenöl und 5 ml Vaseline in die Nasenlöcher.

Ohrenschmerzen/Otitis

OHRENSCHMERZEN KÖNNEN bisweilen zu schwerwiegenden Innenohrentzündungen führen, aber auch ein Anzeichen von Zahnerkrankungen, Furunkeln oder aufkeimendem Mumps sein. Feuchte Kälte, starker Wind und Lärm können Ohrenschmerzen verursachen. Bei Kindern sind Mittelohrentzündungen – im Zusammenhang mit einer Erkältung – weit verbreitet. Sie sind begleitet von Fieber und Hörstörungen.

Tips zur Ernährung

Meiden Sie während einer Erkältung Produkte aus Milch oder weißem Mehl, da sie die Schleimproduktion übermäßig anregen. Trinken Sie warmen Zitronensaft mit Honig, Kamillen- oder Pfefferminztee. Knoblauch beugt Infektionen vor. Echinacea ist bei hartnäckigen Ohrinfektionen sehr wirksam: Trinken Sie dreimal täglich Echinaceatee.

Weitere Schritte

Halten Sie das betroffene Ohr warm und windgeschützt. Suchen Sie bei unklarer Ursache einen Zahnarzt auf. *Vgl. auch* Abszesse/Furunkel, Erkältungen, Grippe, Nebenhöhlenentzündung.

PFEFFERMINZE

KNOBLAUCH

Knoblauch ist ein wirksames Mittel im Kampf gegen Mikroben und stärkt darüber hinaus das Immunsystem des Körpers. Pfefferminze wirkt beruhigend.

KLINISCHE DETAILS

Die entzündungshemmende und schmerzstillende Wirkung der Kamille (insbesondere der Echten) sind hinlänglich erforscht und dokumentiert.

ANWENDUNGSMETHODEN

Bedecken Sie das betroffene Ohr mit einer heißen Kompresse mit einigen Tropfen Lavendel- oder Kamillenöl. Eine Wärmflasche ist ebenfalls sinnvoll, um den Schmerz zu lindern.

Massieren Sie das Ohr sacht mit einer Mischung aus je 2–3 Tropfen Lavendel-, Kamillen- und/oder Teebaumöl, verdünnt auf 15 ml Trägeröl.

Tauchen Sie einen Wattebausch in 5 ml erwärmtes Oliven- oder Mandelöl, in das Sie insgesamt 3 Tropfen Lavendel- und/oder Kamillenöl gegeben haben, und führen Sie ihn vorsichtig in den Gehörgang ein (nicht zu weit!).

ANMERKUNG: Dies sollte nur geschehen, wenn der Arzt abgeklärt hat, daß keine Verletzung des Trommelfells vorliegt.

AROMATHERAPEUTISCHE ÖLE

Kamille (Römische und Echte), Lavendel, Teebaum.

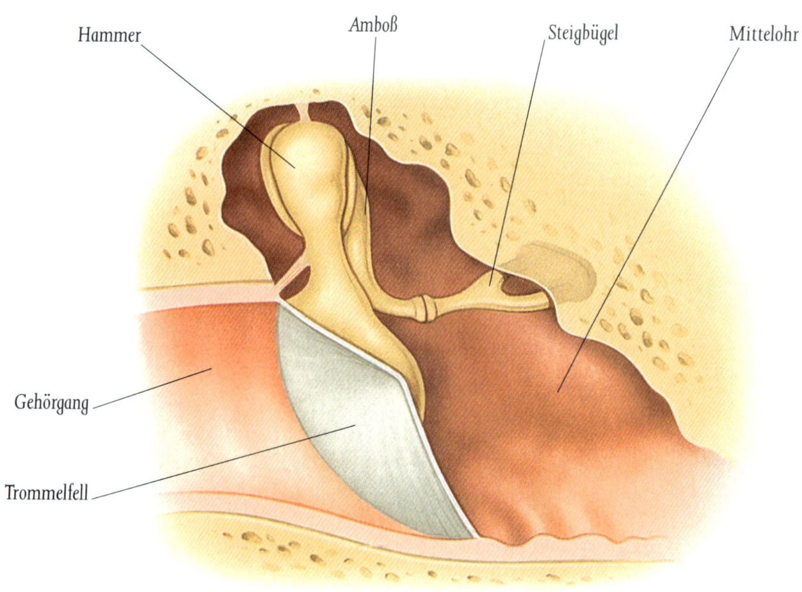

ACHTUNG
Infektionen – z. B. bei einer Erkältung – können sich schnell von der Nase über die Eustachische Röhre im Mittelohr verbreiten. Werden sie nicht behandelt, kann das zu Schäden am Trommelfell oder am Mastoid führen. Suchen Sie deshalb bei erhöhter Temperatur, Blut, Eiter oder schweren, hartnäckigen Schmerzen unbedingt einen Arzt auf.

Im Mittelohr liegen das Trommelfell und die drei Gehörknöchelchen: Hammer, Amboß und Steigbügel.

Halsentzündung

Die Entzündung der Schleimhäute, die Mund und Rachen auskleiden, kann sehr schmerzhaft sein. Laryngitis – Kehlkopfentzündung – führt zu Heiserkeit oder sogar vorübergehendem Stimmverlust.

Halsschmerzen treten meist in Verbindung mit anderen Atemwegsinfekten auf, z. B. Bronchitis oder Grippe. Sie sind oft das erste Anzeichen der Erkrankung, deshalb lohnt es sich, sie sofort zu behandeln, um Ausbreitung und Dauer der Infektion zu begrenzen.

Laryngitis kann durch Bronchitis, Grippe oder Überanstrengung der Stimmbänder ausgelöst werden. Kälte, feuchte oder sehr trockene Luft, Rauchen, Streß und unausgewogene Ernährung erhöhen das Erkrankungsrisiko.

Tips zur Ernährung

Essen Sie viel frisches Obst und Gemüse, das reich an Vitamin C ist (z. B. Zitronen, Orangen, Erdbeeren), sowie Zwiebeln und Knoblauch. Bei der Behandlung akuter Beschwerden können Sie auf Vitamin-C-Tabletten und Knoblauchkapseln zurückgreifen. Empfehlenswert sind auch Salbei- oder Thymiantee und Zitrone mit Honig.

Weitere Schritte

Hören Sie auf zu rauchen! Halten Sie sich warm, schonen Sie Ihre Stimme. *Vgl. auch* Bronchitis, Erkältungen, Grippe.

KLINISCHE DETAILS

Teebaumöl hat sich als sehr wirksames Heilmittel gegen Halsschmerzen erwiesen, vor allem wenn man wenige Tropfen davon mit Wasser zu einer effektiven Gurgellösung vermischt.

Salbeiöl kann – mit anderen Ölen vermischt – für eine beruhigende Gurgellösung oder für ein Massageöl für Hals und Brust verwendet werden.

ANWENDUNGSMETHODEN

Dampfinhalation ist bei Laryngitis und Halsschmerzen äußerst wirkungsvoll. Bei trockenem Hals lindern regelmäßige Inhalationen die Reizung. Geben Sie je 2–3 Tropfen Sandelholz-, Zeder- oder Benzoe- und Weihrauchöl in eine Schüssel dampfendes Wasser und inhalieren Sie 5–10 Minuten lang. Bei einer Infektion verwenden Sie je 2–3 Tropfen Teebaum-, Lavendel-, Thymian- oder Eukalyptusöl. Mindestens zweimal täglich wiederholen.

Geben Sie je 2 Tropfen Teebaum-, Spanisches-Salbei- oder Muskatellersalbei- und Thymianöl in ein Glas warmes Wasser, rühren um und gurgeln damit mindestens dreimal täglich.

Beim Versagen der Stimme oder trockenem Hals mischen Sie ein Öl aus je 3–4 Tropfen Thymian-, Spanisches-Salbei- oder Muskatellersalbei-, Benzoe- und Sandelholzöl auf 25 ml Trägeröl. Brust und Hals mindestens zweimal täglich damit einmassieren.

Keimtötende und balsamische Öle in einem Verdunster lindern Halsinfektionen. Geben Sie einige Tropfen auf ein Taschentuch, um tagsüber zu inhalieren. Nachts sollten Sie auf beruhigende Öle wie Majoran oder Myrte zurückgreifen.

Eine Gurgellösung mit Teebaumöl (auch gemischt mit Thymian- oder Salbeiöl) lindert Halsschmerzen.

THYMIAN

AROMATHERAPEUTISCHE ÖLE

Bakterientötend: Teebaum, Eukalyptus, Thymian, Spanischer Salbei, Muskatellersalbei, Bergamotte, Pfefferminze, Kajeput, Majoran, Myrte, Geranie, Ysop, Lavendel, Kiefer.
Balsamisch: Sandelholz, Benzoe, Myrrhe, Zeder, Weihrauch.

Mund, Zähne, Mundschleimhaut

Zahnschmerzen/ Zahnabszeß

Typisch für Zahnschmerzen ist ihre Hartnäckigkeit. Bei einem Zahnabszeß entstehen die Schmerzen durch erhöhten Druck der Entzündung an der Zahnwurzel. Mangelhafte Mundhygiene, die in Zahnverfall gipfelt, ist oft die Ursache beider Erkrankungen. Streß und Erschöpfung können zur Bildung eines Abszesses beitragen, da sie die Abwehrkräfte des Körpers untergraben.

Tips zur Ernährung

Produkte mit weißem Zucker, Süßigkeiten und Limonaden beschleunigen den Verfallsprozeß. Wählen Sie möglichst Lebensmittel mit geringem Zuckergehalt und dämpfen Sie die Naschlust Ihrer Kinder; denn wer von klein auf eine Vorliebe für Süßes hat, kommt später schwer davon los. Besteht der Abszeß bereits, stärken Knoblauch und Echinacea die Abwehrkräfte, Vitamin-C-Präparate fördern die Heilung.

Weitere Schritte

Achten Sie auf Mundhygiene, gehen Sie regelmäßig zum Zahnarzt, denn: Vorbeugen ist besser als Heilen. *Vgl. auch* Abszesse/Furunkel, Zahnfleisch-/Mundentzündungen, Mundgeschwüre, Streß.

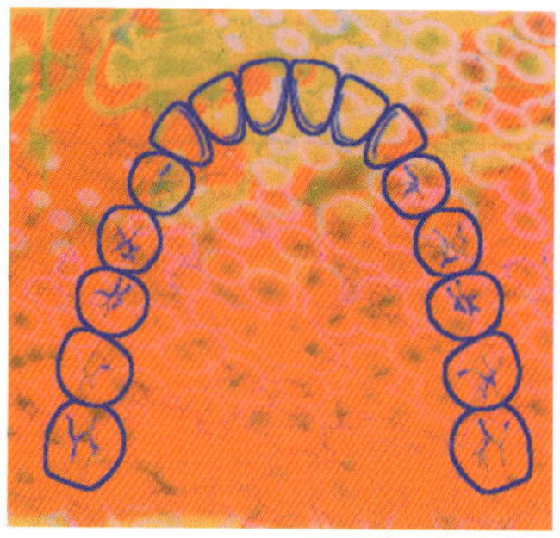

DIE ZÄHNE

Verweise

ABSZESS *siehe* ZAHNSCHMERZEN/ ZAHNABSZESS, S. 142

GINGIVITIS *siehe* ZAHNFLEISCH-/ MUNDENTZÜNDUNGEN, S. 143

MUNDSOOR *siehe* ZAHNFLEISCH-/ MUNDENTZÜNDUNGEN, S. 143

ZAHNFLEISCH *siehe* ZAHNFLEISCH-/ MUNDENTZÜNDUNGEN, S. 143

ANWENDUNGSMETHODEN

Gegen akute Schmerzen geben Sie 1–2 Tropfen Gewürznelkenöl mit dem Finger oder einem Wattebausch direkt auf den Zahn.

Um Schmerzen und Schwellungen zu lindern, massieren Sie die Wange mit folgender Mixtur: Je 1–2 Tropfen Kamillen- (Römische oder Echte), Lavendel- und Pfefferminzöl gemischt mit 15 ml Trägercreme oder -öl. Um Kleinkindern das Zahnen zu erleichtern, mischen Sie 1 Tropfen Kamillenöl (Römische oder Echte) mit 5 ml Trägeröl und massieren es in die jeweilige Wange ein.

Gegen Infektionen und zur Vorbeugung morgens und abends nach dem Zähneputzen anzuwenden: Geben Sie 5–6 Tropfen Teebaumöl in ein Glas warmes Wasser, rühren um, spülen den Mund und/oder gurgeln damit.

AROMATHERAPEUTISCHE ÖLE

Gewürznelke, Teebaum, Thymian, Lavendel, Kamille (Römische und Echte), Pfefferminze, Myrrhe, Zimtblatt.

ACHTUNG
Zahnabszesse können gefährlich sein, da sich der Infekt über das Blut im ganzen Körper ausbreiten kann. Suchen Sie immer einen Arzt auf!

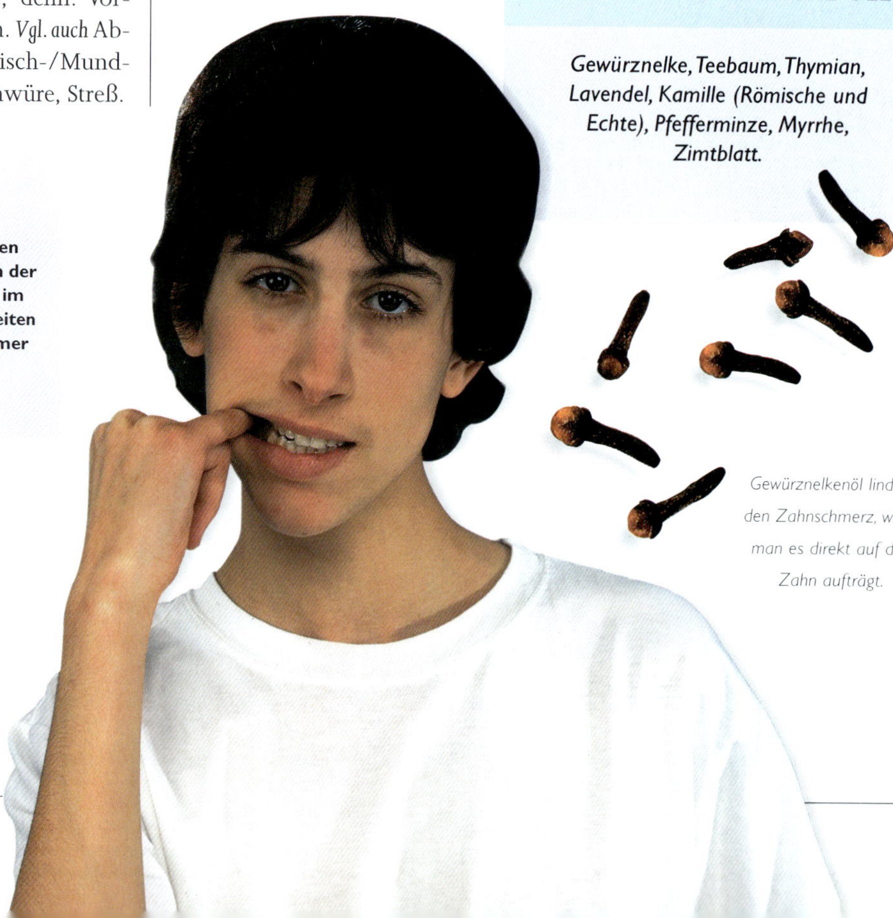

Ein ebenso althergebrachtes wie wirksames Heilmittel gegen Zahnweh ist Gewürznelkenöl.

Gewürznelkenöl lindert den Zahnschmerz, wenn man es direkt auf den Zahn aufträgt.

MYRRHE

Lebende Joghurtkulturen stellen das Gleichgewicht der Darmflora wieder her, das durch Breitbandantibiotika angegriffen wurde.

Soor wird durch den Pilz Candida albicans ausgelöst, der die feuchten Schleimhäute des Körpers, z. B. im Mund, angreift.

Zahnfleisch-/Mundentzündungen

Die häufigsten Arten von Zahnfleisch- und Mundschleimhautentzündung sind Soor und Gingivitis. Mundsoor tritt überwiegend bei Kleinkindern auf, obwohl auch Erwachsene – etwa nach der Einnahme von Antibiotika – davon betroffen sein können. In den Backentaschen und am Gaumen bilden sich kleine weiße Flecken, oft in Verbindung mit Mundgeruch. Gingivitis geht mit einer Rötung und Schwellung des Zahnfleisches einher, das z. B. beim Zähneputzen leicht blutet. Soor wird durch den Pilz *Candida albicans* hervorgerufen. Gingivitis entsteht durch Zahnbelag, der sich zu Zahnstein verhärtet und ablagert, und schlampige Mundhygiene.

Tips zur Ernährung

Meiden Sie Produkte mit Zucker und denaturierte Lebensmittel. Vitamin-C-Mangel führt zu Zahnfleischbluten und -schwellungen, Vitamin-B3-Mangel zu Mundgeruch. Essen Sie Joghurt (bzw. Lactobacillus-Produkte) mit lebenden Kulturen, um die Darmflora zu unterstützen. Kräutertee, z. B. Salbei, Fenchel und Thymian, regt die Abwehrfunktionen des Körpers an und kann zur Mundspülung verwendet werden.

Weitere Schritte

Achten Sie auf Mundhygiene mit regelmäßigem Zähneputzen, Einsatz von Zahnseide und Zahnarztbesuch. Geben Sie das Rauchen auf! *Vgl. auch* Zahnschmerzen/Zahnabszeß, Mundgeruch, Mundgeschwüre.

ANWENDUNGSMETHODEN

Bei Gingivitis, Soor und anderen Infektionen des Mundraums morgens und abends nach dem Zähneputzen: 4–5 Tropfen Teebaumöl (oder einer Mischung aus den angegebenen Ölen) in ein Glas warmes Wasser rühren, damit spülen und/oder gurgeln.

Als alternative Heilmethode bei Soor: Mischen Sie je 6–7 Tropfen Teebaum-, Geranien- und Myrrhen- bzw. Zitronen-Eukalyptus-Öl mit 15 ml Hamamelis und 50 ml destilliertem Wasser oder Lavendelwasser. In einen kleinen Zerstäuber füllen und vor dem Sprühen in die Mundhöhle immer gut schütteln.

Bei Gingivitis: Massieren bzw. spülen Sie das Zahnfleisch vor dem Schlafengehen mit folgender verdünnter Mischung: 30 ml Myrrhentinktur, 5–6 Tropfen Teebaum-, 2–3 Tropfen Zitronen-Eukalyptus-, Pfefferminz- und/oder Thymianöl. 6–8 Tropfen in ein Glas lauwarmes Wasser geben, gut umrühren, zwei- bis dreimal täglich anwenden.

AROMATHERAPEUTISCHE ÖLE

Rose, Thymian, Gewürznelke, Zimtblatt, Teebaum, Fenchel, Spanischer Salbei, Muskatellersalbei, Geranie, Zitronen-Eukalyptus, Myrrhe.

ZIMT

Tinkturen mit Myrrhe und Zimtrinde sowie Öle aus den entsprechenden Blättern finden in der Zahnheilkunde vielfach Verwendung.

ACHTUNG
Gingivitis kann, sofern sie nicht behandelt wird, zu Zahnbetterkrankungen führen, in deren Verlauf die Zähne ausfallen.

Mundgeschwüre

HIERBEI HANDELT ES SICH um Bläschen, die aufplatzen und schmerzen. Auslöser können eine Virusinfektion oder Überreaktion auf bestimmte Nahrungsmittel sein. Sie treten vielfach bei allgemeiner Erschöpfung auf.

Tips zur Ernährung

Mit Zinktabletten kann Mundgeschwüren erfolgreich – auch vorbeugend – begegnet werden. Alkohol und stark gewürzte Speisen verschlimmern die Beschwerden. Trinken Sie viel Wasser und Kräutertee (Salbei, Thymian, Echinacea), essen Sie frisches Obst und Gemüse. Vitamin C beschleunigt die Heilung, Joghurt- oder Lactobacillus-Produkte regenerieren die Darmflora nach der Einnahme von Antibiotika.

Weitere Schritte

Achten Sie auf größtmögliche Mundhygiene. *Vgl. auch* Mundgeruch, Zahnfleisch-/Mundentzündungen, Streß.

KLINISCHE DETAILS

Teebaumöl hat sich bei klinischen Untersuchungen als sehr wirksames Heilmittel gegen Mundgeschwüre und Zahnfleisch-eiterungen erwiesen.

AROMATHERAPEUTISCHE ÖLE

Zypresse, Myrrhe, Teebaum.

Korrekte, regelmäßige Pflege von Zähnen und Zahnfleisch kann Entzündungen im Mundraum verhindern.

ANWENDUNGSMETHODEN

Verwenden Sie Teebaumöl pur oder in einer 50%igen wäßrigen Lösung (zur Behandlung von Kindern stärker verdünnen). Mit einem Wattestäbchen auftragen, drei Tage lang zwei- bis dreimal wiederholen.

Zur Vorbeugung morgens und abends nach dem Zähneputzen: Geben Sie 5–6 Tropfen Teebaumöl in ein Glas warmes Wasser, rühren um, spülen und/oder gurgeln damit.

Mundgeruch

MUNDGERUCH, OFT DAS erste Anzeichen einer Erkrankung, ist häufig auf Rauchen, unzulängliche Mundhygiene, Infekte, Verdauungsstörungen oder unausgewogene Ernährung zurückzuführen.

Tips zur Ernährung

Mangel an Vitamin B 3 führt oft zu Mundgeruch und einer belegten Zunge, Mangel an Vitamin C zu Zahnfleischerkrankungen. Kauen Sie Kümmel- oder Korianderkörner, Kardamom (neutralisiert Knoblauchgeruch), Gewürznelken oder kandierten Ingwer, um Ihren Atem zu erfrischen. Petersilie, Pfefferminze, Grüne Minze und Basilikum vertreiben Mundgeruch nach dem Genuß von intensiv riechendem Essen.

Weitere Schritte

Achten Sie auf größtmögliche Mundhygiene. *Vgl. auch* Mundgeruch, Zahnfleisch-/Mundentzündungen.

AROMATHERAPEUTISCHE ÖLE

Kardamom, Koriander, Thymian, Gewürznelke, Zimtblatt, Teebaum, Spanischer Salbei, Muskatellersalbei, Ingwer, Fenchel.

KARDAMOM

Kauen von Kardamom oder frischer Petersilie vertreibt schlechten Atem, neutralisiert den Geruch von intensiven Aromen und verleiht einen frischen Geschmack im Mund.

ANWENDUNGSMETHODEN

Rühren Sie 4–5 Tropfen Teebaumöl (oder eine Mixtur antiseptischer bzw. keimtötender Öle) in ein Glas lauwarmes Wasser, spülen und/oder gurgeln damit zweimal täglich.

Zur Mundhygiene: Lösen Sie je 5 Tropfen Thymian-, Teebaum-, Gewürznelken- oder Zimtblatt-, Fenchel- und Salbeiöl in 15 ml Wodka auf und mischen es mit 250 ml destilliertem Wasser. In dunklem, verschlossenem Behälter einen Monat lang ziehen lassen, schütteln, durch einen Kaffeefilter gießen. Zweimal täglich den Mund spülen.

PETERSILIE

Der Verdauungstrakt

Verstopfung

Bei Verstopfung bricht der Rhythmus des Verdauungstrakts zusammen, der Stuhl ist hart, die Entleerung schwierig und selten. Diese Störung hat Unwohlsein, Müdigkeit, ein Gefühl von Aufgeschwemmtheit und bisweilen Bauchschmerzen zur Folge. Wenn sich der Körper längere Zeit nicht von seinem Abfall befreien kann, führt das womöglich zu sekundären Beschwerden wie Hämorrhoiden, schlechter Haut, Kopfschmerzen oder Koliken. Verstopfung ist keine Krankheit, sondern Symptom einer tiefer liegenden Befindlichkeitsstörung. Faserreiche Kost und ausreichend Flüssigkeit sind das A und O einer gesunden Verdauung. Bewegungsmangel, Streß, Prämenstruelles Syndrom, bestimmte Medikamente und langfristige Einnahme von Abführmitteln tragen zu Verstopfung bei.

Tips zur Ernährung

Essen Sie mehr Ballaststoffe, frisches Obst und Gemüse, Vollkorn – vor allem Kleie und Hafer – sowie Dörrpflaumen. Ein oder zwei Gläser Mineralwasser am Morgen regen die Verdauung an. Gewöhnen Sie sich an regelmäßige Essenszeiten. Verstopfung und Verdauungsprobleme sind manchmal auch auf Mangel an Inosit oder Cholin (in Weizenkeim und Hefe) oder Vitamin B, vor allem Niazin und Thiamin, zurückzuführen. Kräutertees mit Sennes oder Rhabarberwurzel lindern die akuten Beschwerden.

Weitere Schritte

Bewegen Sie sich regelmäßig und nehmen Sie Ihr Eßverhalten kritisch unter die Lupe. *Vgl. auch* Verdauungsbeschwerden, Prämenstruelles Syndrom (PMS), Schwangerschaft.

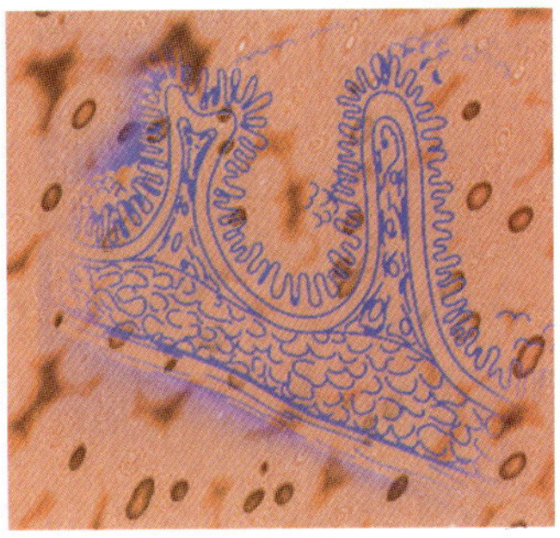

DARMZOTTEN

Verweise

Darmgrippe *siehe* **Durchfall**, S. 146

Kolik *siehe* **Verdauungsbeschwerden**, S. 147

Magenverstimmung *siehe* **Verdauungsbeschwerden**, S. 147

Nervöser Darm *siehe* S. 149

DÖRRPFLAUMEN

KLEIE

Zerealien und die klassischen Dörrpflaumen saugen sich auf ihrem Weg durch den Verdauungstrakt mit Flüssigkeit voll. Das führt zu einer Erleichterung des Stuhlgangs.

AROMATHERAPEUTISCHE ÖLE

Abführend: *Karottensamen, Selleriesamen, Wacholder, Bergamotte, Fenchel, Dill, Anis, Koriander, Angelika, Orange, Neroli, Grapefruit, Mandarine, Limette, Palmarosa, Petitgrain, Zitrone, Geranie.*

Verdauungsfördernd: *Ingwer, Rosmarin, Zimtblatt, Pfefferminze, Zitronelle, Kardamom, Schwarzer Pfeffer.*

ANWENDUNGSMETHODEN

Mischen Sie je 3–4 Tropfen Rosmarin-, Pfefferminz-, Ingwer- oder Schwarzes-Pfeffer-Öl mit 25 ml Mandel- oder einem anderen Basisöl, und massieren Sie den Unterleib sanft kreisend im Uhrzeigersinn. Mindestens zweimal täglich wiederholen.

Reduziert Streß, regt den Kreislauf an, lindert akute Bauchschmerzen: eine wöchentliche Ganzkörpermassage mit abführenden und verdauungsfördernden Ölen. Je 7–8 Tropfen Rosmarin-, Neroli- oder Petitgrain-, Fenchel- oder Geranienöl auf 50 ml Mandel- oder Traubenkernöl geben.

Einen in heißes Wasser getauchten Waschlappen, auf den einige Tropfen obiger Öle gegeben wurden, auf den Bauch legen. Mit einer Wärmflasche bleibt die Kompresse länger warm. Zur Schmerzlinderung können Sie auch eine Wärmflasche verwenden, auf die Sie zuvor das Öl tröpfeln.

Geben Sie regelmäßig 8–10 Tropfen eines empfohlenen Öls zum Badewasser.

Durchfall

Durchfall kann von Krämpfen begleitet sein. Weitere Symptome (z. B. bei Darmgrippe) sind Schwindel, Erbrechen und Fieber. Genau wie Verstopfung ist Durchfall an sich keine Krankheit, sondern Symptom einer bakteriellen bzw. viralen Infektion, von Darmgrippe, Lebensmittelvergiftung, Streß oder Umstellung der Eßgewohnheiten. Auch manche Medikamente lösen Diarrhö aus.

Tips zur Ernährung

Überprüfen Sie Ihre Nahrung auf mögliche Auslöser. Bei Verdacht auf eine bakterielle Infektion sollten Sie viel Knoblauch – auch in Kapselform – zu sich nehmen. Meiden Sie Milchprodukte und essen Sie leichte Kost wie Suppen, Reis oder gedünstete Früchte. Rizinusöl befördert Bakterien hinaus, frischer Zitronensaft, Kräutertees mit Pfefferminze, Ingwer, Mädesüß und Zimt (mit Honig) sind ebenfalls sinnvoll. Sie sollten viel trinken, um ein Austrocknen zu verhindern, und den Salzverlust evtl. durch Kochsalzgaben ausgleichen.

Weitere Schritte

Bleiben Sie im Bett, wenn Sie Schmerzen oder Fieber haben und sich übergeben müssen. Vor einer Reise sollten Sie sich vorbeugend über die Hygieneverhältnisse vor Ort erkundigen, z. B. ob man Wasser nur aus Flaschen trinken darf. *Vgl. auch* Fieber, Übelkeit/Erbrechen, Streß.

KLINISCHE DETAILS

Zimt- und Muskatöl haben sich bei der klinischen Behandlung von Diarrhö als erfolgreich erwiesen. Eugenol, das auch in Gewürznelken vorkommt, spielt als aktive Wirksubstanz dabei eine entscheidende Rolle.

ACHTUNG
Bei starken oder mehr als drei Tage anhaltenden Beschwerden sollten Sie einen Arzt zu Rate ziehen.

ANWENDUNGSMETHODEN

Bei streßbedingtem Durchfall hilft ein warmes Bad, in das Sie je 3 Tropfen Geranien-, Lavendel- und Ingweröl gegeben haben.

Mischen Sie ein Öl aus je 3–4 Tropfen Lavendel-, Ingwer- oder Muskatöl mit Geranienöl auf 25 ml leichtem Basisöl. Reiben Sie die Mischung mit sanften, kreisförmigen Bewegungen im Uhrzeigersinn auf den Unterleib. Bei Verdacht auf Infektion geben Sie einige Tropfen Teebaumöl dazu.

Eine warme Kompresse, d. h. ein in heißes Wasser getauchter Waschlappen, auf den einige Tropfen obiger Öle gegeben wurden, auf den Unterleib legen. Mit einer Wärmflasche bleibt die Kompresse warm.

»Reisedurchfall« ist eine unliebsame, aber häufige Urlaubsbekanntschaft.

AROMATHERAPEUTISCHE ÖLE

Geranie, Pfefferminze, Lavendel, Thymian, Ingwer, Muskat, Teebaum, Zimtblatt, Gewürznelke, Kamille.

Zimtblatt. Eugenol, einer der Hauptbestandteile von Zimtöl, lindert die Beschwerden bei Durchfall.

Geben Sie einige Tropfen eines empfohlenen Öls auf eine warme Kompresse für den Unterleib.

Verdauungsbeschwerden

Zu den Anzeichen einer Magenverstimmung zählen Sodbrennen, Blähungen, Koliken und Übelkeit. Diese Erkrankung steht meist in Zusammenhang mit Unruhe, Streß oder emotionaler Anspannung. Sie kann auch durch zu schnelles oder zu reichliches Essen, durch unharmonische Speisen und Lebensmittelallergien hervorgerufen werden. Bei Kleinkindern beruhen Koliken vielfach auf einer Kuhmilchallergie.

Tips zur Ernährung

Überprüfen Sie Ihre Nahrung auf Verursacher/Allergene. Viele Küchenkräuter fördern die Verdauung, vor allem Knoblauch, aber auch Rosmarin, Majoran, Salbei sowie Gewürze wie Schwarzer Pfeffer, Ingwer, Koriander und Kardamom. Kräutertees, die Blähungen u. a. Beschwerden lindern, sind Kamille, Fenchel, Dill, Anis und Pfefferminze.

Weitere Schritte

Zu enge Kleidung oder verkrampfte Haltung können Magenschmerzen hervorrufen. Essen Sie nicht unter Streß und gönnen Sie sich nach einer großen Mahlzeit eine Verdauungspause. *Vgl. auch* Unruhe, Niedergeschlagenheit, Streß.

KLINISCHE DETAILS

Lavendel ist ein außerordentlich wertvolles Heilmittel bei Verdauungsstörungen, vor allem dann, wenn sie emotional oder nervös bedingt sind. Im Rahmen klinischer Behandlungen wird es erfolgreich gegen starke Koliken und Blähungen eingesetzt, wobei man einige Tropfen Öl auf ein Stück Zucker gibt oder eine Tinktur verabreicht.

ACHTUNG

Schmerzen im Unterbauch können auf ernste Erkrankungen des Verdauungstrakts hinweisen, z. B. Gastritis, Kolitis, Diverticulitis oder einen Bruch. Aromatherapie kann bei diesen Erkrankungen zwar unterstützende Wirkung haben, ersetzt aber nicht den Arzt, Ernährungsberater oder Heilpraktiker.

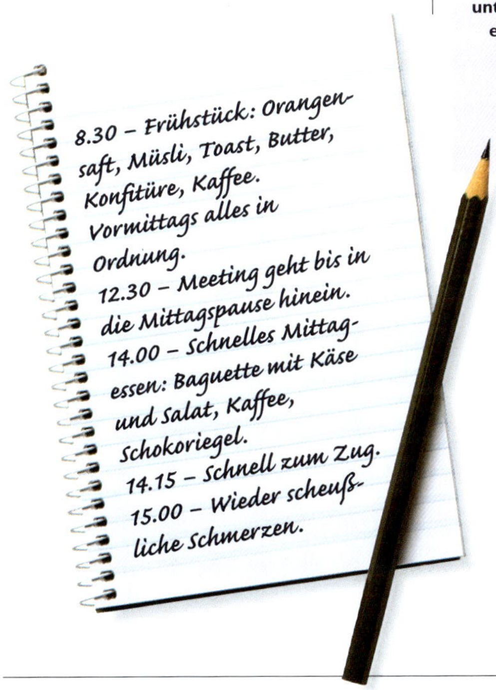

Notieren Sie, was Sie essen und tun, wann die Attacken auftreten, damit man einen eventuellen Zusammenhang zwischen Ihren Verdauungsstörungen und äußeren Faktoren ausmachen kann.

ANWENDUNGSMETHODEN

Mischen Sie je 3–4 Tropfen Lavendel-, Römisches-Kamillen- und Pfefferminzöl auf 25 ml Trägeröl und reiben Sie damit im Uhrzeigersinn sanft den Unterleib ein. Bei Blähungen geben Sie einige Tropfen Fenchel oder Dill dazu. Bei Bauchschmerzen oder Koliken von Babys und Kindern ändert sich die Mixtur: 1–3 Tropfen (insgesamt) Lavendel-, Römisches-Kamillen- und Dillöl auf 15 ml Trägeröl. Behutsam im Uhrzeigersinn auf Bauch und Rücken verreiben.

Geben Sie bei streßbedingten Verdauungsbeschwerden 8–10 Tropfen Römisches-Kamillen-, Lavendel- oder Muskatellersalbeiöl ins Badewasser.

Bei Übelkeit können Sie Pfefferminzöl vom Taschentuch inhalieren bzw. in einen Verdunster geben.

Einen in heißes Wasser getauchten Waschlappen, auf den einige Tropfen Lavendel- oder Kamillenöl gegeben wurden, auf den Unterleib legen. Mit einer Wärmflasche bleibt die Kompresse warm.

ACHTUNG

Die innere Anwendung von ätherischen Ölen darf nur unter Anleitung eines erfahrenen Therapeuten oder Arztes erfolgen.

AROMATHERAPEUTISCHE ÖLE

Lavendel, Römische Kamille, Pfefferminze, Angelika, Schwarzer Pfeffer, Fenchel, Dill, Karottensamen, Muskat, Kardamom, Majoran, Melisse, Rose, Neroli, Muskatellersalbei, Zitronengras, Petitgrain, Baldrian, Palmarosa.

Leberstauung

Die Leber ist in sämtliche physiologischen Abläufe des Organismus eingebunden. Bei der Verdauung spielt sie eine Schlüsselrolle – vor allem beim Stoffwechsel der Kohlenhydrate, Proteine, Fette und Vitamine sowie bei der Entgiftung von Schadstoffen. Außerdem produziert sie Gallenflüssigkeit, die zur Verdauung benötigt wird. Jegliche Störung oder Stauung der Leber äußert sich deshalb in Hautproblemen, Erschöpfung oder Schwierigkeiten mit der Verdauung. Ein Stau in der Leber beruht meist auf Alkohol- oder Drogenmißbrauch, überreichem, fettem Essen und chemischen Zusätzen. Bei Hepatitis können auch Infektionen eine Rolle spielen.

Tips zur Ernährung

Meiden Sie Gebratenes, Gegrilltes und Nahrungsmittel mit chemischen Zusätzen, beschränken Sie Fette und fetthaltige Produkte auf ein Minimum. Verzichten Sie möglichst ganz auf Alkohol. Verwenden Sie zum Kochen Knoblauch und Rosmarin, trinken Sie genügend. Volkstümliche Heilmittel sollen bei Leberbeschwerden helfen, z. B. Birken- oder Zitronensaft, um den Organismus nach einer Periode reichhaltiger Mahlzeiten zu entschlacken. Wir empfehlen für eine Frühlingskur: je 2 Teile Löwenzahn und Mädesüß, je 1 Teil Amerikanische Gelbwurzel und Chionanthus.

Weitere Schritte

Hören Sie auf zu rauchen – Teer reizt den Verdauungstrakt, und Nikotin verlangsamt nachgewiesenermaßen den Heilungsprozeß von Magengeschwüren. Bewegen Sie sich an der frischen Luft.

ACHTUNG
Schwere Leberleiden wie alle Arten der Hepatitis sowie Erkrankungen der Gallenblase, z. B. Gallensteine, müssen von einem Arzt behandelt werden.

ANWENDUNGSMETHODEN

Tragen Sie bei Schmerzen im Bereich der Leber eine stark verdünnte Lösung von Rosmarinöl (2 Tropfen auf 50 ml) auf Nacken, Solarplexus und Fußsohlen auf.

Regelmäßige Ganzkörpermassage mit folgender Mischung: je 7–8 Tropfen Rosmarin-, Karottensamen- (oder Selleriesamen-) und Grapefruitöl auf 50 ml Mandelöl geben.

Geben Sie regelmäßig 8–10 Tropfen der obigen Mixtur zum Badewasser.

AROMATHERAPEUTISCHE ÖLE

Rosmarin, Karottensamen, Selleriesamen, Petersiliensamen, Zitrone, Rose, Muskatellersalbei, Thymian, Spanischer Salbei, Kamille (Römische und Echte), Lavendel, Geranie, Schafgarbe, Teebaum, Zitronen-Eukalyptus, Grapefruit.

ACHTUNG
Bei Beschwerden von Leber und Bauchspeicheldrüse muß eine ärztliche Diagnose erfolgen, ehe Sie mit einer Aromatherapie beginnen!

Die Leber ist das größte innere Organ des Körpers. Hier laufen über 500 chemische Reaktionen ab.

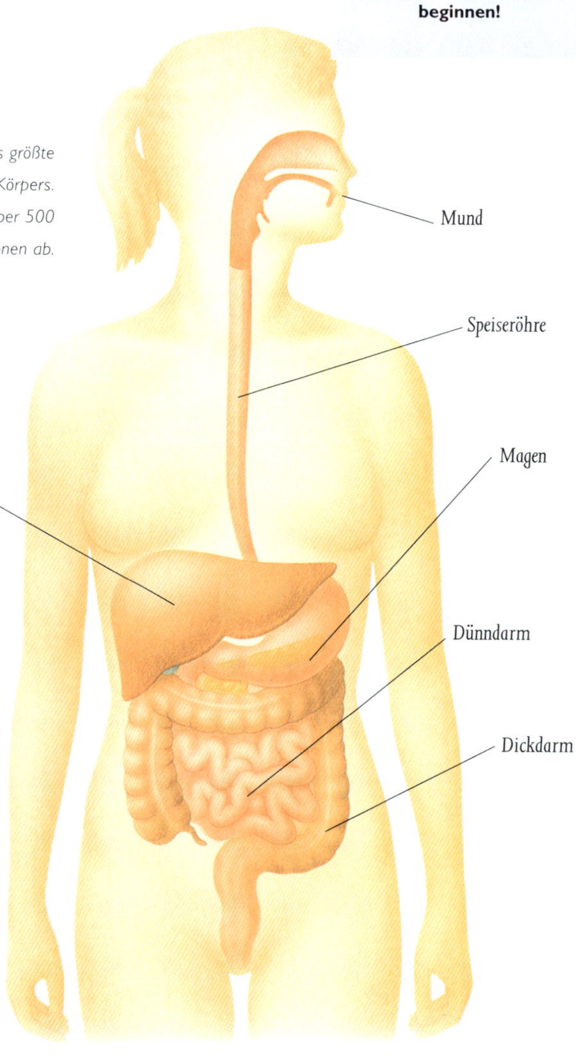

Nervöser Darm

WECHSEL VON DURCHFALL und Verstopfung, Bauchschmerzen, Koliken und Blähungen, verbunden mit Müdigkeit und Schwäche gehören zu den Anzeichen dieser Erkrankung. Streß, Allergien und zuwenig Ballaststoffe in der Nahrung verschlimmern die Beschwerden.

TIPS ZUR ERNÄHRUNG

Essen Sie Obst und Gemüse, Vollkornbrot, Getreide und Zerealien – jedoch keine Weizenkleie, da sie einen empfindlichen Darm reizen kann. Meiden Sie Tee, Kaffee und Alkohol, trinken Sie statt dessen Kräutertee, z. B. Zitronenmelisse, Baldrian, Kamille und Hopfen. Pfefferminzöl in Kapselform ist eine sinnvolle Nahrungsergänzung.

WEITERE SCHRITTE

Entspannungsübungen, Massage, Yoga und Meditation sind hilfreich. *Vgl. auch* Streß.

Obst enthält viele Ballaststoffe und sollte deshalb regelmäßig gegessen werden.

AROMATHERAPEUTISCHE ÖLE

Kamille, Lavendel, Majoran, Pfefferminze, Melisse, Rose, Neroli, Petitgrain.

ACHTUNG
Bei plötzlichen Veränderungen oder Unregelmäßigkeiten in der Verdauung sollten Sie unbedingt einen Arzt aufsuchen, wenn Sie über 40 sind.

ANWENDUNGSMETHODEN

Mischen Sie je 3–4 Tropfen Kamillen-, Pfefferminz- und Lavendelöl mit 25 ml Mandelöl (oder einem anderen Basisöl) und massieren Sie damit behutsam kreisförmig den Bauch im Uhrzeigersinn (nicht bei Durchfall!).

Wöchentlich eine Ganzkörpermassage baut Streß ab: Mischen Sie beruhigende und blähungsmindernde Öle mit je 7–8 Tropfen Lavendel-, Neroli- oder Petitgrain- und Pfefferminzöl mit 50 ml Traubenkern- oder Mandelöl.

Bei akuten Schmerzen: Ein in heißes Wasser getauchter Waschlappen, auf den etwas Lavendel- oder Kamillenöl gegeben wurde, auf den Bauch legen. Mit einer Wärmflasche bleibt die Kompresse warm.

Geben Sie regelmäßig 8–10 Tropfen eines empfohlenen Öls zum Badewasser.

Übelkeit/Erbrechen

ÜBELKEIT IST WEIT verbreitet, beginnt meist mit leichtem Schwindel, der sich verstärkt und zu Erbrechen führt. Bei der Seekrankheit wird der Gleichgewichtssinn im Innenohr durch das Auf und Ab gestört. Übelkeit hat vielerlei Gründe wie Virusinfekte, Verdauungsprobleme, übermäßiges Essen, Lebensmittelvergiftung und emotionale Befindlichkeitsstörungen.

TIPS ZUR ERNÄHRUNG

Essen Sie nicht, wenn Ihnen übel ist. Kräutertees mit Pfefferminze, Grüner Minze, Zitronenmelisse und Ingwer lindern die Beschwerden. Gegen Reisekrankheit gibt es auch Tabletten auf Kräuterbasis.

KLINISCHE DETAILS

Lavendel hilft vor allem bei Übelkeit und anderen Verdauungsproblemen, die auf emotionale Spannungen zurückzuführen sind. Pfefferminze wird bei der Therapie von Übelkeit in Zusammenhang mit Fieber, Durchfall, Verdauungsstörungen und Reisekrankheit eingesetzt.

Reisekrankheit ist ein weitverbreiteter Auslöser von Übelkeit. Man kann sie aber mit Naturheilmitteln lindern.

ANWENDUNGSMETHODEN

Inhalieren Sie Lavendel- oder Pfefferminzöl vom Taschentuch oder geben Sie etwas Öl in einen Verdunster.

Bei Übelkeit und Verdauungsstörungen: Massieren Sie behutsam den Solarplexus oder Unterleib mit einer Mischung aus 3–4 Tropfen Pfefferminz-, Ingwer- und Lavendelöl auf 25 ml Trägeröl.

AROMATHERAPEUTISCHE ÖLE

Pfefferminze, Ingwer, Lavendel, Römische Kamille, Kardamom, Koriander, Fenchel, Muskat, Melisse, Anis.

Fortpflanzungsorgane/Hormonsystem

Dysmenorrhö

DYSMENORRHÖ ÄUSSERT sich durch leichte bis heftige Krämpfe im Unterleib, die einige Minuten, aber auch tagelang anhalten können. Ausgelöst werden die Menstruationsschmerzen durch Krämpfe der Gebärmutter. Die manchmal ererbten Beschwerden können durch Bewegungsmangel, eine vorhandene Spirale, unausgewogene Ernährung oder emotionale Probleme verschlimmert werden.

Tips zur Ernährung

Verstopfung und ungesunde Nahrung, vor allem Kalziummangel (Frauen, die die Pille nehmen, brauchen zusätzlich Kalzium) spielen bei Menstruationsbeschwerden eine Rolle. Die Vitamine E und C sind weitere sinnvolle Nahrungsergänzungen. Langfristige Besserung läßt sich mit Kräutertee aus dem Gemeinen Schneeball erzielen, den man dreimal täglich trinkt.

Weitere Schritte

Meiden Sie Streß und ändern Sie evtl. Ihren Lebensstil. Akupunktur heilt die Beschwerden. Bleiben Sie bei starken Schmerzen im Bett und halten Sie sich warm. *Vgl.* Krämpfe, Prämenstruelles Syndrom (PMS).

Gemeiner Schneeball ist ein pflanzliches Heilmittel gegen Menstruationsbeschwerden.

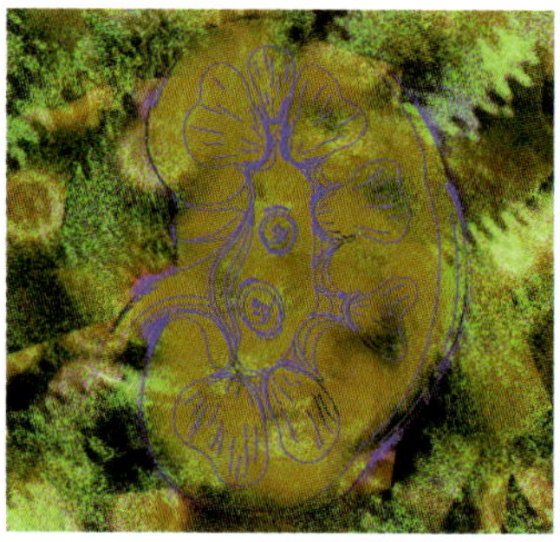

NIERE

Verweise

Ausbleibende Periode siehe **Amenorrhö,** S. 153

Klimakterium siehe **Wechseljahre,** S. 152

Leukorrhö siehe **Weissfluss** und **Hautjucken,** S. 157

Scheidenpilz siehe **Candida/Scheidenpilz,** S. 155

Schmerzhafte Periode siehe **Dysmenorrhö,** S. 150

Starke Periode siehe Menorrhagie/Hypermenorrhö, S. 151

Urethritis siehe **Zystitis** und **Harnröhrenentzündung,** S. 156

Wehen siehe **Geburt,** S. 160

Klinische Details

Die krampflösenden Eigenschaften vieler Öle sind wissenschaftlich nachgewiesen. Das gilt vor allem für Muskatellersalbei, Kamille (Römische und Echte), Majoran, Pfefferminze, Lavendel, Baldrian, Ingwer und Muskat.

ANWENDUNGSMETHODEN

Massieren Sie Unterleib und unteren Rücken mit je 4–5 Tropfen Muskatellersalbei-, Majoran- und Lavendelöl auf 25 ml Basisöl. 15 ml Nachtkerzenöl kann die Wirkung steigern.

Heiße Kompressen auf dem Unterleib: Geben Sie einige Tropfen der empfohlenen Öle auf einen Waschlappen oder auf eine Wärmflasche, um den Schmerz zu lindern.

Geben Sie 8–10 Tropfen eines entspannenden Öls zum Badewasser – das hilft bei Schmerzen, Streß und Anspannung.

AROMATHERAPEUTISCHE ÖLE

Kamille (Römische und Echte), Muskatellersalbei, Lavendel, Rose, Majoran, Melisse, Muskat, Geranie, Neroli, Pfefferminze, Ingwer, Baldrian, Rosmarin, Kardamom, Zimtblatt.

ACHTUNG
Starke, hartnäckige Schmerzen können auf eine Erkrankung der Gebärmutter hinweisen, z. B. Endometritis.

Regelmäßiger Sport hält die Muskulatur in Schwung. Anfangs einer schmerzhaften Periode können Dehnungsübungen Erleichterung verschaffen.

ACHTUNG
Andauernde oder starke Blutungen können auf eine ernste Erkrankung hinweisen. Suchen Sie einen Gynäkologen auf!

Menorrhagie/ Hypermenorrhö

EXTREM STARKE UND langanhaltende Menstruation, die oft von Krämpfen begleitet wird, kann vielerlei Gründe haben: Wucherungen an der Gebärmutter, Streß, schlechte Ernährung, zuviel Sport und Muskelverspannung.

Tips zur Ernährung

Ein Übermaß an gesättigten Ölen und Kohlenhydraten, verbunden mit einem Mangel an Obst und Gemüse verschlimmert die Beschwerden. Um den Blutverlust auszugleichen, kann man eisenhaltige Lebensmittel oder Eisenpräparate zu sich nehmen. Essen Sie gesund, trinken Sie wenig Alkohol, statt dessen viel Wasser und Tees wie Himbeerblatt und Schafgarbe.

Weitere Schritte

Gönnen Sie sich Ruhepausen, betreiben Sie behutsam Sport, überdenken Sie Ihre Lebensweise und emotionale Befindlichkeit. *Vgl. auch* Dysmenorrhö, Streß.

KLINISCHE DETAILS

Zypresse und Schafgarbe sind in der Medizin für ihre adstringierende Wirkung bekannt. Deshalb werden sie auch bei Menorrhagie/ Hypermenorrhö, in Form von Tinkturen, verabreicht.

Auch Rosenöl ist wirksam gegen Menorrhagie/ Hypermenorrhö, da es die Gebärmutter kräftigt und den Zyklus normalisiert.

ANWENDUNGSMETHODEN

Massieren Sie täglich, vor allem an den Tagen unmittelbar vor der Periode, Unterleib und unteren Rücken mit je 3–4 Tropfen Geranien-, Zypressen- oder Schafgarben- und Rosenöl, vermengt mit 25 ml Basisöl.

Geben Sie regelmäßig 8–10 Tropfen eines empfohlenen Öls zum Badewasser, vor allem unmittelbar vor und während der Menstruation.

Nehmen Sie sich Zeit für regelmäßige Massagen mit einer streßlindernden Mischung aus 7–10 Tropfen Kamillen- oder Rosen-, Geranien- und Lavendelöl auf 50 ml Basisöl.

AROMATHERAPEUTISCHE ÖLE

Zypresse, Geranie, Rose, Schafgarbe, Kamille, Lavendel.

Ein warmes, entspannendes Aromabad ist eine wahre Wohltat bei schmerzhaften Menstruationsbeschwerden.

Wechseljahre

Die Wechseljahre können bisweilen mit unangenehmen psychologischen und physischen Symptomen wie Kopfschmerzen, Hitzewallungen, Niedergeschlagenheit, Stimmungsschwankungen, Reizbarkeit, Gewichtszunahme und Ödemen einhergehen. Hormonelle Umstellungen, allen voran der sinkende Östrogen- und Progesteronspiegel, sind die wichtigsten physiologischen Auslöser dieser Symptome. Jüngsten Umfragen zufolge leidet aber nur ein Viertel der Frauen unter Problemen, wobei Hitzewallungen am häufigsten auftreten. Psychologische Faktoren müssen allerdings ebenso berücksichtigt werden, da die Ungewißheit über die künftige Rolle oder Angst vor dem Älterwerden maßgeblich zu Unwohlsein und Beschwerden beitragen.

Tips zur Ernährung

Ausgewogene, gesunde Ernährung ist in den Wechseljahren von vorrangiger Bedeutung. Es kann sinnvoll sein, die Nahrung mit Nachtkerzenöl, Mineralien und Spurenelementen (vor allem Kalzium, das zur Knochenbildung beiträgt und vor Osteoporose schützt) sowie mit Multivitaminpräparaten (in erster Linie die Vitamine D, E und B) zu ergänzen. Zur Linderung der Beschwerden können Sie auch auf Pflanzenpräparate zurückgreifen, z. B. Tees mit Ginseng, Salbei oder Fenchel.

Weitere Schritte

Viel Bewegung, Schwimmen, Yoga oder Spazierengehen, sowie Meditation und Entspannungsübungen tragen zum psychischen und physischen Wohlbefinden bei. Zu den weiteren Therapieformen, die Ihnen bei Beschwerden helfen können, gehören Homöopathie, Akupunktur, Psychotherapie, Problemberatung oder eine Behandlung mit Bach-Blüten. *Vgl. auch* Unruhe, Niedergeschlagenheit, Ödeme, Schwäche/ Schock, Kopfschmerzen, Herzjagen, Streß.

Klinische Details

Aufgrund seines Östrogengehalts eignet sich Fenchelöl zur Behandlung von Beschwerden in den Wechseljahren. So kann Fencheltee dazu beitragen, den Östrogenspiegel zu erhöhen.
Auch Ginseng hat eine östrogenartige Wirkung und lindert deshalb Beschwerden wie Hitzewallungen.

Die Wechseljahre sind eine Zeit der Umstellung im Leben einer Frau. Eine positive Einstellung neuen Herausforderungen gegenüber läßt Probleme meist gar nicht erst entstehen.

Anwendungsmethoden

Die gerade auch in den Wechseljahren wohltuende Wirkung einer Massage kann durch dieses ausgleichende Öl noch gesteigert werden: Mischen Sie je 4–5 Tropfen Geranien- oder Rosen-, Fenchel- und Muskatellersalbeiöl mit 25 ml leichtem Basisöl und 15 ml Nachtkerzen- oder Borretschöl.

Wählen Sie Öle, die angenehm duften und Ihrer Befindlichkeit entsprechen (z. B. Lavendel bei Kopfschmerzen oder Unruhe).

Bei Hitzewallungen schaffen kühle Umschläge mit Kamille, Lavendel oder Rosenwasser auf Gesicht und Körper Abhilfe.

Geben Sie täglich 8–10 Tropfen eines empfohlenen Öls zum Badewasser. Um nächtlichen Schweißausbrüchen vorzubeugen, nehmen Sie vor dem Schlafengehen ein warmes (nicht heißes) Bad mit einer Mischung aus insgesamt 8–10 Tropfen Grapefruit-, Muskatellersalbei- und Geranienöl.

Aromatherapeutische Öle

Geranie, Rose, Kamille, Bergamotte, Muskatellersalbei, Jasmin, Lavendel, Neroli, Sandelholz, Ylang Ylang, Fenchel, Grapefruit.

Vielen Frauen hilft Ginseng – als Tee oder in Tablettenform –, Beschwerden der Wechseljahre abzumildern.

Amenorrhö

Amenorrhö kann sich unterschiedlich äußern: entweder als völliges Ausbleiben der Periode über einen längeren Zeitraum oder schwache bzw. fehlende Blutungen. Besonders zu Beginn der Pubertät und während der Wechseljahre kann der Zyklus sehr unregelmäßig sein. Das läßt sich auf emotionalen Streß, Schock, hormonelle Störungen, mangelhafte Ernährung, übermäßig betriebenen Sport oder eine schwere Erkrankung zurückführen.

Tips zur Ernährung

Bei magersüchtigen Frauen und Mädchen bleibt die Periode oft aus, da aufgrund mangelnder Nährstoffzufuhr die Hormonproduktion des Körpers unterbrochen ist. Mangel an Proteinen, Vitamin B 12 und Folsäure führt zu Blutarmut (Mangel an roten Blutkörperchen) und Amenorrhö. Essen Sie viel Leber, Blattgemüse und Hefeprodukte, meiden Sie Tee, Kaffee und Alkohol. Kräutertees wie Schafgarbe, Hagebutte, Ringelblume oder Beifuß kräftigen die Gebärmutter.

Weitere Schritte

Nehmen Sie Ihren Lebensstil kritisch unter die Lupe und suchen Sie gegebenenfalls psychotherapeutische Hilfe. Streß, emotionale Unausgeglichenheit können zu Zyklusstörungen führen. *Vgl.* Wechseljahre, Streß, Schwäche/ Schock.

ANWENDUNGSMETHODEN

Massieren Sie täglich Unterleib und unteren Rücken mit einer Mischung aus je 3–4 Tropfen Karottensamen-, Muskatellersalbei- und Rosen- bzw. Myrrhenöl und 25 ml Trägeröl.

Geben Sie regelmäßig die empfohlenen Öle (am effektivsten ist eine Mischung) zum Badewasser. Informieren Sie sich zuerst über die Nebenwirkungen der Öle, *S. 178–210*.

Gönnen Sie sich wöchentlich eine professionelle Massage mit entspannenden und streßlindernden Ölen: Mischen Sie je 6–7 Tropfen Majoran-, Lavendel-, Rosen- und Muskatellersalbeiöl mit 50 ml Trägeröl.

AROMATHERAPEUTISCHE ÖLE

Angelika, Karottensamen, Selleriesamen, Zimtblatt, Muskatellersalbei, Dill, Fenchel, Ysop, Wacholder, Majoran, Myrrhe, Petersiliensamen, Rose, Spanischer Salbei.

KLINISCHE DETAILS

Klinische Untersuchungen belegen, daß Rosenöl helfen kann, den natürlichen Zyklus wiederherzustellen. So kann auch der Eisprung zuverlässiger berechnet werden, was für alle jene Frauen wichtig ist, die schwanger werden möchten.

Viele Teenager achten nicht auf gesunde und regelmäßige Ernährung. In Verbindung mit einem anstrengenden Lebensstil kann das zu Amenorrhö führen.

ACHTUNG
Amenorrhö kann Probleme mit der Fruchtbarkeit zur Folge haben. Gehen Sie bei hartnäckigem Ausbleiben der Regel zum Gynäkologen!

Die Ernährung spielt bei Zyklusstörungen eine entscheidende Rolle. Kräutertees sollten an die Stelle von Kaffee und Tee treten. Alkohol möglichst ganz meiden!

Prämenstruelles Syndrom (PMS)

Auf körperlicher Ebene können sich Kopfschmerzen, Gewichtszunahme, Pickel, Übelkeit, Spannungsgefühl in der Brust, aufgeblähter Bauch und Wassereinlagerung bemerkbar machen. Zu den psychischen Beschwerden zählen Empfindlichkeit, Launenhaftigkeit, Niedergeschlagenheit. Die Symptome können zwei Wochen bis zwei Tage vor der Blutung einsetzen und werden letztlich durch eine vorübergehende Unausgeglichenheit im Hormonhaushalt ausgelöst. PMS kann durch Faktoren wie Streß, unausgewogene Ernährung, Virusinfekte, Überarbeitung und Rauchen verschlimmert werden.

Tips zur Ernährung

Geht man PMS von einem ernährungsbezogenen Blickwinkel an, liegt die Erfolgsrate der Behandlung bei nahezu 70 %. Nehmen Sie keinen Zucker zu sich und schränken Sie Milchprodukte, Tee, Kaffee, Schokolade, Alkohol, Salz und rotes Fleisch ein. Sinnvolle Nahrungsergänzung sind die Vitamine E und B (vor allem B 6) sowie Magnesium – entweder in Lebensmitteln oder Tablettenform. Als wirksamstes Mittel gegen PMS hat sich Nachtkerzenöl erwiesen, das essentielle Fettsäuren – wie Gammalinolensäure, die das hormonähnliche Prostaglandin anregt – enthält. Nehmen Sie 10 Tage vor der Blutung täglich je 2–4 Kapseln ein. (Tritt nach drei Zyklen keine Besserung ein, dann absetzen). Auch Tee bzw. Tabletten mit Mönchspfeffer helfen.

Weitere Schritte

Weitere Schritte hängen von den individuellen Symptomen ab. *Vgl. auch* Akne, Unruhe, Niedergeschlagenheit, Ödem, Kopfschmerzen, Streß.

KLINISCHE DETAILS

Ärztliche Studien haben gezeigt, daß Aromatherapie erfolgreich in die Behandlung von PMS einbezogen werden kann. So können Massagen mit ätherischen Ölen und Aromabäder nicht nur die körperlichen, sondern auch die psychischen Beschwerden lindern.

Rauchen kann die Symptome erheblich verschlimmern.

ANWENDUNGSMETHODEN

Geben Sie 10 Tage vor sowie während der Menstruation 8–10 Tropfen eines empfohlenen Öls zum Badewasser.

Regelmäßige Ganzkörpermassagen können PMS positiv beeinflussen. Wählen Sie die Öle je nach Ihren Beschwerden. Bei Überreiztheit und Unausgeglichenheit empfiehlt sich beispielsweise eine Mischung aus 7–10 Tropfen Lavendel-, Geranien- und Kamillenöl auf 50 ml Basisöl und 15 ml Nachtkerzenöl.

Zur Selbsthilfe bei Hormonschwankungen: Mischen Sie je 4–5 Tropfen Rosen-/Lavendel-, Fenchel- und Geranienöl mit 25 ml leichtem Trägeröl und 15 ml Nachtkerzenöl. Sanft auf Unterleib und unteren Rücken einmassieren.

Geben Sie – je nach Stimmung – 10 Tage vor sowie während der Periode eines der empfohlenen Öle in einen Verdunster.

AROMATHERAPEUTISCHE ÖLE

Fenchel, Rose, Geranie, Muskatellersalbei, Bergamotte, Muskat, Grapefruit, Jasmin, Kamille, Palmarosa, Melisse, Petersiliensamen, Lavendel, Neroli, Vetiver, Ylang Ylang.

Eine Umstellung der Eßgewohnheiten kann PMS lindern. Meiden Sie zuckerreiche Kost.

SAHNETEILCHEN

ZUCKER

SCHOKOLADE

Candida/ Scheidenpilz

DIESE HAUT- UND Schleimhautinfektionen werden von einem Hefepilz, *Candida albicans*, hervorgerufen. Der Pilz gedeiht am besten in feuchtwarmer Umgebung und ist überwiegend in der Scheide anzutreffen, wo er zu Juckreiz, Rötung und einem milchigen Ausfluß führt. Allerdings kann dieser Pilz nur dann eine Infektion hervorrufen, wenn er sich über ein bestimmtes Maß hinaus vermehrt. Bei Lebensmittelallergien, Streß und angeschlagenem Allgemeinbefinden erhöht sich das Erkrankungsrisiko. Auch die Einnahme von Antibiotika kann Scheidenpilz verursachen, da die gesunde Darmflora angegriffen wird, die das Wachstum der Hefepilze kontrolliert. Da Ansteckungsgefahr besteht, können auch Sexualpartner infiziert werden. Bei Männern heißt die Erkrankung, bei der sich Eichel und Vorhaut entzünden, Balanitis.

Tips zur Ernährung

Um das Gleichgewicht der Darmflora zu fördern, essen Sie Joghurt oder Lactobacillus-Produkte und meiden Alkohol, Zucker und Stärke. Knoblauch stärkt das Immunsystem.

Weitere Schritte

Tragen Sie keine synthetische Unterwäsche, sondern atmungsaktive Naturfaser. Vermeiden Sie aggressive Wasch- und Pflegesubstanzen. Sexualpartner müssen sich gleichzeitig einer Behandlung unterziehen, um eine wechselseitige Ansteckung zu verhindern. *Vgl. auch* Ekzeme, Zahnfleisch-/ Mundentzündungen.

KLINISCHE DETAILS

Teebaumöl ist für die Behandlung von Scheidenpilz bestens geeignet, da es pilztötende Eigenschaften mit ausgesprochener Hautfreundlichkeit verbindet. Es kann sogar unmittelbar auf die Schleimhäute aufgetragen werden.

Bei klinischen Untersuchungen haben Algerische Geranie und Zitronen-Eukalyptus in der Behandlung von *Candida albicans* starke pilztötende Wirkung gezeigt.

AROMATHERAPEUTISCHE ÖLE

Teebaum, Geranie, Zitronen-Eukalyptus, Lavendel.

GERANIENBLÄTTER

ANWENDUNGSMETHODEN

Um Scheidenpilz zu behandeln, tränken Sie einen Tampon in einer 1%igen Teebaumlösung (20 Tropfen Teebaumöl auf 100 ml destilliertes Wasser) und führen ihn in die Scheide ein. Alle 8 Stunden erneuern. (Diese Methode wurde im Annandale Women's Centre im australischen Sydney entwickelt.

Stellen Sie ein Pessar mit einer 1%igen Lösung von Teebaumöl in Kakaobutter her, d. h. 10 Tropfen Öl auf 50 ml geschmolzene, leicht abgekühlte Kakaobutter. Die Masse zu Kügelchen formen und trocknen lassen. Ein- bis zweimal täglich ein Kügelchen in die Scheide einführen.

Für eine Scheidenspülung geben Sie 20–25 Tropfen Teebaumöl auf 200 ml destilliertes Wasser. Das lindert Reizung und Infektion und kann im Wechsel mit obigen Anwendungen eingesetzt werden.

Geben Sie 8–10 Tropfen Zitronen-Eukalyptus-, Teebaum- oder Geranienöl als Zusatz in die Badewanne oder in ein Sitzbad (täglich 5–10 Minuten).

Bei Balanitis reinigt man die betroffene Stelle mit einer Lösung aus 20 Tropfen Teebaumöl auf 100 ml destilliertem Wasser. Gut schütteln, täglich viermal anwenden.

Zur Vorbeugung oder als begleitende Maßnahme: Geben Sie 8–10 Tropfen eines empfohlenen Öls zum Badewasser.

ACHTUNG
Obwohl ein vorübergehendes Wärmegefühl in der Scheide bei der lokalen Anwendung von Teebaumöl normal ist, sollten Sie die Behandlung abbrechen, wenn daraus ein störendes Brennen wird.

Joghurt hat eine lange Tradition in der Bekämpfung von Hefepilzinfektionen. Essen Sie verstärkt lebende Joghurtkulturen, die auch lokal auf Scheidentampons aufgetragen werden können.

Geranienöl ist nicht nur stark pilztötend, sondern äußerst hautverträglich (in der Standardverdünnung) und wohlriechend.

Zystitis und Harnröhrenentzündung

Bei Zystitis handelt es sich um eine bakterielle Infektion der Blase, die bei Frauen häufiger vorkommt als bei Männern. Man leidet – sogar bei leerer Blase – unter ständigem Harndrang, Unterleibsschmerzen, bisweilen auch Fieber, das Wasserlassen wird von schmerzhaftem Stechen begleitet, der Harn ist trübe. Viele Anfälle von Zystitis beginnen als Harnröhrentzündung. Bakterielle Infekte, eine körperliche Verletzung, Erkältung oder langandauernde seelische Belastung können dieser Erkrankung Vorschub leisten. Nicht alle Menschen sind gleich anfällig; betroffen sind fast nur Frauen. Daneben sind Personen anfällig, die eine Harnleiteroperation hinter sich haben oder Männer mit vergrößerter Prostata. »Flitterwochenzystitis« wird durch ausgeprägte sexuelle Aktivität hervorgerufen.

Tips zur Ernährung

Chronische Zystitis kann auch durch Lebensmittelallergien bedingt sein; wenden Sie sich im Zweifelsfall an einen Spezialisten. Trinken Sie in jedem Fall viel Wasser und Kräutertee (vor allem Echinacea, Fenchel, Schafgarbe, Thymian), um die Nieren durchzuspülen, Bakterien auszuschwemmen und den Urin zu verdünnen. Knoblauch stärkt darüber hinaus das Immunsystem.

Weitere Schritte

Tragen Sie keine enganliegende Kleidung und synthetische Unterwäsche. Sollte Streß ein Faktor sein, sollten Sie Ihren Lebensstil überdenken. Gönnen Sie sich – vor allem bei Fieber – soviel Ruhe wie möglich. *Vgl. auch* Fieber, Streß.

ACHTUNG
Wenn innerhalb weniger Tage keine Besserung eintritt, Blut bzw. Eiter im Urin sind oder Fieber auftritt, sollten Sie einen Arzt aufsuchen!

AROMATHERAPEUTISCHE ÖLE

Bergamotte, Lavendel, Kamille, Teebaum, Sandelholz, Wacholder, Weihrauch, Petersiliensamen, Selleriesamen, Thymian, Schafgarbe.

KLINISCHE DETAILS

Bei der Behandlung von Zystitis wurde Teebaumöl erfolgreich innerlich angewandt. Diese Therapie bedarf allerdings ärztlicher Überwachung!

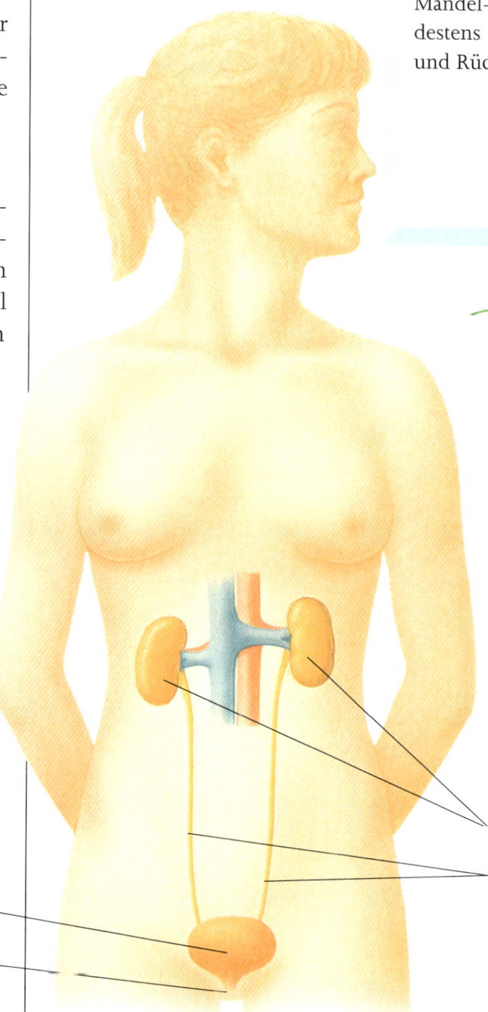

ANWENDUNGSMETHODEN

Mischen Sie eine Lösung aus 10–12 Tropfen Teebaumöl und 100 ml abgekochtem, leicht abgekühltem Wasser. Wischen Sie mit einem Wattebausch mehrmals über die Öffnung der Harnröhre, nachdem Sie auf der Toilette waren. Die Lösung vor Gebrauch immer gut schütteln!

Geben Sie zur Vorbeugung oder als allgemeines Desinfektionsmittel 8–10 Tropfen eines antibakteriellen Öls (bzw. einer Mischung) ins Badewasser.

Mischen Sie ein Massageöl aus je 3–4 Tropfen Teebaum-, Sandelholz-, Bergamott- oder Lavendelöl und 25 ml leichtes Trägeröl, z. B. Süßes-Mandel-Öl oder Traubenkernöl. Mindestens zweimal täglich sanft Unterleib und Rücken damit einreiben.

FENCHEL

Behandeln Sie Zystitis unverzüglich, da die Infektion sonst von der Harnröhre über die Blase in die Nieren aufsteigen kann. Fencheltee ist besonders wirksam.

ACHTUNG
Verwenden Sie Teebaumöl nur unter ärztlicher Aufsicht innerlich!

Weißfluß und Hautjucken

DIE ANZEICHEN VON Weißfluß sind ein zäher weißer bzw. gelber Ausfluß und heftiges Jucken in der Scheide. Hautjucken ist eine Begleiterscheinung der meisten leichten Scheidenentzündungen, die durch übermäßige Vermehrung von Bakterien oder Pilzen hervorgerufen wird. Meist kommt es unter Streß zu Infektionen dieser Art.

TIPS ZUR ERNÄHRUNG

Nehmen Sie vermehrt Vitamin C und B zu sich. Meiden Sie Tee, Kaffee, Alkohol und Gewürze. Knoblauch (auch in Kapselform) stärkt das Immunsystem.

WEITERE SCHRITTE

Vermeiden Sie enganliegende Kleidung, synthetische Unterwäsche und aggressive Waschsubstanzen. *Vgl. auch* Zystitis, Herpes genitalis, Streß, Candida/Scheidenpilz.

KLINISCHE DETAILS

Teebaum hat sich bei der Behandlung von Weißfluß und Hautjucken als sehr wirksam erwiesen.

Vorbeugend können Sie Knoblauchkapseln einnehmen und einige Tropfen Lavendelöl zu Ihrem Badewasser geben.

AROMATHERAPEUTISCHE ÖLE

Teebaum, Lavendel, Geranie, Zitronen-Eukalyptus, Myrrhe.

ANWENDUNGSMETHODEN

Geben Sie 8–10 Tropfen Teebaum- oder Lavendelöl in eine Schüssel oder ein Sitzbad und baden Sie darin täglich 5–10 Minuten.

Geben Sie zur Vorbeugung und allgemeinen Desinfektion 8–10 Tropfen eines empfohlenen Öls zum täglichen Bad.

Herpes genitalis

DIESE INFEKTION WIRD beim Sexualkontakt übertragen: Die Haut im Genitalbereich rötet sich, juckt und platzt in kleinen, höchst schmerzhaften Bläschen auf. Diese Beschwerden können sich wochenlang hinziehen. Dem ersten Ausbruch folgen oft leichtere Attacken, die nur wenige Tage dauern und durch Streß, sexuelle Aktivität oder eine weitere Infektion verschlimmert werden. Das Virus *Herpes simplex II* ruht oft im Körper, bis es aufgrund einer Schwächung der Immunabwehr plötzlich ausbricht. Das gleiche gilt für das Virus *Herpes simplex I*, das Bläschenausschlag verursacht.

TIPS ZUR ERNÄHRUNG

Stärken Sie Ihr Abwehrsystem mit Knoblauch und den Vitaminen B und C.

WEITERE SCHRITTE

Kein Geschlechtsverkehr, viel Ruhe; schicken Sie den Partner zum Arzt. *Vgl.* Windpocken, Bläschenausschlag, Streß.

AROMATHERAPEUTISCHE ÖLE

Lavendel, Bergamotte, Teebaum, Kamille, Schafgarbe, Pfefferminze, Geranie, Melisse, Myrrhe, Blaugummi-Eukalyptus.

ACHTUNG
Obwohl ein vorübergehendes Wärmegefühl bei der Anwendung von Teebaumöl normal ist, sollten Sie die Behandlung bei störendem Brennen abbrechen.

LAVENDEL

ANWENDUNGSMETHODEN

Stellen Sie bei den ersten Anzeichen einer Infektion eine konzentrierte Lösung aus 10–12 Tropfen Teebaumöl und 100 ml warmem Wasser her. Spülen Sie den Genitalbereich damit wiederholt, um Reizungen zu lindern und die Infektion in Schach zu halten. Vor Gebrauch immer gut schütteln!

Betupfen Sie die Bläschen mit purem Teebaumöl – zuvor sollten Sie allerdings testen, ob Sie das unverdünnte Öl vertragen! Über mehrere Tage wiederholt anwenden, bis Besserung eintritt.

Geben Sie 8–10 Tropfen eines empfohlenen Öls als allgemeines Desinfektionsmittel zum Badewasser.

Sexuelle Probleme

LUSTLOSIGKEIT, FRIGIDITÄT, Unfruchtbarkeit, Impotenz und mangelndes Selbstvertrauen sind weit verbreitet. Viele scheinbar physische Probleme – wie Frigidität und Impotenz – haben psychologische Gründe und werden oft von Niedergeschlagenheit, Angst- und Unruhegefühlen sowie Streß begleitet.

Tips zur Ernährung

Eine gesunde, ausgewogene Ernährung ist der Schlüssel zu optimalem Wohlbefinden und sexueller Vitalität. Obwohl Alkohol in kleinen Mengen durchaus anregt, wirkt er, im Übermaß genossen, einschläfernd und dämpfend. Zink und Betakarotin können die sexuelle Energie steigern, das gleiche gilt für Ginseng, der auch in Kapselform eingenommen werden kann.

ACHTUNG
Achten Sie darauf, daß ätherische Öle nicht mit Kondomen in Verbindung kommen, da sie das Material angreifen können.

Weitere Schritte

Nehmen Sie sich Zeit zur Entspannung. Sportliche Betätigung in Maßen fördert die körperliche Gesundheit. Psychotherapie, Hypnotherapie, Ernährungsberatung oder eine Therapie mit Bach-Blüten können ebenfalls sinnvoll sein. *Vgl. auch* Streß.

Neroli kann nervliche Anspannung abbauen und hat darüber hinaus – so sagt man – erotisierende Eigenschaften.

ACHTUNG
Suchen Sie bei tief verwurzelten sexuellen Problemen die Hilfe eines Spezialisten.

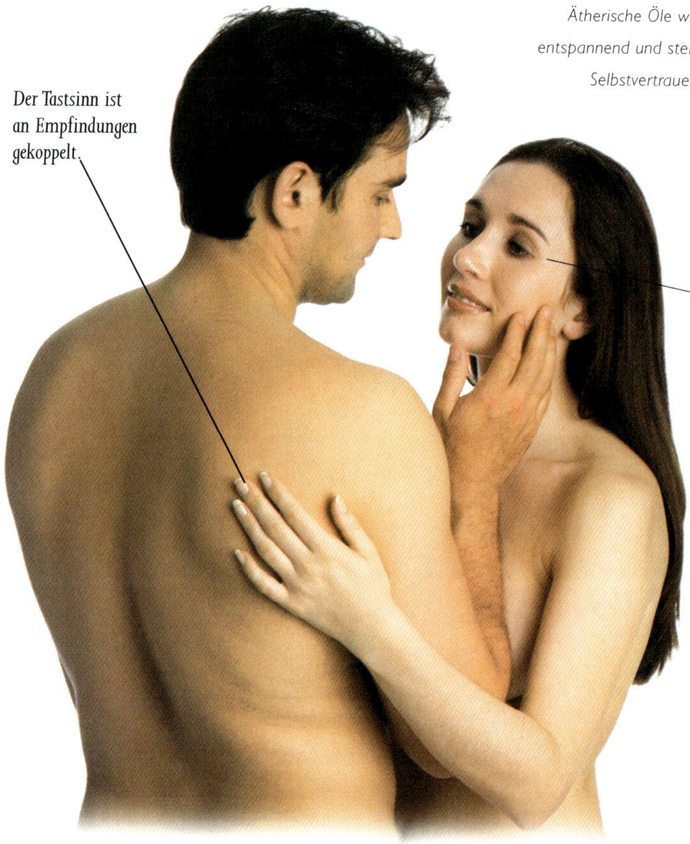

Der Tastsinn ist an Empfindungen gekoppelt.

Lesen Sie sich gegenseitig die Wünsche von den Augen ab.

Ätherische Öle wirken entspannend und steigern das Selbstvertrauen.

ANWENDUNGSMETHODEN

Tragen Sie ätherische Öle wie Rose, Ylang Ylang oder Sandelholz (bzw. eine Mischung) als Parfum, um eine sinnliche Atmosphäre zu schaffen.

Mischen Sie je 5–7 Tropfen Rosen-, Sandelholz- und Ylang-Ylang-Öl mit 50 ml eines leichten Trägeröls. Partnermassage kann eine sehr erotische, intime Erfahrung und eine wichtige sexuelle Komponente sein.

Aromabäder können Sie in Stimmung bringen: Geben Sie einige Tropfen Ihres Lieblingsöls (bzw. einer Mischung) ins Badewasser.

Geben Sie einige Tropfen aphrodisierender Öle in einen Verdunster oder zünden Sie eine Duftkerze an.

AROMATHERAPEUTISCHE ÖLE

Aphrodisierend: Rose, Neroli, Muskatellersalbei, Patschuli, Ylang Ylang, Jasmin, Schwarzer Pfeffer, Kardamom, Sandelholz. Entspannend: Lavendel, Geranie.

PARFUM

Schwangerschaft

Während der Schwangerschaft können sich eine Vielzahl sowohl körperlicher wie seelischer Probleme wie Ödeme, Rückenschmerzen, Verstopfung, Müdigkeit, Hämorrhoiden, morgendliche Übelkeit, Unruhe und Niedergeschlagenheit einstellen.

Tips zur Ernährung

Alles, was Sie zu sich nehmen, wird direkt an das Kind weitergeleitet, egal ob es sich um Kohlenhydrate, Fette, Mineralien, Vitamine, chemische Schadstoffe, Alkohol oder Tabak handelt. Heute weiß man, daß die Grundlagen für die Gesundheit im Mutterleib gelegt werden. Obwohl Vorlieben für bestimmte Nahrungsmittel im ersten Stadium der Schwangerschaft weit verbreitet sind, ist es wichtig, viel frisches Obst und Gemüse, Vollkorn, Protein und kaltgepreßte Öle zu sich zu nehmen. Meiden Sie Fertigprodukte und schränken Sie den Genuß von Tee, Kaffee und Alkohol ein.

Weitere Schritte

Überanstrengen Sie sich nicht – Ruhe ist wichtig für Sie selbst und das Kind, um Ihr körperliches »Einssein« vor der Geburt zu genießen. Genauso wichtig ist aber tägliche behutsame körperliche Bewegung in Form von Schwimmen, Spazierengehen, Yoga oder Stretching. Hören Sie mit dem Rauchen auf! *Vgl. auch* Unruhe, Verstopfung, Geburt, Erschöpfung, Niedergeschlagenheit, Hämorrhoiden, Ödem, Muskelschmerzen, Übelkeit/Erbrechen, Streß.

Während der Schwangerschaft können ätherische Öle ihre wohltuende Wirkung auf unterschiedliche Weise zeigen. Allerdings sollten Sie Öle auswählen, die die Haut nicht reizen, nicht giftig sind und keine Allergien hervorrufen.

ACHTUNG
Während der Schwangerschaft sollte höchstens die halbe angegebene Menge von allen ätherischen Ölen angewendet werden.

AROMATHERAPEUTISCHE ÖLE

Lavendel, Rose, Grapefruit, Bergamotte, Neroli, Mandarine, Vetiver, Kamille, Jasmin, Ylang Ylang, Petitgrain, Sandelholz, Patschuli, Geranie, Weihrauch.

ACHTUNG
Einige ätherische Öle sollten während der gesamten Schwangerschaft gemieden werden. Dazu gehören Basilikum, Gewürznelke, Zimtblatt, Ysop, Wacholder, Majoran, Myrrhe, Spanischer Salbei, Thymian. Folgende Öle sollte man in den ersten vier Monaten nicht einsetzen: Fenchel, Rose, Pfefferminze, Atlaszeder, Rosmarin.

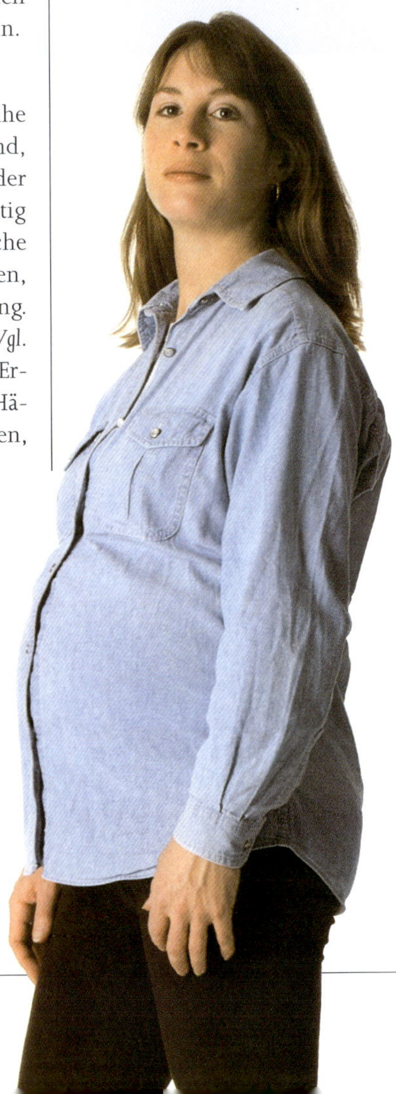

ANWENDUNGSMETHODEN

Beugt Schwangerschaftsstreifen vor bzw. entfernt vorhandene: je 15 ml Weizenkeim-, Borretsch- und/oder Hagebuttensamenöl auf 25 ml Jojoba- oder Traubenkern- bzw. Süßes-Mandel-Öl. Hinzugeben können Sie – insgesamt maximal 10 Tropfen – Weihrauch-, Rosen-, Neroli- und Lavendelöl. Zweimal täglich für eine leichte Massage auf Bauch und Brust anwenden, vor allem nach dem vierten Monat. In den letzten 6 Wochen vor der Geburt kann diese Mischung auch 5–10 Minuten lang in den Damm einmassiert werden.

Aromabäder vermitteln Wohlbehagen, vor allem gegen Ende der Schwangerschaft. Geben Sie 4–5 Tropfen eines empfohlenen Öls zum Badewasser und entspannen Sie sich im angenehm duftenden Dampf. Bei Muskelschmerzen geben Sie die gleiche Menge Kamillen- und Lavendelöl dazu.

Behutsame Massage mit milden ätherischen Ölen wie Rose, Neroli, Petitgrain, Lavendel oder Kamille kann Rückenschmerzen, Niedergeschlagenheit, Unruhe oder Müdigkeit lindern. Setzen Sie jedoch eine niedrige Konzentration an (10–12 Tropfen Öl auf 50 ml Basisöl).

Kühlende Kompressen mit Lavendel-, Kamillen- oder Rosenwasser wirken im letzten Drittel der Schwangerschaft sehr erfrischend. Sie können das Blütenwasser auch in einen feinen Zerstäuber geben. Sprühen Sie sich mehrmals täglich damit ein.

Wochenbettdepressionen können durch Rosen-, Bergamott-, Neroli-, Lavendel-, Mandarinen-, Vetiver- oder Ylang-Ylang-Öle, die Sie in einen Verdunster geben, gelindert werden. Oder tragen Sie eines der genannten Öle (bzw. eine individuelle Mischung) als Parfum. Falls Sie unsicher sind, lassen Sie sich beraten.

Jede werdende Mutter wünscht sich eine leichte Geburt und ein fröhliches, gesundes Baby.

Geburt

EINE ENTBINDUNG ZÄHLT zu den bewegendsten und zugleich anstrengendsten Erlebnissen im Leben einer Frau. Immer mehr Frauen entscheiden sich für eine natürliche, aktive Geburt zu Hause oder in der Klinik. Eine gute Vorbereitung auf die Entbindung ist entscheidend, um das Erlebnis bewältigen und aktiv daran teilhaben zu können.

Das Wichtigste ist in jedem Falle, auf alle Möglichkeiten gefaßt zu sein. Steißlage, Schmerzbetäubung, Wehenerleichterung, Dammschnitt, Kaiserschnitt – all diese Eventualitäten sollten vorher durchgesprochen werden.

Tips zur Ernährung

Während der Schwangerschaft spielt gesunde Ernährung eine Schlüsselrolle. Um den Körper auf die Geburt vorzubereiten, können Sie, nach Rücksprache mit Ihrem Arzt/Heilpraktiker, während der letzten drei Monate zwei- bis dreimal täglich Himbeerblättertee trinken. Dieses Kraut kräftigt unter anderem die Muskeln der Gebärmutter. Geben Sie 30 g getrocknete Kräuter in 500 ml kochendes Wasser und lassen Sie das Ganze 15 Minuten ziehen (auch Tabletten sind erhältlich). Auch nach der Geburt sind Himbeerblätter ein natürliches Tonikum. Die Produktion von Muttermilch wird durch viel Fenchel-, Dill- und Anistee unmittelbar vor und nach der Entbindung angeregt.

AROMATHERAPEUTISCHE ÖLE

Kamille (Römische und Echte), Muskatellersalbei, Zitronen-Eukalyptus, Blaugummi-Eukalyptus, Weihrauch, Jasmin, Lavendel, Zitrone, Mandarine, Pfefferminze, Rose, Bergamotte, Ylang Ylang, Zypresse, Neroli.

KLINISCHE DETAILS

Viele Mütter, Hebammen und Schwestern setzen während Schwangerschaft und Entbindung auf ätherische Öle. Gerade bei natürlichen Geburten schätzt man die behutsame Unterstützung durch die Öle, die auch die anschließende Erholungsphase der Mutter beschleunigen. Zu den in der Geburtshilfe verwendeten ätherischen Ölen gehören Kamille, Muskatellersalbei, Eukalyptus, Weihrauch, Jasmin, Lavendel, Zitrone, Mandarine, Pfefferminze und Rose.

ANWENDUNGSMETHODEN

Während der Wehen kann eine Unterleibsmassage beruhigend und schmerzstillend sein. Stellen Sie folgende Mixtur im voraus zusammen: je 2–3 Tropfen Muskatellersalbei-, Rosen- oder Lavendelöl sowie Ylang-Ylang- oder Muskatöl auf 25 ml Trägeröl.

Legen Sie sich während der Wehen eine heiße Kompresse auf den Unterleib, auf die Sie einige Tropfen Muskatellersalbeiöl gegeben haben. Wiederholt angewendet, wirkt es wie ein natürliches Schmerzmittel.

Gönnen Sie sich in der Frühphase der Wehen und/oder kurz nach der Entbindung ein Aromabad.

Geben Sie während der Geburt oder zur Vorbereitung auf die »Heimkehr« des Babys ätherisches Öl in einen Verdunster. Geeignet sind Bergamotte, Kamille oder Lavendel. So können Sie Ihr Wohlbefinden steigern, sich entspannen und die Ausbreitung von Bakterien in der Raumluft verhindern.

Damit der verletzte Damm besser heilt, geben Sie einige Tropfen Rosen-, Zypressen- oder Lavendelöl in ein Sitzbad oder ins seichte Badewasser und baden Sie mindestens 10 Minuten lang. Eine Handvoll Meersalz beschleunigt die Heilung und beugt Infektionen vor.

Nach der Geburt können die Brüste aufgrund des plötzlichen Einschießens der Milch spannen. Massieren Sie die harten, geschwollenen Knoten mit einer Mischung aus insgesamt 3–4 Tropfen Geranien-, Rosen- oder Pfefferminzöl auf 15 ml Trägeröl oder hypoallergener Creme. Das Baby darf damit keinesfalls in Berührung kommen.

DAS IMMUNSYSTEM

Infektionskrankheiten

Immunsystem

DAS IMMUNSYSTEM WIRD von anderen Körpersystemen unterstützt und ist engstens mit ihnen verbunden. Das gilt vor allem für das Lymph- und das Nervensystem. Jüngste Untersuchungen beweisen, daß emotionale und psychologische Faktoren eine Schlüsselrolle für die Leistungsfähigkeit des Immunsystems spielen. Das mag erklären, warum heutzutage Virusinfektionen und Krankheiten, die auf Defekte im Immunsystem zurückzuführen sind, in solchem Maße zunehmen. Der Abwehrmechanismus unseres Körpers wird von drei Zellgruppen gesteuert: den Phagozyten, den T-Lymphozyten und den B-Lymphozyten. Sie alle entstehen in den Stammzellen des Knochenmarks und halten Infektionen vom Organismus fern. Wenn dieses »Verteidigungssystem« zusammenbricht, wird der Körper anfällig für Krankheitserreger aller Art. Das Immunsystem kann auch durch ein Übermaß an Antibiotika geschwächt werden.

Tips zur Ernährung

Insektizide und andere Zusatzstoffe unserer Nahrung können zum Zusammenbruch des Immunsystems beitragen. Schlimmstenfalls kann das zu Allergien führen, zu deren Symptomen Kopfschmerzen, Magenschmerzen oder Erschöpfung gehören. Man sollte deshalb auf eine Ernährung ohne Zusatzstoffe achten, die weitgehend organischen Ursprungs ist. Eine sinnvolle Ergänzung stellen Knoblauchkapseln und die Vitamine E und C dar.

Weitere Schritte

Da Streß das Immunsystem massiv untergraben kann, ist es unabdingbar, Lebensstil, Arbeitswelt und persönliche Beziehungen kritisch zu überdenken. Wertvolle Hilfe können Psychotherapie, Problemberatung, Yoga, Meditation und gegebenenfalls Allergietests leisten.

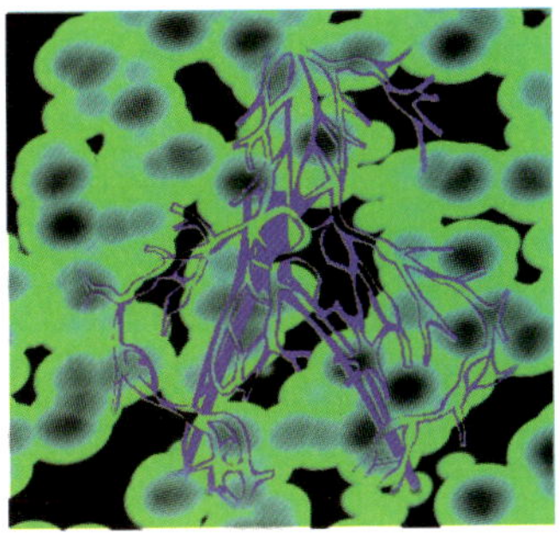

LYMPHE IM VERDAUUNGSTRAKT

Verweise

GÜRTELROSE *siehe* WINDPOCKEN, S. 163

INFLUENZA *siehe* GRIPPE, S. 165

RÖTELN *siehe* MASERN/RÖTELN, S. 164

ZIEGENPETER *siehe* MUMPS, S. 162

Aromatherapeutische Öle

Teebaum, Zimtblatt, Gewürznelke, Eukalyptus, Thymian, Rosmarin, Lavendel, Kiefer.

Klinische Details

Viele ätherische Öle, vor allem Teebaumöl, regen das Immunsystem an und helfen so dem Körper, Infektionen abzuwehren.

ANWENDUNGSMETHODEN

Um die Widerstandskraft zu erhöhen, geben Sie mindestens zweimal wöchentlich 8–10 Tropfen Teebaumöl zum Badewasser.

Um das Immunsystem zu stärken, machen Sie einmal wöchentlich eine Massage mit folgendem Öl: je 7–8 Tropfen Teebaum- und Rosmarinöl sowie 2–3 Tropfen Zimtblattöl auf 50 ml Basisöl. Sollte das nicht möglich sein, stellen Sie eine 5%ige Ölmischung mit 50 Tropfen Teebaumöl auf 50 ml Basisöl her und reiben diese kräftig einmal am Tag auf Handflächen und Fußsohlen.

Geben Sie täglich Teebaumöl oder eines der anderen empfohlenen Öle in einen Verdunster.

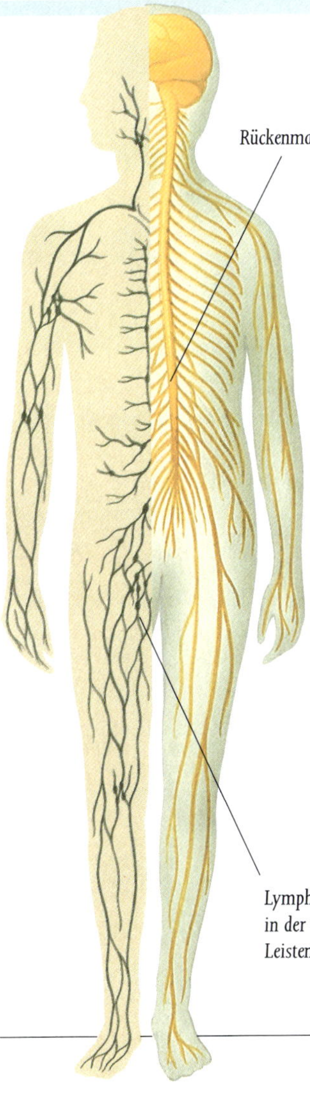

Lymph- und Nervensystem arbeiten eng mit dem Immunsystem des Körpers zusammen.

Mumps

MUMPS, NORMALERWEISE eine Kinderkrankheit, beginnt oft mit Fieber und Halsschmerzen, gefolgt von einer eiförmigen Schwellung der Speicheldrüsen hinter einem oder beiden Ohren. Diese Hauptphase der Krankheit kann mit hohem Fieber und Kopfschmerzen einhergehen, doch klingen die Symptome meist nach einigen Tagen wieder ab. Mumps ist eine Virusinfektion, die durch Speichel oder Atem übertragen wird. Ansteckungsgefahr besteht von einem Tag vor dem Auftreten der Symptome bis zu einer Woche nach Rückgang der Schwellung. Die Inkubationszeit beträgt 2–3 Wochen.

Tips zur Ernährung

Da Kauen und Schlucken sehr schmerzhaft sind, sollten Sie weiche, leichte Kost verabreichen. Meiden Sie Säuren wie z. B. Essig, Orangen oder Zitronen. Spülungen mit Wasser helfen gegen trockene Mundschleimhaut.

KLINISCHE DETAILS

Dank seiner geringen Giftigkeit eignet sich Lavendel vorzüglich als begleitende Behandlung von Kinderkrankheiten wie Mumps – in Absprache mit einem Arzt/Heilpraktiker.

ACHTUNG
Mumps kann bei Erwachsenen schwerwiegende Folgen haben. So kann die Infektion auf andere Drüsen wie Eierstöcke, Hoden oder Bauchspeicheldrüse übergreifen. Suchen Sie unverzüglich einen Arzt auf!

AROMATHERAPEUTISCHE ÖLE

Teebaum, Lavendel, Koriander, Zitrone, Kajeput, Kamille, Eukalyptus, Myrte.

ANWENDUNGSMETHODEN

Geben Sie etwas Lavendel- und Teebaum- oder Eukalyptus- und Myrtenöl in einen Verdunster, auf ein Taschentuch oder das Kopfkissen.

Geben Sie in das tägliche Bad einige Tropfen Lavendelöl (bei älteren Kindern) bzw. Kamillenöl (bei Kleinkindern). Das lindert Gliederschmerzen und ist eine Art Inhalation. Hohes Fieber läßt sich senken, indem man in lauwarmem Wasser mit einigen Tropfen Teebaum- oder Lavendelöl badet.

Legen Sie eine warme Kompresse mit Lavendel oder Kamille auf die geschwollenen Wangen.

Geben Sie 2 Tropfen Teebaum- oder Zitronenöl und 2 Tropfen Römisches-Kamillen-Öl in ein Glas destilliertes Wasser zum Gurgeln. (Nur bei Kindern über 6 Jahren!)

Keuchhusten

KEUCHHUSTEN IST eine ausgesprochen ansteckende Viruskrankheit und kann bis zu 12 Wochen dauern. Meist erkranken Kinder unter 8 Jahren. Die Hustenanfälle mit plötzlichem Einatmen und abschließendem, pfeifendem Keuchen sind heftig, manchmal auch von Erbrechen begleitet. Trotz Impfung ist es möglich, an einer schwachen Variante von Keuchhusten zu erkranken, vor allem, wenn man durch Erkältung oder Grippe geschwächt ist. Ansteckungsgefahr besteht für mindestens zwei Wochen nach den ersten Anzeichen.

Tips zur Ernährung

Milchprodukte fördern die Schleimproduktion. Die Mahlzeiten sollten leicht und nahrhaft sein, z. B. Gemüsesuppen, Hühnerbrühe, Obstsäfte, Mineralwasser und Kräutertees, vor allem Huflattich, Thymian, Habichtskraut, Sonnentau. Geben Sie zusätzlich Vitamin C und Lebertran.

AROMATHERAPEUTISCHE ÖLE

Thymian, Ysop, Zimtblatt, Zypresse, Kajeput, Teebaum, Lavendel.

ACHTUNG
Keuchhusten kann – vor allem für Babys und Kinder unter 5 Jahren – äußerst gefährlich sein. Gehen Sie deshalb immer zum Arzt!

Ysop lindert Atemwegsprobleme.

ANWENDUNGSMETHODEN

Geben Sie während des Krankheitsverlaufs einige Tropfen Lavendel-, Thymian- oder Ysopöl in einen Verdunster im Schlafzimmer. Hustenanfälle können mit heißen Dampfinhalationen gemildert werden. Hohe Luftfeuchtigkeit in den Räumen ist wichtig.

Legen Sie eine heiße Kompresse auf die Brust, auf die Sie einige Tropfen Lavendelöl gegeben haben. Das erleichtert das Atmen. Eine Wärmflasche hält die Kompresse länger warm.

Mischen Sie Lavendel-, Thymian- und Teebaumöl (je nach Alter verdünnen; siehe *Risiken und Gefahren*, S. 211) und reiben Sie damit Hals und Brust des Kindes ein.

Geben Sie einige Tropfen Lavendel- und/oder Teebaumöl zum Badewasser (je nach Alter).

Windpocken

WINDPOCKEN SIND EINE höchst ansteckende Virusinfektion, an der vor allem Kinder leiden. Die Erkrankung beginnt mit Fieber, schubweise treten juckende Knötchen auf, die sich zu Blasen entwickeln, platzen und eine Kruste bilden. Der Ausschlag beginnt meist am Rumpf und greift dann auf Gesicht und Gliedmaßen über. Bereits einen Tag nach der Ansteckung können die Bläschen auftreten, die Erkrankung dauert meist 1–2 Wochen. Bei der verwandten Gürtelrose greift das Virus die sensorischen Nerven an, wobei sich entlang des Nervenverlaufs auf der Haut Bläschen bilden können. Der Hautausschlag zieht sich wie ein Gürtel um den Rumpf. Gürtelrose geht mit starken Schmerzen – häufig schon vor dem Auftreten des Ausschlags – und Fieber einher.

Beide Krankheiten werden von *Herpes zoster* verursacht. Die Inkubationszeit beträgt 2–3 Wochen, Ansteckungsgefahr besteht vom Tag vor dem Ausbruch der Symptome bis zur Überkrustung aller Bläschen. Das Virus kann auch im Körper ruhen und bei Immunschwäche mit einer Gürtelrose erneut aktiv werden.

Tips zur Ernährung

Viel trinken – Säfte, Wasser, Kräutertees (Pfefferminze, Schafgarbe, Kamille oder Holunder mit Honig). Sobald das Fieber und die damit verbundene Appetitlosigkeit abklingt, soll die Kost nahrhaft, aber dennoch leicht sein, z. B. Suppe, Reis und Obst. Knoblauch und Vitamin C beschleunigen die Rekonvaleszenz. *Vgl. auch* Fieber.

Vor allem bei Fieber und erhöhter Temperatur braucht der Körper viel Flüssigkeit. Fruchtsaft enthält Vitamin C, Holundertee mit Honig senkt das Fieber.

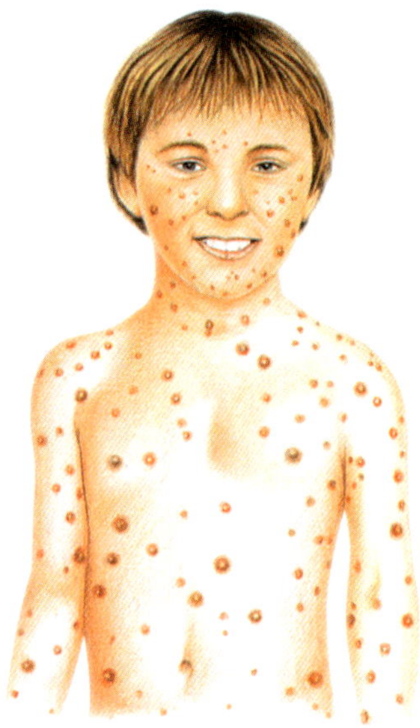

Der stark juckende Windpockenausschlag zeigt sich normalerweise zuerst auf dem Rumpf. Teebaum- und Kamillenöl können den Ausschlag lindern und so das Kratzen verhindern, das zu bleibenden Narben führt.

KLINISCHE DETAILS

Teebaumöl ist bei Windpocken sehr wirksam, da es den Juckreiz lindert und zugleich die Heilung der Bläschen beschleunigt und somit verhindert, daß das Aufkratzen zu einer Ausbreitung der Infektion oder zu Narbenbildung führt. Ebenfalls geeignet ist das Öl der Echten Kamille.

ANWENDUNGSMETHODEN

Wiederholt 10–15 Minuten in lauwarmem Wasser baden, wenn möglich im Abstand weniger Stunden. Geben Sie für Babys nach Absprache mit einem Arzt/Heilpraktiker 2 Tropfen Teebaum- und 1 Tropfen Kamillen- oder Lavendelöl auf 5 ml Alkohol oder Hamamelis. Bei Kindern fügen Sie 3 Tropfen Teebaum- und 2 Tropfen Kamillen- oder Lavendelöl auf 5 ml Alkohol oder Hamamelis hinzu. Für Erwachsene können es je 5 Tropfen Teebaum- und Kamillen- oder Lavendelöl auf 5 ml Alkohol oder Hamamelis sein.

Lösen Sie 20 (bei Kindern 10) Tropfen Teebaum- und je 10 (bei Kindern 5) Tropfen Lavendel- und Kamillenöl in 10 ml Alkohol, vermischen dies mit 50 ml Rosenwasser und 50 ml Hamamelis. Mit dieser Lotion die Bläschen regelmäßig betupfen. Vor Gebrauch gut schütteln!

ANMERKUNG: Letztere Anwendung ist für Babys nicht geeignet!

AROMATHERAPEUTISCHE ÖLE

Teebaum, Lavendel, Kamille, Schafgarbe, Pfefferminze, Blaugummi-Eukalyptus, Bergamotte.

ACHTUNG

Für Erwachsene können Windpocken und Gürtelrose gefährlich sein und hohes Fieber und Schmerzen hervorrufen. Wenden Sie sich an Ihren Arzt!

HOLUNDER

Masern/Röteln

Zu den Symptomen von Masern zählen Fieber, bellender Husten, Lichtempfindlichkeit, weiße Stippchen im Mund und ein fleckiger Ausschlag im Gesicht und hinter den Ohren. Der Ausschlag zeigt sich 3–5 Tage nach Auftreten der ersten Anzeichen und dauert bis zu einer Woche. Symptome von Röteln sind Fieber, Schnupfen, Kopfschmerzen, geschwollene Lymphknoten hinter den Ohren sowie ein rosafarbener Pünktchenausschlag, der sich von Gesicht und Hals nach unten ausbreitet. Der Ausschlag erscheint am ersten oder zweiten Tag und hält maximal drei Tage an. Beide Krankheiten werden von Viren ausgelöst. Masern sind fünf Tage vor und nach Ausbruch der Flecken ansteckend, die Inkubationszeit beträgt 1–2 Wochen. Die Ansteckungsgefahr bei Röteln erstreckt sich von einem Tag vor Ausbruch der Symptome bis zum vollständigen Abklingen des Hautausschlages. Die Inkubationszeit beläuft sich auf 2–3 Wochen.

Inhalationen mit Lavendel- oder Myrtenöl lindern den Hustenreiz.

Tips zur Ernährung

Viel trinken – Säfte, Wasser, lauwarmen Pfefferminz-, Schafgarben-, Kamillen- oder Holundertee mit Honig. Sobald das Fieber und die damit verbundene Appetitlosigkeit abklingen, soll die Kost nahrhaft, aber dennoch leicht sein, z. B. Suppe, Reis und Obst. Knoblauch (auch in Kapselform) und Vitamin C stärken die Abwehrkräfte und beschleunigen die Rekonvaleszenz.

Weitere Schritte

Bei Fieber empfiehlt sich Bettruhe, bei Masern gedämpftes Licht. *Vgl. auch* Fieber, Halsentzündung.

KLINISCHE DETAILS

Lavendel ist ein probates Heilmittel bei Infektionskrankheiten von Kindern, da es körperliche und psychologische Beschwerden gleichermaßen lindert, und weil es sowohl beruhigend als auch anregend wirkt. Diese Eigenschaften kann man sich in Absprache mit einem Arzt/Heilpraktiker zunutze machen, wenn man es gleich bei den ersten Symptomen einer Infektion – z. B. Fieber, Hals- und Gliederschmerzen, Kopfweh und Rastlosigkeit – anwendet. Dank seiner beruhigenden Wirkung dämpft es den Infekt und das Fieber und lindert Schmerzen und Unruhe. Seine antiseptischen und antiviralen Eigenschaften greifen den Auslöser der Infektion an.

ACHTUNG
Röteln können eine Gefahr für ungeborene Kinder darstellen. Schwangere, die niemals Röteln hatten, sollten sofort einen Arzt aufsuchen, wenn sie mit an Röteln Erkrankten Kontakt hatten. Auch Masern führen bei Erwachsenen zu Komplikationen. In jedem Fall sollte ein Arzt konsultiert werden.

MYRTE

ANWENDUNGSMETHODEN

Geben Sie Lavendel- und Teebaum- oder Eukalyptus- und Myrtenöl in einen Verdunster, auf ein Taschentuch oder das Kopfkissen.

Geben Sie in das tägliche Bad einige Tropfen Lavendelöl (bei älteren Kindern) bzw. Kamillenöl (bei kleineren). Das lindert Gliederschmerzen und dient gleichzeitig als eine Art Inhalation.

Gurgelmischung: Geben Sie bei Halsschmerzen 3–4 Tropfen Lavendel- oder Teebaumöl in ein Glas warmes Wasser und rühren gut um. Mindestens zwei- oder dreimal täglich anwenden. Achtung: Kinder können erst ab einem gewissen Alter gurgeln. Sind sie zu jung, besteht die Gefahr des Verschluckens!

Bei älteren Kindern (ca. ab 8–10 Jahren) dämpfen Inhalationen den Hustenreiz. Geben Sie insgesamt 3–6 Tropfen Teebaum- oder Eukalyptus- oder Myrtenöl in eine Schale dampfendes Wasser und lassen das Kind 5–10 Minuten inhalieren.

AROMATHERAPEUTISCHE ÖLE

Kamille (Römische und Echte), Zitronen-Eukalyptus, Blaugummi-Eukalyptus, Lavendel, Kajeput, Teebaum, Myrte.

Grippe

GRIPPE IST DER häufigste Auslöser von Fieber. Der Begriff wird oft auf ein ganzes Spektrum von Virusinfektionen angewendet. Die Symptome sind immer die gleichen: erhöhte Temperatur, Gliederschmerzen, Erschöpfung, Halsweh, Schnupfen und Husten. Während des Winters kann Grippe epidemisch auftreten. Gegen bestimmte Viren kann man sich impfen lassen, allerdings treten jährlich neue Stämme auf.

Tips zur Ernährung

Viel trinken – vor allem Pfefferminz- bzw. Holundertee, Tee mit Ingwerstücken und heißes Zitronenwasser mit Honig. Sobald Fieber und Appetitlosigkeit abklingen, soll die Kost nahrhaft, aber leicht sein, z. B. Suppe, Reis und gedünstetes Gemüse. Knoblauch und Vitamin C stärken die Abwehrkräfte.

Weitere Schritte

Bleiben Sie im warmen Bett. Kontakt mit anderen Personen sollte soweit wie möglich unterbleiben, um niemanden anzustecken. Die Inkubationszeit beträgt 12–24 Stunden, die Ansteckungsperiode die ersten drei Tage nach Auftreten der Symptome. *Vgl. auch* Kopfschmerzen, Husten, Fieber, Halsentzündung.

ANWENDUNGSMETHODEN

Geben Sie, vor allem zu Anfang der Erkrankung, Teebaum-, Eukalyptus- und/oder Rosmarinöl (oder ein anderes empfohlenes Öl) in einen Verdunster. Sprühen Sie vor dem Schlafengehen einige Tropfen Majoran- oder Bergamottöl aufs Kissen.

Bei den ersten Anzeichen einer Grippe nehmen Sie ein heißes Bad mit 8–10 Tropfen Teebaumöl und gehen anschließend sofort zu Bett. Gegen Gliederschmerzen und für ruhigen Schlaf eignen sich auch Lavendel-, Majoran- oder Kamillenöl im Badewasser. Oft kann mit solchen allabendlichen Bädern eine Grippe abgewendet werden.

Gurgellösung: Geben Sie je 2–3 Tropfen Teebaum-, Spanisches-Salbei- oder Muskatellersalbei- und Thymianöl in ein Glas warmes Wasser und rühren gut um. Mindestens zwei- oder dreimal täglich wiederholen.

Massieren Sie täglich zweimal Nacken, Brust und Fußsohlen mit je 4–5 Tropfen Teebaum-, Zitronen-Eukalyptus-, Zimt- oder Gewürznelkenöl auf 25 ml Basisöl.

AROMATHERAPEUTISCHE ÖLE

Zitronen-Eukalyptus, Pfefferminze, Lavendel, Bergamotte, Teebaum, Rosmarin, Thymian, Basilikum, Zitronelle, Ingwer, Majoran, Zitronengras, Zitrone, Zimtblatt, Schafgarbe, Kajeput, Spanischer Salbei, Kampfer, Gewürznelken, Muskat.

Verdunstete ätherische Öle können Bakterien in der Raumluft vernichten.

PFEFFERMINZE

HOLUNDER

ACHTUNG
Gripppe kann unter Umständen zu einer bakteriellen Lungenentzündung führen.

Unbedingt ausreichend trinken! Besonders empfehlenswert sind Pfefferminz- oder Holundertee.

KLINISCHE DETAILS

Mit ätherischen Ölen kann man eine Grippe abwenden oder zumindest die Schwere der Erkrankung mildern. Am wirksamsten ist Teebaumöl, da es viren- und bakterientötende Eigenschaften besitzt und das Immunsystem anregt. Durch seine schweißtreibende Wirkung hilft es, die Infektion aus dem Körper zu schwemmen. (Bei einem gesunden Organismus wirkt Teebaumöl allerdings nicht schweißtreibend!)

Fieber

Wenn die Körpertemperatur 38 °C überschreitet, spricht man von Fieber. Es handelt sich hierbei um eine lebenswichtige und gesunde Reaktion auf einen Infekt, da Fieber den Stoffwechsel anregt und somit das Abwehrsystem kräftigt. Fieber sollte man deshalb nicht unterdrücken. Oft wird es von Kältegefühlen und Schüttelfrost begleitet, die in heftigen Schweißausbrüchen gipfeln. Mit dem Abklingen des Schwitzens sinkt auch die Temperatur. Fieber ist eine Reaktion des Körpers auf diverse Erreger, die von Grippeviren – der häufigsten Ursache – bis zu Tropenkrankheiten reichen können.

Tips zur Ernährung

Bei Fieber soll man nicht essen, da sich die Energie des Körpers auf die Abwehr der Infektion statt auf die Verdauung konzentrieren muß. Wichtig ist es, ausreichend zu trinken – Wasser, Säfte, Pfefferminz- oder Holundertee –, um ein Austrocknen zu verhindern. Sobald das Fieber und die damit verbundene Appetitlosigkeit abklingt, soll die Kost nahrhaft, aber dennoch leicht sein, z. B. Reis, Suppe und Obst. Knoblauch und Vitamin C stärken die Abwehrkräfte und beschleunigen die Rekonvaleszenz.

Weitere Schritte

Mit Fieber sollte man im Bett bleiben, damit sich der Körper in Ruhe erholen kann. Nach einer Behandlung mit Antibiotika sollten Sie anschließend Ihre Darmflora durch Joghurt regenerieren.

Bei Fieber hat man meist keinen Appetit. Mit leichten Suppen kann man den Bedarf an Flüssigkeit und Nährstoffen decken.

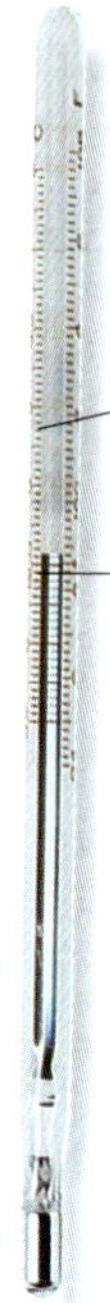

Bei 39,5 °C Körpertemperatur sollten Sie sofort einen Arzt aufsuchen.

Normale Temperatur

Der Begriff »Normaltemperatur« erlaubt einen gewissen Spielraum. Im Verlauf des Tages unterliegt die Temperatur geringen Schwankungen.

AROMATHERAPEUTISCHE ÖLE

Blaugummi-Eukalyptus, Pfefferminze, Lavendel, Bergamotte, Teebaum, Rosmarin, Thymian, Basilikum, Zitronen-Eukalyptus, Zitronelle, Zitronengras, Zitrone, Zimtblatt, Schafgarbe, Kajeput, Spanischer Salbei, Kampfer, Gewürznelke.

ACHTUNG
Wenn das Fieber nicht sinkt oder über 39,5 °C ansteigt, sollten Sie sofort einen Arzt rufen.

ACHTUNG
Geben Sie nicht mehr als 3 Tropfen Gewürzöl (Eukalyptus, Kampfer oder Pfefferminze) in die Badewanne.

ANWENDUNGSMETHODEN

Geben Sie im Verlauf der Krankheit Teebaum-, Eukalyptus- (Zitronen- oder Blaugummi-) und/oder Rosmarinöl (bzw. jedes andere empfohlene Öl) in einen Verdunster.

Um das Fieber in den Griff zu bekommen, kann man – in Absprache mit einem Arzt/Heilpraktiker – in ein lauwarmes Bad mit insgesamt 3–10 Tropfen folgender kühlender Öle steigen: Pfefferminze, Basilikum, Teebaum oder Eukalyptus (Zitronen- oder Blaugummi-).

Massieren Sie zweimal täglich Nacken, Brust und Fußsohlen mit je 4–5 Tropfen Teebaum-, Zitronen-Eukalyptus-, Zimt- oder Gewürznelkenöl auf 25 ml Basisöl ein.

Patienten mit Fieber sollten sich warm halten und im Warmen bleiben.

Das Nervensystem

Unruhe

UNRUHE ZÄHLT ZU DEN häufigsten streßbedingten Beschwerden unserer Zeit. Auf körperlicher Ebene wird sie durch Symptome wie hohen Blutdruck und Herzjagen, auf psychischer Ebene von Schlaflosigkeit und Reizbarkeit begleitet. Ein gewisser Grad an Unruhe kann durchaus als normale Reaktion auf Streßsituationen gelten. Sie wird zum Problem, wenn sie kein Ventil findet und die auslösenden psychologischen Faktoren nicht angesprochen werden. Lebensmittelallergien oder die Nebenwirkungen mancher Medikamente können die Beschwerden verschlimmern.

Tips zur Ernährung

Meiden Sie Stimulanzien wie Tee, Kaffee, Alkohol sowie Limonaden und Produkte mit raffiniertem Zucker. Trinken Sie Kräutertees, z. B. Kamille, Zitronenmelisse, Verbene, Lindenblüte oder Hopfen. Der regelmäßige Verzehr von Hafermehl und -brei ist ein hervorragendes Stärkungsmittel für die Nerven.

Weitere Schritte

Maßvolle körperliche Betätigung, Yoga, Meditation und – gegebenenfalls – Psychotherapie sind sinnvoll. Wer unter chronischen Beschwerden oder unvorhersehbaren Panikattacken leidet, kann eine Therapie mit Bach-Blüten ausprobieren. *Vgl.* Hoher Blutdruck, Schlaflosigkeit, Niedergeschlagenheit, Streß.

QUERSCHNITT DES RÜCKENMARKS

Verweise

Migräne *siehe* **Kopfschmerzen,** S. 168

Nervenschmerzen *siehe* **Neuralgien,** S. 175

Schock *siehe* **Schwäche/Schock,** S. 173

Teilnahmslosigkeit *siehe* **Niedergeschlagenheit,** S. 170

ANWENDUNGSMETHODEN

Geben Sie 8–10 Tropfen Lavendelöl (oder eine Kombination der empfohlenen Öle) in ein warmes Bad am Abend, um Schlaflosigkeit, Rastlosigkeit, Anspannung und Unruhe zu lindern.

Regelmäßige Massage kann bei Unruhe ungeahnte Erleichterung verschaffen. Mischen Sie je 7–8 Tropfen Muskatellersalbei-, Ylang-Ylang- und Lavendelöl mit 50 ml Basisöl.

Zur Eigenmassage von Handflächen und Fußsohlen: Mischen Sie 2–3 Tropfen Lavendel- oder Kamillenöl mit 5 ml Süßem-Mandel-Öl.

Um eine beruhigende Atmosphäre zu schaffen, geben Sie Öle wie Lavendel, Weihrauch oder Bergamotte in einen Verdunster. Tropfen Sie ein wenig Öl auf ein Taschentuch, um tagsüber wiederholt zu inhalieren. Oder tragen Sie Rosen-, Ylang-Ylang- oder Neroliöl (bzw. eine Mischung hiervon) unverdünnt als Parfum.

AROMATHERAPEUTISCHE ÖLE

Bergamotte, Kamille, Neroli, Ylang Ylang, Lavendel, Baldrian, Vetiver, Rose, Muskatellersalbei, Weihrauch, Zeder, Melisse.

Lavendel ist ein Klassiker im Einsatz gegen Unruhe und Anspannung.

ACHTUNG

Wenn dem Zustand von Unruhe und Angst über einen längeren Zeitraum keine Rechnung getragen wird, kann er zu sekundären, schwerwiegenden Erkrankungen wie Magengeschwüren oder Herzerkrankungen führen. Suchen Sie bei chronischer Unruhe Hilfe bei einem Spezialisten.

Streßbezogene Beschwerden verschwinden leichter, wenn man sich ein wenig Muße gönnt – vor allem in einer angenehmen Umgebung.

Kopfschmerzen

KOPFSCHMERZEN SIND bei Erwachsenen wie Kindern weit verbreitet. Auslösend oder erschwerend können Nebenhöhlenbeschwerden, Verletzungen, Muskelkrämpfe, nervöse Anspannung, funktionellen Bewegungseinschränkungen, Giftstoffe in der Atemluft, Überlastung der Augen, zu lange Sonnenbestrahlung oder übermäßiger Alkoholkonsum sein.

Tips zur Ernährung

Ständig wiederkehrende Kopfschmerzen können durch Nahrungsmittelallergien ausgelöst werden. So wird Migräne oft durch bestimmte Lebensmittel ausgelöst, z. B. durch: Schokolade, Zitrusfrüchte, Käse, Alkohol, Koffein, Essig, Joghurt, Hefe und geräuchertes Fleisch. Als Tee zubereitet, können entspannende pflanzliche Heilmittel wie Kamille, Hopfen, Linde, Zitronenmelisse oder Verbene drückende Kopfschmerzen lindern. Bei Migräne hilft Mutterkraut-Wucherblume.

Weitere Schritte

Ergründen Sie die Ursache der Kopfschmerzen. Hierzu sollten Sie Ihre Lebensweise hinterfragen, Streß reduzieren und zuviel Sonne vermeiden. Ein Chiropraktiker kann klären, ob Gelenke blockiert sind, ein Allergologe Allergien aufdecken. Meiden Sie Gerüche oder Schadstoffe in der Atemluft, die Kopfschmerzen auslösen. *Vgl. auch* Unruhe, Hoher Blutdruck, Nebenhöhlenentzündung, Streß.

Klinische Details

Klinische Daten und Ergebnisse von Erwartungspotential-Untersuchungen, die elektrische Hirnströme, ausgelöst durch Antizipation, messen, beweisen die beruhigende und krampflösende Wirkung zahlreicher ätherischer Öle. Zu den Ölen, die nervliche Anspannung abbauen können, zählen Lavendel, Römische Kamille, Majoran und Melisse.

ACHTUNG
Anhaltende Kopfschmerzen und Migräne bedürfen professioneller Behandlung, z. B. Akupunktur!

Schokolade, Käse, Zitrusfrüchte und Alkohol lösen bei vielen Menschen Migräne aus.

Anwendungsmethoden

Bei Spannungskopfschmerz: Inhalieren Sie einige Tropfen Lavendel- oder Rosen- und/oder Melissenöl von einem Taschentuch bzw. verreiben Sie einen Tropfen direkt auf den Schläfen.

Gegen Druckgefühl und Kopfschmerzen, zum Abschwellen der Nase: Geben Sie je 2 oder 3 Tropfen Pfefferminz- und/oder Eukalyptusöl in eine Schale dampfendheißes Wasser, legen Sie ein Handtuch über den Kopf und inhalieren Sie 5–10 Minuten kräftig mit geschlossenen Augen.

Durch Anspannung oder Streß hervorgerufene Kopfschmerzen kann man durch Massage von Hals und Schultern lindern. Mischen Sie je 4–5 Tropfen Lavendel-, Pfefferminz- und Majoranöl mit 25 ml Basisöl.

Bei überanstrengten Augen: Legen Sie eine kalte Kompresse aus Rosen-, Kamillen- bzw. Lavendelwasser (kein Lavendelöl!) auf die Lider. Die Kompresse kann auch Stirn oder Nacken bedecken, um Spannungskopfschmerz oder Sonnenstich zu lindern.

Ein warmes Aromabad entspannt: Geben Sie (insgesamt) 8–10 Tropfen Lavendel-, Kamillen- und/oder Rosenöl ins Wasser. Einige Tropfen Pfefferminz-, Eukalyptus- und/oder Majoranöl wirken schleimlösend.

Aromatherapeutische Öle

Rose, Lavendel, Melisse, Kamille, Pfefferminze, Eukalyptus, Majoran.

ZITRUSFRÜCHTE

ALKOHOL

KÄSE

Schlaflosigkeit

Die Unfähigkeit zu schlafen ist ein verbreitetes Phänomen, das sich auf Streß zurückführen läßt. Hartnäckige Schlaflosigkeit jedoch kann ihrerseits Probleme wie Konzentrationsschwäche, Reizbarkeit, Niedergeschlagenheit und chronische Müdigkeit hervorrufen.

Tips zur Ernährung

Meiden Sie insbesondere vor dem Zubettgehen Stimulanzien wie Tee oder Kaffee sowie schwere Mahlzeiten. Schlafstörungen können mit einem Mangel an Vitamin B zusammenhängen: Drei Vitamine des B-Komplexes gelten als streßlindernd. Ergänzen Sie deshalb Ihre Nahrung mit dem Vitamin-B-Komplex, und nehmen Sie Kamillen-, Hopfen-, Helmkraut- und Baldriantee als abendlichen Schlummertrunk (oder in Tablettenform) zu sich.

Weitere Schritte

Ihre Matratze sollte bequem, aber nicht zu weich sein, das Schlafzimmer gut gelüftet, aber nicht zu kalt. Verringern Sie Streß z. B. durch Yoga, Meditation, Entspannungsübungen oder entspannende Musik. *Vgl. auch* Unruhe, Erschöpfung, Hoher Blutdruck, Streß.

ANWENDUNGSMETHODEN

Massieren Sie vor dem Schlafengehen einige Tropfen unverdünntes Teebaum- oder Kamillenöl auf die Fußsohlen. Dieses natürliche Beruhigungsmittel wird schnell in das Blut aufgenommen. Bei hartnäckigeren Fällen von Schlaflosigkeit können Sie statt dessen Baldrianöl nehmen.

Geben Sie einige Tropfen Lavendelöl auf Schlafanzug oder Kopfkissen. Das fördert besonders bei Schwangeren einen entspannten, ruhigen Schlaf. Sie können auch die Bettwäsche mit Lavendelöl besprühen oder einen Verdunster mit Lavendel-, Majoran-, Baldrian- und/oder Kamillenöl im Schlafzimmer aufstellen.

Nehmen Sie vor dem Schlafengehen ein mindestens 10minütiges Bad, dem Sie 8–10 Tropfen Lavendelöl oder eines der anderen empfohlenen Öle beigemischt haben. Wenn Babys und Kinder überaktiv oder rastlos sind und nicht schlafen können, geben Sie einige Tropfen Lavendel- oder Kamillenöl zum abendlichen Bad.

Regelmäßige Massagen mit beruhigenden Ölen wie Lavendel, Kamille, Muskatellersalbei und Majoran bauen Streß ab und fördern ein leichtes Einschlafen und einen gesunden Schlaf.

AROMATHERAPEUTISCHE ÖLE

Lavendel, Kamille, Vetiver, Baldrian, Majoran, Neroli, Muskatellersalbei.

ACHTUNG
Sie sollten Baldrianöl nicht länger als zwei Wochen hintereinander verwenden, da es eine dämpfende Wirkung auf das zentrale Nervensystem ausübt.

KLINISCHE DETAILS

Klinische Untersuchungen haben gezeigt, daß verdunstetes Lavendelöl das Einschlafen erleichtert – teilweise erfolgreicher als entsprechende Medikamente.

Meditation hilft dabei, den Verstand zur Ruhe kommen zu lassen, fördert die Entspannung und einen ruhigen Schlaf anstelle unnötiger Grübelei und Besorgtheit.

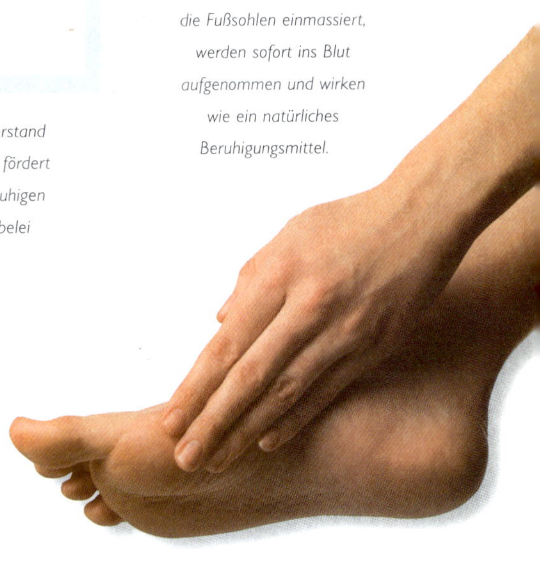

Einige Tropfen unverdünntes Lavendel- oder Kamillenöl in die Fußsohlen einmassiert, werden sofort ins Blut aufgenommen und wirken wie ein natürliches Beruhigungsmittel.

Nieder-geschlagenheit

NIEDERGESCHLAGENHEIT – oft als Depression bezeichnet – hat vielerlei Anzeichen wie Antriebsschwäche oder Erregung, manchmal abwechselnd nacheinander. Sie kann durch traumatische Erlebnisse wie einen Todesfall, Scheidung oder Umzug, aber auch anhaltende Schwierigkeiten emotionaler oder finanzieller Art ausgelöst werden.

Tips zur Ernährung

Ernähren Sie sich gesund – gerade bei Niedergeschlagenheit kommt es häufig vor, daß man überhaupt nicht oder nur mangelhaft ißt. Sinnvolle Nahrungsergänzungen sind Mineral- und Multivitaminprodukte (vor allem Vitamin B) sowie stabilisierende Heilmittel wie Ginseng und Johanniskraut als Tee oder in Tablettenform (nicht auf Dauer).

Weitere Schritte

Eine Therapie mit Bach-Blüten, Yoga, Meditation, Problemberatung, Psychotherapie, Selbsthilfegruppen – das Spektrum an möglichen Hilfestellungen ist breit. *Vgl. auch* Unruhe, Erschöpfung, Schwäche/Schock, Streß.

GINSENGTEE

Größere Veränderungen im Leben – z. B. ein Umzug – können zu Niedergeschlagenheit und Antriebsschwäche führen. Sandelholz und Ginseng wirken aufbauend.

ANWENDUNGSMETHODEN

Geben Sie 8–10 Tropfen Lavendelöl und eines der anderen empfohlenen Öle zum Badewasser.

Regelmäßige professionelle Massagen mit Ölen, die Niedergeschlagenheit vertreiben, können Selbstwertgefühl und Wohlbehagen steigern: Mischen Sie insgesamt 7–8 Tropfen Lavendel-, Neroli- oder Petitgrain- und Bergamottöl auf 50 ml Basisöl.

Aromatisieren Sie Ihre Umgebung mit einem anregenden oder beruhigenden Öl: Geben Sie Bergamotte oder Lavendel in einen Verdunster oder tragen Sie Rosen-, Jasmin- bzw. Neroliöl als Parfum.

ACHTUNG
Chronische Beschwerden oder tiefe Niedergeschlagenheit ohne ersichtlichen Grund müssen von einem Spezialisten behandelt werden!

KLINISCHE DETAILS

Leichte Niedergeschlagenheit spricht gut auf Aromatherapie an, ebenso solche Fälle von Depression, die auf schwierige Lebenssituationen wie Trauer, Verlust oder Angst zurückgehen. Aromatherapie, als Kombination von Massage und Ölen eingesetzt, kann Bedrücktheit vor allem dann erleichtern, wenn sie eine normale Reaktion auf einen bestimmten Streß-auslöser – z.B. den Tod eines nahestehenden Menschen – darstellt. In diesem Fall bietet sie eine sinnvolle Alternative zu Alkohol oder pharmakologischen Antidepressiva.

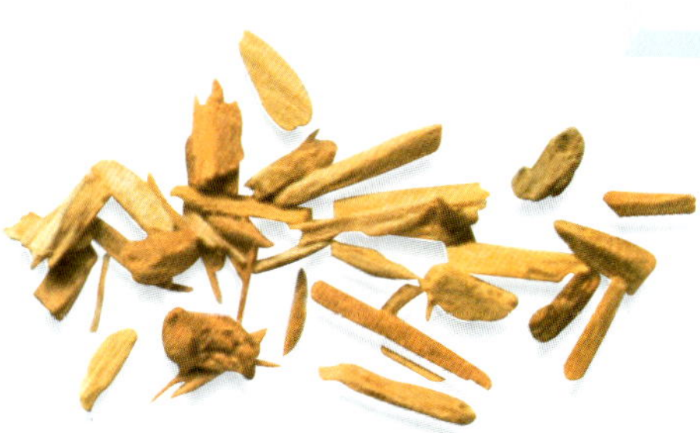

SANDELHOLZ

AROMATHERAPEUTISCHE ÖLE

Basilikum, Bergamotte, Neroli, Jasmin, Melisse, Rose, Sandelholz, Lavendel.

KLINISCHE DETAILS

Rosmarin ist ein klassisches Heilmittel gegen Niedergeschlagenheit und Erschöpfung. Jean Valnet empfahl es insbesondere für Kinder und für Erwachsene mit chronischer Müdigkeit für »anregende Morgenbäder«. In japanischen Büros wird Zitronen-, Grapefruit- und Limettenöl versprüht, um die Konzentration der Mitarbeiter zu fördern.

Erschöpfung

ERSCHÖPFUNG GEHT OFT mit körperlicher und geistiger Mattigkeit einher. Zu ihren Anzeichen zählen Gedrücktheit, andauernde Müdigkeit, Schwindel und Schwäche sowie allgemeine Abgeschlagenheit. Ausgelöst wird Erschöpfung durch unterschiedlichste Faktoren wie emotionale und körperliche Ermüdung nach zu langem Arbeiten, langwierige Krankheiten, emotionaler Druck oder auch Bildschirmstrahlung.

Tips zur Ernährung

Erschöpfung und Schwäche können mit einem Mangel an Fol- und Panthotensäure (beide sind in Hefe und Leber enthalten) sowie Vitamin B 1 (Thiamin) zusammenhängen. Essen Sie viel protein- und kohlenhydratreiche Kost, um den Energiehaushalt zu regulieren, denn ein zu hoher oder zu niedriger Blutzuckerspiegel führt zu Erschöpfung und Niedergeschlagenheit. Aufbauend wirkt Ingwerwurzeltee mit Honig.

Weitere Schritte

Überdenken Sie Ihren Lebens- und Arbeitsstil, treiben Sie maßvoll Sport, atmen Sie in frischer Luft tief durch, suchen Sie gegebenenfalls Hilfe bei einer Psychotherapie. Gönnen Sie sich, wenn möglich, eine große Pause von der Routine. *Vgl. auch* Unruhe, Niedergeschlagenheit, Schwäche/Schock, Streß.

Langes Arbeiten kann zu einem Mangel an Energie und Bedrücktheit führen.

ANWENDUNGSMETHODEN

Geben Sie zur allgemeinen »Wiederbelebung« 8–10 Tropfen Rosmarin- oder Kiefernöl zum Badewasser bzw. Fußbad.

Inhalieren Sie Eukalyptus-, Zitronen- oder Rosmarinöl von einem Taschentuch, um Gefühlen von Erschöpfung oder Schwäche entgegenzuwirken. Oder geben Sie zu Hause bzw. am Arbeitsplatz eines der empfohlenen Öle in einen Verdunster.

Verwenden Sie zur Massage Öle, die das Nervensystem stärken und anregen. Mischen Sie je 7–8 Tropfen Rosmarin-, Kiefern- und Schwarzes-Pfeffer-Öl mit 50 ml Basisöl.

AROMATHERAPEUTISCHE ÖLE

Pfefferminze, Kiefer, Geranie, Rosmarin, Basilikum, Ingwer, Eukalyptus, Angelika, Lavendel, Zitrone, Grapefruit, Bergamotte, Orange und fast alle Gewürzöle.

Anregende und stimmungshebende ätherische Öle kann man leicht zwischendurch von einem Taschentuch inhalieren.

Geben Sie ein paar Tropfen eines empfohlenen Öls auf ein Taschentuch und atmen Sie tief ein.

Epilepsie

EPILEPSIE IST DIE häufigste schwere neurologische Funktionsstörung. Epileptische Anfälle können von momentanen Attacken (*Petit mal*) zu heftigen Muskelkrämpfen und Zuckungen (*Grand mal*) führen. Die Anfälle entstehen durch eine plötzliche, abnorme Aktivitätssteigerung, die auf eine Störung im Zentralnervensystem zurückzuführen ist. Epilepsie kann bereits im Kindesalter oder unerwartet bei Erwachsenen auftreten, wobei ein traumatisches oder extrem belastendes Ereignis zum Ausbruch der Erkrankung beitragen kann.

Tips zur Ernährung

In größeren Mengen können bestimmte Substanzen epileptische Anfälle auslösen, da sie das Nervensystem schädigen. Hierzu gehören insbesondere Ketone, die in Rainfarn, Beifuß, Raute, Thuja, Poleiminze und Wermut sowie, in geringerem Maße, in Salbei, Fenchel, Ysop und Rosmarin vorkommen. Entspannende Teekräuter wie Hopfen, Kamille und Melisse wirken beruhigend.

Weitere Schritte

Versuchen Sie, den Kranken während eines Anfalls vor Verletzungen zu schützen und evtl. festzuhalten. Führen Sie einen Beißkeil ein, falls vorhanden. Der Kranke soll nach dem Anfall geweckt werden und sich ausruhen.

Während eines epileptischen Anfalls wird die normale elektrische Tätigkeit des Gehirns unterbrochen. Diese Hirnaufnahme zeigt einen solchen Zwischenfall.

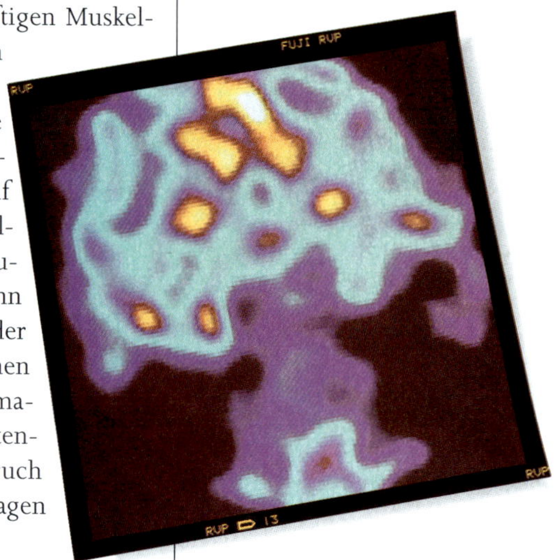

KLINISCHE DETAILS

Ätherische Öle, z. B. Kamille, können die Häufigkeit von Anfällen vermindern, obwohl die medizinische Betreuung in jedem Fall aufrechterhalten werden sollte.

ANWENDUNGSMETHODEN

Machen Sie möglichst einmal in der Woche eine Ganzkörpermassage mit einem der angegebenen Öle in der Verdünnung von 25 Tropfen Öl auf 50 ml Basisöl (zuvor in geringerer Dosierung testen). Oder massieren Sie sich Hände und Füße mit einer ähnlichen Mischung.

Inhalieren Sie unverdünntes Lavendelöl (oder ein anderes der angegebenen Öle) von einem Taschentuch oder verwenden Sie einen Verdunster. Neroliöl als Parfum getragen kann Unruhe lindern und das Wohlbehagen steigern.

Geben Sie 8–10 Tropfen Lavendel-, Kamillen- oder Ylang-Ylang-Öl ins warme Bad, um die Nachwirkungen eines Anfalls zu lindern und das Gleichgewicht wiederherzustellen.

AROMATHERAPEUTISCHE ÖLE

Kamille, Lavendel, Melisse, Ylang Ylang, Rose, Neroli.

Rainfarn und Raute sollten von Epileptikern gemieden werden, während Hopfen und Kamille beruhigend und wohltuend wirken.

RAUTE

RAINFARN

HOPFEN

KAMILLE

Schwäche/Schock

DIESE BESCHWERDEN KÖNNEN vom leichten Schwindelgefühl bis zur Ohnmacht reichen. Zu den Symptomen zählen Übelkeit, Erbrechen, Rastlosigkeit, blasse und feuchte Haut sowie Pulsjagen. Besonders häufig kommt es in den Wechseljahren und im Zusammenhang mit dem Prämenstruellen Syndrom zu diesen Beschwerden. Schock – durch Verletzung oder Angst ausgelöst – kann den Transport von Blut und Körperflüssigkeit so drosseln, daß der Betroffene einen Schwächeanfall erleidet.

Tips zur Ernährung

Schwäche kann auch auf Blutarmut (zu wenig rote Blutkörperchen), Eßstörungen, Hunger oder mangelhafte Ernährung zurückzuführen sein. Ausgewogene Mahlzeiten sind wichtig.

Weitere Schritte

Ruhen Sie sich aus, halten Sie sich warm, lockern Sie enge Kleidung. Tief atmen.

AROMATHERAPEUTISCHE ÖLE

Lavendel, Neroli, Rose, Geranie, Palmarosa, Ylang Ylang, Muskatellersalbei, Jasmin.

ACHTUNG
Durch eine Verletzung ausgelöster Schock muß umgehend ärztlich betreut werden!

ANWENDUNGSMETHODEN

Inhalieren Sie unverdünntes Lavendelöl von einem Taschentuch oder verwenden Sie einen Verdunster. Die Inhalation von Neroli-, Jasmin- oder Lavendelöl lindert Unruhe und schafft Wohlbefinden.

Geben Sie 8–10 Tropfen Lavendel-, Muskatellersalbei- oder Geranienöl zum warmen Badewasser, um die Nachwirkungen eines Schocks zu lindern und das Gleichgewicht wiederherzustellen.

Rosen-, Lavendel- oder Orangenblütenwasser, auf Schläfen und Gesicht aufgetragen, wirkt belebend und stärkend nach emotionalen Schocks. Auch bei Kater, nervlicher Ermüdung und Sonnenstich zu empfehlen.

Neroli lindert Beschwerden, die eine emotionale Ursache haben.

Jetlag

DIE ANZEICHEN VON Jetlag nach einer langen Flugreise sind wohlbekannt: Schlafstörungen, geschwollene Glieder, Desorientierung und Austrocknung. Hervorgerufen werden diese Beschwerden durch das Durchqueren mehrerer Zeitzonen, den verringerten Luftdruck in der Kabine sowie Flugangst und Übelkeit.

Tips zur Ernährung

Trinken Sie viel, am besten Wasser – keinen Alkohol! Bei Streß und Flugangst nehmen Sie zusätzlich die Vitamine C und B, um sich anschließend schneller zu erholen.

Weitere Schritte

Lagern Sie die Füße, soweit es geht, hoch. *Vgl. auch* Unruhe, Ödem, Übelkeit/Erbrechen, Streß.

AROMATHERAPEUTISCHE ÖLE

Lavendel, Kamille, Geranie, Rosmarin, Bergamotte, Grapefruit, Pfefferminze, Zitrone, Muskatellersalbei.

Eine Augenmaske kann das Schlafen auf Langstreckenflügen erleichtern.

ANWENDUNGSMETHODEN

Erfrischen Sie sich während des Flugs wiederholt mit Lavendelwasser oder inhalieren Sie Lavendel- bzw. Geranienöl von einem Taschentuch.

Befeuchten Sie Gesicht und Hände mit einer rosen- bzw. lavendelölhaltigen Creme.

Wenn möglich, nehmen Sie nach der Ankunft ein ausführliches Bad mit 8–10 Tropfen Lavendel-, Geranien- oder Kamillenöl, um sich zu entspannen, bzw. Rosmarin-, Grapefruit- oder Bergamottöl, um sich anzuregen. So können Sie sich leichter auf den neuen körperlichen und seelischen Rhythmus einstellen.

Streß

STRESS IST EIN facettenreiches Syndrom, das eine Vielzahl physischer und psychologischer Probleme auslösen kann: hohen Blutdruck, Kopfschmerzen, Verdauungsstörungen, chronische Müdigkeit, Niedergeschlagenheit oder nervöse Unruhe. Streß schwächt darüber hinaus das Immunsystem und ebnet langfristig verschiedensten Krankheiten den Weg.

Zu Streß kommt es, wenn an die körperlichen, geistigen oder emotionalen Kräfte des einzelnen übermäßige Ansprüche gestellt werden. Der Körper antwortet darauf mit einem Anstieg des Adrenalinspiegels, jenem Hormon, das uns in Flucht- und Kampfsituationen schneller reagieren läßt. Summieren sich ungelöste Situationen auf längere Zeit, entsteht jener Spannungszustand, den wir Streß nennen.

Tips zur Ernährung

Streß kann durch einen Mangel an Spurenelementen wie Kupfer, Kobalt, Mangan oder Eisen, an Mineralien wie Phosphor und Kalium oder an Vitaminen wie B 6 (Pyridoxin) und B 3 (Niazin) begünstigt werden. Eine gesunde, abwechslungsreiche Kost mit ausreichend Proteinen, Fetten, Kohlenhydraten, Vitaminen und Spurenelementen, möglichst ohne Zusatzstoffe, ist deshalb von größter Wichtigkeit. Nervenstärkende, beruhigende Kräuter wie Kamille (besonders für Kinder), Baldrian, Hopfen oder Helmkraut können als Tee oder Tabletten die Nahrung sinnvoll ergänzen.

Weitere Schritte

Treiben Sie in Maßen Sport, möglichst im Freien: Das baut körperliche und geistige Spannungen ab. Nehmen Sie sich Zeit für Yoga, Meditation, Atemübungen und angenehme Hobbys. Ziehen Sie klare Grenzen zwischen Arbeit und Freizeit, überdenken Sie Ihren Lebens- und Arbeitsstil. Gegebenenfalls können Sie sich Hilfe in Form von Psychotherapie oder Problemberatung holen *Vgl auch* Unruhe, Erschöpfung, Niedergeschlagenheit, Hoher Blutdruck, Schlaflosigkeit, Herzjagen.

ANWENDUNGSMETHODEN

Geben Sie 8–10 Tropfen Lavendelöl (oder ein anderes empfohlenes Öl) zum abendlichen Bad, um Schlaflosigkeit, Unruhe, Rastlosigkeit und nervöse Anspannung zu lindern.

Regelmäßige professionelle Massagen wirken Wunder gegen Streß. Mischen Sie dazu Öle wie Muskatellersalbei, Ylang Ylang und Lavendel.

Für eine Eigenmassage: Mischen Sie 2–3 Tropfen Lavendel- oder Römisches-Kamillen-Öl mit 5 ml Süßem-Mandel-Öl und massieren Sie die Mixtur auf Hände und Fußsohlen.

Um die Raumluft zu aromatisieren, geben Sie Lavendel-, Weihrauch- oder Bergamottöl in eine Duftlampe oder träufeln ein wenig davon auf ein Taschentuch, um tagsüber wiederholt damit zu inhalieren. Darüber hinaus können Sie Rosen-, Ylang-Ylang- oder Neroliöl als Parfum einsetzen.

AROMATHERAPEUTISCHE ÖLE

Lavendel, Kamille, Baldrian, Bergamotte, Muskatellersalbei, Majoran, Weihrauch, Melisse, Muskat, Neroli, Rose, Jasmin.

KLINISCHE DETAILS

Klinische Untersuchungen beweisen, daß eine Kombination von Duft und Berührung eine beruhigende und wohltuende Wirkung auf die Psyche haben kann, wobei sich die beiden Komponenten wechselseitig noch verstärken. Öle wie Baldrian, Muskat, Neroli, Rose und Lavendel haben sich bei klinischen Tests als streßlindernd erwiesen.

Bei Streß stellen sich oft Kopfschmerzen ein.

Mit Streß kann man auf unterschiedlichste Weise umgehen. Nehmen Sie sich in jedem Falle Zeit, um Ihren Lebensstil unter die Lupe zu nehmen und gegebenenfalls Änderungen anzugehen.

Neuralgien

NEURALGIEN, D. H. Nervenschmerzen, äußern sich unterschiedlich. Sie können die gesamte Länge eines Nervs oder einen einzelnen Punkt auf der Hautoberfläche betreffen. Bei Ischias, einer Form von Neuralgie, strahlt der stechende Schmerz entlang eines Abschnitts des Nervs aus, der von der Lendenwirbelsäule über Gesäß, Oberschenkel und Wade bis zum Fuß verläuft. Diese starken Beschwerden haben verschiedene Ursachen, z. B. Bandscheibenvorfall, Unfall oder ein orthopädisches Problem. Meist sind sie jedoch durch allgemeine Erschöpfung, unausgewogene Ernährung, Bewegungsmangel und Streß bedingt. Gesichtsneuralgien können durch kalten Wind ausgelöst werden. Obwohl Ischias oft im Zusammenhang mit einer Fehlstellung der Hüfte oder der unteren Wirbelsäule steht, die Druck auf den Ischiasnerv ausübt, liegt die Wurzel des Übels oft bei Verstopfung oder Druck im Unterleibsbereich.

Tips zur Ernährung

Essen Sie viel faserreiche Kost, Blattgemüse, Obst, Hafer und Vitamin B. Sinnvoll sind auch nervenstärkende, entspannende Kräuter wie Hopfen, Helmkraut, Baldrian und Pfefferminze als Tee oder in Tablettenform.

Weitere Schritte

Nehmen Sie Ihren Lebensstil unter die Lupe, achten Sie auf Balance zwischen Belastung und Ruhe. Besuchen Sie evtl. einen Osteopathen oder Chiropraktiker und treiben Sie mäßig Sport. *Vgl. auch* Verstopfung, Erschöpfung, Streß.

AROMATHERAPEUTISCHE ÖLE

Lavendel, Pfefferminze, Rosmarin, Majoran, Kamille, Ingwer.

KLINISCHE DETAILS

Rosmarinöl kann die Beschwerden bei Ischias und Neuralgien erheblich lindern. Da es den gesamten Organismus, so auch die Unterleibsregion, anregt, baut es auch Druck und Stauungen in diesem Bereich ab. In der Kombination mit Rücken- und Beinmassage ist es besonders wirksam.

ANWENDUNGSMETHODEN

Das einfachste Mittel gegen Nervenschmerzen ist in vielen Fällen ein heißes Bad, dem Sie 8–10 Tropfen der genannten Öle hinzugeben können.

Sanfte Massage kann Beschwerden bei Neuralgien und Ischias merklich lindern. Vermengen Sie insgesamt etwa 25 Tropfen Rosmarin-, Lavendel-, Majoran- und/oder Pfefferminzöl mit 50 ml Johanniskrautöl und massieren Sie diese Mischung behutsam in den betroffenen Bereich ein.

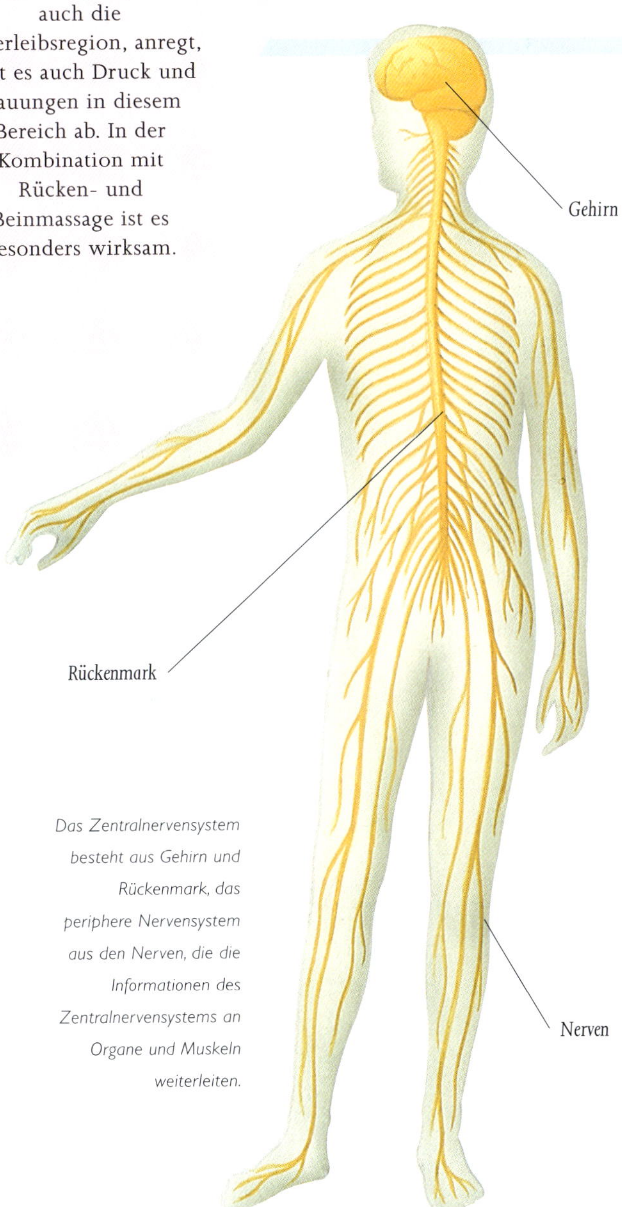

Das Zentralnervensystem besteht aus Gehirn und Rückenmark, das periphere Nervensystem aus den Nerven, die die Informationen des Zentralnervensystems an Organe und Muskeln weiterleiten.

TEIL VIER

Verzeichnis der ätherischen Öle

Dieser Teil stellt die bislang erwähnten Öle entsprechend der Klassifikation in drei Gruppen (s. S. 18) im einzelnen vor. Jedes Profil beschreibt dabei die Pflanze, aus der das Öl gewonnen wird, Aussehen und Duft des Öls, seine Wirkungsweise im allgemeinen und die therapeutischen Anwendungsmöglichkeiten.

Die Balkendiagramme eines jeden Profils informieren über die Duftqualität des Öls und seine physiologischen sowie psychologischen Wirkungen. Sie dienen einem besseren Verständnis des einzelnen Öls, wiewohl Eigenschaften und Wirkungen der ätherischen Öle äußerst komplex sind und je nach Herkunft des Öls und geistig-körperlicher Befindlichkeit des Benutzers durchaus variieren können. Intuition und Erfahrung spielen bei der Wahl der Öle eine große Rolle. Die Gruppennummer (die die allgemeine Nützlichkeit bewertet) und der Teil der Pflanze, der für die Extraktion des Öls verwendet wird, sind in den Kästchen neben der Überschrift angezeigt. Ein drittes Symbol verweist auf besondere Kinderfreundlichkeit.

Alle ätherischen Öle sind sehr stark, manche bei falscher Anwendung sogar giftig. Bevor Sie ein Öl verwenden, sollten Sie das entsprechende Profil zu Rate ziehen und insbesondere die Angaben zur Sicherheit sowie die Kästchen zu Risiken und Gefahren, die Sie über Einsatz des Öls und Gegenanzeigen aufklären, aufmerksam lesen!

WO FINDE ICH WELCHES ÖL?

SCHLÜSSEL ZU DEN SYMBOLEN

Wurzeln — Blüten — Pflanzenteile — Frucht oder Schale — Blätter — Ganze Pflanze — Samen — Holz — Harz — Geeignet für Kinder

Schafgarbe

ACHILLEA MILLEFOLIUM **FAMILIE** *ASTERCEAE* (COMPOSITAE)

BESCHREIBUNG

Mehrjährige, bis zu 1 m hohe Pflanze mit einfachen Stengeln, feingegliederten Blättern und zahlreichen rosaweißen, dichten Blütenköpfen.

WIRKUNGEN

Adstringierend, antirheumatisch, antiseptisch, blähungsmindernd, blutdrucksenkend, blutstillend, entzündungshemmend, fiebersenkend, kräftigend, krampflösend, magenstärkend, schleimlösend, schweißtreibend, verdauungsfördernd, wundheilend.

EXTRAKTION

Das Öl wird durch Dampfdestillation der ganzen Pflanze gewonnen.

EIGENSCHAFTEN

Dunkelblaue oder olivgrüne Flüssigkeit mit frischem, grünem, süß-krautigem, leicht kampferartigem Geruch. Mischt sich gut mit Zeder, Kiefer, Kamille, Baldrian, Vetiver und Myrrhe.

VERTRÄGLICHKEIT

Ungiftig, Allergien möglich. Das konzentrierte Öl kann zu Hautreizungen führen.

DUFTSKALA

Kopfnote *Herznote* *Basisnote*

PSYCHOLOGISCHE SKALA

Erhebend *Ausgleichend* *Besänftigend*

PHYSIOLOGISCHE SKALA

Anregend *Ausgleichend* *Beruhigend*

QUALITÄT

Duft: *Warm, frisch, grün, süß, krautig, leicht kampferartig.*

Haupteigenschaften: *Ausgleichend, stärkend, nervenstärkend, öffnend, belebend, leicht anregend, dämpfend.*

Geruchsintensität: *Stark.*

AROMATHERAPEUTISCHE VERWENDUNG

Hautpflege: *Akne, Ausschläge, Ekzeme, Entzündungen, Haarspülungen, Narben, Schnittwunden, Verbrennungen, Wunden.* **Kreislauf, Muskeln und Gelenke:** *Arteriosklerose, Hoher Blutdruck, chronische Polyarthritis, Krampfadern, Thrombose.* **Verdauungstrakt:** *Blähungen, Hämorrhoiden, Krämpfe, Magenverstimmung, Verstopfung.* **Fortpflanzungsorgane:** *Amenorrhö, Dysmenorrhö.* **Immunsystem:** *Erkältungen, Fieber, Grippe.* **Harnwege:** *Zystitis und andere Infektionen.* **Nervensystem:** *Hoher Blutdruck, Schlaflosigkeit, streßbedingte Beschwerden.*

Dillsamen

ANETHUM GRAVEOLENS **FAMILIE** *APIACEAE* (UMBELLIFERAE)

BESCHREIBUNG

Ein- bzw. zweijährige Pflanze, bis 1 m hoch, mit glattem Stengel, gefiederten Blättern und Dolden gelblicher Blüten bzw. flachen, kleinen Samen.

WIRKUNGEN

Anregend, blähungsmindernd, blutdrucksenkend, keimtötend, krampflösend, magenstärkend, menstruationsfördernd, milchbildend, verdauungsfördernd.

EXTRAKTION

Das Öl wird durch Dampf- (manchmal auch Wasser-) Destillation aus den Samen gewonnen.

EIGENSCHAFTEN

Das Öl der Samen ist eine farblose bis blaßgelbe, leichte Flüssigkeit mit leichtem, frischem, warm-würzigem Geruch. Das Öl der Blätter ist farblos oder blaßgelb, dünnflüssig, mit starkem, süß-würzigem Aroma. Es mischt sich gut mit Minze, Muskat, Gewürz- und Zitrusölen.

VERTRÄGLICHKEIT

Ungiftig, nicht reizend.

DUFTSKALA

Kopfnote *Herznote* *Basisnote*

PSYCHOLOGISCHE SKALA

Erhebend *Ausgleichend* *Besänftigend*

PHYSIOLOGISCHE SKALA

Anregend *Ausgleichend* *Beruhigend*

QUALITÄT

Duft: *Krautig, frisch, pfefferartig, würzig, warm.*

Haupteigenschaften (Geist): *Belebend, klärend, stärkend.*

Geruchsintensität: *Mittel.*

AROMATHERAPEUTISCHE VERWENDUNG

Verdauungstrakt: *Blähungen, Koliken Magenverstimmung, Verdauungsstörungen.*

Fortpflanzungsorgane und Hormonsystem: *Amenorrhö, milchbildend.*

Angelikawurzel

ANGELICA ARCHANGELICA **FAMILIE** *APIACEAE* (UMBELLIFERAE)

BESCHREIBUNG

Große, behaarte Pflanze mit Wurzelstock, farnartigen Blättern und weißen Blütendolden. Die ganze Pflanze duftet intensiv und aromatisch.

WIRKUNGEN

Anregend, antibakteriell, blähungsmindernd, fiebersenkend, harntreibend, krampflösend, magenstärkend, menstruationsfördernd, nervenstärkend, pilztötend, reinigend, schleimlösend, schweißtreibend, verdauungsfördernd.

EXTRAKTION

Das ätherische Öl wird durch Dampfdestillation der Wurzeln gewonnen.

EIGENSCHAFTEN

Das Wurzelöl ist zunächst farblos oder blaßgelb, später gelblichbraun und weist eine krautig-erdige Körpernote auf. Das Samenöl ist farblos mit frischer, würziger Kopfnote. Es mischt sich gut mit Patschuli, Muskatellersalbei, Vetiver und Zitrusölen.

VERTRÄGLICHKEIT

Nicht während der Schwangerschaft, bei Kleinkindern und Diabetikern einsetzen. Das Wurzelöl ist phototoxisch. Vorsicht im Umgang mit dem Öl, nur in 1%igen Lösungen verwenden.

DUFTSKALA

Kopfnote *Herznote* *Basisnote*

PSYCHOLOGISCHE SKALA

Erhebend *Ausgleichend* *Besänftigend*

PHYSIOLOGISCHE SKALA

Anregend *Ausgleichend* *Beruhigend*

QUALITÄT

Duft: *Balsamisch, moschusartig, erdig, würzig, langanhaltend. Geeignet als Fixator.*
Haupteigenschaften: *Stärkend, belebend, kräftigend, reinigend, wohltuend, anregend (in kleinen Dosen), beruhigend (in großen Dosen), wärmend, dämpfend, aphrodisierend.*
Geruchsintensität: *Stark.*

AROMATHERAPEUTISCHE VERWENDUNG

Hautpflege: *Hautreizungen, fahle Haut, Schuppenflechte, verstopfte Poren.* **Kreislauf, Muskeln und Gelenke:** *Ansammlung von Giften, Arthritis, Gicht, Rheumatismus, Wassereinlagerungen.* **Atemwege:** *Bronchitis, Erkältungen, Husten.* **Verdauungstrakt:** *Appetitlosigkeit, Blähungen, Blutarmut, Magenverstimmung.* **Nervensystem:** *Migräne, Müdigkeit, nervöse Anspannung, streßbedingte Beschwerden.*

Rosenholz

ANIBA ROSEAODORA **FAMILIE** *LAURACEAE*

BESCHREIBUNG

Mittelgroßer, immergrüner, tropischer Baum; Rinde und Kernholz rötlich, gelbe Blüten. Wird viel als Nutz- und Bauholz verwendet.

WIRKUNGEN

Anregend (Immunsystem), antibakteriell, antimikrobiell, antidepressiv, antiseptisch, aphrodisierend, desodorierend, gewebserneuernd, Kopfbeschwerden lindernd, kräftigend, krampflösend, leicht schmerzstillend, zellanregend.

EXTRAKTION

Das Öl wird durch Dampfdestillation aus den Holzspänen gewonnen.

EIGENSCHAFTEN

Farblose bis blaßgelbe Flüssigkeit mit süßem, holzig-blumigen Duft mit würzigem Beiklang. Mischt sich gut mit den meisten Ölen, v. a. Zitrus-, Holz- und Blütenölen. Verleiht einer Mischung Substanz und rundet sie ab.

VERTRÄGLICHKEIT

Ungiftig, nicht reizend.

DUFTSKALA

Kopfnote *Herznote* *Basisnote*

PSYCHOLOGISCHE SKALA

Erhebend *Ausgleichend* *Besänftigend*

PHYSIOLOGISCHE SKALA

Anregend *Ausgleichend* *Beruhigend*

QUALITÄT

Duft: *Rosig, holzig, trocken, blumig, leicht grün, frisch, mild.*
Haupteigenschaften (Geist): *Wärmend, wohltuend, beruhigend.*
Geruchsintensität: *Schwach.*

AROMATHERAPEUTISCHE VERWENDUNG

Hautpflege: *Akne, Dermatitis, Falten, Narben, Wunden, zur Pflege trockener Hauttypen.*
Immunsystem: *Erkältungen, Fieber, Husten, Infektionen, kräftigt das Immunsystem.*
Nervensystem: *Frigidität, Kopfschmerzen, nervöse Anspannung, streßbedingte Beschwerden, Übelkeit.*

Sellersiesamen

APIUM GRAVEOLENS **FAMILIE** *APIACEAE* (UMBELLIFERAE)

BESCHREIBUNG

Zweijährige Pflanze, 30–60 cm hoch, mit aufrechtem, fleischigem und gefurchtem Stiel. Glänzende gefiederte Blätter, weiße Blütendolden.

WIRKUNGEN

Anregend (Uterus), antirheumatisch, antiseptisch (Harnwege), appetitanregend, blähungsmindernd, galletreibend, harntreibend, kräftigend (Verdauung), leberstärkend, menstruationsfördernd, milchbildend, nervenstärkend, oxidationshemmend, reinigend, verdauungsfördernd.

EXTRAKTION

Durch Dampfdestillation ganzer oder zerstoßener Samen.

EIGENSCHAFTEN

Ein blaßgelbes oder orangefarbenes Öl mit warm-würzigem, süßem, langanhaltendem Duft. Es mischt sich gut mit Lavendel, Kiefer, Teebaum, Koriander und anderen Gewürzen.

VERTRÄGLICHKEIT
Nicht giftig, nicht reizend, Allergien möglich.

DUFTSKALA
Kopfnote — Herznote — Basisnote

PSYCHOLOGISCHE SKALA
Erhebend — Ausgleichend — Besänftigend

PHYSIOLOGISCHE SKALA
Anregend — Ausgleichend — Beruhigend

QUALITÄT

Duft: *Warm-würzig, süß, anhaltend.*
Haupteigenschaften (Geist): *Wärmend, erfrischend, belebend.*
Geruchsintensität: *Mittel.*

AROMATHERAPEUTISCHE VERWENDUNG

Kreislauf, Muskeln und Gelenke: *Ansammlung von Giften im Blut, Arthritis, Gicht, Rheumatismus.* **Verdauungstrakt:** *Blähungen, Gelbsucht, Leberstauung, Magenverstimmung, Verdauungsstörungen.* **Fortpflanzungsorgane und Hormonsystem:** *Amenorrhö, Drüsenprobleme, verstärkt den Milchfluß.* **Harnwege:** *Zystitis.* **Nervensystem:** *Ischias, Neuralgien.*

ACHTUNG
Nicht bei Schwangerschaft verwenden!

Weihrauch

BOSWELLIA THURIFERA **FAMILIE** *BURSERACEAE*

BESCHREIBUNG

Kleiner Baum oder Busch mit gefiederten Blättern und weißen bzw. blaßrosa Blüten. Er produziert ein natürliches Oleogumresin.

WIRKUNGEN

Adstringierend, antiseptisch, beruhigend, blähungsmindernd, entzündungshemmend, gebärmutterstärkend, harntreibend, kräftigend, menstruationsfördernd, schleimlösend, verdauungsfördernd, wundheilend.

EXTRAKTION

Dampfdestillation ausgewählter Oleogumresine (3–10 % Öl auf 60–70 % Harz).

EIGENSCHAFTEN

Eine blaßgelbe oder grünliche Flüssigkeit mit terpenartiger Kopfnote und warmer, süß-balsamischer Basisnote. Mischt sich gut mit Sandelholz, Kiefer, Vetiver, Geranie, Lavendel, Neroli, Orange, Bergamotte und anderen Zitrusölen, Kampfer, Basilikum, Pfeffer, Zimt und weiteren Gewürzölen.

VERTRÄGLICHKEIT
Nicht giftig, nicht reizend.

DUFTSKALA
Kopfnote — Herznote — Basisnote

PSYCHOLOGISCHE SKALA
Erhebend — Ausgleichend — Besänftigend

PHYSIOLOGISCHE SKALA
Anregend — Ausgleichend — Beruhigend

QUALITÄT

Duft: *Balsamisch, langanhaltend, holzig, leicht kampferartig, harzig, süß, trocken, erinnert an Räucherwerk. Das Öl ist ein Fixator und ein Konservierungsmittel.*
Haupteigenschaften: *Reinigend, klärend, belebend, wärmend, beruhigend, aufmunternd, kräftigend, lindert Kopfbeschwerden.*
Geruchsintensität: *Stark.*

AROMATHERAPEUTISCHE VERWENDUNG

Hautpflege: *Falten, Hautflecken, Narben, trockene und reife Haut, Wunden.*
Atemwege: *Asthma, Bronchitis, Erkältungen, Fieber, Husten, Rachenentzündung, Schnupfen.*
Fortpflanzungsorgane: *Dysmenorrhö, Weißfluß, Zwischenblutungen, Zystitis.*
Nervensystem: *Nervöse Anspannung, streßbedingte Beschwerden, Unruhe. Weihrauch kann das Atmen vertiefen und verlangsamen, was Gebet und Meditation besonders fördert.*

Ylang Ylang 2

CANANGA ODORATA FORMA GENUINA **FAMILIE** *ANNONACEAE*

BESCHREIBUNG

Bis zu 20 m hoher tropischer Baum mit großen Blüten in Rosa, Gelb, Mauve.

WIRKUNGEN

Anregend (Kreislauf), antidepressiv, antiseborrhöisch, antiseptisch, aphrodisierend, ausgleichend, berauschend (Stimmung), beruhigend (Nerven), blutdrucksenkend, entzündungshemmend, kräftigend, nervenstärkend.

EXTRAKTION

Wasser- oder Dampfdestillation der frisch gepflückten Blüten. Das beste Öl stammt von gelben Blüten.

EIGENSCHAFTEN

Farblos bis blaßgelb mit frischem, balsamischem Geruch. Ylang Ylang, an sich bereits ein sehr ansprechendes Parfumöl, mischt sich sehr gut mit Sandelholz, Jasmin, Rosenholz, Vetiver, Bergamotte, Rose sowie blumigen und orientalischen Noten. Auch als Fixator leistet es hervorragende Dienste.

DUFTSKALA
Kopfnote – Herznote – Basisnote

PSYCHOLOGISCHE SKALA
Erhebend – Ausgleichend – Besänftigend

PHYSIOLOGISCHE SKALA
Anregend – Ausgleichend – Beruhigend

QUALITÄT

Duft: *Exotisch, süß, balsamisch, blumig, leicht würzig, sinnlich, orientalisch, üppig, körperreich, berauschend.*
Haupteigenschaften: *Außerordentlich beruhigend, besänftigend, ausgleichend, berauschend, in großen Dosen von narkotischer Wirkung, aphrodisierend.*
Geruchsintensität: *Stark.*

AROMATHERAPEUTISCHE VERWENDUNG

Hautpflege: *Akne, allgemeine Hautpflege, gereizte und fettige Haut, Haarspülung, Haarwuchs, Insektenstiche.*
Kreislauf: *Hoher Blutdruck, Herzjagen, Herzklopfen, übermäßig schnelles Atmen.*
Nervensystem: *Frigidität, Impotenz, nervöse Anspannung, Niedergeschlagenheit, Schlaflosigkeit, streßbedingte Beschwerden.*

VERTRÄGLICHKEIT

Ungiftig, nicht reizend, die Literatur verzeichnet jedoch Fälle von allergischer Reizung. In Maßen verwenden, da der berauschende Duft des Öls Kopfschmerzen oder Übelkeit hervorrufen kann.

Elemi 3

CANARIUM LUZONICUM **FAMILIE** *BURSERACEAE*

BESCHREIBUNG

Ein bis zu 30 m hoher tropischer Baum, dessen Stamm ein grünes, stark riechendes Harz absondert. Obwohl es als Gummi bezeichnet wird, besteht es fast ausschließlich aus Harz und ätherischem Öl.

WIRKUNGEN

Anregend, antiseptisch, ausgleichend, balsamisch, kräftigend, magenstärkend, schleimlösend, wundheilend.

EXTRAKTION

Das Öl wird durch Dampfdestillation des Harzes gewonnen.

EIGENSCHAFTEN

Eine farblose bis blaßgelbe Flüssigkeit mit leichtem, frischem, balsamisch-würzigem Duft, der an Zitronen erinnert. Mischt sich gut mit Myrrhe, Weihrauch, Rosmarin, Lavendel, Salbei, Zimt und anderen Gewürzölen.

DUFTSKALA
Kopfnote – Herznote – Basisnote

PSYCHOLOGISCHE SKALA
Erhebend – Ausgleichend – Besänftigend

PHYSIOLOGISCHE SKALA
Anregend – Ausgleichend – Beruhigend

QUALITÄT

Duft: *Leicht, frisch, weich, balsamisch, leicht kampferartig, erinnert an Räucherwerk, würzig, grün, verteilt sich gut.*
Haupteigenschaften: *Anregend, belebend, erfrischend, kräftigend, trocknend, wärmend.*
Geruchsintensität: *Stark.*

AROMATHERAPEUTISCHE VERWENDUNG

Hautpflege: *Entzündete Schnittwunden und Wunden, Entzündungen, Falten, alternde Haut.*
Atemwege: *Bronchitis, Schnupfen, trockener Husten.*
Nervensystem: *Nervöse Anspannung, streßbedingte Beschwerden.*

VERTRÄGLICHKEIT

Ungiftig, nicht reizend.

Atlaszeder

CEDRUS ATLANTICA **FAMILIE** PINACEAE

BESCHREIBUNG

Bis zu 40 m hoher, immergrüner Baum. Das Holz ist hart und hat dank seines hohen Gehalts an ätherischen Ölen einen intensiven Duft.

WIRKUNGEN

Adstringierend, anregend (Kreislauf), antiseborrhöisch, antiseptisch, beruhigend (Nerven), harntreibend, kräftigend, pilztötend, schleimlösend.

EXTRAKTION

Dampfdestillation von Holz, Sägemehl und Strünken.

EIGENSCHAFTEN

Gelbe, orange- oder dunkel bernsteinfarbene, zähe Flüssigkeit mit kampferartiger Kopfnote und holzig-balsamischer Basisnote. Mischt sich gut mit Rosenholz, Bergamotte, Zypresse, Jasmin, Wacholder, Neroli, Mimose, Weihrauch, Muskatellersalbei, Vetiver, Rosmarin, Ylang Ylang sowie orientalischen und blumigen Basisölen.

ACHTUNG
Während der Schwangerschaft meiden! Nicht innerlich anwenden!

VERTRÄGLICHKEIT
Nicht reizend.

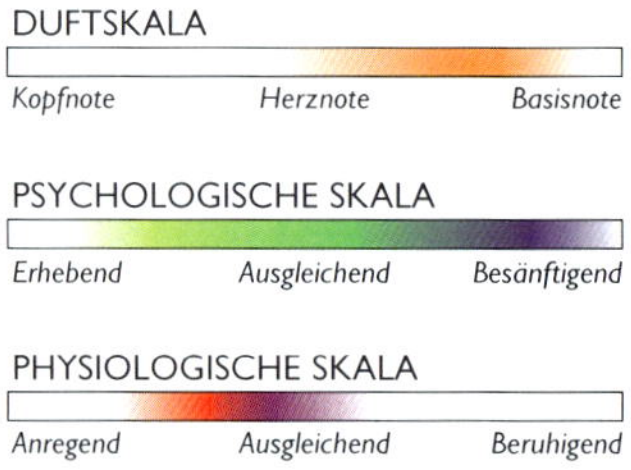

QUALITÄT

Duft: *Balsamisch, süß, rauchig, leicht kampferartig, trocken-holzig, langanhaltend, erinnert an Terpentin, eignet sich als Fixator.*
Haupteigenschaften: *Aphrodisierend, wärmend, kräftigend, stimmungshebend, erhebend, dämpfend, öffnend.*
Geruchsintensität: *Mittel bis schwach.*

AROMATHERAPEUTISCHE VERWENDUNG

Hautpflege: *Akne, Dermatitis, Ekzem, fettige Haut, Geschwüre, Haarausfall, Hautveränderungen, Pilzinfektionen, Schuppen.*
Kreislauf, Muskeln, Gelenke: *Arthritis, Rheuma.*
Atemwege: *Bronchitis, Husten, Schnupfen, Verschleimung.*
Fortpflanzungsorgane: *Hautjucken, Weißfluß, Zystitis.*
Nervensystem: *Nervöse Anspannung, streßbedingte Beschwerden.*
Sonstiges: *Insektenschutz (Motten).*

Römische Kamille

CHAMAEMELUM NOBILIS/ANTHEMIS NOBILIS **FAMILIE** ASTERACEAE (COMPOSITAE)

BESCHREIBUNG

Mehrjähriges Kraut, das bis zu 25 cm hoch werden kann, mit verzweigtem, behaartem Stiel, gefiederten Blättern und weißen Blüten.

WIRKUNGEN

Anthelminthisch, antianämisch, antibakteriell, antineuralgisch, antiseptisch, beruhigend (Nerven), blähungsmindernd, entzündungshemmend, fiebersenkend, kräftigend, krampflösend, leberstärkend, magenstärkend, schmerzstillend, schweißtreibend, wundheilend.

EXTRAKTION

Das Öl wird durch Dampfdestillation der Blütenköpfe gewonnen.

EIGENSCHAFTEN

Eine hellblaue Flüssigkeit, die später gelb wird, mit süßem, fruchtig-krautigem Duft. Mischt sich gut mit Bergamotte, Muskatellersalbei, Jasmin, Neroli, Rose, Geranie und Lavendel.

VERTRÄGLICHKEIT
Ungiftig, i. a. nicht reizend, kann allerdings bei manchen Menschen Dermatitis auslösen.

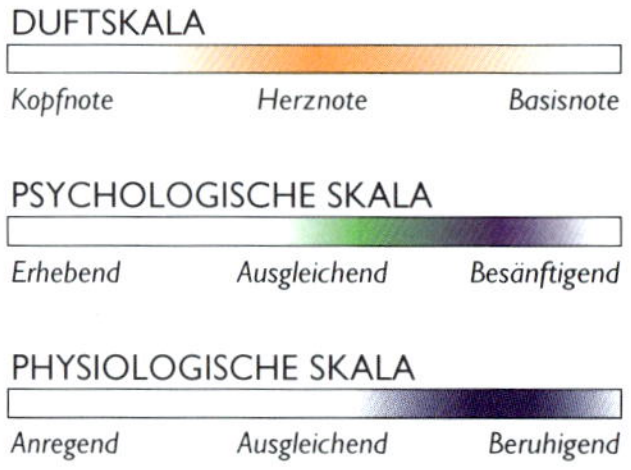

QUALITÄT

Duft: *Leicht fruchtig, süß, frisch, warm, krautig, körperreich, grasartig, duftend, apfelähnlich.*
Haupteigenschaften: *Ausgleichend, beruhigend, besänftigend, entspannend, hypnotisch (in großen Dosen), leicht schweißtreibend, mild, stärkend, wärmend, wohltuend.*
Geruchsintensität: *Stark.*

AROMATHERAPEUTISCHE VERWENDUNG

Hautpflege: *Akne, Ausschläge, Dermatitis, Ekzeme, empfindliche Haut, Frostbeulen, Furunkel, Insektenstiche, Ohrenschmerzen, Schnittwunden, Verbrennungen, Wunden.* **Kreislauf, Muskeln und Gelenke:** *Arthritis, Gelenkentzündungen, Muskelschmerzen, Neuralgien, Rheuma, Verstauchungen.* **Verdauungstrakt:** *Koliken, Magenverstimmung, Übelkeit, Verdauungsstörungen.* **Fortpflanzungsorgane:** *Dysmenorrhö, Menorrhö, Wechseljahre.* **Nervensystem:** *Kopfschmerzen, Migräne, nervöse Anspannung, Schlaflosigkeit, streßbedingte Beschwerden.*

Echte (Deutsche) Kamille

CHAMOMILLA MATRICARIA/MATRICARIA RECUTITA **FAMILIE** ASTERACEAE

BESCHREIBUNG

60 cm hohes, stark duftendes, mehrjähriges Kraut mit glattem, verzweigtem Stiel, fedrigen Blättern und weißen Blüten.

WIRKUNGEN

Anthelminthisch, antiallergisch, antibakteriell, beruhigend (Nerven), blähungsmindernd, entzündungshemmend, fiebersenkend, galletreibend, krampflösend, leberstärkend, magenstärkend, pilztötend, verdauungsfördernd, schmerzstillend, wundheilend, schweißtreibend.

EXTRAKTION

Das Öl wird durch Dampfdestillation der Blütenköpfe gewonnen.

EIGENSCHAFTEN

Tintenblaue, zähe Flüssigkeit mit süßlichem, krautig-warmem Geruch. Mischt sich gut mit Geranie, Lavendel, Patschuli, Rose, Benzoe, Neroli, Bergamotte, Majoran, Zitrone, Ylang Ylang, Jasmin und Muskatellersalbei.

DUFTSKALA
Kopfnote Herznote Basisnote

PSYCHOLOGISCHE SKALA
Erhebend Ausgleichend Besänftigend

PHYSIOLOGISCHE SKALA
Anregend Ausgleichend Beruhigend

QUALITÄT

Duft: *Warm, krautig, süß, leicht bitter, grün.*
Haupteigenschaften: *Entspannend, beruhigend, ausgleichend, besänftigend, stärkend (Nerven).*
Geruchsintensität: *Sehr stark.*

AROMATHERAPEUTISCHE VERWENDUNG

Hautpflege: *Akne, Ausschläge, Dermatitis, Ekzem, empfindliche Haut, Entzündung, Furunkel, Insektenstiche, Schnittwunden, Verbrennungen, Wunden, Zahnschmerzen.* **Kreislauf, Muskeln und Gelenke:** *Arthritis, Gelenkentzündung, Muskelschmerzen, Neuralgie, Rheuma, Verstauchungen.* **Verdauungstrakt:** *Koliken, Magenverstimmung, Übelkeit.* **Fortpflanzungsorgane:** *Beschwerden in den Wechseljahren, Dysmenorrhö, Menorrhö.* **Nervensystem:** *Kopfschmerzen, Migräne, nervöse Anspannung, Schlaflosigkeit, streßbedingte Beschwerden.*

VERTRÄGLICHKEIT

Im allgemeinen ungiftig, nicht reizend, kann vereinzelt Allergien hervorrufen.

Weißer Kampfer

CINNAMOMUM CAMPHORA **FAMILIE** LAURACEAE

BESCHREIBUNG

Bis zu 30 m hoher, immergrüner Baum. Seine Äste tragen zunächst Büschel von weißen Blüten, später rote Beeren.

WIRKUNGEN

Anregend, anthelminthisch, antibakteriell, antiseptisch, antiviral, entzündungshemmend, Gegenmittel bei Reizungen, harntreibend, schleimlösend.

EXTRAKTION

Roher Kampfer wird direkt von den Bäumen gesammelt. Das ätherische Öl entsteht durch Dampfdestillation von Holz, Wurzelstrünken und Ästen.

EIGENSCHAFTEN

Diese Flüssigkeit – Weißer Kampfer – ist farblos bis blaßgelb und hat einen durchdringenden Geruch. Brauner Kampfer wird beim mittleren Siedepunkt gewonnen. Gelber Kampfer, eine blaugrüne oder gelbliche Flüssigkeit, ist die schwerste Variante. Kampfer mischt sich gut mit Kräuter- und Gewürzölen.

VERTRÄGLICHKEIT

Weißer Kampfer enthält kein Safrol und ist deshalb verhältnismäßig ungiftig und nicht reizend. Nicht bei Kindern, Epileptikern oder innerlich anwenden!

DUFTSKALA
Kopfnote Herznote Basisnote

PSYCHOLOGISCHE SKALA
Erhebend Ausgleichend Besänftigend

PHYSIOLOGISCHE SKALA
Anregend Ausgleichend Beruhigend

QUALITÄT

Duft: *Klar, scharf, durchdringend, kampferartig, stechend.*
Haupteigenschaften: *Ausgleichend, enterotisierend, erfrischend, stärkend.*
Geruchsintensität: *Stark.*

AROMATHERAPEUTISCHE VERWENDUNG

Hautpflege: *Akne, entzündete Haut, fettige Haut, Pickel.* **Kreislauf, Muskeln und Gelenke:** *Arthritis, Muskelschmerzen, Rheuma, Verstauchungen.* **Atemwege:** *Bronchitis, fiebrige Erkältungen, Husten.* **Immunsystem:** *Ansteckende Krankheiten, Erkältungen, Fieber, Grippe.* **Sonstiges:** *Insektenschutz (Fliegen, Motten).*

ACHTUNG

Brauner und Gelber Kampfer enthalten Safrol und sind giftig. Sie sollten weder innerlich noch äußerlich zu therapeutischen Zwecken angewendet werden!

Zimtblatt

CINNAMOMUM ZEYLANICUM **FAMILIE** LAURACEAE

BESCHREIBUNG

Der bis 15 m hohe tropische, immergrüne Baum trägt steife, scharfe Dornen, glatte, ovale Blätter, kleine, weiße Blüten und bläulichweiße Beeren.

WIRKUNGEN

Adstringierend, anregend, anthelminthisch, antimikrobiell, antirheumatisch, antiseptisch, durchfallhemmend, leberstärkend, krampflösend, magenstärkend, menstruationsfördernd, verdauungsfördernd.

EXTRAKTION

Das ätherische Öl wird durch Dampf- oder Wasserdestillation der Blätter und Zweige gewonnen.

EIGENSCHAFTEN

Aus Blättern und Zweigen gewinnt man ein gelbes bis bräunliches Öl mit würzig-warmem, manchmal herbem Geruch. Es mischt sich gut mit Weihrauch, Ylang Ylang, Orange, Mandarine und Benzoe.

VERTRÄGLICHKEIT

Das Öl der Blätter ist verhältnismäßig ungiftig, jedoch u. U. hautreizend. Eugenol, sein Hauptbestandteil, reizt die Schleimhäute. Maßvoll verwenden! Das Öl der Rinde sollte nicht mit der Haut in Berührung kommen.

DUFTSKALA

Kopfnote — Herznote — Basisnote

PSYCHOLOGISCHE SKALA

Erhebend — Ausgleichend — Besänftigend

PHYSIOLOGISCHE SKALA

Anregend — Ausgleichend — Beruhigend

QUALITÄT

Duft: *Würzig-süß, pfefferartig, scharf, trocken, langanhaltend, leicht holzig, krautig, stark, orientalisch, warm.*
Haupteigenschaften (Geist): *Wärmend, belebend, kräftigend, stärkend, aphrodisierend, stimmungshebend, wiederaufbauend.*
Geruchsintensität: *Stark.*

AROMATHERAPEUTISCHE VERWENDUNG

Hautpflege: *Krätze, Läuse, Mund- und Zahnfleischpflege, Warzen, Wespenstiche.*
Kreislauf, Muskeln und Gelenke: *Schlechte Durchblutung, Rheuma.*
Verdauungstrakt: *Appetitmangel, Durchfall, Kolitis, Krämpfe, träge Verdauung, Verdauungsstörungen.*
Fortpflanzungsorgane: *Frigidität, wehenfördernd, Weißfluß, Zwischenblutungen.*
Immunsystem: *Ansteckende Krankheiten, Erkältungen, fiebrige Erkältungen, Grippe.*
Nervensystem: *Erschöpfung, nervöse Anspannung, streßbedingte Beschwerden.*

Limette

CITRUS AURANTIFOLIA **FAMILIE** RUTACEAE

BESCHREIBUNG

Ein kleiner, immergrüner, bis 4,5 m hoher Baum mit Dornen, glatten, ovalen Blättern und kleinen weißen Blüten. Die bittere Frucht ist dunkelgrün und etwa halb so groß wie eine Zitrone.

WIRKUNGEN

Antibakteriell, antirheumatisch, antiseptisch, antiskorbutisch, antiviral, appetitanregend, fiebersenkend, stärkend.

EXTRAKTION

Das Öl wird durch Kaltpressung der unreifen Frucht oder durch Dampfdestillation der ganzen, reifen, zerdrückten Frucht gewonnen.

EIGENSCHAFTEN

Das Öl der Schale ist hellgelb oder olivgrün mit süßem Duft, der an Zitronenschalen erinnert. Das Öl der Frucht ist wasserhell oder blaßgelb und duftet scharf, zitrusartig. Es mischt sich gut mit Neroli, Zitronelle, Lavendel, Rosmarin, Muskatellersalbei u. a. Zitrusölen.

DUFTSKALA

Kopfnote — Herznote — Basisnote

PSYCHOLOGISCHE SKALA

Erhebend — Ausgleichend — Besänftigend

PHYSIOLOGISCHE SKALA

Anregend — Ausgleichend — Beruhigend

QUALITÄT

Duft: *Frisch, bitter, zitrusartig, durchdringend, grün, fruchtig, sauber.*
Haupteigenschaften (Geist): *Erfrischend, aktiv, stimmungshebend.*
Geruchsintensität: *Stark.*

AROMATHERAPEUTISCHE VERWENDUNG

Hautpflege: *Akne, Blutarmut, brüchige Nägel, fettige Haut, Frostbeulen, Furunkel, Herpes, Hühneraugen, Insektenstiche, Mundgeschwüre, Pickel, Schnittwunden, Warzen.* **Kreislauf, Muskeln und Gelenke:** *Arthritis, Fettleibigkeit, Hoher Blutdruck, Nasenbluten, Rheuma, schlechte Durchblutung, Zellulitis.* **Atemwege:** *Asthma, Bronchitis, Schnupfen.* **Verdauungstrakt:** *Verdauungsstörungen.* **Immunsystem:** *Erkältungen, Fieber, Grippe, Halsentzündungen, Infekte.*

VERTRÄGLICHKEIT

I. a. ungiftig, nicht reizend. Das aus der Schale gepreßte Öl ist jedoch phototoxisch – im Unterschied zum Öl der ganzen Frucht, das durch Dampfdestillation gewonnen wird!

Petitgrain

CITRUS AURANTIUM *VAR.* AMARA **FAMILIE** RUTACEAE

BESCHREIBUNG
Das Öl wird aus den Blättern und Zweigen desselben Baums wie Bitterorangenöl und Neroliöl gewonnen.

WIRKUNGEN
Anregend (Verdauung/Nerven), antiseptisch, desodorierend, kräftigend, krampflösend, magenstärkend, nervenstärkend, verdauungsfördernd.

EXTRAKTION
Das Öl wird durch Dampfdestillation der Zweige und Blätter gewonnen.

EIGENSCHAFTEN
Eine blaßgelbe bis bernsteinfarbene Flüssigkeit mit frisch-blumigem Zitrusduft und einer holzig-krautigen Basisnote. Mischt sich gut mit Rosmarin, Lavendel, Geranie, Bergamotte, Orange, Neroli, Muskatellersalbei, Jasmin, Benzoe, Palmarosa und Gewürznelke und ist ein klassischer Bestandteil von Eau de Toilette.

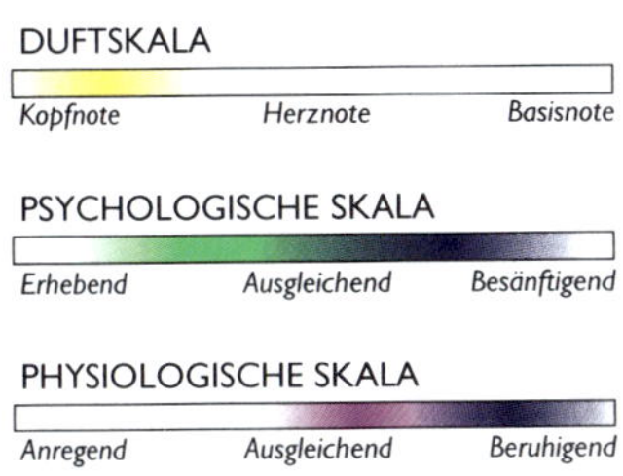

QUALITÄT

Duft: *Zitrusartig, blumig.*
Haupteigenschaften: *Beruhigend, erfrischend.*
Geruchsintensität: *Mittel.*

AROMATHERAPEUTISCHE VERWENDUNG

Hautpflege: *Akne, fettige Haut und Haare, kräftigend, übermäßiges Schwitzen.*
Verdauungstrakt: *Blähungen, Verdauungsstörungen.*
Nervensystem: *Nervöse Erschöpfung, Rekonvaleszenz, Schlaflosigkeit, streßbedingte Beschwerden.*

VERTRÄGLICHKEIT
Ungiftig, nicht reizend, evtl. phototoxisch.

Neroli

CITRUS AURANTIUM *VAR.* AMARA **FAMILIE** RUTACEAE

BESCHREIBUNG
Ein bis zu 10 m hoher, immergrüner Baum mit glänzend dunkelgrünen, ovalen Blättern, die an der Unterseite heller sind, sowie mit langen, allerdings nicht sehr scharfen, Dornen.

WIRKUNGEN
Anregend (Nerven), antibakteriell, antiseptisch, blähungsmindernd, desodorierend, herzstärkend, kräftigend, krampflösend, (leicht) pilztötend, verdauungsfördernd, wundheilend.

EXTRAKTION
Das ätherische Öl wird durch Dampfdestillation der frisch gepflückten Blüten gewonnen.

EIGENSCHAFTEN
Ein blaßgelbes, leichtes Öl mit einem leichten, süß-blumigen Duft und einer terpenartigen Kopfnote. Mischt sich gut mit allen Ölen, insbesondere Jasmin, Lavendel, Rose, Zitrone und anderen Zitrusölen.

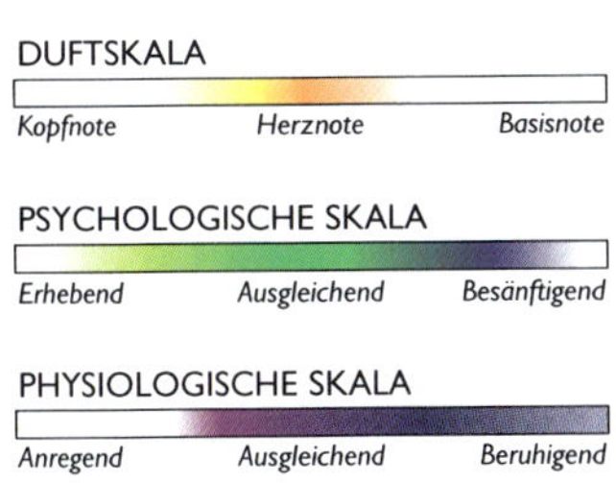

QUALITÄT

Duft: *Blumig, weich, fein, durchdringend, süß, warm, körperreich.*
Haupteigenschaften: *Aphrodisierend, hypnotisch, beruhigend, besänftigend, kräftigend, aufbauend, stimmungshebend, antidepressiv.*
Geruchsintensität: *Mittel bis stark.*

AROMATHERAPEUTISCHE VERWENDUNG

Hautpflege: *Dehnungsstreifen, erweiterte Äderchen, Falten, kräftigt den Teint, Narben, reife und empfindliche Haut.* **Kreislauf:** *Herzjagen, schlechte Durchblutung.* **Verdauungstrakt:** *Blähungen, chronischer Durchfall, Krämpfe, nervöse Verdauungsstörungen.* **Nervensystem:** *Emotionale Befindlichkeitsstörungen, nervöse Anspannung, Niedergeschlagenheit, Prämenstruelles Syndrom, Schock, streßbedingte Beschwerden, Unruhe.*

VERTRÄGLICHKEIT
Ungiftig, nicht reizend, kein Allergen, nicht phototoxisch.

Bergamotte 2

CITRUS BERGAMIA **FAMILIE** RUTACEAE

BESCHREIBUNG

Ein bis zu 4,5 m hoher Baum mit ovalen Blättern und kleinen Früchten, die erst grün, in reifem Zustand gelb sind.

WIRKUNGEN

Abführend, anregend, anthelminthisch, antiseptisch, blähungsmindernd, desodorierend, entgiftend, fiebersenkend, harntreibend, hautrötend, insektizid, kräftigend, magenstärkend, parasitenvernichtend, schmerzlindernd, verdauungsfördernd, wundheilend.

EXTRAKTION

Kaltpressung aus der Schale der fast reifen Frucht. Bergaptenfreies Öl erhält man durch Fraktionierung.

EIGENSCHAFTEN

Die grünlichgelbe Flüssigkeit mit fruchtig-süßem Duft und balsamisch-würziger Basisnote mischt sich gut mit Lavendel, Neroli, Jasmin, Zypresse, Geranie, Muskatellersalbei, Kamille, Wacholder, Koriander und anderen Zitrusölen.

ACHTUNG
Phototoxisch! Äußerste Sorgfalt ist geboten bei Anwendung des Öls auf der Haut. Nur stark verdünnt anwenden.

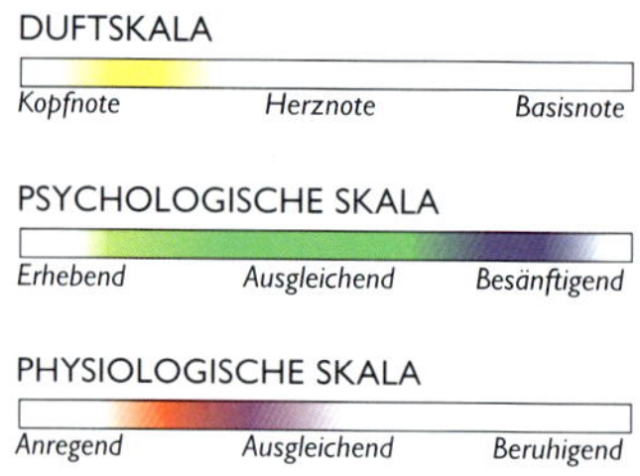

QUALITÄT

Duft: *Frisch, zitrusartig, süß, leicht, warm, blumig-würzig, grün.*
Haupteigenschaften: *Belebend, erfrischend, beruhigend, besänftigend, stimmungshebend, sedativ, ausgleichend, antidepressiv.*
Geruchsintensität: *Schwach.*

AROMATHERAPEUTISCHE VERWENDUNG

Hautpflege: *Akne, Bläschenausschlag, Ekzeme, fettige Haut, Furunkel, Insektenstiche, Krampfadern, Krätze, Pickel, Schuppenflechte, Wunden.*
Atemwege: *Halsschmerzen, Mandelentzündung, Mundgeruch, Mundschleimhautentzündung.*
Verdauungstrakt: *Appetitmangel, Blähungen.*
Fortpflanzungsorgane: *Hautjucken, Scheidenpilz, Weißfluß, Zystitis.*
Nervensystem: *Niedergeschlagenheit, streßbedingte Beschwerden, Unruhe. Das Öl hat erfrischende und stimmungshebende Eigenschaften.*
Sonstiges: *Insektenschutz.*

Zitrone 3

CITRUS LIMONUM **FAMILIE** RUTACEAE

BESCHREIBUNG

Kleiner, immergrüner Baum mit ovalen Blättern, steifen Dornen und duftenden Blüten. Die Frucht verändert während der Reifung die Farbe von Grün zu Gelb.

WIRKUNGEN

Adstringierend, anthelminthisch, antianämisch, antibakteriell, antimikrobiell, antirheumatisch, antiseptisch, antisklerotisch, blähungsmindernd, blutdrucksenkend, entgiftend, fiebersenkend, harntreibend, insektizid, kräftigend, krampflösend, leberstärkend, schweißtreibend, wundheilend.

EXTRAKTION

Kaltpressung der frischen Außenschale.

EIGENSCHAFTEN

Eine blaß grüngelbliche Flüssigkeit mit frischem Zitrusduft. Mischt sich gut mit Lavendel, Neroli, Ylang Ylang, Rose, Sandelholz, Weihrauch, Kamille, Benzoe, Fenchel, Geranie, Eukalyptus, Elemi und anderen Zitrusölen.

ACHTUNG
Phototoxisch! Mit Zitronenöl behandelte Haut nicht der Sonne oder dem Solarium aussetzen. Maßvoll verwenden.

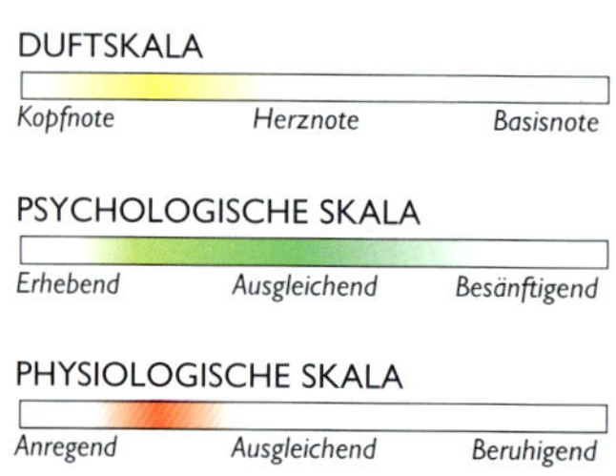

QUALITÄT

Duft: *Frisch, sauber, zitronig, leicht, durchdringend, fruchtig, verteilt sich gut.*
Haupteigenschaften: *Erfrischend, geistig anregend, lindert Kopfbeschwerden, reinigend, belebend, stärkend, beruhigend.*
Geruchsintensität: *Mittel.*

AROMATHERAPEUTISCHE VERWENDUNG

Hautpflege: *Akne, brüchige Nägel, fettige Haut, Frostbeulen, Furunkel, Herpes, Hühneraugen, Insektenstiche, Mundgeschwüre, Pickel, Schnittwunden, Warzen.*
Kreislauf, Muskeln und Gelenke: *Arthritis, Blutarmut, Hoher Blutdruck, Fettleibigkeit, Krampfadern, Nasenbluten, Rheuma, schlechte Durchblutung, Zellulitis.*
Atemwege: *Asthma, Bronchitis, Halsentzündung, Schnupfen.*
Verdauungstrakt: *Verdauungsstörungen.*
Immunsystem: *Erkältungen, Fieber, Grippe, Infekte.*

Grapefruit

CITRUS PARADISI **FAMILIE** RUTACEAE

BESCHREIBUNG

Der oft über 10 m hohe Kulturbaum hat glänzende Blätter und große, gelbe Früchte.

WIRKUNGEN

Adstringierend, anregend (Lymphe/Verdauung), antibakteriell, antiseptisch, entgiftend, harntreibend, kräftigend, reinigend.

EXTRAKTION

Das Öl wird durch Kaltpressung der frischen Schale gewonnen.

EIGENSCHAFTEN

Gelbe oder grünliche, leichte Flüssigkeit mit frischem, süßem Zitrusaroma. Mischt sich gut mit Zitrone, Palmarosa, Bergamotte, Neroli, Rosmarin, Zypresse, Lavendel, Geranie, Kardamom und anderen Gewürzölen.

VERTRÄGLICHKEIT

Ungiftig, nicht reizend, jedoch leicht phototoxisch. Das Öl hält sich nicht lange, sondern oxydiert schnell.

DUFTSKALA

Kopfnote *Herznote* *Basisnote*

PSYCHOLOGISCHE SKALA

Erhebend *Ausgleichend* *Besänftigend*

PHYSIOLOGISCHE SKALA

Anregend *Ausgleichend* *Beruhigend*

QUALITÄT

Duft: *Zitrusartig, fruchtig, bitter, stark, zitronig, frisch.*
Haupteigenschaften (Geist): *Reinigend, anregend, erfrischend, stimmungshebend.*
Geruchsintensität: *Mittel.*

AROMATHERAPEUTISCHE VERWENDUNG

Hautpflege: *Akne, fördert Haarwuchs, kräftigt Haut und Gewebe, verstopfte Poren und fettige Haut.*
Kreislauf, Muskeln und Gelenke: *Aufwärmende Übungen, Fettleibigkeit, müde Muskeln, Steifheit, Wassereinlagerung (Ödem), Zellulitis.*
Immunsystem: *Erkältungen, fiebrige Erkältungen, Grippe.*
Nervensystem: *Kopfschmerzen, nervöse Ermüdung, Lampenfieber, Niedergeschlagenheit.*

Mandarine

CITRUS RETICULATA **FAMILIE** RUTACEAE

BESCHREIBUNG

Der kleine, immergrüne Baum trägt glänzende Blätter, duftende Blüten und fleischige Früchte. Die Tangerine ist größer als die Mandarine, runder und hat eine ausgeprägter gelbliche Schale.

WIRKUNGEN

(Leicht) abführend, anregend (Lymphe/Verdauung), antiseptisch, beruhigend, kräftigend, blähungsmindernd, (leicht) harntreibend, krampflösend, verdauungsfördernd.

EXTRAKTION

Das Öl wird durch Kaltpressung der äußeren Schicht der Schale gewonnen.

EIGENSCHAFTEN

Gelblichorangefarbene, leichte Flüssigkeit mit blauviolettem Hauch. Sie hat ein süßes, fast blumiges Zitrusaroma. Mischt sich gut mit anderen Zitrusölen, insbesondere Neroli, sowie Gewürzölen wie Muskat, Zimt und Gewürznelke.

VERTRÄGLICHKEIT

Ungiftig, nicht reizend, leicht phototoxisch.

DUFTSKALA

Kopfnote *Herznote* *Basisnote*

PSYCHOLOGISCHE SKALA

Erhebend *Ausgleichend* *Besänftigend*

PHYSIOLOGISCHE SKALA

Anregend *Ausgleichend* *Beruhigend*

QUALITÄT

Duft: *Frisch, warm, süß, fruchtig, weich, mild.*
Haupteigenschaften (Geist): *Wärmend, wohltuend, beruhigend, stimmungshebend.*
Geruchsintensität: *Schwach.*

AROMATHERAPEUTISCHE VERWENDUNG

Hautpflege: *Akne, Dehnungsstreifen, kräftigend, Narben, Pickel, verstopfte Poren und fettige Haut.*
Kreislauf: *Fettleibigkeit, Wassereinlagerung (Ödem).*
Verdauungstrakt: *Darmbeschwerden, Schluckauf, Verdauungsstörungen.*
Nervensystem: *Nervöse Anspannung, Rastlosigkeit, Schlaflosigkeit.*

Süßorange

CITRUS SINENSIS/C. AURANTIUM VAR. DULCIS **FAMILIE** RUTACEAE

BESCHREIBUNG

Der immergrüne Baum ist kleiner als der Bitterorangenbaum und hat kaum Dornen. Das Fruchtfleisch ist süß, seine Häutchen sind nicht bitter.

WIRKUNGEN

Anregend, antibakteriell, antidepressiv, beruhigend (Nerven), blähungsmindernd, blutdrucksenkend, entzündungshemmend, galletreibend, kräftigend, magenstärkend, verdauungsfördernd.

EXTRAKTION

Kaltpressung (manuell oder maschinell) oder Dampfdestillation der fast reifen, frischen Außenschale.

EIGENSCHAFTEN

Das Öl ist eine gelblich- oder dunkelorangefarbene, leichte Flüssigkeit mit süßem, fruchtig-frischem Duft. Mischt sich gut mit Lavendel, Neroli, Zitrone, Muskatellersalbei, Myrrhe sowie Gewürzölen wie Muskat, Zimt und Gewürznelke.

ACHTUNG
Mit Orangenöl behandelte Haut nicht gleich der Sonne oder dem Solarium aussetzen!

DUFTSKALA
Kopfnote *Herznote* *Basisnote*

PSYCHOLOGISCHE SKALA
Erhebend *Ausgleichend* *Besänftigend*

PHYSIOLOGISCHE SKALA
Anregend *Ausgleichend* *Beruhigend*

QUALITÄT

Duft: *Süß, warm, sinnlich, strahlend, frisch, zitrusartig, fruchtig, scharf.*
Haupteigenschaften: *Kräftigend (Nervensystem), erfrischend, wärmend, stimmungshebend, beruhigend, besänftigend, wohltuend.*
Geruchsintensität: *Mittel bis schwach.*

AROMATHERAPEUTISCHE VERWENDUNG

Hautpflege: *Fahle und fettige Haut (nicht reizend, kann aber bei manchen Personen zu Dermatitis führen).*
Kreislauf: *Fettleibigkeit, Herzjagen, Wassereinlagerung (Ödem).*
Atemwege: *Bronchitis, Erkältungen, fiebrige Erkältungen, Grippe.*
Verdauungstrakt: *Krämpfe, Verdauungsstörungen, Verstopfung.*
Nervensystem: *Nervöse Anspannung, streßbedingte Beschwerden.*
Sonstiges: *Behandlung von Mundschleimhautgeschwüren.*

Myrrhe

COMMIPHORA MYRRHA **FAMILIE** BURSERACEAE

BESCHREIBUNG

Büsche oder kleine Bäume mit aromatischen Blättern und weißen Blüten. Der Stamm sondert Oleoresin (Myrrhe) ab.

WIRKUNGEN

Adstringierend, anregend, antimikrobiell, antiseptisch, balsamisch, beruhigend, blähungsmindernd, entzündungshemmend, magenstärkend, pilztötend, schleimlösend, wundheilend.

EXTRAKTION

Resinoid und Harz-Absolue werden durch Lösungsmittelextraktion aus roher Myrrhe gewonnen. Das Öl selbst erhält man durch Dampfdestillation.

EIGENSCHAFTEN

Blaßgelbe bis bernsteinfarbene, ölige Flüssigkeit mit einem warmen, leicht würzig-medizinischen Geruch. Mischt sich gut mit Weihrauch, Sandelholz, Benzoe, Zypresse, Wacholder, Mandarine, Geranie, Patschuli, Thymian, Minze, Lavendel und Kiefer.

ACHTUNG
Das Öl darf in der Schwangerschaft nicht verwendet werden! Nicht in hoher Konzentration gebrauchen.

DUFTSKALA
Kopfnote *Herznote* *Basisnote*

PSYCHOLOGISCHE SKALA
Erhebend *Ausgleichend* *Besänftigend*

PHYSIOLOGISCHE SKALA
Anregend *Ausgleichend* *Beruhigend*

QUALITÄT

Duft: *Würzig-bitter, körperreich, balsamisch, harzig, langanhaltend.*
Haupteigenschaften: *Reinigend, stimmungshebend, belebend, beruhigend (Nerven), stärkend, besänftigend.*
Geruchsintensität: *Stark.*

AROMATHERAPEUTISCHE VERWENDUNG

Hautpflege: *Ekzeme, Falten, Fußpilz, rauhe und rissige Haut, reife Haut (nicht reizend, keine Allergien hervorrufend), Scherpilzflechte, Wunden.*
Kreislauf, Muskeln und Gelenke: *Arthritis.*
Atemwege: *Asthma, Bronchitis, Erkältungen, Halsschmerzen, Husten, Schnupfen, Stimmverlust.*
Verdauungstrakt: *Appetitmangel, Blähungen, Durchfall, Hämorrhoiden, Verdauungsstörungen.*
Fortpflanzungsorgane: *Amenorrhö, Hautjucken, Scheidenpilz, Weißfluß.*
Sonstiges: *Gegen Infektionen und Mundschleimhautgeschwüre.*

Koriander 3

CORIANDRUM SATIVUM **FAMILIE** APIACEAE (UMBELLIFERAE)

BESCHREIBUNG
Aromatisches, einjähriges Kraut, das bis zu 1 m hoch werden kann, mit leuchtendgrünen Blättern und feinen, weißen Blütendolden, gefolgt von unzähligen runden grünen, später braunen Samen.

WIRKUNGEN
Anregend, antibakteriell, antirheumatisch, appetitanregend, blähungsmindernd, entgiftend, krampflösend, magenstärkend, pilztötend, verdauungsfördernd, zytotoxisch.

EXTRAKTION
Das Öl wird durch Dampfdestillation zermahlener, reifer Samen gewonnen.

EIGENSCHAFTEN
Farblose bis blaßgelbe Flüssigkeit mit süßem, holzig-würzigem Duft, der leicht an Moschus erinnert. Mischt sich gut mit Muskatellersalbei, Bergamotte, Jasmin, Weihrauch, Neroli, Petitgrain, Zitronelle, Sandelholz, Zypresse, Kiefer, Ingwer, Zimt und anderen Gewürzölen.

VERTRÄGLICHKEIT
In hohen Dosierungen kann es zu Nierenreizungen kommen. Nicht in der Schwangerschaft anwenden.

DUFTSKALA
Kopfnote — Herznote — Basisnote

PSYCHOLOGISCHE SKALA
Erhebend — Ausgleichend — Besänftigend

PHYSIOLOGISCHE SKALA
Anregend — Ausgleichend — Beruhigend

QUALITÄT

Duft: *Frisch, krautig, würzig-süß, bitter, holzig, leicht moschusartig, verteilt sich gut.*
Haupteigenschaften: *Aphrodisierend, anregend, einschläfernd (in hohen Dosen), erfrischend, wärmend, wohltuend, belebend, kräftigend, reinigend, stärkend, besänftigend, aktiv.*
Duftintensität: *Mittel.*

AROMATHERAPEUTISCHE VERWENDUNG

Kreislauf, Muskeln und Gelenke: *Ansammlungen von Flüssigkeiten und Giften, Arthritis, Gicht, Muskelschmerzen, Rheuma, schlechte Durchblutung, Steifheit.*
Verdauungstrakt: *Appetitlosigkeit, Blähungen, Durchfall, Hämorrhoiden, Koliken, Krämpfe, Übelkeit, Verdauungsstörungen.*
Immunsystem: *Erkältungen, Grippe, (allgemeine) Infektionen, Masern.*
Nervensystem: *Erschöpfung, Migräne, Neuralgie, nervöse Erschöpfung.*

Zypresse 2

CUPRESSUS SEMPERVIRENS **FAMILIE** CUPRESSACEAE

BESCHREIBUNG
Hoher, immergrüner, sich nach oben verjüngender Baum mit schlanken Ästen. Er trägt kleine Blüten und runde, braungraue Zapfen.

WIRKUNGEN
Adstringierend, antirheumatisch, antiseptisch, blutstillend, desodorierend, gefäßverengend, harntreibend, kräftigend, krampflösend, leberstärkend.

EXTRAKTION
Dampfdestillation der Nadeln und Zweige. Manchmal ist auch ein Öl aus den Zapfen erhältlich.

EIGENSCHAFTEN
Eine blaßgelbe bis olivgrünliche, leichte Flüssigkeit mit rauchigem, süß-balsamischem Duft, der lange anhält. Mischt sich gut mit Zeder, Kiefer, Lavendel, Mandarine, Muskatellersalbei, Zitrone, Kardamom, Wacholder, Benzoe, Bergamotte, Orange, Majoran und Sandelholz.

VERTRÄGLICHKEIT
Ungiftig, nicht reizend.

DUFTSKALA
Kopfnote — Herznote — Basisnote

PSYCHOLOGISCHE SKALA
Erhebend — Ausgleichend — Besänftigend

PHYSIOLOGISCHE SKALA
Anregend — Ausgleichend — Beruhigend

QUALITÄT

Duft: *Rauchig, süß, balsamisch, langanhaltend, holzig, trocken, leicht nussig, streng, würzig.*
Haupteigenschaften: *Erfrischend, reinigend, entspannend, wärmend, belebend, stärkend, wohltuend, beschützend, besänftigend.*
Geruchsintensität: *Mittel bis schwach.*

AROMATHERAPEUTISCHE VERWENDUNG

Hautpflege: *Fettige und zu feuchte Haut, Prellungen, Schwitzen, Wunden.*
Kreislauf, Muskeln und Gelenke: *Hämorrhoiden, Krampfadern, Muskelkrämpfe, Ödeme, Rheuma, schlechte Durchblutung, Zellulitis.*
Atemwege: *Asthma, Bronchitis, Hustenkrämpfe.*
Fortpflanzungsorgane: *Beschwerden der Wechseljahre, Dysmenorrhö, Menorrhö.*
Nervensystem: *Nervöse Anspannung, streßbedingte Beschwerden.*
Sonstiges: *Behandlung von entzündetem, blutendem Zahnfleisch. Insektenschutz.*

Zitronengras

3

CYMBOPOGON CITRATUS **FAMILIE** POACEAE (GRAMINEAE)

BESCHREIBUNG

Schnellwachsendes, bis zu 1,5 m hohes aromatisches, mehrjähriges Gras, das den Boden schnell ausmergelt.

WIRKUNGEN

Adstringierend, antibakteriell, antidepressiv, antimikrobiell, antiseptisch, beruhigend (Nerven), blähungsmindernd, desodorierend, fiebersenkend, insektizid, kräftigend, milchbildend, nervenstärkend, oxydationshemmend, pilztötend, schmerzlindernd.

EXTRAKTION

Das Öl wird durch Dampfdestillation der frischen, teils getrockneten und fein geschnittenen Grasblätter gewonnen.

EIGENSCHAFTEN

Eine gelbe, bernsteinfarbene oder rötlichbraune Flüssigkeit mit frischem, grasigem Zitrusgeruch und erdiger Basisnote. Mischt sich gut mit Geranie, Bergamotte und anderen Zitrusölen.

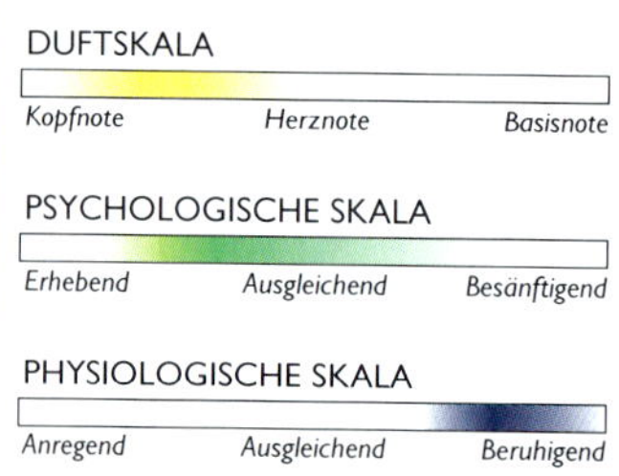

QUALITÄT

Duft: *Zitrusartig, sauber, grün, erinnert an Heu bzw. Zitronen, leicht bitter, stechend.*
Haupteigenschaften (Geist): *Erfrischend, aktiv, anregend, beruhigend.*
Geruchsintensität: *Stark.*

AROMATHERAPEUTISCHE VERWENDUNG

Hautpflege: *Akne, erweiterte Poren, Fußpilz, Krätze, Läusebefall, stärkt das Gewebe, übermäßiges Schwitzen.* **Kreislauf, Muskeln und Gelenke:** *Muskelschmerzen, schlaffes Gewebe, schlechte Durchblutung und Muskelspannung.* **Verdauungstrakt:** *Kolitis, Magen-Darm-Entzündung, Magenverstimmung.* **Immunsystem:** *Fieber, Infektionen.* **Nervensystem:** *Kopfschmerzen, nervöse Erschöpfung, streßbedingte Beschwerden.* **Sonstiges:** *Insektenschutz (Fliegen, Läuse, Zecken).*

VERTRÄGLICHKEIT

Ungiftig, aber in Einzelfällen Hautreizungen/allergische Reaktionen möglich. Deshalb mit Vorsicht zu verwenden!

Palmarosa

3

CYMBOPOGON MARTINII VAR. MARTINII **FAMILIE** POACEAE (GRAMINEAE)

BESCHREIBUNG

Wildwachsendes Gras mit langen, schlanken Halmen und stark duftenden Blättern.

WIRKUNGEN

Anregend (Verdauung/Kreislauf), antibakteriell, antiseptisch, feuchtigkeitsspendend, fiebersenkend, kräftigend, verdauungsfördernd, wundheilend.

EXTRAKTION

Das Öl wird durch Dampf- oder Wasserdestillation des frischen bzw. getrockneten Grases gewonnen.

EIGENSCHAFTEN

Blaßgelbe oder olivegrüne Flüssigkeit mit süßem, blumigem, rosigem Duft, der an Geranien erinnert. Mischt sich gut mit Ylang Ylang, Rose, Geranie, Rosenholz, Sandelholz, Zypresse, Zeder und blumigen Ölen.

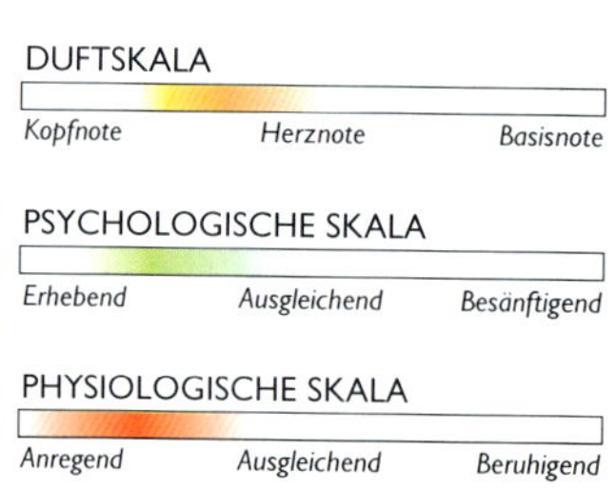

QUALITÄT

Duft: *Rosig, süß, frisch, warm, leicht grün, blumig.*
Haupteigenschaften (Geist): *Erfrischend, ausgleichend, wohltuend.*
Geruchsintensität: *Mittel bis stark.*

AROMATHERAPEUTISCHE VERWENDUNG

Hautpflege: *Akne, Dermatitis, Falten, leichte Hautinfekte, Narben, wunde Stellen. Geeignet für alle Behandlungen von Gesicht, Händen, Füßen, Hals und Lippen, da es die Haut befeuchtet, die Zellerneuerung anregt und die Talgproduktion reguliert.*
Verdauungstrakt: *Appetitlosigkeit, Darminfektionen, Darmträgheit.*
Nervensystem: *Nervöse Erschöpfung, streßbedingte Beschwerden.*

VERTRÄGLICHKEIT

Ungiftig, nicht reizend.

Zitronelle

CYMBOPOGON NARDUS **FAMILIE** POACEAE (GRAMINEAE)

BESCHREIBUNG

Hohes, aromatisches, mehrjähriges Gras, das von einer wilden Grassorte in Sri Lanka abstammt.

WIRKUNGEN

Anthelminthisch, antibakteriell, antiseptisch, desodorierend, fiebersenkend, harntreibend, insektizid, kräftigend, krampflösend, magenstärkend, menstruationsfördernd, pilztötend.

EXTRAKTION

Das Öl wird durch Dampfdestillation der frischen, ganz oder teilweise getrockneten Gräser gewonnen.

EIGENSCHAFTEN

Ein gelblichbraunes, flüssiges Öl mit starkem, frischem Duft, der an Zitronen erinnert. Das Öl der Java-Zitronelle, das in der Parfumherstellung als qualitativ höherwertig gilt, ist farblos bis blaßgelb und duftet frisch, holzig-süß. Es mischt sich gut mit Geranie, Zitrone, Bergamotte, Orange, Zeder und Kiefer.

VERTRÄGLICHKEIT
Ungiftig, i. a. nicht reizend, kann aber vereinzelt Dermatitis hervorrufen.

DUFTSKALA
Kopfnote — Herznote — Basisnote

PSYCHOLOGISCHE SKALA
Erhebend — Ausgleichend — Besänftigend

PHYSIOLOGISCHE SKALA
Anregend — Ausgleichend — Beruhigend

QUALITÄT

Duft: *Frisch, zitronig, leicht krautig, grün, kräftig.*
Haupteigenschaften (Geist): *Erfrischend, aktiv.*
Geruchsintensität: *Stark.*

AROMATHERAPEUTISCHE VERWENDUNG

Hautpflege: *Fettige Haut, übermäßiges Schwitzen.*
Immunsystem: *Erkältungen, Grippe, leichte Infektionen.*
Nervensystem: *Erschöpfung, Kopfschmerzen, Migräne, Neuralgie.*
Sonstiges: *Insektenschutz. Gemischt mit Virginia-Zeder ergibt es einen beliebten Mückenschutz.*

ACHTUNG
Während der Schwangerschaft meiden!

Karottensamen

DAUCUS CAROTA **FAMILIE** APIACEAE (UMBELLIFERAE)

BESCHREIBUNG

Ein- oder zweijähriges Kraut mit einer zähen, weißlichen Wurzel. Es hat einen mehrfach verzweigten Stengel, kann bis zu 1,5 m hoch werden; trägt Dolden mit weißen, zarten Blüten.

WIRKUNGEN

Anregend, anthelminthisch, antiseptisch, blähungsmindernd, gefäßerweiternd, harntreibend, kräftigend, leberstärkend, menstruationsfördernd, muskelentspannend, reinigend.

EXTRAKTION

Das Öl wird durch Dampfdestillation der getrockneten Samen gewonnen.

EIGENSCHAFTEN

Eine gelbe oder bernsteinfarbene Flüssigkeit mit warmem, trockenem, holzig-erdigem Geruch. Mischt sich gut mit Zeder, Geranie, Zitrus und Gewürzölen.

VERTRÄGLICHKEIT
Ungiftig, nicht reizend.

DUFTSKALA
Kopfnote — Herznote — Basisnote

PSYCHOLOGISCHE SKALA
Erhebend — Ausgleichend — Besänftigend

PHYSIOLOGISCHE SKALA
Anregend — Ausgleichend — Beruhigend

QUALITÄT

Duft: *Holzig-erdig, krautig, leicht würzig, stark, warm.*
Haupteigenschaften (Geist): *Klärend, wohltuend, belebend.*
Geruchsintensität: *Mittel bis stark.*

AROMATHERAPEUTISCHE VERWENDUNG

Hautpflege: *Ausschläge, Dermatitis, Ekzeme, Falten, fettige Haut, reife Haut (wiederbelebend und kräftigend), Schuppenflechte.*
Kreislauf, Muskeln und Gelenke: *Ansammlung von Giften, Arthritis, Blutarmut, Gicht, Ödeme, Rheuma.*
Verdauungstrakt: *Appetitlosigkeit, Koliken, Magenverstimmung, Leberstauung.*
Fortpflanzungsorgane und Hormonsystem: *Amenorrhö, Drüsenstörungen, Dysmenorrhö, Prämenstruelles Syndrom.*

Kardamom

ELETTARIA CARDAMOMUM **FAMILIE** ZINGIBERACEAE

BESCHREIBUNG

Rohrartiges, ausdauerndes Kraut, das bis zu 4 m hoch werden kann, mit seidigen Halmen. Seine langen, mehrschichtigen Stiele tragen gelbliche Blüten mit violetten Spitzen. Die rotbraunen Samen haben eine längliche Form.

WIRKUNGEN

Anregend, antiseptisch, appetitanregend, blähungsmindernd, harntreibend, krampflösend, magenstärkend, speicheltreibend, verdauungsfördernd.

EXTRAKTION

Dampfdestillation der getrockneten reifen Samen.

EIGENSCHAFTEN

Farblose bis blaßgelbe Flüssigkeit mit würzig-süßem, wärmendem Aroma und einer holzig-balsamischen Basisnote. Mischt sich gut mit Rose, Weihrauch, Orange, Bergamotte, Zimt, Gewürznelke, Ylang Ylang, Zeder, Neroli sowie orientalischen Basisölen überhaupt.

VERTRÄGLICHKEIT
Ungiftig, nicht reizend.

DUFTSKALA
Kopfnote — Herznote — Basisnote

PSYCHOLOGISCHE SKALA
Erhebend — Ausgleichend — Besänftigend

PHYSIOLOGISCHE SKALA
Anregend — Ausgleichend — Beruhigend

QUALITÄT

Duft: *Angenehm, kampferartig, warm, süß, würzig, kräftig, weich, körperreich, orientalisch. Aufgrund seiner hohen Geruchsintensität dominiert Kardamom leicht andere Düfte.* **Haupteigenschaften (Geist):** *Aphrodisierend, wärmend, wohltuend, erfrischend, stimmungshebend, durchdringend, besänftigend, lindert Kopfbeschwerden.*
Geruchsintensität: *Sehr stark.*

AROMATHERAPEUTISCHE VERWENDUNG

Verdauungstrakt: *Appetitmangel, Bauchschmerzen, Blähungen, Erbrechen, Koliken, Krämpfe, Magenverstimmung, Mundgeruch, Sodbrennen, Verdauungsstörungen.*
Nervensystem: *Geistige Erschöpfung, nervöse Anspannung.*

Zitronen-Eukalyptus

EUCALYPTUS CITRIODORA **FAMILIE** MYRTACEAE

BESCHREIBUNG

Ein attraktiver, hoher, immergrüner Baum, der als Zierbaum kultiviert wird. Seine glatte Rinde ist grau, beige und rosa gefleckt. Der Stamm wächst schnell und gerade bis zu einer beachtlichen Höhe und dient als Nutzholz. Die jungen Blätter sind oval, die älteren schmal und spitz zulaufend.

WIRKUNGEN

Antibakteriell, antiseptisch, antiviral, desodorierend, insektizid, pilztötend, schleimlösend.

EXTRAKTION

Das Öl wird durch Dampfdestillation der Zweige und Blätter gewonnen.

EIGENSCHAFTEN

Eine farblose oder blaßgelbe, leichte Flüssigkeit mit starkem, frischem Duft, der an Zitronelle erinnert und eine süße, balsamische Basisnote hat. Mischt sich gut mit Zitrus- und Blütenölen.

DUFTSKALA
Kopfnote — Herznote — Basisnote

PSYCHOLOGISCHE SKALA
Erhebend — Ausgleichend — Besänftigend

PHYSIOLOGISCHE SKALA
Anregend — Ausgleichend — Beruhigend

QUALITÄT

Duft: *Zitronig, frisch, sauber, durchdringend.*
Haupteigenschaften (Geist): *Belebend, aktiv, anregend.*
Geruchsintensität: *Stark.*

AROMATHERAPEUTISCHE VERWENDUNG

Hautpflege: *Fußpilz und andere Pilzinfektionen (z. B. Candida), Hautinfektionen, Herpes, Krätze, Schnittwunden, Schuppen, wunde Stellen, Wunden.*
Atemwege: *Asthma, Halsschmerzen, Rachenentzündung.*
Immunsystem: *Infektionskrankheiten, Erkältungen, Fieber.*
Sonstiges: *Insektenschutz.*

VERTRÄGLICHKEIT
Ungiftig, nicht reizend, kann aber in Einzelfällen zu allergischen Reaktionen führen.

Blaugummi-Eukalyptus

EUCALYPTUS GLOBULUS VAR. GLOBULUS **FAMILIE** MYRTACEAE

BESCHREIBUNG

Bis zu 15 m hoher, immergrüner Baum. Alte Bäume haben lange, schmale, gelbliche Blätter und cremefarbene Blüten. Ihre glatte, hellgraue Rinde ist oft von einer weißen Pulverschicht überzogen.

WIRKUNGEN

Abschwellend, anregend, antineuralgisch, antiseptisch, antiviral, blutzuckersenkend, desodorierend, fiebersenkend, harntreibend, hautrötend, insektizid, schleimlösend, schmerzlindernd, wundheilend.

EXTRAKTION

Dampfdestillation der Blätter und jungen Zweige.

EIGENSCHAFTEN

Farblose Flüssigkeit, die später gelb wird. Ihr Geruch hat eine frische, grüne Kopfnote und eine holzig-trockene Basisnote. Mischt sich gut mit Thymian, Rosmarin, Lavendel, Majoran, Kiefer, Zeder und Zitrone.

ACHTUNG
Nur verdünnt anwenden, da konzentriertes Eukalyptusöl die Haut reizen kann. Nicht bei kleinen Kindern einsetzen. Innerlich angewendet ist Eukalyptusöl giftig!

DUFTSKALA
Kopfnote *Herznote* *Basisnote*

PSYCHOLOGISCHE SKALA
Erhebend *Ausgleichend* *Besänftigend*

PHYSIOLOGISCHE SKALA
Anregend *Ausgleichend* *Beruhigend*

QUALITÄT

Duft: *Holzig-kampferartig, durchdringend, frisch, leicht süß.*
Haupteigenschaften: *Anregend, erfrischend, klärend, reinigend, balsamisch, ausgleichend.*
Geruchsintensität: *Stark.*

AROMATHERAPEUTISCHE VERWENDUNG

Hautpflege: *Blasen, Hautinfektionen, Herpes, Insektenstiche, Läuse, Schnittwunden, Verbrennungen, Wunden.*
Kreislauf, Muskeln und Gelenke: *Muskelschmerzen, rheumatische Arthritis, schlechte Durchblutung, Verstauchungen.*
Atemwege: *Asthma, Bronchitis, Husten, Nebenhöhlenentzündung, Rachenentzündungen, Schnupfen.*
Immunsystem: *Erkältungen, Grippe, Masern, Windpocken.*
Fortpflanzungsorgane: *Weißfluß, Zystitis.*
Nervensystem: *Erschöpfung, Kopfschmerzen, Neuralgien.*
Sonstiges: *Insektenschutz.*

Galbanum

FERULA GUMOSA **FAMILIE** APIACEAE (UMBELLIFERAE)

BESCHREIBUNG

Großes, mehrjähriges Kraut mit glänzenden Blättchen und kleinen Blüten. Die im Stiel befindlichen Gänge sondern ein Oleoresin in Form eines milchigen Safts ab.

WIRKUNGEN

Antiseptisch, aphrodisierend, balsamisch, blähungsmindernd, blutdrucksenkend, entzündungshemmend, harntreibend, krampflösend, menstruationsfördernd, schleimlösend, schmerzlindernd, stärkend, verdauungsfördernd, wundheilend.

EXTRAKTION

Durch Wasser- oder Dampfdestillation aus dem Oleoresin.

EIGENSCHAFTEN

Farblos, blaßgelb oder olivgrün mit frischer Kopfnote und einer holzigen, balsamischen Basisnote. Mischt sich gut mit Lavendel, Geranie, Kiefer, Weihrauch und orientalischen Basisölen.

DUFTSKALA
Kopfnote *Herznote* *Basisnote*

PSYCHOLOGISCHE SKALA
Erhebend *Ausgleichend* *Besänftigend*

PHYSIOLOGISCHE SKALA
Anregend *Ausgleichend* *Beruhigend*

QUALITÄT

Duft: *Scharf, holzig-grün, durchdringend, terpentinartig, balsamisch, moschusartig, erdig, krautig, bitter, würzig, sauber, kräftig.*
Haupteigenschaften: *Stimmungshebend, klärend, reinigend, besänftigend.*
Geruchsintensität: *Sehr stark.*

AROMATHERAPEUTISCHE VERWENDUNG

Hautpflege: *Abszesse, Akne, Entzündung, Falten, Furunkel, Narben, reife Haut, Schnittwunden, Wunden. Kräftigt, glättet und durchdringt die Haut.*
Kreislauf, Muskeln und Gelenke: *Muskelschmerzen, Rheuma, schlechte Durchblutung.*
Atemwege: *Asthma, Bronchitis, chronischer Husten, Schnupfen.*
Verdauungstrakt: *Blähungen, Krämpfe, Magenverstimmung.*
Nervensystem: *Nervöse Anspannung, streßbedingte Beschwerden.*
Sonstiges: *Insektenschutz.*

VERTRÄGLICHKEIT
Ungiftig, nicht reizend.

Fenchel

FOENICULUM VULGARE **FAMILIE** APIACEAE (UMBELLIFERAE)

BESCHREIBUNG

Zwei- oder mehrjähriges Kraut, bis 2 m hoch, mit fedrigen Blättern und goldgelben Blüten. Es gibt zwei Arten von Fenchel: Bitteren und Süßen. Bitterer Fenchel eignet sich nicht für aromatherapeutische Verwendung.

WIRKUNGEN

Abführend, anregend (Kreislauf), anthelminthisch, antimikrobiell, antiseptisch, appetitanregend, blähungsmindernd, entzündungshemmend, harntreibend, kräftigend, krampflösend, magenstärkend, menstruationsfördernd, milzstärkend, schleimlösend.

EXTRAKTION

Dampfdestillation zerstoßener Samen.

EIGENSCHAFTEN

Süßer Fenchel ist eine farblose bis blaßgelbe Flüssigkeit mit sehr süßem, leicht erdig-pfeffrigem Geruch, der an Anis erinnert. Mischt sich gut mit Geranie, Lavendel, Rose und Sandelholz.

ACHTUNG
Epileptiker, Kinder unter 6 Jahren und Schwangere sollten dieses Öl nicht verwenden!

DUFTSKALA

Kopfnote — Herznote — Basisnote

PSYCHOLOGISCHE SKALA

Erhebend — Ausgleichend — Besänftigend

PHYSIOLOGISCHE SKALA

Anregend — Ausgleichend — Beruhigend

QUALITÄT

Duft: *Süß, anisartig, erdig, pfeffrig.*
Haupteigenschaften: *Anregend, ausgleichend, belebend, klärend, reinigend.*
Geruchsintensität: *Stark.*

AROMATHERAPEUTISCHE VERWENDUNG

Hautpflege: *Fahle, fettige, ölige Haut, Prellungen.*
Kreislauf, Muskeln und Gelenke: *Ödeme, Rheuma, Zellulitis.*
Atemwege: *Asthma, Bronchitis.*
Verdauungstrakt: *Appetitlosigkeit, Blähungen, Koliken, Schluckauf, Übelkeit, Verdauungsstörungen, Verstopfung.*
Fortpflanzungsorgane: *Amenorrhö, Beschwerden der Wechseljahre.*
Sonstiges: *Hilft bei Zahnfleischvereiterungen.*

Ysop

HYSSOPUS OFFICINALIS **FAMILIE** LAMIACEAE (LABIATAE)

BESCHREIBUNG

Ein mehrjähriger Strauch (60 cm hoch) mit kleinen, lanzettartigen Blättern und blauvioletten Blüten.

WIRKUNGEN

Antiseptisch, antiviral, beruhigend, blähungsmindernd, blutdruckregulierend, fiebersenkend, harntreibend, Kopfbeschwerden lindernd, kräftigend (Herz/Kreislauf), krampflösend, menstruationsfördernd, nervenstärkend, schleimlösend, schweißtreibend, verdauungsfördernd, wundheilend.

EXTRAKTION

Dampfdestillation der Blätter und Blütenspitzen.

EIGENSCHAFTEN

Farblose bis blaß gelblichgrüne Flüssigkeit mit süßer, kampferartiger Kopfnote und einer warmen, würzig-krautigen Basisnote. Mischt sich gut mit Lavendel, Rosmarin, Myrte, Lorbeer, Muskatellersalbei, Geranie und Zitrusölen.

ACHTUNG
Dieses Öl sollte nur in Maßen angewendet und von Epileptikern, Kindern und Schwangeren gemieden werden!

DUFTSKALA

Kopfnote — Herznote — Basisnote

PSYCHOLOGISCHE SKALA

Erhebend — Ausgleichend — Besänftigend

PHYSIOLOGISCHE SKALA

Anregend — Ausgleichend — Beruhigend

QUALITÄT

Duft: *Süß, warm, krautig, leicht kampferartig.*
Haupteigenschaften: *Kräftigend, lindert Kopfbeschwerden, nervenstärkend, wärmend, beruhigend, reinigend, klärend, aphrodisierend, geistig anregend, ausgleichend.*
Geruchsintensität: *Stark.*

AROMATHERAPEUTISCHE VERWENDUNG

Hautpflege: *Dermatitis, Ekzeme, Entzündungen, Prellungen, Schnittwunden, Wunden (nicht reizend).*
Kreislauf: *Niedriger und hoher Blutdruck, Rheuma.*
Atemwege: *Asthma, Bronchitis, Grippe, Halsschmerzen, Husten, Keuchhusten, Mandelentzündung, Schnupfen.*
Verdauungstrakt: *Koliken, Magenverstimmung.*
Fortpflanzungsorgane: *Amenorrhö, Weißfluß.*
Nervensystem: *Erschöpfung, nervöse Anspannung, streßbedingte Beschwerden, Unruhe.*

Jasmin

JASMINUM OFFICINALE **FAMILIE** OLEACEAE

BESCHREIBUNG

Bis 10 m hoher Strauch/Rankengewächs mit hellgrünen Blättern und aromatischen, sternförmigen, weißen Blüten.

WIRKUNGEN

Antiseptisch, beruhigend, blähungsmindernd, entzündungshemmend, kräftigend (Gebärmutter), krampflösend, schleimlösend, schmerzlindernd, wehenstärkend, wundheilend.

EXTRAKTION

Das Concrète wird durch Lösungsmittelextraktion der Blüten gewonnen. Das Absolue erhält man durch Trennung mit Alkohol aus dem Concrète. Ein zweites Öl wird durch Dampfdestillation des Absolue gewonnen.

EIGENSCHAFTEN

Das Absolue ist dunkel orangebraun und zähflüssig, sein Duft intensiv körperreich, warm, blumig. Es mischt sich gut mit Rose, Sandelholz, Muskatellersalbei und allen Zitrusölen.

DUFTSKALA
Kopfnote — Herznote — Basisnote

PSYCHOLOGISCHE SKALA
Erhebend — Ausgleichend — Besänftigend

PHYSIOLOGISCHE SKALA
Anregend — Ausgleichend — Beruhigend

QUALITÄT

Duft: *Körperreich, blumig, süß, erinnert an Tee, erlesen, exotisch, langanhaltend.*
Haupteigenschaften: *Berauschend, stimmungshebend, antidepressiv, euphorisierend, aphrodisierend, kräftigend, ausgleichend, wärmend.*
Geruchsintensität: *Stark.*

AROMATHERAPEUTISCHE VERWENDUNG

Hautpflege: *Trockene, fettige, gereizte, empfindliche Haut.*
Kreislauf, Muskeln und Gelenke: *Muskelkrämpfe, Verstauchungen.*
Atemwege: *Heiserkeit, Husten, Rachenentzündung, Schnupfen.*
Fortpflanzungsorgane: *Dysmenorrhö, Frigidität, Wehen.*
Nervensystem: *Nervöse Erschöpfung, Niedergeschlagenheit, streßbedingte Beschwerden.*

VERTRÄGLICHKEIT
Vereinzelt können Allergien auftreten. Keinesfalls innerlich anwenden!

Wacholder

JUNIPERUS COMMUNIS **FAMILIE** CUPRESSACEAE

BESCHREIBUNG

Immergrüner Strauch oder Baum, bis zu 6 m hoch, mit blaugrünen, harten Nadeln, kleinen Blüten und kleinen, runden, schwarzen Beeren.

WIRKUNGEN

Adstringierend, anthelminthisch, antirheumatisch, antiseptisch, aphrodisierend, beruhigend, blähungsmindernd, entgiftend, harntreibend, kräftigend, krampflösend, magenstärkend, menstruationsfördernd, nervenstärkend, reinigend, schweißtreibend, wundheilend.

EXTRAKTION

Dampfdestillation der Beeren, der Nadeln oder des Holzes.

EIGENSCHAFTEN

Wasserhelle oder blaßgelbe Flüssigkeit mit holzig-balsamischem Duft. Mischt sich gut mit Vetiver, Sandelholz, Zeder, Galbanum, Elemi, Zypresse, Muskatellersalbei, Kiefer, Lavendel, Rosmarin, Benzoe, Geranie und Zitrusölen.

ACHTUNG
Da dieses Öl die Gebärmuttermuskulatur (abtreibend) anregt, darf es bei Schwangerschaft nicht verwendet werden. Aufgrund des enthaltenen Nierengifts dürfen es auch Nierenkranke nicht einsetzen. Nicht geeignet für kleine Kinder. Nur in Maßen verwenden!

DUFTSKALA
Kopfnote — Herznote — Basisnote

PSYCHOLOGISCHE SKALA
Erhebend — Ausgleichend — Besänftigend

PHYSIOLOGISCHE SKALA
Anregend — Ausgleichend — Beruhigend

QUALITÄT

Duft: *Süß, frisch, holzig, balsamisch, pfeffrig, terpentinartig, rauchig.*
Haupteigenschaften: *Aphrodisierend, reinigend, klärend, kräftigend (Nerven), belebend, schützend, stärkend.*
Geruchsintensität: *Mittel.*

AROMATHERAPEUTISCHE VERWENDUNG

Hautpflege: *Akne, Dermatitis, Ekzeme, fettige Haut, Haarausfall, Hämorrhoiden, Wunden (kann leicht reizen).*
Kreislauf, Muskeln und Gelenke: *Ansammlung von Giften, Arteriosklerose, Fettleibigkeit, Gicht, Rheuma, Zellulitis.*
Immunsystem: *Erkältungen, Grippe, Infekte.*
Fortpflanzungsorgane: *Amenorrhö, Dysmenorrhö, Weißfluß, Zystitis.*
Nervensystem: *Nervöse Anspannung, streßbedingte Beschwerden, Unruhe.*

Virginia-Zeder

JUNIPERUS VIRGINIANA **FAMILIE** CUPRESSACEAE

BESCHREIBUNG

Eine langsam wachsende, immergrüne Konifere, bis 30 m hoch, von schlanker, dichter, kegelförmiger Statur, mit rötlichem Kernholz und braunen Zapfen.

WIRKUNGEN

Abtreibend, anregend (Kreislauf), antiseborrhöisch, antiseptisch (Lunge/ Fortpflanzungsorgane), balsamisch, beruhigend (Nerven), harntreibend, insektizid, krampflösend, menstruationsfördernd, schleimlösend.

EXTRAKTION

Dampfdestillation von Holzabfällen und Sägespänen.

EIGENSCHAFTEN

Blaßgelbe oder orangefarbene, ölige Flüssigkeit mit mildem, süß-balsamischem Duft, den man von Bleistiften kennt. Mischt sich gut mit Sandelholz, Rose, Wacholder, Zypresse, Vetiver, Patschuli und Benzoe.

ACHTUNG
Nur verdünnt und in Maßen anwenden. Aufgrund seiner stark abtreibenden Wirkung darf dieses Öl nicht während der Schwangerschaft verwendet werden!

DUFTSKALA
Kopfnote — Herznote — Basisnote

PSYCHOLOGISCHE SKALA
Erhebend — Ausgleichend — Besänftigend

PHYSIOLOGISCHE SKALA
Anregend — Ausgleichend — Beruhigend

QUALITÄT

Duft: *Süß-balsamisch, erinnert an Bleistifte und Tabak, langanhaltend, sportlich, sauber.*
Haupteigenschaften (Geist): *Stärkend, stimmungshebend, wärmend.*
Geruchsintensität: *Mittel bis schwach.*

AROMATHERAPEUTISCHE VERWENDUNG

Hautpflege: *Akne, Ekzeme, fettige Haare und Haut, Schuppen, Schuppenflechte (kann vereinzelt zu akuter örtlicher Reizung führen).*
Kreislauf, Muskeln und Gelenke: *Arthritis, Rheuma.*
Atemwege: *Bronchitis, Husten, Nebenhöhlenentzündung, Schnupfen, Verschleimung.*
Fortpflanzungsorgane: *Weißfluß, Zystitis.*
Nervensystem: *Nervöse Anspannung, streßbedingte Beschwerden.*
Sonstiges: *Insektenschutz.*

Lavendel

LAVANDULA ANGUSTIFOLIA/L.OFFICINALIS **FAMILIE** LAMIACEA (LABIATAE)

BESCHREIBUNG

Holzige Pflanze, bis 1 m hoch, mit graugrünen Blättern und blauen Blüten.

WIRKUNGEN

Anregend, anthelminthisch, antirheumatisch, antiseptisch, beruhigend, blähungsmindernd, blutdrucksenkend, desodorierend, entgiftend, galletreibend, harntreibend, kräftigend, krampflösend, menstruationsfördernd, nervenstärkend, schmerzlindernd, schweißtreibend, wundheilend, zellerneuernd.

EXTRAKTION

Das Öl wird durch Dampfdestillation der frischen Blütenstände gewonnen.

EIGENSCHAFTEN

Farblos bis blaßgelb mit blumig-krautigem Duft und einer balsamisch-holzigen Basisnote. Mischt sich gut mit fast allen Ölen, v. a. Zitrus- und Blütenölen, Zeder, Gewürznelke, Muskatellersalbei, Kiefer, Geranie, Vetiver und Patschuli.

VERTRÄGLICHKEIT
Ungiftig, nicht reizend.

DUFTSKALA
Kopfnote — Herznote — Basisnote

PSYCHOLOGISCHE SKALA
Erhebend — Ausgleichend — Besänftigend

PHYSIOLOGISCHE SKALA
Anregend — Ausgleichend — Beruhigend

QUALITÄT

Duft: *Leicht, blumig, klassisch, weich, mild.*
Haupteigenschaften: *Beruhigend, besänftigend, antidepressiv, entspannend, ausgleichend, stärkend, lindert Kopfbeschwerden, reinigend, klärend.*
Geruchsintensität: *Mittel.*

AROMATHERAPEUTISCHE VERWENDUNG

Hautpflege: *Abszesse, Akne, Allergien, Dermatitis, Ekzeme, Entzündungen, Furunkel, Fußpilz, Insektenstiche, Krätze, Läuse, Prellungen, Scherpilzflechte, Schuppenflechte, Sonnenbrand, Verbrennungen, Wunden.* **Kreislauf, Muskeln und Gelenke:** *Hexenschuß, Rheuma, Verstauchungen.* **Atemwege:** *Asthma, Bronchitis, Grippe, Halsentzündungen, Keuchhusten, Mundgeruch, Schnupfen.* **Verdauungstrakt:** *Blähungen, Koliken, Übelkeit, Verdauungsstörungen.* **Fortpflanzungsorgane:** *Dysmenorrhö, Weißfluß, Zystitis.* **Nervensystem:** *Anspannung, hoher Blutdruck, Kopfschmerzen, Migräne, Niedergeschlagenheit, Schlaflosigkeit, Streß.*

Teebaum

MELALEUCA ALTERNIFOLIA **FAMILIE** MYRTACEAE

BESCHREIBUNG

Ein kleiner Baum oder Strauch mit nadelartigen Blättern, die Zypressennadeln ähneln, und gelben bzw. violetten, stengellosen Blüten.

WIRKUNGEN

Anthelminthisch, antibakteriell, antiseptisch, antiviral, balsamisch, immunstimulierend, schleimlösend, schweißtreibend, wundheilend.

EXTRAKTION

Das Öl wird durch Dampf- oder Wasserdestillation der Blätter und Zweige gewonnen.

EIGENSCHAFTEN

Blaß gelbgrüne oder wasserhelle, leichte Flüssigkeit mit warmem, würzig-kampferartigem Duft. Mischt sich gut mit Lavendel, Muskatellersalbei, Rosmarin, Kiefer, Ylang Ylang, Geranie, Majoran sowie Gewürzölen wie Gewürznelke und Muskat.

VERTRÄGLICHKEIT

Ungiftig, nicht reizend, obwohl in Einzelfällen allergische Reaktionen auftreten können.

DUFTSKALA
Kopfnote — Herznote — Basisnote

PSYCHOLOGISCHE SKALA
Erhebend — Ausgleichend — Besänftigend

PHYSIOLOGISCHE SKALA
Anregend — Ausgleichend — Beruhigend

QUALITÄT

Duft: *Medizinisch, frisch, stark, kampferartig, durchdringend, leicht würzig.*
Haupteigenschaften: *Durchdringend, medizinisch, anregend, erfrischend.*
Geruchsintensität: *Stark.*

AROMATHERAPEUTISCHE VERWENDUNG

Hautpflege: *Abszesse, Akne, Ausschläge (Windeldermatitis), Bläschenausschlag, Blasen, blaue Flecken, fettige Haut, Fußpilz, Fußsohlenwarzen, Herpes, infizierte Wunden, Insektenstiche, Pickel, Schuppen, Verbrennungen, Warzen.*
Atemwege: *Asthma, Bronchitis, Husten, Keuchhusten, Nebenhöhlenentzündung, Schnupfen, Tuberkulose.*
Fortpflanzungsorgane: *Hautjucken, Scheidenpilz, Scheidenentzündung, Zystitis.*
Immunsystem: *Ansteckende Krankheiten, Erkältungen, Fieber, Grippe.*

Kajeput

MELALEUCA CAJEPUTI **FAMILIE** MYRTACEAE

BESCHREIBUNG

Immergrüner, bis zu 30 m hoher Baum mit dicken, spitzen Blättern und weißen Blüten. Der biegsame Stamm hat eine weißliche, schwammige Rinde, die leicht abblättert.

WIRKUNGEN

Anthelminthisch, antimikrobiell, antiseptisch (Atemwege/Verdauung/Harnwege), fiebersenkend, kräftigend, krampflösend, schleimlösend, schmerzlindernd, schweißtreibend.

EXTRAKTION

Dampfdestillation der frischen Zweige und Blätter.

EIGENSCHAFTEN

Blaß gelbgrüne, leichte Flüssigkeit (grüner Hauch von Kupferspuren) mit durchdringendem, kampferartigem Geruch. Verglichen mit Eukalyptusöl weist es eine etwas mildere, fruchtigere Basisnote auf. Mischt sich gut mit Gewürz- und Kräuterölen.

VERTRÄGLICHKEIT

Ungiftig, nicht reizend, kann jedoch in hohen Konzentrationen zu Hautreizungen führen.

DUFTSKALA
Kopfnote — Herznote — Basisnote

PSYCHOLOGISCHE SKALA
Erhebend — Ausgleichend — Besänftigend

PHYSIOLOGISCHE SKALA
Anregend — Ausgleichend — Beruhigend

QUALITÄT

Duft: *Frisch, kampferartig, leicht medizinisch, fruchtig-süß.*
Haupteigenschaften (Geist): *Reinigend, erfrischend, belebend, enterotisierend.*
Geruchsintensität: *Mittel bis leicht.*

AROMATHERAPEUTISCHE VERWENDUNG

Hautpflege: *Fettige Haut, Insektenstiche, Pickel.*
Kreislauf, Muskeln und Gelenke: *Arthritis, Muskelschmerzen, Rheuma.*
Atemwege: *Asthma, Bronchitis, Erkältungen, Grippe, Halsschmerzen, Husten, Nebenhöhlenentzündung, Schnupfen.*
Fortpflanzungsorgane: *Harnwegsinfekte, Zystitis.*
Immunsystem: *Erkältungen, Grippe, Infektionen.*

Melisse

MELISSA OFFICINALIS **FAMILIE** LAMIACEAE (LABIATAE)

BESCHREIBUNG

Süß duftendes, buschiges Kraut, bis 60 cm hoch. Es hat hellgrüne, gezähnte Blätter, quadratische Stengel und winzige weiße bzw. rosa Blüten.

WIRKUNGEN

anthelminthisch, antibakteriell, antidepressiv, antihistaminisch, beruhigend, blähungsmindernd, fiebersenkend, gebärmutterstärkend, herzstärkend, insektizid, kräftigend, krampflösend, magenstärkend, menstruationsfördernd, nervenstärkend, schweißtreibend.

EXTRAKTION

Dampfdestillation der Blätter und Blütenstände.

EIGENSCHAFTEN

Eine blaßgelbe Flüssigkeit mit leichtem, frischem, zitronenartigen Duft. Mischt sich gut mit Lavendel und Geranie sowie allen Zitrus- und Blütenölen.

VERTRÄGLICHKEIT

Eventuelle allergische Reaktionen und Hautreizungen. Siehe nebenstehend »Achtung«.

DUFTSKALA

Kopfnote — Herznote — Basisnote

PSYCHOLOGISCHE SKALA

Erhebend — Ausgleichend — Besänftigend

PHYSIOLOGISCHE SKALA

Anregend — Ausgleichend — Beruhigend

QUALITÄT

Duft: *Zitronig, frisch, leicht, grün, krautig, honigsüß.*
Haupteigenschaften: *Besänftigend, beruhigend, stimmungshebend, ausgleichend, wohltuend, herzstärkend, stärkend, kräftigend, schützend, antidepressiv.*
Geruchsintensität: *Stark.*

AROMATHERAPEUTISCHE VERWENDUNG

Hautpflege: *Allergien, Insektenstiche.* **Atemwege:** *Asthma, Bronchitis, chronischer Husten.* **Verdauungstrakt:** *Koliken, Magenverstimmung, Übelkeit.* **Fortpflanzungsorgane:** *Menstruationsbeschwerden.* **Nervensystem:** *Hoher Blutdruck, Migräne, Niedergeschlagenheit, Schlaflosigkeit, Schock, Schwindel, Unruhe.* **Sonstiges:** *Insektenschutz.*

ACHTUNG

Reizt die Haut. In maximal 1%iger Lösung anwenden. In großen Mengen narkotisch, verursacht Kopfschmerzen.

Pfefferminze

MENTHA PIPERITA **FAMILIE** LAMIACEAE (LABIATAE)

BESCHREIBUNG

Mehrjähriges Kraut, bis zu 1 m hoch. Weiße Pfefferminze hat grüne Stengel und Blätter, Schwarze Pfefferminze dunkelgrüne, gezackte Blätter, violette Stengel und rötlichviolette Blüten.

WIRKUNGEN

Adstringierend, anthelminthisch, antiseptisch, antiviral, blähungsmindernd, entzündungshemmend, fiebersenkend, gefäßverengend, herzstärkend, krampflösend, leberstärkend, lindert Kopfbeschwerden, magenstärkend, menstruationsfördernd, schleimlösend, schmerzlindernd, schweißtreibend.

EXTRAKTION

Dampfdestillation der blühenden Kräuter.

EIGENSCHAFTEN

Blaßgelb oder grünlich, mit durchdringendem, grasig-minzigem, kampferartigem Geruch. Mischt sich gut mit Benzoe, Rosmarin, Lavendel, Majoran, Zitrone, Eukalyptus und Bergamotte.

VERTRÄGLICHKEIT

Ungiftig, nicht reizend. Aufgrund des Menthols Allergien möglich. Darf nicht zusammen mit homöopathischen Mitteln verwendet werden. Auf der Haut nur stark verdünnt anwenden. Bei Kindern und Heuschnupfen meiden.

DUFTSKALA

Kopfnote — Herznote — Basisnote

PSYCHOLOGISCHE SKALA

Erhebend — Ausgleichend — Besänftigend

PHYSIOLOGISCHE SKALA

Anregend — Ausgleichend — Beruhigend

QUALITÄT

Duft: *Frisch, hell, minzig, durchdringend, sauber.*
Haupteigenschaften: *Erfrischend, stärkend, nervenstärkend, lindert Kopfbeschwerden, aphrodisierend, geistig anregend.*
Geruchsintensität: *Stark.*

AROMATHERAPEUTISCHE VERWENDUNG

Hautpflege: *Akne, Dermatitis, Krätze, Scherpilzflechte, Zahnschmerzen.*
Kreislauf, Muskeln und Gelenke: *Herzjagen, Muskelschmerzen, Neuralgien.*
Atemwege: *Asthma, Bronchitis, Hustenkrämpfe, Nebenhöhlenentzündung.*
Verdauungstrakt: *Blähungen, Koliken, Krämpfe, Verdauungsstörungen, Übelkeit.*
Immunsystem: *Erkältungen, Fieber, Grippe.*
Nervensystem: *Geistige Erschöpfung, Kopfschmerzen, Migräne, nervöse Anspannung, Ohnmachten, Schwindel.*
Sonstiges: *Mundgeruchbehandlung, Insektenschutz.*

Muskat

MYRISTICA FRAGRANS **FAMILIE** MYRISTICACEAE

BESCHREIBUNG

Immergrüner, bis 20 m hoher Baum mit dichtem Blattwerk und gelben Blüten.

WIRKUNGEN

Anregend, antirheumatisch, antiseptisch, blähungsmindernd, kräftigend, krampflösend, menstruationsfördernd, oxydationshemmend, schmerzlindernd, verdauungsfördernd.

EXTRAKTION

Dampf- (oder Wasser-) Destillation der getrockneten, wurmstichigen Muskatsamen oder der getrockneten, orangefarbenen Samenhülle (Mazisblüte).

EIGENSCHAFTEN

Wasserhelle oder blaßgelbe Flüssigkeit mit süßem, warm-würzigem Geruch mit einer terpenartigen Kopfnote. Es mischt sich gut mit Lavendel, Lorbeer, Orange, Geranie, Petitgrain, Muskatellersalbei, Rosmarin, Limette, Mandarine, Koriander und anderen Gewürzölen.

ACHTUNG
In größeren Mengen zeigt Muskatöl Anzeichen von Giftigkeit. Sparsam verwenden! Nicht für Schwangere oder Kleinkinder geeignet.

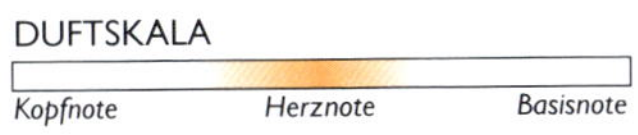

QUALITÄT

Duft: *Körperreich, würzig, orientalisch, sinnlich, süß, warm.*
Haupteigenschaften: *Aphrodisierend, schmerzlindernd, narkotisch, nerven- und herzkräftigend, beruhigend, besänftigend, berauschend, stimmungshebend.*
Geruchsintensität: *Stark.*

AROMATHERAPEUTISCHE VERWENDUNG

Kreislauf, Muskeln und Gelenke: *Arthritis, Gicht, Muskelschmerzen, Rheuma, schlechte Durchblutung.*
Verdauungstrakt: *Blähungen, Magenverstimmung, träge Verdauung, Übelkeit.*
Immunsystem: *Bakterielle Infektionen.*
Nervensystem: *Frigidität, Impotenz, Neuralgie, nervöse Erschöpfung.*

VERTRÄGLICHKEIT
Muskat ist im allgemeinen ungiftig, nicht reizend und ruft keine Allergien hervor. Siehe jedoch nebenstehend »Achtung«!

Myrte

MYRTUS COMMUNIS **FAMILIE** MYRTACEAE

BESCHREIBUNG

Großer Strauch oder kleiner Baum mit schlanken Zweigen, braunroter Rinde und kleinen, spitzen Blättern. Er trägt weiße Blüten, gefolgt von kleinen, schwarzen Beeren. Sowohl Blätter als auch Blüten haben einen starken Duft.

WIRKUNGEN

Adstringierend, antibakteriell, antiseptisch, ausgleichend, balsamisch, leicht beruhigend, schleimlösend, schnupfenlindernd.

EXTRAKTION

Dampfdestillation der Zweige und Blätter (manchmal auch der Blüten).

EIGENSCHAFTEN

Eine blaßgelbe oder orangefarbene Flüssigkeit mit kampferartigem, süßkrautigem Duft, der an Eukalyptus erinnert. Mischt sich gut mit Bergamotte, Lavendel, Rosmarin, Muskatellersalbei, Ysop, Lorbeer, Limette, Ingwer, Gewürznelke und anderen Gewürzölen.

VERTRÄGLICHKEIT
Ungiftig, nicht reizend.

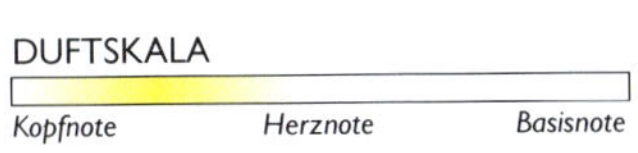

QUALITÄT

Duft: *Frisch, klar, balsamisch, kampferartig, blumig, würzig, verteilt sich gut.*
Haupteigenschaften: *Leicht anregend, kräftigend (Nerven), antiseptisch, reinigend, klärend, stimmungshebend, aphrodisierend, erfrischend.*
Geruchsintensität: *Mittel bis stark.*

AROMATHERAPEUTISCHE VERWENDUNG

Hautpflege: *Akne, erweiterte Poren, fettige Haut, Hämorrhoiden.*
Atemwege: *Asthma, Bronchitis, chronischer Husten, Schnupfen, Tuberkulose. Dank seiner relativen Milde kann es bedenkenlos bei Kindern mit Husten und Atemwegsbeschwerden eingesetzt werden.*
Immunsystem: *Erkältungen, Fieber, Infektionskrankheiten.*

Basilikum

OCIMUM BASILICUM **FAMILIE** LAMIACEAE (LABIATAE)

BESCHREIBUNG

Einjähriges Kraut, bis zu 60 cm hoch, mit dunkelgrünen, ovalen Blättern. Es trägt Quirle von zweilippigen, grünlichen oder rosaweißen Blüten. Die ganze Pflanze duftet stark.

WIRKUNGEN

Antiseptisch, blähungsmindernd, fiebersenkend, kräftigend, krampflösend, magenstärkend, menstruationsfördernd, nervenstärkend, schleimlösend, stimuliert die Nebennierenrinde, verdauungsfördernd.

EXTRAKTION

Das Öl wird durch Dampfdestillation des blühenden Krauts gewonnen.

EIGENSCHAFTEN

Farblose oder blaßgelbe Flüssigkeit mit einem leichten, frischen, süß-würzigen Duft mit balsamischer Basisnote. Mischt sich gut mit Bergamotte, Muskatellersalbei, Limette, Zitronelle, Geranie, Ysop und anderen »grünen« Düften.

ACHTUNG
Allergische Reaktionen möglich. Längerfristige Anwendung meiden. Nicht für Schwangere geeignet!

DUFTSKALA
Kopfnote — *Herznote* — *Basisnote*

PSYCHOLOGISCHE SKALA
Erhebend — *Ausgleichend* — *Besänftigend*

PHYSIOLOGISCHE SKALA
Anregend — *Ausgleichend* — *Beruhigend*

QUALITÄT

Duft: *Frisch, leicht würzig, gewürznelkenartig.*
Haupteigenschaften: *Stärkend, kräftigend, antidepressiv, erfrischend, stimmungsfördernd, reinigend, klärend, wärmend, lindert Kopfbeschwerden, im Übermaß genommen betäubend.*
Geruchsintensität: *Stark.*

AROMATHERAPEUTISCHE VERWENDUNG

Hautpflege: *Insektenstiche u. -schutz.*
Kreislauf, Muskeln und Gelenke: *Gicht, Muskelschmerzen, Rheuma.*
Atemwege: *Bronchitis, Erkältungen, Husten, Nebenhöhlenentzündung.*
Verdauungstrakt: *Blähungen, Übelkeit, Verdauungsstörungen.* **Fortpflanzungsorgane:** *Krämpfe, schwache Periodenblutungen.* **Immunsystem:** *Erkältungen, Fieber, Grippe, Infektionskrankheiten.* **Nervensystem:** *Erschöpfung, Migräne, nervöse Anspannung, Niedergeschlagenheit, Schlaflosigkeit, Unruhe.*

VERTRÄGLICHKEIT
Vereinzelte Allergien möglich. Sparsam anwenden.

Majoran

ORIGANUM MAJORANA/MAJORANA HORTENSIS
FAMILIE LAMIACEAE (LABIATAE)

BESCHREIBUNG

Zarte, mehrjährige Pflanze, bis zu 60 cm hoch, mit dunkelgrünen Blättern und büscheligen, grauweißen Blüten.

WIRKUNGEN

Abführend, antibakteriell, antiseptisch, antiviral, beruhigend, blähungsmindernd, blutdrucksenkend, enterotisierend, entgiftend, harntreibend, herzstärkend, krampflösend, menstruationsfördernd, nervenstärkend, schleimlösend, schmerzlindernd, schweißtreibend, verdauungsfördernd, wundheilend.

EXTRAKTION

Dampfdestillation der getrockneten blühenden Pflanze.

EIGENSCHAFTEN

Blaßgelbe oder bernsteinfarbene Flüssigkeit mit warmem, würzig-kampferartigem Duft. Mischt sich gut mit Lavendel, Rosmarin, Bergamotte, Kamille, Zypresse, Teebaum und Eukalyptus.

ACHTUNG
Dieses Öl nicht während der Schwangerschaft verwenden!

VERTRÄGLICHKEIT
Ungiftig, nicht reizend.

DUFTSKALA
Kopfnote — *Herznote* — *Basisnote*

PSYCHOLOGISCHE SKALA
Erhebend — *Ausgleichend* — *Besänftigend*

PHYSIOLOGISCHE SKALA
Anregend — *Ausgleichend* — *Beruhigend*

QUALITÄT

Duft: *Warm, holzig, würzig, nussig, kampferartig, krautig, durchdringend.*
Haupteigenschaften: *Enterotisierend, in großen Dosen betäubend, lindert Kopfbeschwerden, beruhigend, nervenstärkend, kräftigend, wärmend, wohltuend.*
Geruchsintensität: *Mittel.*

AROMATHERAPEUTISCHE VERWENDUNG

Hautpflege: *Frostbeulen, Prellungen, Zeckenbisse.*
Kreislauf, Muskeln und Gelenke: *Arthritis, Hexenschuß, Muskelschmerzen, Rheuma, Steifheit, Verstauchungen.*
Atemwege: *Asthma, Bronchitis, Erkältungen, Husten.*
Verdauungstrakt: *Blähungen, Koliken, Verdauungsstörungen, Verstopfung.*
Fortpflanzungsorgane: *Amenorrhö, Dysmenorrhö, Prämenstruelles Syndrom, Weißfluß.*
Nervensystem: *Hoher Blutdruck, Kopfschmerzen, Migräne, nervöse Anspannung, Schlaflosigkeit, streßbedingte Beschwerden.*

Geranie

PELARGONIUM GRAVEOLENS **FAMILIE** *GERANIACEAE*

BESCHREIBUNG

Mehrjähriger Strauch, bis zu 1 m hoch, mit gelappten Blättern und kleinen rosafarbenen Blüten. Die ganze Pflanze duftet.

WIRKUNGEN

Adstringierend, anregend (Nebennierenrinde/Lymphsystem), antiseptisch, anthelminthisch, blutstillend (bei harmlosen Wunden), desodorierend, entzündungshemmend, harntreibend, kräftigend, wundheilend.

EXTRAKTION

Dampfdestillation der Blätter, Stengel und Blüten.

EIGENSCHAFTEN

Olivgrünliche Flüssigkeit mit grünem, rosenartig-süßem Duft. (Die Duftindustrie bevorzugt die Bourbon-Variante.) Mischt sich gut mit Lavendel, Patschuli, Gewürznelke, Rose, Sandelholz, Jasmin, Wacholder, Neroli, Bergamotte und anderen Zitrusölen.

VERTRÄGLICHKEIT

Ungiftig, nicht reizend, i. a. keine allergischen Reaktionen auslösend. Vereinzelt kann bei empfindlichen Personen Dermatitis auftreten (v. a. bei der Bourbon-Variante).

DUFTSKALA

Kopfnote — Herznote — Basisnote

PSYCHOLOGISCHE SKALA

Erhebend — Ausgleichend — Besänftigend

PHYSIOLOGISCHE SKALA

Anregend — Ausgleichend — Beruhigend

QUALITÄT

Duft: *Grün, rosenartig-süß, blumig-minzig, frisch, stark, kräftig.*
Haupteigenschaften: *Kräftigend, antidepressiv, stimmungshebend, ausgleichend, erfrischend, besänftigend, wärmend, ausgleichend.*
Geruchsintensität: *Mittel bis stark.*

AROMATHERAPEUTISCHE VERWENDUNG

Hautpflege: *Akne, Dermatitis, Ekzeme, fettige Haut, geplatzte Äderchen, geschwollene Haut, Geschwüre, Hämorrhoiden, Läuse, Prellungen, reife Haut, Scherpilzflechte, Schnittwunden, Verbrennungen, Wunden.*
Kreislauf: *Brustspannungen, Ödeme, schwache Durchblutung, Zellulitis.*
Atemwege: *Halsschmerzen, Mandelentzündung.*
Fortpflanzungsorgane und Hormonsystem: *Beschwerden der Wechseljahre, Hormonproduktion der Nebennierenrinde, Prämenstruelles Syndrom.*
Nervensystem: *Nervöse Anspannung, Neuralgie, streßbedingte Beschwerden.*
Sonstiges: *Insektenschutz (v. a. Stechmücken).*

Petersiliensamen

PETROSELINUM CRISPUM **FAMILIE** *APIACEAE* (*UMBELLIFERAE*)

BESCHREIBUNG

Ein- oder zweijähriges Kraut, bis 70 cm hoch, mit faltigem, hellgrünem Blattwerk, kleinen, grünlichgelben Blüten und kleinen braunen Samen.

WIRKUNGEN

Abführend, adstringierend, anregend, antirheumatisch, antiseptisch, blähungsmindernd, blutdrucksenkend, fiebersenkend, harntreibend, kräftigend (Gebärmutter), magenstärkend, menstruationsfördernd, reinigend.

EXTRAKTION

Dampfdestillation der Samen; ein anderes Öl mit geringfügig anderen Eigenschaften erhält man aus dem Kraut.

EIGENSCHAFTEN

Eine gelbe, braune oder bernsteinfarbene Flüssigkeit mit warmem, holzig-würzigem, krautigem Geruch. Mischt sich gut mit Rose, Neroli, Ylang Ylang, Teebaum, Muskatellersalbei und Gewürzölen.

VERTRÄGLICHKEIT

Das Öl ist mäßig giftig und hautreizend – Apiol führt nachweislich zu Reizungen – und kann Allergien hervorrufen.

DUFTSKALA

Kopfnote — Herznote — Basisnote

PSYCHOLOGISCHE SKALA

Erhebend — Ausgleichend — Besänftigend

PHYSIOLOGISCHE SKALA

Anregend — Ausgleichend — Beruhigend

QUALITÄT

Duft: *Krautig, würzig, frisch, warm, durchdringend.*
Haupteigenschaften (Geist): *Erfrischend, anregend, wärmend.*
Geruchsintensität: *Mittel.*

AROMATHERAPEUTISCHE VERWENDUNG

Kreislauf, Muskeln und Gelenke: *Ansammlung von Giften, Arthritis, geplatzte Blutgefäße, Ischias, Rheuma, Zellulitis.*
Verdauungstrakt: *Blähungen, Hämorrhoiden, Koliken, Magenverstimmung.*
Fortpflanzungsorgane: *Amenorrhö, Dysmenorrhö, wehenunterstützend.*
Harnwege: *Harnwegsinfekte, Zystitis.*

ACHTUNG
Während der Schwangerschaft meiden!

Westindischer Lorbeer

PIMENTA ACRIS **FAMILIE** *MYRTACEAE*

BESCHREIBUNG

Ein tropischer, immergrüner Baum, bis zu 8 m hoch, mit großen, ledrigen Blättern und duftenden Früchten.

WIRKUNGEN

Adstringierend, anregend, antineuralgisch, antirheumatisch, antiseptisch, haarwuchsfördernd, krampflösend, schleimlösend, schmerzstillend.

EXTRAKTION

Das Öl wird durch Wasser- oder Dampfdestillation der Blätter gewonnen.

EIGENSCHAFTEN

Dunkelgelbe, leichte Flüssigkeit mit frisch-würziger Kopfnote und balsamisch-süßer Basisnote. Mischt sich gut mit Lavendel, Rosmarin, Geranie, Ylang Ylang, Zitrus- und Gewürzölen.

ACHTUNG
Sparsam verwenden!

DUFTSKALA
Kopfnote — Herznote — Basisnote

PSYCHOLOGISCHE SKALA
Erhebend — Ausgleichend — Besänftigend

PHYSIOLOGISCHE SKALA
Anregend — Ausgleichend — Beruhigend

QUALITÄT

Duft: *Frisch, durchdringend, leicht kampferartig, würzig-medizinisch.*
Haupteigenschaften (Geist): *Belebend, wärmend, erfrischend, reinigend.*
Geruchsintensität: *Mittel.*

AROMATHERAPEUTISCHE VERWENDUNG

Hautpflege: *Regt die Kopfhaut an, gut bei Schuppen, fettigem und stumpfem Haar, fördert Haarwachstum.*
Kreislauf, Muskeln und Gelenke: *Arthritis, Muskelschmerzen, Neuralgien, Rheuma, schlechte Durchblutung, Verstauchungen.*
Immunsystem: *Erkältungen, Grippe, Infektionskrankheiten.*

VERTRÄGLICHKEIT

Aufgrund seines hohen Gehalts an Eugenol ist Lorbeeröl mäßig giftig, aber es ruft im allgemeinen keine Allergien oder Reizungen hervor. Sparsam und stets verdünnt verwenden!

Anis

PIMPINELLA ANISUM **FAMILIE** *APIACEAE (UMBELLIFERAE)*

BESCHREIBUNG

Einjähriges Kraut, nicht ganz 1 m hoch, mit zierlichen Blättern und weißen Blüten.

WIRKUNGEN

Anregend, antiseptisch, blähungsmindernd, harntreibend, krampflösend, magenstärkend, milchbildend, schleimlösend.

EXTRAKTION

Das Öl wird durch Dampfdestillation der Samen gewonnen.

EIGENSCHAFTEN

Eine farblose bis blaßgelbe Flüssigkeit mit dem typisch warmen, würzig-süßen Duft des Anis. Mischt sich gut mit anderen Gewürzölen.

ACHTUNG
Sparsam und verdünnt verwenden!

DUFTSKALA
Kopfnote — Herznote — Basisnote

PSYCHOLOGISCHE SKALA
Erhebend — Ausgleichend — Besänftigend

PHYSIOLOGISCHE SKALA
Anregend — Ausgleichend — Beruhigend

QUALITÄT

Duft: *Würzig-süß, lakritzartig, körperreich, stark raumgreifend.*
Haupteigenschaften: *Wärmend, klärend, aphrodisierend, stimmungshebend, belebend, wohltuend, besänftigend, anregend (in kleinen Dosen), betäubend (im Übermaß genommen).*
Geruchsintensität: *Sehr stark.*

AROMATHERAPEUTISCHE VERWENDUNG

Kreislauf, Muskeln und Gelenke: *Muskelschmerzen, Rheuma.*
Atemwege: *Bronchitis, Erkältungen, Husten.*
Verdauungstrakt: *Blähungen, Koliken, Krämpfe, Magenverstimmung.*

VERTRÄGLICHKEIT

Der Hauptbestandteil von Anisöl, Anethol, ruft nachweislich vereinzelt Dermatitis hervor. Deshalb sollte das Öl von Allergikern oder empfindlichen Personen gemieden werden. In großer Dosis ist es narkotisch, verlangsamt die Durchblutung und kann zu Hirnstörungen führen.

Kiefernnadel

PINUS SILVESTRIS **FAMILIE** PINACEAE

BESCHREIBUNG

Bis zu 40 m hoher Baum. Seine rötlichbraune Rinde zeigt tiefe Kerben und Risse, seine Nadeln wachsen paarweise, die braunen Zapfen sind spitz.

WIRKUNGEN

Anregend (Kreislauf/Nerven), anthelminthisch, antibakteriell, antimikrobiell, antineuralgisch, antiseptisch, antiskorbutisch, antiviral, balsamisch, blutdruckhebend, desodorierend, galletreibend, harntreibend, insektizid, kräftigend, schleimlösend.

EXTRAKTION

Trockendestillation der Nadeln.

EIGENSCHAFTEN

Kiefernnadelöl ist eine farblose oder blaßgelbe, leichte Flüssigkeit mit starkem, trocken-balsamischem, terpentinartigem Aroma. Mischt sich gut mit Zeder, Rosmarin, Teebaum, Salbei, Lavendel, Wacholder, Zitrone, Kajeput, Eukalyptus und Majoran.

ACHTUNG
Bei allergischen Hautreaktionen nicht anwenden! In konzentrierter Form reizt es die Haut – deshalb nur stark verdünnt einsetzen.

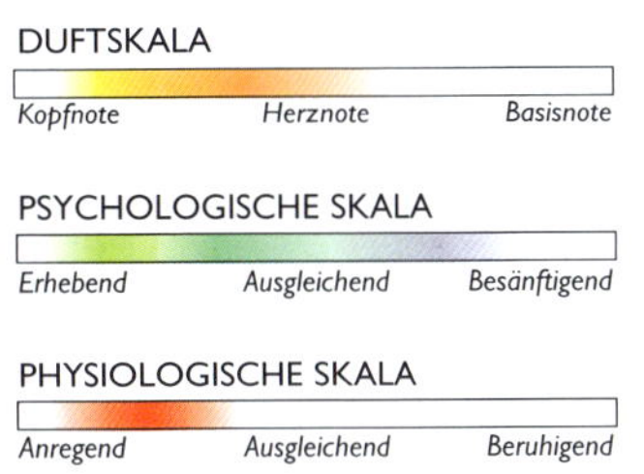

QUALITÄT

Duft: *Frisch, kampferartig, balsamisch, holzig, durchdringend, stark.*
Haupteigenschaften: *Stärkend, reinigend, kräftigend, belebend, erfrischend, anregend (Nerven), besänftigend (Geist).*
Geruchsintensität: *Mittel bis stark.*

AROMATHERAPEUTISCHE VERWENDUNG

Hautpflege: *Krätze, Läuse, Schnittwunden, übermäßiges Schwitzen, wunde Stellen.*
Kreislauf, Muskeln und Gelenke: *Arthritis, Gicht, Muskelschmerzen, Neuralgien, Rheuma, schlechte Durchblutung.*
Atemwege: *Asthma, Bronchitis, Erkältungen, Grippe, Halsschmerzen, Husten, Nebenhöhlenentzündung, Schnupfen.*
Harnwege: *Harnwegsinfekte, Zystitis.*
Nervensystem: *Erschöpfung, nervöse Erschöpfung, streßbedingte Beschwerden.*

Schwarzer Pfeffer

PIPER NIGRUM **FAMILIE** PIPERACEAE

BESCHREIBUNG

Mehrjährige, bis 5 m hohe holzige Kletterpflanze mit weißen Blüten. Die Beeren verändern mit der Reife ihre Farbe von Rot nach Schwarz. Schwarzer Pfeffer ist die getrocknete, unreife Frucht.

WIRKUNGEN

Abführend, anregend, antibakteriell, antimikrobiell, antiseptisch, blähungsmindernd, entgiftend, fiebersenkend, harntreibend, kräftigend, magenstärkend, schmerzlindernd, schweißtreibend, verdauungsfördernd.

EXTRAKTION

Dampfdestillation der getrockneten und zerstoßenen schwarzen Pfefferkörner.

EIGENSCHAFTEN

Wasserhelle bis blaßolivgrüne, leichte Flüssigkeit mit holzigem, warmem und würzigem Duft. Mischt sich gut mit Weihrauch, Sandelholz, Lavendel, Rosmarin, Majoran sowie kleinsten Mengen an Gewürz- und Blütenölen.

ACHTUNG
Konzentriert angewendet ist dieses Öl giftig und reizend. Deshalb nur verdünnt verwenden (maximal 1 % in einer Mischung)!

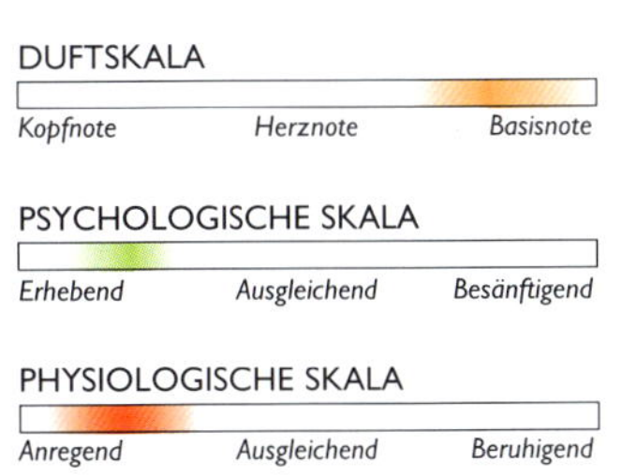

QUALITÄT

Duft: *Würzig, kampferartig, frisch, holzig, aktiv, maskulin, orientalisch, sinnlich, warm.*
Haupteigenschaften: *Aphrodisierend, anregend (Geist), kräftigend (Nerven), stärkend, wohltuend, schmerzlindernd, antiseptisch.*
Geruchsintensität: *Stark.*

AROMATHERAPEUTISCHE VERWENDUNG

Hautpflege: *Frostbeulen.*
Kreislauf, Muskeln und Gelenke: *Arthritis, Blutarmut, mangelnde Muskelspannung, Muskelschmerzen, Neuralgien, rheumatische Schmerzen, schlechte Durchblutung, Steifheit, Verstauchungen.*
Atemwege: *Fiebrige Erkältungen, Grippe.*
Immunsystem: *Erkältungen, Grippe, Infektionen, Virusinfekte.*
Verdauungstrakt: *Appetitmangel, Blähungen, Durchfall, Koliken, Übelkeit, Verstopfung.*

Patschuli

POGOSTEMON PATCHOULI **FAMILIE** LAMIACEAE (LABIATAE)

BESCHREIBUNG

Mehrjähriges Kraut, bis 1 m hoch, mit pelzigen Blättern und weißen Blüten mit einem leicht violetten Hauch.

WIRKUNGEN

Adstringierend, anregend, antibakteriell, antidepressiv, antimikrobiell, antiseptisch, antiviral, desodorierend, entgiftend, entzündungshemmend, fiebersenkend, harntreibend, kräftigend, nervenstärkend, verdauungsfördernd, vorbeugend, wundheilend.

EXTRAKTION

Dampfdestillation getrockneter Blätter.

EIGENSCHAFTEN

Bernstein- oder dunkelorangefarbene, zähe Flüssigkeit mit süßem, körperreichem, krautig-erdigem Duft, der mit der Reife gewinnt. Mischt sich gut mit Vetiver, Sandelholz, Zeder, Geranie, Gewürznelke, Lavendel, Rose, Neroli, Bergamotte, Myrrhe, Weihrauch, Muskatellersalbei und orientalischen Basisölen.

VERTRÄGLICHKEIT
Ungiftig, nicht reizend. In größeren Mengen verwendet, kann es jedoch zu Appetitverlust, Schlaflosigkeit und nervösen Störungen führen.

DUFTSKALA
Kopfnote — Herznote — Basisnote

PSYCHOLOGISCHE SKALA
Erhebend — Ausgleichend — Besänftigend

PHYSIOLOGISCHE SKALA
Anregend — Ausgleichend — Beruhigend

QUALITÄT

Duft: *Erdig, moschusartig, würzig, holzig, warm, orientalisch, medizinisch, kräftig, verteilt sich gut.*
Haupteigenschaften: *Anregend (in kleinen Dosen), beruhigend (in großen Dosen); aphrodisierend, nervenstärkend, besänftigend, stimmungsfördernd.*
Geruchsintensität: *Sehr stark.*

AROMATHERAPEUTISCHE VERWENDUNG

Hautpflege: *Akne, Dermatitis, Ekzeme (nässend), erweiterte Poren, Falten, fettige Haut und Haare, Fußpilz, Grindflechte, Haarpflege, Pilzinfektionen, rauhe und aufgesprungene Haut, Schuppen, wunde Stellen, Wunden.*
Nervensystem: *Frigidität, nervöse Erschöpfung, streßbedingte Beschwerden.*
Sonstiges: *Insektenschutz (Motten).*

Marokkanische Rose

ROSA CENTIFOLIA X GALLICA **FAMILIE** ROSACEAE

BESCHREIBUNG

Diese Hybride aus *Rosa centifolia* und *Rosa gallica* wird bis 2,5 m hoch und trägt rosafarbene oder rosaviolette Blüten.

WIRKUNGEN

Abführend, adstringierend, antibakteriell, antidepressiv, antiseptisch, antiviral, aphrodisierend, appetitregelnd, beruhigend, blutstillend, entzündungshemmend, galletreibend, kräftigend, leber- und magenstärkend, wundheilend.

EXTRAKTION

Wasser- oder Dampfdestillation frischer Blütenblätter. Concrète und Absolue erhält man durch Lösungsmittelextraktion der frischen Blütenblätter.

EIGENSCHAFTEN

Das Öl ist blaßgelb, das Absolue rötlichorange. Mischt sich gut mit Jasmin, Orangenblüte, Geranie, Bergamotte, Lavendel, Muskatellersalbei, Sandelholz, Patschuli, Benzoe, Kamille, Gewürznelke und Palmarosa.

ACHTUNG
Trotz seiner allgemeinen Verträglichkeit sollte dieses Öl in den ersten vier Schwangerschaftsmonaten gemieden werden!

DUFTSKALA
Kopfnote — Herznote — Basisnote

PSYCHOLOGISCHE SKALA
Erhebend — Ausgleichend — Besänftigend

PHYSIOLOGISCHE SKALA
Anregend — Ausgleichend — Beruhigend

QUALITÄT

Duft: *Blumig, rosenartig, körperreich, langanhaltend, süß, warm, zärtlich.*
Haupteigenschaften: *Aphrodisierend, besänftigend, wohltuend, antidepressiv, beruhigend (Nerven), stimmungsfördernd, ausgleichend, kräftigend (Herz).*
Geruchsintensität: *Sehr stark.*

AROMATHERAPEUTISCHE VERWENDUNG

Hautpflege: *Ekzeme, erweiterte Äderchen, Falten, Herpes, reife und empfindliche Haut (nicht reizend).*
Kreislauf, Muskeln und Gelenke: *Herzjagen, schlechte Durchblutung.*
Atemwege: *Asthma, Heuschnupfen, Husten.*
Verdauungstrakt: *Gallenblasenentzündung, Leberstauung, Übelkeit.*
Fortpflanzungsorgane: *Harnwegsstörungen, Menorrhö, unregelmäßige Periodenblutung, Weißfluß.*
Nervensystem: *Frigidität, Impotenz, Kopfschmerzen, nervöse Anspannung, Niedergeschlagenheit, Schlaflosigkeit, streßbedingte Beschwerden.*

Rosmarin

ROSMARINUS OFFICINALIS **FAMILIE** LAMIACEAE (LABIATAE)

BESCHREIBUNG

Immergrüner, duftender Strauch, bis zu 2 m hoch, mit silbriggrünen Nadeln und hellblauen Blüten.

WIRKUNGEN

Adstringierend, anregend, antiseptisch, blähungsmindernd, blutdruckregulierend, harntreibend, herz-, leber- und magenstärkend, menstruationsfördernd, oxydationshemmend, schmerzlindernd, schweißtreibend, stärkend, verdauungsfördernd, wundheilend.

EXTRAKTION

Dampfdestillation der frischen Blütenstände. In Spanien verwendet man dazu die gesamte Pflanze.

EIGENSCHAFTEN

Farblose oder blaßgelbe Flüssigkeit mit minzig-krautigem, holzig-balsamischem Duft. Mischt sich gut mit Weihrauch, Lavendel, Zitronelle, Basilikum, Thymian, Kiefer, Pfefferminze, Elemi, Zeder, Petitgrain und Gewürzölen.

ACHTUNG
Dieses Öl sollte von Epileptikern und Schwangeren gemieden werden!

DUFTSKALA
Kopfnote *Herznote* *Basisnote*

PSYCHOLOGISCHE SKALA
Erhebend *Ausgleichend* *Besänftigend*

PHYSIOLOGISCHE SKALA
Anregend *Ausgleichend* *Beruhigend*

QUALITÄT

Duft: *Durchdringend, frisch, kampferartig, holzig-balsamisch, stark.*
Haupteigenschaften: *Anregend (Geist und Nerven), schmerzlindernd, kräftigend (Nerven), stärkend, reinigend, belebend, schützend, erfrischend.*
Geruchsintensität: *Mittel bis stark.*

AROMATHERAPEUTISCHE VERWENDUNG

Hautpflege: *Akne, Dermatitis, Ekzeme, Haare, Kopfhaut, Krätze, Läuse.* **Kreislauf, Muskeln und Gelenke:** *Arteriosklerose, Gicht, Herzjagen, Krampfadern, Muskelschmerzen, Neuralgien, Rheuma, schlechte Durchblutung, Wassereinlagerungen.* **Atemwege:** *Asthma, Bronchitis, Keuchhusten.* **Verdauungstrakt:** *Blähungen, Gelbsucht, Leberfunktionsstörungen, Verdauungsstörungen.* **Fortpflanzungsorgane:** *Dysmenorrhö, Weißfluß.* **Immunsystem:** *Erkältungen, Grippe, Infektionen.* **Nervensystem:** *Kopfschmerzen, nervöse Erschöpfung, niedriger Blutdruck, streßbedingte Beschwerden.*

Spanischer Salbei

SALVIA LAVANDULIFOLIA **FAMILIE** LAMIACEAE (LABIATAE)

BESCHREIBUNG

Immergrüner Busch, ähnlich dem Gartensalbei, jedoch mit kleineren Blättern und kleinen violetten Blüten. Das Öl stammt überwiegend aus Spanien.

WIRKUNGEN

Adstringierend, anregend, antidepressiv, antimikrobiell, antiseptisch, blähungsmindernd, blutdrucksenkend, desodorierend, entzündungshemmend, fiebersenkend, kräftigend, krampflösend, magenstärkend, menstruationsfördernd, nervenstärkend, reinigend, schleimlösend, verdauungsfördernd.

EXTRAKTION

Dampfdestillation der Blätter.

EIGENSCHAFTEN

Eine blaßgelbe, leichte Flüssigkeit mit krautig-frischem, kampferartigem Duft, der an Kiefern erinnert. Sie mischt sich gut mit Lavendel, Rosmarin, Kiefer, Eukalyptus, Wacholder, Muskatellersalbei und Zeder.

ACHTUNG
Dieses Öl sollte von Epileptikern und Schwangeren gemieden werden! Nur sparsam anwenden.

DUFTSKALA
Kopfnote *Herznote* *Basisnote*

PSYCHOLOGISCHE SKALA
Erhebend *Ausgleichend* *Besänftigend*

PHYSIOLOGISCHE SKALA
Anregend *Ausgleichend* *Beruhigend*

QUALITÄT

Duft: *Kampferartig, frisch, krautig, durchdringend, stark.*
Haupteigenschaften (Geist): *Erfrischend, belebend, reinigend.*
Geruchsintensität: *Stark.*

AROMATHERAPEUTISCHE VERWENDUNG

Hautpflege: *Akne, Dermatitis, Ekzeme, Haarausfall, Schnittwunden, Schuppen, übermäßiges Schwitzen, wunde Stellen.* **Kreislauf, Muskeln und Gelenke:** *Arthritis, Erschöpfung, Gewebestau, Muskelschmerzen, Rheuma, schlechte Durchblutung.* **Atemwege:** *Asthma, Husten, Rachenentzündung.* **Verdauungstrakt:** *Gicht, Leberstau.* **Fortpflanzungsorgane:** *Amenorrhö, Dysmenorrhö, Sterilität.* **Immunsystem:** *Erkältungen, Fieber, Grippe.* **Nervensystem:** *Kopfschmerzen, nervöse Erschöpfung, streßbedingte Beschwerden.* **Sonstiges:** *Heilt Zahnfleischentzündungen und andere Erkrankungen der Mundschleimhaut.*

Muskatellersalbei

SALVIA SCLAREA **FAMILIE** LAMIACEAE (LABIATAE)

BESCHREIBUNG

Zwei- oder mehrjähriges Kraut, bis 1 m hoch, dessen große, behaarte, grüne Blätter einen leichten Violettstich aufweisen. Kleine blaue Blüten.

WIRKUNGEN

Adstringierend, antibakteriell, antidepressiv, aphrodisierend, blähungsmindernd, blutdrucksenkend, desodorierend, entzündungshemmend, magenstärkend, menstruationsfördernd, verdauungsfördernd, wundheilend.

EXTRAKTION

Das Öl gewinnt man durch Dampfdestillation der Blütenstände und Blätter.

EIGENSCHAFTEN

Farblose oder blaßgelbgrüne Flüssigkeit mit einem süßen, nussig-krautigen Duft. Mischt sich gut mit Wacholder, Lavendel, Koriander, Kardamom, Geranie, Sandelholz, Zeder, Kiefer, Jasmin, Weihrauch, Bergamotte und allen Zitrusölen.

ACHTUNG
Während der Schwangerschaft meiden! Zusammen mit Alkohol wirkt dieses Öl einschläfernd und kann zu übermäßiger Trunkenheit führen. Nicht mit eisenhaltigen Medikamenten einnehmen.

DUFTSKALA
Kopfnote — Herznote — Basisnote

PSYCHOLOGISCHE SKALA
Erhebend — Ausgleichend — Besänftigend

PHYSIOLOGISCHE SKALA
Anregend — Ausgleichend — Beruhigend

QUALITÄT

Duft: *Moschusartig, mild, körperreich, warm, krautig, süß, elementarer Bestandteil von Kölnisch Wasser.*
Haupteigenschaften: *Entspannend, verjüngend, ausgleichend, inspirierend, beruhigend (Nerven), belebend, aphrodisierend, berauschend, euphorisierend, wärmend.*
Geruchsintensität: *Mittel bis stark.*

AROMATHERAPEUTISCHE VERWENDUNG

Hautpflege: *Akne, Entzündungen, Falten, fettige Haut und Haare, Furunkel, Geschwüre, Haarausfall, Schuppen.*
Kreislauf, Muskeln und Gelenke: *Hoher Blutdruck, Muskelschmerzen.*
Atemwege: *Asthma, Keuchhusten, Racheninfekte.* **Verdauungstrakt:** *Blähungen, Koliken, Krämpfe, Verdauungsstörungen.* **Fortpflanzungsorgane:** *Amenorrhö, Dysmenorrhö, schmerzhafte Wehen, Weißfluß.* **Nervensystem:** *Frigidität, Impotenz, Migräne, nervöse Anspannung, Niedergeschlagenheit, streßbedingte Beschwerden.*

Sandelholz

SANTALUM ALBUM **FAMILIE** SANTALACEAE

BESCHREIBUNG

Kleiner, immergrüner, parasitärer Baum, bis zu 9 m hoch, mit graubraunem Stamm und schlanken Zweigen. Er trägt violett-rosafarbene Blüten.

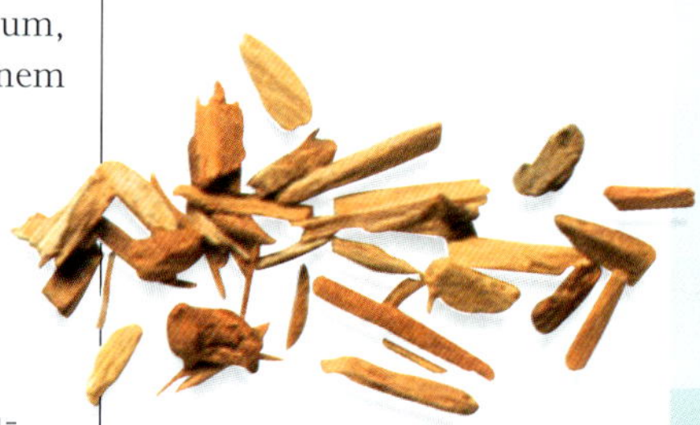

WIRKUNGEN

Adstringierend, antibakteriell, antidepressiv, antiseptisch, aphrodisierend, beruhigend, blähungsmindernd, entzündungshemmend, harntreibend, insektizid, kräftigend, krampflösend, pilztötend, schleimlösend, wundheilend.

EXTRAKTION

Dampf- oder Wasserdestillation der getrockneten und pulverisierten Wurzeln und des Kernholzes.

EIGENSCHAFTEN

Blaßgelbe, grünliche oder bräunliche Flüssigkeit mit süß-holzigem Aroma. Mischt sich gut mit Rose, Gewürznelke, Lavendel, Schwarzem Pfeffer, Bergamotte, Rosenholz, Geranie, Benzoe, Vetiver, Patschuli, Myrrhe und Jasmin.

VERTRÄGLICHKEIT
Ungiftig, nicht reizend. Nicht bei Nierenentzündungen verwenden!

DUFTSKALA
Kopfnote — Herznote — Basisnote

PSYCHOLOGISCHE SKALA
Erhebend — Ausgleichend — Besänftigend

PHYSIOLOGISCHE SKALA
Anregend — Ausgleichend — Beruhigend

QUALITÄT

Duft: *Trocken-holzig, ambraartig, balsamisch, moschusartig, orientalisch, sinnlich, maskulin, langanhaltend, warm.*
Haupteigenschaften: *Aphrodisierend, beruhigend (Nerven), entspannend, stimmungsfördernd, reinigend, wärmend, öffnend, erhebend, dämpfend.*
Geruchsintensität: *Schwach bis mittel.*

AROMATHERAPEUTISCHE VERWENDUNG

Hautpflege: *Akne, Bartflechte (als Aftershave), fettige Haut, Feuchtigkeitsspender, trockene, rauhe und aufgesprungene Haut.*
Atemwege: *Bronchitis, Halsschmerzen, Husten (trocken, anhaltend), Rachenentzündung, Schnupfen.*
Verdauungstrakt: *Durchfall, Übelkeit.*
Harnwege: *Zystitis.*
Nervensystem: *Nervöse Anspannung, Niedergeschlagenheit, Schlaflosigkeit, streßbedingte Beschwerden.*

Benzoe

STYRAX BENZOIN **FAMILIE** *STYRACACEAE*

BESCHREIBUNG

Bis zu 20 m hoher tropischer Baum, dessen Stamm balsamisches Harz absondert.

WIRKUNGEN

Adstringierend, antiseptisch, beruhigend, blähungsmindernd, blutstillend, desodorierend, entzündungshemmend, harntreibend, herzstärkend, schleimlösend, wundheilend.

EXTRAKTION

Das Benzoe-Resinoid oder Harz-Absolue gewinnt man durch Lösungsmittel, die dann wieder herausgefiltert werden. Handelsübliche Benzoe wird in einer Äthylglykollösung bzw. einem ähnlichen Lösungsmittel vertrieben.

EIGENSCHAFTEN

Benzoe-Resinoid ist eine orangebraune, zähe Masse mit süß-balsamischem Geruch. Mischt sich gut mit Sandelholz, Rose, Jasmin, Weihrauch, Myrrhe, Zypresse, Wacholder, Zitrone, Koriander und anderen Gewürzölen.

ACHTUNG
Nicht bei Babys einsetzen!

DUFTSKALA
Kopfnote — Herznote — Basisnote

PSYCHOLOGISCHE SKALA
Erhebend — Ausgleichend — Besänftigend

PHYSIOLOGISCHE SKALA
Anregend — Ausgleichend — Beruhigend

QUALITÄT

Duft: *Süß, balsamisch, vanilleartig, harzig, körperreich, intensiv. Dient als Fixator und Konservierungsmittel.*
Haupteigenschaften: *Wärmend, stimmungshebend, vermittelt Energie, wohltuend, reinigend, anregend, besänftigend, antidepressiv.*
Geruchsintensität: *Mittel.*

AROMATHERAPEUTISCHE VERWENDUNG

Hautpflege: *Entzündungen und Reizungen, rauhe Haut, Schnittwunden.*
Kreislauf, Muskeln und Gelenke: *Arthritis, Gicht, Rheuma, schlechte Durchblutung.*
Atemwege: *Asthma, Bronchitis, fiebrige Erkältungen, Grippe, Husten, Rachenentzündung.*
Nervensystem: *Nervöse Anspannung, streßbedingte Beschwerden.*
Verdauungstrakt: *Koliken.*

VERTRÄGLICHKEIT
Ungiftig, nicht reizend, kann aber – aufgrund der verwendeten Lösungsmittel – vereinzelt zu Allergien führen.

Gewürznelke

SYZYGIUM AROMATICUM **FAMILIE** *MYRTACEAE*

BESCHREIBUNG

Bis zu 12 m hoher Baum mit grauem Stamm. Zu Beginn der Regenzeit erscheinen lange Knospen, an deren Spitze eine rosafarbene Blütenkrone sitzt. Mit dem Verblassen der Kronblätter färbt sich der Blütenkelch dunkelrot.

WIRKUNGEN

Anregend, anthelminthisch, antibiotisch, antineuralgisch, antirheumatisch, antiseptisch, antiviral, brechreizlindernd, krampflösend, larvenvernichtend, magenstärkend, schleimlösend.

EXTRAKTION

Das Öl wird durch Wasserdestillation der Blütenknospen gewonnen.

EIGENSCHAFTEN

Blaßgelbe Flüssigkeit, deren süß-würziger Duft eine frisch-fruchtige Kopfnote hat. In der Duftindustrie wird es gerne mit Rose, Lavendel, Muskatellersalbei, Bergamotte, Lorbeer und Ylang Ylang gemischt.

VERTRÄGLICHKEIT
Gewürznelkenöl kann zu Haut- und Schleimhautreizungen führen und vereinzelt Dermatitis auslösen. In der Schwangerschaft meiden!

DUFTSKALA
Kopfnote — Herznote — Basisnote

PSYCHOLOGISCHE SKALA
Erhebend — Ausgleichend — Besänftigend

PHYSIOLOGISCHE SKALA
Anregend — Ausgleichend — Beruhigend

QUALITÄT

Duft: *Scharf, fruchtig, blumig, frisch, aromatisch, pfeffrig, würzig-süß, kräftig, medizinisch, orientalisch, sauber, verteilt sich gut.*
Haupteigenschaften: *Kräftigend, anregend, belebend, aphrodisierend, wärmend, wohltuend, reinigend, aktiv.*
Geruchsintensität: *Stark.*

AROMATHERAPEUTISCHE VERWENDUNG

Hautpflege: *Akne, Fußpilz, Geschwüre, Prellungen, Verbrennungen, Wunden, Zahnschmerzen.* **Kreislauf, Muskeln und Gelenke:** *Arthritis, Rheuma, Verstauchungen.* **Atemwege:** *Asthma, Bronchitis.* **Verdauungstrakt:** *Koliken, Übelkeit, Verdauungsstörungen.* **Immunsystem:** *Erkältungen, Grippe, leichte Infektionen.* **Sonstiges:** *Insektenschutz.*

ACHTUNG
Nur sparsam und stark verdünnt anwenden (maximal 1 %)!

Tagetes

TAGETES MINUTA **FAMILIE** ASTERACEAE (COMPOSITAE)

BESCHREIBUNG

Stark duftendes, einjähriges Kraut, etwa 30 cm hoch, mit leuchtendorangefarbenen Blüten und grünen, fedrigen Blättern.

WIRKUNGEN

Anthelminthisch, antibakteriell, krampflösend, magenstärkend, menstruationsfördernd, pilztötend, schweißtreibend.

EXTRAKTION

Das Öl wird durch Dampfdestillation der frischen, blühenden Pflanze gewonnen.

EIGENSCHAFTEN

Dunkelorangefarbene oder gelbe, leichte Flüssigkeit, die sich an Licht und Luft allmählich verdickt. Sie hat einen bitteren, grünen, krautigen Geruch. Mischt sich gut mit Muskatellersalbei, Lavendel, Jasmin, Bergamotte und anderen Zitrusölen in sehr kleinen Anteilen.

VERTRÄGLICHKEIT

Es ist möglich, daß das Tageton im Öl giftig ist. So wird in der Literatur von Dermatitis berichtet, die im Zusammenhang mit Tagetesöl aufgetreten ist.

DUFTSKALA
Kopfnote — Herznote — Basisnote

PSYCHOLOGISCHE SKALA
Erhebend — Ausgleichend — Besänftigend

PHYSIOLOGISCHE SKALA
Anregend — Ausgleichend — Beruhigend

QUALITÄT

Duft: *Bitter-grün, krautig, fruchtig, stark, zitrusartig.*
Haupteigenschaften: *Durchdringend, blutdrucksenkend, beruhigend, entspannend, narkotisch (im Übermaß verwendet).*
Geruchsintensität: *Sehr stark.*

AROMATHERAPEUTISCHE VERWENDUNG

Hautpflege: *Hornhaut, Hühneraugen, Pilzinfektionen.*

ACHTUNG
Sparsam und vorsichtig verwenden!

Thymian

THYMUS VULGARIS **FAMILIE** LAMIACEAE (LABIATAE)

BESCHREIBUNG

Mehrjähriger, bis zu 45 cm hoher Busch mit graugrünen, duftenden Blättchen und weißen bzw. blaßvioletten Blüten.

WIRKUNGEN

Adstringierend, anregend, anthelminthisch, antibakteriell, antimikrobiell, antirheumatisch, antiseptisch, aphrodisierend, balsamisch, blutdrucksteigernd, entgiftend, harntreibend, hustenstillend, kräftigend, krampflösend, menstruationsfördernd, nervenstärkend, oxydationshemmend, schleimlösend, schweißtreibend, wundheilend.

EXTRAKTION

Wasser- oder Dampfdestillation der frischen bzw. teilweise getrockneten Blätter und Blütenstände.

EIGENSCHAFTEN

Das Öl des Weißen Thymian ist eine klare, blaßgelbe Flüssigkeit mit einem süßen, frisch-grünen Duft. Es mischt sich gut mit Bergamotte, Zitrone, Rosmarin, Melisse, Lavendel, Majoran, Kiefer und Gewürzölen.

ACHTUNG
Manche Thymianöle enthalten viel giftiges Phenol. Sparsam und stark verdünnt anwenden. Bei Schwangerschaft, Epilepsie, hohem Blutdruck, Schilddrüsenüberfunktion meiden!

DUFTSKALA
Kopfnote — Herznote — Basisnote

PSYCHOLOGISCHE SKALA
Erhebend — Ausgleichend — Besänftigend

PHYSIOLOGISCHE SKALA
Anregend — Ausgleichend — Beruhigend

QUALITÄT

Duft: *Warm, würzig-krautig, stark, durchdringend, frisch, sportlich, medizinisch, grün.*
Haupteigenschaften (Geist): *Anregend, stärkend, wärmend, belebend, erfrischend, reinigend, antidepressiv.*
Geruchsintensität: *Stark.*

AROMATHERAPEUTISCHE VERWENDUNG

Hautpflege: *Abszesse, Akne, Dermatitis, Ekzeme, Insektenstiche, Läuse, Prellungen, Schnittwunden, Verbrennungen.*
Kreislauf, Muskeln und Gelenke: *Arthritis, Fettleibigkeit, Gicht, Muskelschmerzen, Ödeme, Rheuma, schlechte Durchblutung, Verstauchungen.*
Atemwege: *Asthma, Husten, Mandelentzündung, Nebenhöhlenentzündung, Rachenentzündung, Schnupfen.*
Verdauungstrakt: *Blähungen, Durchfall, Verdauungsstörungen.*
Immunsystem: *Erkältungen, fiebrige Erkältungen, Infektionskrankheiten.*
Harnwege: *Harnröhrenentzündung, Zystitis.*
Nervensystem: *Kopfschmerzen, streßbedingte Beschwerden, Schlaflosigkeit.*

Baldrian 2

VALERIANA OFFICINALIS **FAMILIE** *VALERIANACEAE*

BESCHREIBUNG
Mehrjähriges Kraut, bis zu 1,5 m hoch, mit gezackten, dunklen Blättern und zahlreichen violettweißen Blüten. Die kurzen, gräulichen Wurzeln verlaufen teils überirdisch und riechen stark.

WIRKUNGEN
Antibakteriell, beruhigend, blähungsmindernd, blutdrucksenkend, dämpft das Zentralnervensystem, harnhemmend, hypnotisch, krampflösend, magenstärkend, schmerzstillend, verringert Schuppenbildung.

EXTRAKTION
Dampfdestillation der Wurzeln.

EIGENSCHAFTEN
Olivgrüne bis braune Flüssigkeit, die später nachdunkelt, mit warm-holzigem, balsamischem, moschusartigem Geruch. Frische Öle weisen eine grüne Kopfnote auf. Mischt sich gut mit Patschuli, Kiefer, Lavendel, Zeder, Mandarine, Petitgrain und Rosmarin.

VERTRÄGLICHKEIT
Ungiftig, nicht reizend, kann jedoch vereinzelt zu Allergien führen.

DUFTSKALA
Kopfnote — Herznote — Basisnote

PSYCHOLOGISCHE SKALA
Erhebend — Ausgleichend — Besänftigend

PHYSIOLOGISCHE SKALA
Anregend — Ausgleichend — Beruhigend

QUALITÄT

Duft: *Warm, holzig, balsamisch, moschusartig, erdig, grün.*
Haupteigenschaften (Geist): *Beruhigend (Nerven und Geist), dämpft das Zentralnervensystem, leicht hypnotisch, ausgleichend, beruhigend, dämpfend, besänftigend.*
Geruchsintensität: *Sehr stark.*

AROMATHERAPEUTISCHE VERWENDUNG

Nervensystem: *Migräne, nervöse Verdauungsstörungen, Rastlosigkeit, Schlaflosigkeit, Spannungszustände.*

ACHTUNG
In großen Mengen kann Baldrian zu Kopfschmerzen, geistiger Unruhe und Wahnvorstellungen führen. Deshalb nur in Absprache mit einem Arzt sparsam und nicht über einen längeren Zeitraum (höchstens einen Monat) hinweg ununterbrochen anwenden!

Vetiver 3

VETIVERIA ZIZANOIDES / ANDROPOGON MURICATUS
FAMILIE *POACEAE (GRAMINEAE)*

BESCHREIBUNG
Hochgewachsenes, duftendes, mehrjähriges, büscheliges Gras mit einem üppigverzweigten Wurzelwerk.

WIRKUNGEN
Anregend (Blut/Kreislauf), anthelminthisch, antiseptisch, beruhigend (Nerven), hautrötend, kräftigend, krampflösend, reinigend.

EXTRAKTION
Dampfdestillation der gewaschenen, kleingehackten, getrockneten und eingeweichten Wurzeln und Würzelchen.

EIGENSCHAFTEN
Dunkelbraunes, olivgrünes oder bernsteinfarbenes, zähes Öl mit dunklem, rauchigem, holzig-erdigem Geruch und einer anhaltend süßen Basisnote. Farbe und Geruch variieren je nach Herkunft. Mischt sich gut mit Sandelholz, Rose, Jasmin, Patschuli, Lavendel, Muskatellersalbei und Ylang Ylang.

DUFTSKALA
Kopfnote — Herznote — Basisnote

PSYCHOLOGISCHE SKALA
Erhebend — Ausgleichend — Besänftigend

PHYSIOLOGISCHE SKALA
Anregend — Ausgleichend — Beruhigend

QUALITÄT

Duft: *Rauchig, körperreich, trockenholzig, süß, grün, verteilt sich gut, maskulin, sportlich, warm.*
Haupteigenschaften: *Beruhigend (Nerven und Geist), besänftigend, kräftigend (Nerven), dämpfend, schützend, stimmungsfördernd.*
Geruchsintensität: *Stark.*

AROMATHERAPEUTISCHE VERWENDUNG

Hautpflege: *Akne, fettige Haut, Schnittwunden, Wunden.*
Kreislauf, Muskeln und Gelenke: *Arthritis, Muskelschmerzen, Rheuma, Steifheit, Verstauchungen.*
Nervensystem: *Erschöpfung, nervöse Anspannung, Niedergeschlagenheit, Schlaflosigkeit. Vetiver gilt als das Öl der Ruhe.*

VERTRÄGLICHKEIT
Ungiftig, nicht reizend.

Ingwer

ZINGIBER OFFICINALE **FAMILIE** ZINGIBERACEAE

BESCHREIBUNG

Mehrjähriges Kraut, bis zu 1 m hoch, dessen knotiger Wurzelstock beißend riecht. Der halmartige Stengel mit speerförmigen Blättern und gelben Blüten wächst direkt aus der Wurzel.

WIRKUNGEN

Abführend, anregend, antibakteriell, antiseptisch, aphrodisierend, appetitanregend, blähungsmindernd, entgiftend, fiebersenkend, hautrötend, kräftigend, krampflösend, magenstärkend, schleimlösend, schmerzlindernd.

EXTRAKTION

Dampfdestillation der ungeschälten, getrockneten Wurzeln.

EIGENSCHAFTEN

Blaßgelbe, bernsteinfarbene oder grünliche Flüssigkeit mit warmem, frischem, holzig-würzigem Duft. Mischt sich gut mit Sandelholz, Vetiver, Patschuli, Weihrauch, Rosenholz, Zeder, Koriander, Rose, Limette, Neroli, Orange und Zitrone.

VERTRÄGLICHKEIT

Ungiftig, nicht reizend – außer in hoher Konzentration. Kann vereinzelt zu Allergien führen. Nur stark verdünnt anwenden. Leicht phototoxisch.

DUFTSKALA

Kopfnote *Herznote* *Basisnote*

PSYCHOLOGISCHE SKALA

Erhebend *Ausgleichend* *Besänftigend*

PHYSIOLOGISCHE SKALA

Anregend *Ausgleichend* *Beruhigend*

QUALITÄT

Duft: *Frisch, holzig-würzig, körperreich, leicht grün, pfeffrig, feurig, durchdringend, verteilt sich gut, exotisch.*
Haupteigenschaften: *Aphrodisierend, kräftigend, anregend, wärmend, wohltuend, lindert Kopfbeschwerden.*
Geruchsintensität: *Stark.*

AROMATHERAPEUTISCHE VERWENDUNG

Kreislauf, Muskeln und Gelenke: *Arthritis, Erschöpfung, Muskelschmerzen, Rheuma, schlechte Durchblutung, Verstauchungen, Zerrungen.*
Atemwege: *Halsschmerzen, Husten, Nebenhöhlenentzündung, Schnupfen, Verschleimung.*
Verdauungstrakt: *Appetitlosigkeit, Blähungen, Durchfall, Koliken, Krämpfe, Magenverstimmung, Reisekrankheit, Übelkeit.*
Immunsystem: *Erkältungen, Fieber, fiebrige Erkältungen, Grippe, Infektionskrankheiten.*
Nervensystem: *Erschöpfung, nervöse Erschöpfung.*

Ein Aromatherapie-Set kann nach den individuellen Bedürfnissen der Benützer zusammengestellt werden. Ausgangsbasis sind die fünf wichtigsten Öle – Pfefferminze, Römische Kamille, Lavendel, Teebaum und Rosmarin. Diesen Grundstock können Sie beliebig erweitern, je vertrauter Sie im Umgang mit den Ölen und ihren Wirkungen werden.

Anhang

RISIKEN UND GEFAHREN

Richtlinien zum gefahrlosen Umgang mit ätherischen Ölen
Die im vorliegenden Buch aufgeführten ätherischen Öle sind im allgemeinen risikolos bei der Aromatherapie und im Haushalt einzusetzen. Trotzdem ist es unumgänglich, folgende Vorsichtsmaßnahmen zu beherzigen:

Angaben zur Sicherheit
Ehe Sie ein neues Öl verwenden, informieren Sie sich über die Verträglichkeit (S. 177–210).

Innerliche Anwendung
Wenden Sie ätherische Öle nicht innerlich an. Sie können die Schleimhäute des Verdauungstrakts angreifen. Die meisten ätherischen Öle sind bei innerlicher Anwendung sogar giftig!

Giftigkeit
Folgende ätherische Öle sollten nur sparsam aufgetragen werden, da auch die toxischen Bestandteile durch die Haut absorbiert werden: Anis, Blaugummi-Eukalyptus, Gewürznelke, Koriander, Muskat, Petersiliensamen, Spanischer Salbei, Süßer Fenchel, Tagetes, Thymian, Weißer Kampfer, Westindischer Lorbeer, Ysop. Beifuß, Poleiminze, Raute, Sassafras und Senf sind Öle, die überhaupt nicht verwendet werden sollten, und deshalb in diesem Buch nicht enthalten sind.

Unverdünnte Anwendung
Im allgemeinen sollten ätherische Öle nicht unverdünnt aufgetragen werden. Ausnahmen bilden Teebaum und Lavendel im Rahmen der hier dargestellten Behandlungen. Nicht reizende Öle wie Jasmin, Ylang Ylang oder Sandelholz können unverdünnt als Parfum getragen werden.

Einreibprobe
Ehe Sie ein neues Öl auf der Haut auftragen, sollten Sie eine Einreibprobe vornehmen. Geben Sie einige Tropfen auf den Rücken Ihres Handgelenks, kleben ein Pflaster darauf und warten eine Stunde ab. Sollte es zu einer Reizung oder Rötung kommen, baden Sie die betroffene Stelle in kaltem Wasser. Halbieren Sie künftig die angegebene Konzentration oder meiden Sie dieses Öl überhaupt.

Empfindliche Haut
Unverdünntes Teebaumöl kann bei sehr empfindlicher Haut zu Reizungen führen. In diesem Falle sollte das Öl zuerst in einer nichtöligen Creme oder einem Gel verdünnt werden. Zu den Ölen, die – selbst verdünnt – Hautreizungen auslösen können, gehören Baldrian, Benzoe, Melisse, Schafgarbe, Tagetes und Zitronen-Eukalyptus. In Einzelfällen können auch andere Öle Reaktionen auslösen.

Hautreizung
Öle, die vor allem in konzentrierter Form die Haut reizen können, sind: Anis, Basilikum, Blaugummi-Eukalyptus, Gewürznelke, Ingwer, Kajeput, Kiefer, Petersiliensamen, Pfefferminze, Schwarzer Pfeffer, Thymian, Virginia-Zeder, Wacholder, Weißer Kampfer, Zimtblatt, Zitrone, Zitronengras. Geben Sie maximal 3 Tropfen hiervon ins Badewasser.

Phototoxizität
Zu den Ölen, die zu Reizungen führen können, wenn die Haut Sonnen- oder UV-Licht (Solarium) ausgesetzt wird, zählen: Angelika, Bergamotte, Grapefruit, Limette, Süßorange, Tangerine, Zitrone.

Babys und Kinder
Halbieren Sie die angegebenen Mengen bei Babys und Kleinkindern bzw. verdünnen Sie die Öle noch mehr. Bei Babys sollten potentiell giftige oder reizende Öle überhaupt vermieden werden. Bei Babys von 0 bis 12 Monaten: für Massage oder Bad nur 1 Tropfen Lavendel-, Rosen- oder Kamillenöl auf 5 ml Trägeröl. Verwenden Sie keine anderen Öle!
Bei Kleinkindern von 1 bis 5 Jahren: für Massage oder Bad nur 2–3 Tropfen eines ungiftigen und nicht reizenden Öls (Lavendel, Rose, Kamille) auf 5 ml Trägeröl.
Bei Kindern von 6 bis 12 Jahren: Anwendung wie bei Erwachsenen, jedoch mit maximal der halben angegebenen Menge.

Schwangerschaft
Verwenden Sie während der Schwangerschaft nur die Hälfte der angegebenen Menge. Meiden Sie Öle, die potentiell giftig sind oder menstruationsfördernde Eigenschaften besitzen. Meiden Sie: Basilikum, Gewürznelke, Majoran, Muskat, Muskatellersalbei, Myrrhe, Selleriesamen, Spanischer Salbei, Thymian, Virginia-Zeder, Wacholder, Ysop, Zimtblatt, Zitronelle. In den ersten vier Schwangerschaftsmonaten sollten Sie Angelika, Atlaszeder, Fenchel, Rose und Rosmarin vermeiden.

Hoher Blutdruck
Hier sollten Sie folgende Öle überhaupt meiden: Rosmarin, Spanischer Salbei, Thymian.

Epilepsie
Bei Epilepsie sollten nicht verwendet werden: Fenchel, Rosmarin, Spanischer Salbei, Ysop.

Alkohol
Muskatellersalbei sollte man einige Stunden vor und nach Alkoholgenuß meiden, da die Kombination zu Übelkeit und übermäßiger Trunkenheit führen kann.

Homöopathie
Mit folgenden Ölen ist aufgrund ihrer Stärke eine homöopathische Behandlung nicht vereinbar: Eukalyptus, Kampfer, Pfefferminze, Schwarzer Pfeffer.

Lagerung
Ätherische Öle und Mischungen sollten dunkel und in gut verschließbaren Flaschen außerhalb der Reichweite von Kindern aufbewahrt werden. Die Flaschen sind eindeutig zu beschriften.

CHEMISCHE BESTANDTEILE

Dieser Anhang zeigt die wichtigsten chemischen Bestandteile eines jeden ätherischen Öls, das in diesem Buch beschrieben wird. Für jedes Öl sind die zentralen chemischen Gruppen und deren durchschnittliche Anteile angegeben. Bestandteile, die überwiegend anregend wirken, sind in roter Farbe angegeben, solche, die vor allem entspannen und beruhigen in Blau, und jene Öle, die in erster Linie ausgleichende Wirkung zeigen, erscheinen in Violett. Dies gilt für Durchschnittswerte, wobei betont werden muß, daß die chemische Zusammensetzung ätherischer Öle je nach deren Herkunft erheblichen Schwankungen unterliegen kann. Kleine Mengen von Spurenelementen können ebenfalls vorhanden sein.

	ENTSPANNEND			AUSGLEICHEND	ANREGEND				
	ESTER	ALDEHYDE	KETONE	SESQUITERPENE	OXYDE	SÄUREN	MONOTERPENE	ALKOHOLE	PHENOLE
SCHAFGARBE *Achillea millefolium*				34 %	11 %		25 %	9 %	
DILLSAMEN *Anethum graveolens*			BIS ZU 55 %	BIS ZU 21 %			BIS ZU 69 %	BIS ZU 4 %	BIS ZU 18 %
ANGELIKAWURZEL *Angelica archangelica*	BIS ZU 15 %			BIS ZU 34 %	14 %		BIS ZU 80 %	BIS ZU 19 %	
ROSENHOLZ *Aniba roseaodora*								70 %	
SELLERIESAMEN *Apium graveolens*				21 %			75 %		
WEIHRAUCH *Boswellia carteri*	BIS ZU 10 %						BIS ZU 50 %	BIS ZU 12 %	
YLANG YLANG *Cananga odorata forma genuina*	BIS ZU 16 %			16 %			BIS ZU 47 %	20 %	
ELEMI *Canarium luzonicum*							BIS ZU 85 %		
ATLASZEDER *Cedrus atlantica*			3 %	86 %				10 %	
RÖMISCHE KAMILLE *Chamaemelum nobilis, Anthemis nobilis*	BIS ZU 70 %			4 %			10 %	35 %	
(DEUTSCHE) ECHTE KAMILLE *Chamomilla matricaria, Matricaria recutita*				47 %	19 %				
KAMPFER *Cinnamomum camphora*			37 %				BIS ZU 58 %	10 %	
ZIMTBLATT *Cinnamomum zeylanicum*				6 %				5 %	74 %
LIMETTE *Citrus aurantifolia*					3 %		BIS ZU 84 %	11 %	
PETITGRAIN *Citrus aurantium var. amara*	75 %							BIS ZU 40 %	
NEROLI *Citrus aurantium var. amara*	13 %						29 %	BIS ZU 40 %	
BERGAMOTTE *Citrus bergamia*	28 %						BIS ZU 52 %	13 %	
ZITRONE *Citrus limonum*							80 %		
GRAPEFRUIT *Citrus paradisi*							88 %	3 %	

CHEMISCHE BESTANDTEILE

	ESTER	ALDEHYDE	KETONE	SESQUITERPENE	OXYDE	SÄUREN	MONOTERPENE	ALKOHOLE	PHENOLE
MANDARINE *Citrus reticulata*							89 %		
SÜSS-ORANGE *Citrus sinensis, Ci. aurantium var. dulcis*	3 %	BIS ZU 39 %	5 %				BIS ZU 95 %	BIS ZU 15 %	
MYRRHE *Commiphora myrrha*				BIS ZU 32 %				43 %	
KORIANDER *Coriandrum sativum*	2 %		4 %				9 %	81 %	
ZYPRESSE *Cupressus sempervirens*				3 %			BIS ZU 77 %	10 %	
ZITRONEN-GRAS *Cymbopogon citratus*		74 %					3 %	10 %	
PALMAROSA *Cymbopogon martinii var. martinii*	10 %			2 %				83 %	
ZITRONELLE *Cymbopogon nardus*		BIS ZU 49 %		2 %			BIS ZU 11 %	BIS ZU 25 %	1 %
KAROTTEN-SAMEN *Daucus carota*	BIS ZU 19 %		10 %	BIS ZU 30 %	BIS ZU 31 %		BIS ZU 35 %	BIS ZU 85 %	
KARDAMOM *Elettaria cardamomum*	52 %				31 %		4 %	5 %	
ZITRONEN-EUKALYPTUS *Eucalyptus citriodora*	3 %	82 %			2 %			9 %	
BLAUGUMMI-EUKALYPTUS *Eucalyptus globulus var. globulus*					96 %		4 %		
GALBANUM *Ferula gumosa*							70 %		
FENCHEL *Foeniculum vulgare*		2 %	14 %				2 %		77 %
YSOP *Hyssopus officinalis*			48 %	16 %			13 %		
JASMIN *Jasminum officinale*	70 %							8 %	
WACHOLDER *Juniperus communis*				2 %			70 %		
VIRGINIA-ZEDER *Juniperus virginiana*				56 %				33 %	
LAVENDEL *Lavandula angustifolia/ L. officinalis*	43 %			2 %	6 %		37 %		
TEEBAUM *Melaleuca alternifolia*				2 %	3 %		36 %	48 %	
KAJEPUT *Melaleuca cajeputi*				11 %	35 %		23 %	21 %	2 %

CHEMISCHE BESTANDTEILE

	ESTER	ALDEHYDE	KETONE	SESQUITERPENE	OXYDE	SÄUREN	MONOTERPENE	ALKOHOLE	PHENOLE
MELISSE *Melissa officinalis*	BIS ZU 6 %	BIS ZU 92 %	BIS ZU 9 %	BIS ZU 10 %		BIS ZU 9 %		BIS ZU 3 %	
PFEFFERMINZE *Mentha piperita*			BIS ZU 40 %				6 %	BIS ZU 48 %	
MUSKAT *Myristica fragrans*				2 %			BIS ZU 88 %	8 %	7 %
MYRTE *Myrtus communis*	25 %				37 %		31 %	3 %	
BASILIKUM *Ocimum basilicum*	8 %				7 %			64 %	3 %
MAJORAN *Origanum majorana, Majorana hortensis*				2.4 %			30 %	52 %	
GERANIE *Pelargonium graveolens*	30 %		6 %				2 %	54 %	
PETERSILIEN-SAMEN *Petroselinum crispum*							45 %		BIS ZU 59 %
WESTINDISCHER LORBEER *Pimenta acris*	4 %						21 %	2 %	64 %
ANIS *Pimpinella anisum*		BIS ZU 2 %					2 %		BIS ZU 96 %
KIEFERNNADEL *Pinus silvestris*	27 %			2 %			BIS ZU 61 %	3 %	
SCHWARZER PFEFFER *Piper nigrum*				7 %			77 %		
PATSCHULI *Pogostemon patchouli*				BIS ZU 60 %				25 %	
MAROKKANI-SCHE ROSE *Rosa centifolia x gallica*		BIS ZU 38 %						BIS ZU 93 %	3 %
ROSMARIN *Rosmarinus officinalis*			13 %				69 %		
SPANISCHER SALBEI *Salvia lavandulifolia*	9 %		26 %				30 %	23 %	
MUSKATELLER-SALBEI *Salvia sclarea*	72 %			3 %				14 %	
SANDELHOLZ *Santalum album*				3 %				68 %	
BENZOE *Styrax benzoin*	80 %	2 %			17 %				
GEWÜRZNELKE *Syzygium aromaticum*	5 %			4 %					84 %
TAGETES *Tagetes minuta*			BIS ZU 95 %				BIS ZU 35 %		
THYMIAN *Thymus vulgaris*							40 %	50 %	
BALDRIAN *Valeriana officinalis*	30 %			5 %			12 %	2 %	
VETIVER *Vetiveria zizanoides*			12 %	6 %		5 %		20 %	
INGWER *Zingiber officinale*		3 %		60 %	5 %		15 %		

VITAMINE UND VITAMINQUELLEN

Vitamin A (Retinol)
• Notwendig für Sehkraft, gesunde Haut, Abwehrkräfte, Wachstum und Fortpflanzung. Benötigt Öle und Fette, um vom Körper aufgenommen zu werden. Hitzebeständig.
• Enthalten in Fleisch, Fisch, Milchprodukten, angereicherten Brotaufstrichen, Karotten, Gemüse, Süßkartoffeln, Tomaten, grünen Bohnen, Endiviensalat, getrockneten Aprikosen, Cantaloup-Melonen und Pflaumen.

Vitamin B 1 (Thiamin)
• Notwendig für die Energiegewinnung aus Nahrungsmitteln. Regt Appetit und Verdauung an.
• Enthalten in Zerealien (Weizenkeim, Sojamehl, Weizenmehl, brauner Reis), Nüssen, Samen, Bierhefe, Melasse, angereicherten Nahrungsmitteln.
• Schwangere und stillende Mütter, ältere Menschen, Raucher und starke Trinker haben evtl. einen erhöhten Bedarf.

Vitamin B 2 (Riboflavin)
• Notwendig für Vitalität, gesunde Augen und Haut.
• Enthalten in Fleisch (Leber, Niere, Lamm, Rind, Schwein, Huhn), Zerealien, Weizenkeim, Nüssen und Samen, Melasse, Bierhefe.

Vitamin B 3 (Niazin/Nikotinamin)
• Erforderlich für den Energiehaushalt.
• Enthalten in Fleisch, Fisch, Zerealien, Nüssen, Samen, Bierhefe, Melasse.
• Schwangere, stillende Mütter, ältere und streßgeplagte Menschen haben eventuell einen erhöhten Bedarf.

Vitamin B 6 (Pyridoxin)
• Für normales Funktionieren von Gehirn und Nerven, zur Verwertung essentieller Fettsäuren, zur Regulierung des Magnesiumhaushalts und zur Enzymproduktion.
• Enthalten in Fleisch (Innereien), Hefe, Zerealien (Weizenstärke und -keime), Melasse.
• Schwangere und Frauen, die die Pille nehmen, haben einen erhöhten Bedarf, ebenso Personen mit Hyperthyreose, oder bei eiweißreicher Ernährung.

Biotin
• Notwendig für den Fettstoffwechsel. Biotinmangel kann zu Dermatitis und Haarausfall führen.
• Enthalten in Eigelb und Leber, wird aber auch vom Darm selbst hergestellt.

Vitamin B 12 (Kobalamin)
• Notwendig für schnellteilende Zellen, z. B. im Knochenmark, wo die roten Blutkörperchen gebildet werden.
• Enthalten in Fleisch (v. a. Leber), Milchprodukten, angereicherten Produkten (Frühstückszerealien). Kommt fast nur in tierischen Nahrungsmitteln vor.
• Vegetarier, ältere Menschen, Schwangere und stillende Mütter sollten überprüfen lassen, ob sie genügend Vitamin B 12 bekommen.

Folsäure
• Notwendig für Zellteilung, Produktion roter Blutkörperchen, Wachstum und Heilprozesse, Nutzbarmachung von Pantothensäure.
• Enthalten in Fleisch (v. a. Leber), Nüssen, grünen Gemüsen, Hefe.
• Wichtig während und vor der Schwangerschaft.

Pantothensäure
• Für das Zellwachstum, die Energiegewinnung aus Nahrungsmitteln und die Hormonsynthese durch die Nebenniere.
• Enthalten in Fleisch (Innereien), Zerealien, Gemüse, Hefe. Geht beim Kochen, Lagern, Konservieren und bei Lichteinfall verloren.
• Wer unter Streß, Allergien oder Verletzungen leidet, hat womöglich einen erhöhten Bedarf.

Inosit
• Verbindet sich mit Cholin, um in der Leber Lecithin zu produzieren. So klumpt sich das Cholesterin nicht zusammen und verstopft nicht die Blutgefäße. Inosit fördert auch die Verdauung.
• Enthalten in Fleisch, Melasse, Zerealien, Hefe.
• Raucher, Menschen mit hohem Blutdruck und erhöhtem Cholesterinspiegel haben eventuell einen erhöhten Bedarf an Inosit und Cholin.

Cholin
• Bildet zusammen mit Inosit Lecithin.
• Enthalten in Fleisch (Nieren, Hirn, Leber), Eigelb, Weizenkeim, Hefe. Bei ausreichendem Bestand an Folsäure und B 12 stellt das Blut Cholin selbst her.
• Wer hohen Blutdruck und einen erhöhten Cholesterinspiegel hat, benötigt eventuell mehr Cholin.

Vitamin C (Ascorbinsäure)
• Notwendig für die Abwehr von Infektionen und Allergien, Heilprozesse, gesunde Mundschleimhaut, Zähne, Knochen, Hautelastizität, starkes Bindegewebe. Entgiftet gefährliche Substanzen, unterstützt die Aufnahme von Eisen.
• Enthalten in Obst (v. a. Erdbeeren, Orangen, Zitronen), Gemüse, süßem rohem Pfeffer, Fleisch (v. a. Leber).
• Vitamin C kann nicht vom Körper gespeichert werden. Bei Erkrankungen erhöhter Bedarf. Wird bei Lagerung und Erhitzung von Nahrungsmitteln zerstört.

Vitamin D
• Notwendig für den Kalziumhaushalt (Grundlage gesunder Knochen und Zähne, entspannt die Nerven, senkt Schmerzempfindlichkeit). Vitamin D ist fettlöslich und kann nur im Beisein von Fett vom Körper verwertet werden. Ein Überschuß kann zu schweren Vergiftungen führen.
• Enthalten in ölhaltigem Fisch, Lebertran, angereicherten Produkten. Kann durch Sonneneinstrahlung auf die Haut vom Körper selbst gebildet werden.
• Für Personen, die sich wenig der Sonne aussetzen, für Vegetarier und Kinder ist es wichtig, auf genügend Vitamin-D-Zufuhr durch die Nahrung zu achten.

Vitamin E
• Bremst die Oxydation ungesättigter Fettsäuren. Notwendig für Drüsen, Hormone, Fortpflanzung. Verhindert Beinthrombosen, steigert Leberfunktionen. Fett und Galle müssen im Darm vorhanden sein, um Vitamin E aufzunehmen.
• Enthalten in allen Zerealien, Nüssen und Samen, gemahlenem Mehl, kaltgepreßten Ölen. Kochen und Lagern zerstört dieses Vitamin.

Glossar

Absolue: Hochkonzentriertes, halbfestes oder festes Duftmaterial; meist aus dem Concrète gewonnen.
Abszeß: Eitergeschwür; Eiteransammlung in einer nicht vorgebildeten, durch krankhafte Vorgänge entstandenen Höhle; Erreger sind Bakterien (Staphylokokken, Streptokokken u. a.).
adstringierend: zusammenziehend.
ätherische Öle: flüchtige – leicht verdunstende – pflanzliche Öle mit charakteristischem Geruch; werden von Blüten, Sprossen und Blättern ausgeschieden oder in Ölzellen und Ölbehältern abgelagert.
Aldehyde: »dehydrierte Alkohole«; organische Substanzen, die durch teilweisen Entzug von Wasserstoff entstehen.
Alkohole: organische Verbindungen; Produkte aus der Oxydation von Kohlenwasserstoffen.
Allergen: Stoff, der allergische Krankheiten hervorruft; ein Antigen, das durch Einatmen, Nahrungsaufnahme, Kontakt u. a. eine Allergie hervorrufen kann.
Allergie: durch Kontakt mit einem Allergen ausgelöste Überempfindlichkeit des Körpers gegenüber bestimmten Stoffen; je nach Reaktionszeit auf das Antigen werden verschiedene Typen unterschieden.
allergisch: auf Überempfindlichkeit beruhend.
Amenorrhö: Ausbleiben der Regelblutung.
Aminosäuren: Bausteine der Proteine.
Angina pectoris: Herzkrampf.
anthelminthisch: wirksam gegen Würmer.
antianämisch: wirksam gegen Anämie (Blutarmut).
antibakteriell: wirksam gegen Bakterien.
Antibiotika: biologische, aus Stoffwechselprodukten von Kleinlebewesen (z. B. Bakterien und Schimmelpilze) gewonnene Wirkstoffe, die das Wachstum anderer Kleinlebewesen (z. B. Bakterien, Viren und Pilze) einschränken; Verwendung zur Behandlung von Infektionskrankheiten.
antidepressiv: stimmungsaufhellend; antriebssteigernd.
Antigen: Substanz, die die Bildung von Antikörpern induziert.
antihistaminisch: wirksam gegen allergische Reaktionen; die Wirkung von Histamin schwächend oder aufhebend.
antimikrobiell: wirksam gegen Kleinlebewesen.
antineuralgisch: schmerzstillend.
antirheumatisch: wirksam gegen rheumatische Erkrankungen.
antiseborrhöisch: wirksam gegen krankhaft gesteigerte Talgproduktion.
antiseptisch: Infektionserreger abtötend; keimtötend.
antisklerotisch: wirksam gegen Gewebeverhärtungen.
antiskorbutisch: wirksam gegen Skorbut (krankhafter Vitamin-C-Mangel).
antiviral: wirksam gegen Viren.
aphrodisierend: den Geschlechtstrieb anregend.
Aromachologie: Lehre von künstlichen und natürlichen Aromen.
aromatisch: wohlriechend; würzig.
Arteriosklerose: »Arterienverkalkung«; Arterienverhärtung; Verkalkung der Arteriolen (kleinste Schlagadern).
Ascorbinsäure: gleichbedeutend mit Vitamin C; wasserlöslich; Mangel führt zu Skorbut.
Asthma: anfallsweise auftretende Atemnot.
atopisches Ekzem: gleichbedeutend mit Neurodermitis atopica; quälender Juckreiz, vor allem in der Nacht; eine binnen Sekunden oder Minuten auftretende, durch Immunglobuline der Klasse E (hautsensibilisierende Antikörper) ausgelöste Überempfindlichkeitsreaktion.

Balsam: Gemisch aus Harzen und ätherischen Ölen.
balsamisch: würzig; wohlriechend.
Betakarotin: eine der drei isomeren Formen (unterschiedliche Eigenschaften beim gleicher chemischer Summenformel) von Karotin (Alpha-, Beta- und Gammakarotin).
Biotin: gleichbedeutend mit Vitamin H; wasserlöslich; Mangel führt zu Dermatitis, Haarausfall u. a.
Bronchitis: Bronchialkatarrh; Entzündung der Bronchialschleimhaut.

Chiropraktik: Behandlungsmethode bei Bandscheibenschäden und Wirbelsäulenverrenkungen; »Einrichten« mittels Handgrifftechniken.
Cholesterin: Gallenfett; Hauptbestandteil der Gallensteine; wird mit der Nahrung (vor allem Eidotter und tierische Fette) aufgenommen und endogen produziert; Ablagerung in den Arterienwänden führt zu Arteriosklerose.
Cholin: eine organische Base; Gallenwirkstoff; Bestandteil des Lezithins; Mangel führt zu Fettleber.
chronisch: langsam sich entwickelnd; langsam verlaufend; langwierig.
Cobalamin: gleichbedeutend mit Vitamin B 12; wasserlöslich; Mangel führt zu Anämie.
Concrète: konzentrierte, wachsartige, feste oder halbfeste Duftsubstanz.

Dermatitis: Hautentzündung; manchmal mit Ekzem gleichgesetzt.
desodorierend: üble Gerüche zerstörend.
Destillation: Verfahren zur Trennung von Stoffen durch Verdampfung bei verschiedenen Temperaturen und Kondensieren des Dampfes durch Abkühlen.
Diagnose: Erkennung und Benennung einer Krankheit.
Dysmenorrhö: schmerzhafte Regelblutung.

einjährig: Pflanze, die ihren gesamten Entwicklungszyklus (Keimung, Wachstum, Blüte, Fruchtbildung, Tod) innerhalb eines Jahres durchläuft.
Eiweiße: gleichbedeutend mit Proteine; aus Aminosäuren aufgebaut.

Ekzem: Juckflechte; juckende, nicht ansteckende Hautentzündung.
Enzyme: gleichbedeutend mit Fermente; Eiweiße, die den Stoffwechsel als Katalysatoren chemischer Reaktionen beeinflussen.
Epidermis: Oberhaut; äußerste Hautschicht, die ihrerseits aus fünf Schichten besteht.
essentiell: wesentlich; lebensnotwendig; lebensnotwendige Nahrungsstoffe, die mittels Nahrung zugeführt werden müssen, da sie im Organismus selbst nicht synthetisiert werden können (z. B. Aminosäuren, Fettsäuren, Mineralstoffe, Vitamine).
Ester: organische Verbindungen aus Alkohol und Säure; aufgrund des vielfach fruchtigen Geruchs Verwendung als künstliche Fruchtessenzen.

Fette: Ester aus dem Alkohol Glyzerin und Fettsäuren; Verbindungen aus der Gruppe der Lipide; dienen als Energielieferanten.
Fettsäuren: aliphatische Monokarbonsäuren; Bestandteil von Fetten; sind essentiell – können im Organismus nicht synthetisiert werden; wurden früher als Vitamin F bezeichnet.
Fixator: Mittel zum Haltbarmachen von Parfumdüften.
Fol(in)säure: gleichbedeutend mit Vitamin B 12; nach anderer Lehrmeinung zum B-2-Komplex gehörendes Vitamin; wasserlöslich; Mangel führt zu Anämie.
fraktioniert: mittels fraktionierter Destillation isoliert.
fraktionierte Destillation: Methode zur stufenweisen Trennung von Flüssigkeitsgemischen aufgrund ihrer verschiedenen Siedepunkte.
Furunkel: Eitergeschwür; Erreger sind zumeist Staphylokokken.

Gingivitis: Zahnfleischentzündung.
Gummi: natürliche, von Pflanzen produzierte und ausgeschiedene bzw. synthetisch hergestellte wasserlösliche Substanz.

Harz: festes oder halbfestes Naturprodukt; Ausscheidung von Bäumen und Sträuchern.
Herpes: Bläschenausschlag; eine Virusinfektion; Erreger sind Herpes-simplex-Viren, die als oraler und als genitaler Stamm auftreten.
Histamin: Gewebshormon.
Homöopathie: Heilverfahren, bei dem Kranke mit kleinsten Mengen einer Substanz behandelt werden, die bei Gesunden ähnliche Krankheitserscheinungen hervorruft.
Hormone: körpereigene, von Drüsen gebildete und ins Blut abgegebene Wirkstoffe.
Hybride: gleichbedeutend mit Bastard; aus Kreuzung hervorgegangenes Individuum.
Hypertonie: erhöhter Blutdruck.
hypnotisch: einschläfernd.
Hypotonie: niedriger Blutdruck.

Inosit(ol): ein Alkohol; Muskelzucker.
insektizid: insektenvernichtend.

Ketone: organische Verbindungen mit einer oder mehrerer CO-Gruppen.
Kohlenhydrate: organische Verbindungen von Kohlenstoff, Wasserstoff und Sauerstoff; Grundnahrungsstoffe.
Kolik: krampfartig auftretender Schmerz.
Kollaps: plötzlicher Schwächeanfall.
kolloid(al): feinzerteilt.
Kompresse: kalter oder warmer feuchter Umschlag.
Kumarin: ein Ester; Duftstoff.

Lanolin: gereinigtes Wollfett; Wollwachs; Verwendung als Salbengrundlage.
Laryngitis: Kehlkopfentzündung.
Lezithin: eine zu den Lipoiden (fettähnliche Substanzen) gehörender Stoff.
Lymphe: eiweißhaltige, hellgelbe Körperflüssigkeit.
Lymphknoten: linsen- bis bohnengroße Organe des Lymphsystems; dienen als Filter- und Entgiftungsstationen für die Lymphe.
Lymphozyten: besondere Form der weißen Blutkörperchen.

mehrjährig: gleichbedeutend mit ausdauernd; länger als zwei Jahre lebende Pflanze.
Monoterpene: aus zwei C5-Einheiten bestehende Terpene.

narkotisch: berauschend; betäubend.
Niazin: gleichbedeutend mit Vitamin PP; zum B-2-Komplex gehörendes Vitamin; wasserlöslich; Mangel führt zu Pellagra.
Nikotin(säure)amid: zum B-2-Komplex gehörendes Vitamin; wasserlöslich.

Ödem: Gewebewassersucht.
Östrogen: Follikelhormon; weibliches Geschlechtshormon.
Oleogumresine: natürliche, harzige Absonderungen von Pflanzen, die größtenteils aus ätherischem Öl, Gummi und Harz bestehen.
Oleoresine: Fettharze; natürliche, harzige Absonderungen von Pflanzen, die aus einer Mischung von ätherischem Öl und Harz bestehen; z. B. Terpentin.
Osteoarthritis: Knochen- und Gelenkentzündung; von Knochen auf Gelenke übergreifende Entzündung.
Osteoporose: Schwund des Knochengewebes.
Oxyde: Verbindungen eines chemischen Elements mit Sauerstoff.
Oxydation: Vorgang der chemischen Vereinigung eines Stoffs mit Sauerstoff; stets mit einer Reduktion (Entzug von Sauerstoff bzw. Zufuhr von Wasserstoff) verbunden (Redox-System).

Pantothensäure: Bestandteil des Coenzyms A; nach anderer Lehrmeinung zum B-2-Komplex gehörendes Vitamin; wasserlöslich.
Paraaminobenzoesäure: essentieller Wuchsstoff für Organismen, die Folsäure synthetisieren können, z. B. für Bakterien.
Phagozyten: Freßzellen, die abgestorbene Gewebereste, Blutkörperchen, Bakterien u. ä. durch Umschließen, Aufnahme ins Zellinnere und intrazellulären Abbau unschädlich machen (Phagozytose).
phototoxisch: giftige Reaktion auf Licht-/Sonneneinwirkung.
Phenole: organische Verbindungen.
physiologisch: die Lebensvorgänge im Organismus betreffend.
Polyarthritis: gleichzeitige Entzündung mehrerer Gelenke.
Proteide: zusammengesetzte Eiweiße; z. B. Enzyme.
Proteine: gleichbedeutend mit Eiweiße; aus Aminosäuren bestehende einfache Eiweißkörper.
Pyridoxin: gleichbedeutend mit Vitamin B 6; wasserlöslich; nur selten Auftreten von Mangelerscheinungen.

Resine: Harzester.
Resinoide: Duftsubstanzen aus natürlichen Harzen; konzentrierte Extrakte aus wohlriechenden Harzen; Verwendung als Fixatoren bei der Parfumherstellung.
Retinol: gleichbedeutend mit Vitamin-A-Alkohol; fettlösliches Vitamin; bei Mangel Nachtblindheit, Wachstumsstörungen u. a.; aufgrund der Speicherung Auftreten von Hypervitaminosen möglich.
Riboflavin: gleichbedeutend mit Vitamin B 2; früher Vitamin G genannt; wasserlöslich; Mangelerscheinungen in Industrieländern selten.
Rutin: ein Flavoid (gelbes Pflanzenpigment); früher als Vitamin P bezeichnet.

Säuren: anorganische oder organische Verbindungen.
Seborrhö: krankhaft erhöhte Talgdrüsenproduktion.
Sesquiterpene: aus drei C5-Einheiten bestehende Terpene.
Spurenelemente: in geringer Menge im Körper vorkommende Elemente (z. B. Eisen, Fluor, Jod, Kobalt, Kupfer, Mangan, Zink), die teilweise für Stoffwechselfunktionen nötig sind; Bestandteil von Enzymen, Hormonen, Vitaminen; bei Mangel Anämie u. a.
Staphylokokken: Bakterientyp (traubige Aggregate kugeliger Zellen).
Stimulanzien: anregende Mittel, Reizmittel.
Streptokokken: Bakterientyp (Paare oder Ketten kugeliger Zellen).
Symptom: Krankheitszeichen.

Tapioka: aus Maniokknollen gewonnenes Stärkemehl.
Terpene: organische Verbindungen; gesättigte oder ungesättigte Kohlenwasserstoffe; niedermolekulare Terpene sind vor allem Bestandteil ätherischer Öle, höhermolekulare sind Steroide und Karotinoide.
Terpentin: Harz verschiedener Nadelbäume; Gemisch aus Harzen und Terpenen; Verwendung als Lösungsmittel.
Thiamin: gleichbedeutend mit Vitamin B 1; wasserlöslich; bei Mangel Berberi.
Thrombose: »Blutgerinnsel«; Blutpfropfbildung in lebenden Blutgefäßen.
Tonikum: Kräftigungsmittel.
Tyramin: ein Gewebshormon.

Umschlag: gleichbedeutend mit Packung, Wickel.

Vitamine: für den Stoffwechsel des Menschen lebensnotwendige, unentbehrliche (essentielle), niedermolekulare organische Substanzen, die vom menschlichen Körper nicht synthetisiert werden können und deshalb mit der Nahrung aufgenommen werden müssen; fett- oder wasserlöslich; nur fettlösliche Vitamine (z. B. Retinol) können im Organismus gespeichert werden; Vitaminmangel führt zu leichten (Hypovitaminosen) oder schweren Mangelerscheinungen (Avitaminosen; z. B. Skorbut bei Vitamin-C-Mangel).

Zerealien: Getreidefrüchte; Gerichte aus Getreideflocken; enthalten vor allem Kohlenhydrate (Stärke) und Eiweiße.
zweijährig: Pflanze, die ihren gesamten Entwicklungszyklus innerhalb von zwei Jahren durchläuft, erst im zweiten Jahr blüht und fruchtet und danach abstirbt.
zytotoxisch: zellschädigend; z. B. Bakterien, Blei, Benzol, Lymphozyten.

Kleine Literaturauswahl

Davis, Patricia: *Aromatherapie von A–Z.* Alternativ Heilen – Herausgegeben von Gerhard Riemann; 1996.

Dittrich, Bernd: *Duftpflanzen für Garten, Balkon und Terrasse;* 1988.

Gattefossé, René Maurice: *Gattefossés Aromatherapie;* 1994.

Fellner, Tara: *Aromen für Liebe, Lust und Sinnlichkeit* 1997.

Habersbrunner, Ferdinand: *Aroma-Drinks;* 1994.

Meyer, Axel: *Das kleine Lexikon der Düfte;* 1992.

In der Könemann Verlagsgesellschaft mbH sind zu diesen Themen ebenfalls erschienen:

Ratgeber natürliche Gesundheit. Massage – die heilende Kraft der Berührung.

Die große Enzyklopädie der Heilkunde.

Ätherische Öle und Essenzen.

SANFTE WEGE ZUR GESUNDHEIT
Homöopathie
Blütenessenzen
Heilkräuter
Aromatherapie

ALTERNATIVE HEILKUNDE
Chinesische Kräuterheilkunde
Pflanzenheilkunde
Homöopathie
Massage
Aromatherapie

Nützliche Adressen

Die hier genannten Adressen stellen lediglich eine kleine Auswahl dar und sind nicht als qualitative Beurteilung anzusehen!

Bezugsquellen:
Ätherische Öle sind in vielen Apotheken und Naturkostläden erhältlich. Meiden Sie minderwertige, billige Produkte.

Seminare:
ATELIER AROMA
Marschnerstraße 80
81245 München
Tel.: (0 89) 89 62 32 90, Fax: 89 62 32 93

FORUM ESSENZIA e.V.
Mäuselweg 29
81375 München
Tel. und Fax: (0 89) 7 14 53 91
Mit großem Engagement fördert dieser gemeinnützige Verein die Verbreitung der Aromatherapie. FORUM ESSENZIA bietet Seminare in mehreren Städten Deutschlands (u. a. München, Karlsruhe, Mainz, Frankfurt a. M.), aber auch in der Schweiz (Zürich) und in Österreich (Linz) an, ebenso wie »Urlaubsseminare« in Spanien und Südfrankreich. Fordern Sie das ausführliche Programm an.

PRIMAVERA Life
Am Fichtenholz 5,
87477 Sulzberg
Tel.: (0 83 76) 80 80, Fax: 8 08 39

THALAMUS Schulen für ganzheitliche Heilkunde, Filiale Köln
Marsiliusstraße 36
50937 Köln
Tel.: (02 21) 94 40 09 15, Fax: 41 66 22

Register

R

S

T

Chris: kl. Pickel vom schwarzen Pfeffer

Hartmut: Handjucken vom Baden in Zimt/Orange